国家卫生和计划生育委员会"十二五"规划教材
全国高等医药教材建设研究会"十二五"规划教材
全国高职高专院校教材

供检验技术专业用

生 物 化 学

主 编 蔡太生 张 申

副主编 郭改娥 邵世滨 张 旭

编 者（按姓氏笔画排序）

王海生 内蒙古医科大学

王黎芳 浙江医学高等专科学校

卢 杰 大庆医学高等专科学校

闫 波 安徽医学高等专科学校

张 申 湖南医药学院

张 旭 宁波卫生职业技术学院

张丽杰 铁岭卫生职业学院

邵世滨 山东医学高等专科学校

郝 坡 重庆三峡医药高等专科学校

郭改娥 长治医学院

蔡太生 鹤壁职业技术学院

人民卫生出版社

图书在版编目（CIP）数据

生物化学/蔡太生,张申主编.—北京:人民卫生
出版社,2015
ISBN 978-7-117-20147-6

Ⅰ.①生… Ⅱ.①蔡…②张… Ⅲ.①生物化学-高
等职业教育-教材 Ⅳ.①Q5

中国版本图书馆 CIP 数据核字（2015）第 041540 号

| 人卫智网 | www.ipmph.com | 医学教育、学术、考试、健康，购书智慧智能综合服务平台 |
| 人卫官网 | www.pmph.com | 人卫官方资讯发布平台 |

生 物 化 学

主　　编：蔡太生　张　申
出版发行：人民卫生出版社（中继线 010-59780011）
地　　址：北京市朝阳区潘家园南里 19 号
邮　　编：100021
E - mail：pmph @ pmph.com
购书热线：010-59787592　010-59787584　010-65264830
印　　刷：人卫印务（北京）有限公司
经　　销：新华书店
开　　本：850×1168　1/16　印张：17
字　　数：468 千字
版　　次：2015 年 4 月第 1 版　2020 年 11 月第 1 版第 8 次印刷
标准书号：ISBN 978-7-117-20147-6
定　　价：40.00 元
打击盗版举报电话：010-59787491　E-mail：WQ @ pmph.com
质量问题联系电话：010-59787234　E-mail：zhiliang @ pmph.com

为全面贯彻党的十八大和十八届三中、四中全会精神,依据《国务院关于加快发展现代职业教育的决定》要求,更好地服务于现代卫生职业教育快速发展的需要,适应卫生事业改革发展对医药卫生职业人才的需求,贯彻《医药卫生中长期人才发展规划(2011—2020 年)》《教育部关于"十二五"职业教育教材建设的若干意见》《现代职业教育体系建设规划(2014—2020 年)》等文件的精神,全国高等医药教材建设研究会和人民卫生出版社在教育部、国家卫生和计划生育委员会的领导和支持下,成立了第一届全国高职高专检验技术专业教育教材建设评审委员会,并启动了全国高职高专检验技术专业第四轮规划教材修订工作。

随着我国医药卫生事业和卫生职业教育事业的快速发展,高职高专相关医学类专业学生的培养目标、方法和内容有了新的变化,教材编写也要不断改革、创新,健全课程体系、完善课程结构、优化教材门类,进一步提高教材的思想性、科学性、先进性、启发性和适用性。为此,第四轮教材修订紧紧围绕高职高专检验技术专业培养目标,突出专业特色,注重整体优化,以"三基"为基础强调技能培养,以"五性"为重点突出适用性,以岗位为导向、以就业为目标、以技能为核心、以服务为宗旨,力图充分体现职业教育特色,进一步打造我国高职高专检验技术专业精品教材,推动专业发展。

全国高职高专检验技术专业第四轮规划教材是在上一轮教材使用基础上,经过认真调研、论证,结合高职高专的教学特点进行修订的。第四轮教材修订坚持传承与创新的统一,坚持教材立体化建设发展方向,突出实用性,力求体现高职高专教育特色。在坚持教育部职业教育"五个对接"基础上,教材编写进一步突出检验技术专业教育和医学教育的"五个对接":和人对接,体现以人为本;和社会对接;和临床过程对接,实现"早临床、多临床、反复临床";和先进技术和手段对接;和行业准入对接。注重提高学生的职业素养和实际工作能力,使学生毕业后能独立、正确处理与专业相关的临床常见实际问题。

在全国卫生职业教育教学指导委员会、全国高等医药教材建设研究会和全国高职高专检验技术专业教育教材建设评审委员会的组织和指导下,当选主编及编委们对第四轮教材内容进行了广泛讨论与反复甄选,本轮规划教材修订的原则:①明确人才培养目标。本轮规划教材坚持立德树人,培养职业素养与专业知识、专业技能并重,德智体美全面发展的技能型专门人才。②强化教材体系建设。本轮修订设置了公共基础课、专业核心课和专业方向课(能力拓展课);同时,结合专业岗位与执业资格考试需要,充实完善课程与教材体系,使之更加符合现代职业教育体系发展的需要。③贯彻现代职教理念。体现"以就业为导向,以能力为本位,以发展技能为核心"的职教理念。理论知识强调"必需、够用";突出技能培养,提倡"做中学、学中做"的理实一体化思想。④重视传统融合创新。人民卫生出版社医药卫生规划教材经过长期的实践与积累,其中的优良传统在本轮修订中得到了很好的传承。在广泛调研的基础上,再版教材与新编教材在整体上实现了高度融合与衔接。在教材编写中,产教融合、校企合作理念得到了充分贯彻。⑤突出行业规划特性。本轮修订充分发挥行业机构与专家对教材的宏观规划与评审把关作用,体现了国家卫生和计划生育委员会规划教材一贯的标准性、权威性和规范性。⑥提升服务教学能力。本轮教材修订,在主教材中设置了一系列服务教学的拓展模块;此外,教材立体化建设水平进一步提高,根据专业需要开发了配套教材、网络增值服务等,大量与课程相关的内容围绕教材形成便捷的在线数字化教学资源包(edu. ipmph. com),为教师提供教学素材支撑,为学生提供学习资源服务,教材的教学服务能力明显增强。

本轮全国高职高专检验技术专业规划教材共19种,全部为国家卫生和计划生育委员会"十二五"国家规划教材,其中3种为教育部"十二五"职业教育国家规划教材,将于2015年2月陆续出版。

	教材名称	主编	副主编
1	寄生虫学检验(第4版)	陆予云　李争鸣	汪晓静　高　义　崔玉宝
2	临床检验基础(第4版)	龚道元　张纪云	张家忠　郑文芝　林发全
3	临床医学概要(第2版)	薛宏伟　王喜梅	杨春兰　梅雨珍
4	免疫学检验(第4版)*	林逢春　石艳春	夏金华　孙中文　王　挺
5	生物化学检验(第4版)*	刘观昌　马少宁	黄泽智　李晶琴　吴佳学
6	微生物学检验(第4版)*	甘晓玲　李剑平	陈　菁　王海河　聂志妍
7	血液学检验(第4版)	侯振江　杨晓斌	高丽君　张　录　任吉莲
8	临床检验仪器(第2版)	须　建　彭裕红	马　青　赵世芬
9	病理与病理检验技术	徐云生　张　忠	金月玲　仇　容　马桂芳
10	人体解剖与生理	李炳宪　苏莉芬	舒安利　张　量　花　先
11	无机化学	刘　斌　付洪涛	王美玲　杨宝华　周建庆
12	分析化学	闫冬良　王润霞	姚祖福　张彧璇　肖忠华
13	生物化学	蔡太生　张　申	郭改娥　邵世滨　张　旭
14	医学统计学	景学安　李新林	朱秀敏　林斌松　袁作雄
15	有机化学	曹晓群　张　威	于　辉　高东红　陈邦进
16	分子生物学与检验技术	胡颂恩	关　琪　魏碧娜　蒋传命
17	临床实验室管理	洪国舜	廖　璞　黎明新
18	检验技术专业英语	周剑涛	吴　怡　韩利伟
19	临床输血检验技术+	张家忠　吕先萍	蔡旭兵　张　杰　徐群芳

* 教育部"十二五"职业教育国家规划教材

+选修课

网络增值服务(数字配套教材)编者名单

主　编

张　申　蔡太生

副主编

郭改娥　邵世滨　张　旭

编　者（以姓氏笔画为序）

王海生　内蒙古医科大学

王黎芳　浙江医学高等专科学校

卢　杰　大庆医学高等专科学校

闫　波　安徽医学高等专科学校

张　申　湖南医药学院

张　旭　宁波卫生职业技术学院

张丽杰　铁岭卫生职业学院

邵世滨　山东医学高等专科学校

郝　坡　重庆三峡医药高等专科学校

郭改娥　长治医学院

蔡太生　鹤壁职业技术学院

　　本教材为第四轮全国高职高专检验技术专业规划教材之一,为贯彻落实教育部《关于全面提高高等职业教育教学质量的若干意见》和原卫生部《医药卫生中长期发展规划(2011—2020年)》精神,进一步提高医学检验技术专业人才培养质量,在第三轮高职高专检验技术专业教材基础上,从内容、结构、形式、网络增值服务等方面进一步进行优化和扩展,力争提高教材的生动性、活泼性和开放性。本教材主要供高职高专检验技术专业学生使用,也可供高职高专医学类其他专业学生及卫生技术人员学习参考。

　　按照高等职业教育以服务为宗旨,以就业为导向,以职业能力和职业素质培养为核心的人才培养目标要求,在教材编写过程中力求做到概念清晰、内容简练、重点突出、浅显易懂。在内容的选择上,将服务和服从于临床检验工作需要作为本书的最高编写原则,打破学科的完整性,对教材内容进行了较大幅度的取舍。在体例上与整套教材风格保持一致,即在每章开篇列出学习目标,在章后附有思考题或案例分析题,并在内容上增加了知识链接,以扩展读者的视野和增加本书的可读性及趣味性。为向读者提供优质的教育服务,紧跟教育信息化发展趋势,本教材还配套了网络增值服务内容。

　　本书共十五章。由于本学科内容比较抽象,力争在突出基本概念、基本知识的同时,除必要的利于读者直观理解的代谢过程外,尽量避免使用繁杂的化学反应方程式进行表述,而是力求清晰地梳理出不同物质在体内的代谢脉络,尽可能地让读者更容易从整体上了解物质代谢在机体内的概况和联系,使读者树立起物质代谢的动态观念和整体观念。此外,还尽量突出与临床医学之间的联系,同时也兼顾反映生物化学研究的新进展。

　　在编写过程中,各位编者高度的责任心和严谨的治学态度是本教材得以及时出版的基础,同时也得到了全国高职高专检验技术专业教育教材建设评审委员会和全国高等医药教材建设研究会及人民卫生出版社有限公司各位专家领导的大力支持和指导,在此一并致谢。由于我们水平有限,本教材仍存在一些缺点或不当之处。恳请广大读者予以批评指正。

蔡太生　张申

2015年1月

目　录

绪　　论

学习目标

1. 熟悉:生物化学的概念和研究对象。
2. 了解:生物化学的主要研究内容;生物化学发展的主要脉络。

第一节　概　　述

一、生物化学的概念及研究对象

生物化学(biochemistry)是研究生物体的化学组成及生命过程中化学变化规律的科学,即从分子水平上探讨生命现象的本质。生物化学的研究主要采用化学的原理和方法,随着研究的不断深入,又融入了生物物理学、生理学、细胞生物学、遗传学和免疫学等理论和技术,使之与众多学科有着广泛的联系和交叉,并正在逐步成为生命科学的共同语言。生物化学是生命科学领域重要的领头学科之一。人们通常将研究生物大分子结构、功能及其代谢调控的内容,称为分子生物学(molecular biology)。因此,从广义角度来看,分子生物学是生物化学的重要组成部分,是生物化学的发展和延续。

生物化学的研究对象是生物体,它研究所有的生命形式,研究范围涉及整个生物界。研究人体的生物化学也称为人体生物化学或医学生物化学。医学生物化学主要以人体为研究对象,同时也充分利用微生物和动物进行实验研究,以获取大量的有关人体生命活动的知识。生物化学对医学的发展起着重要的促进作用,同时,临床医疗实践也为医学生物化学的深入研究积累了丰富的经验和宝贵的资料。

二、生物化学研究的主要内容

尽管生物化学的研究内容十分广泛,但主要集中在以下几个方面。

(一) 生物体的物质组成

生物体由成千上万种化学物质组成,包括无机物和有机物(有机小分子和生物大分子)两类。组成这些物质的化学元素主要有:碳、氢、氧、氮、钙、磷、硫、镁、钾、钠、氯等。此外尚有占体重0.01%以下的微量元素,如铁、锌、铜、碘、硒、锰等。

无机物包括水和无机盐,其中水约占体重的55% ~67%(婴儿要更高),无机盐约占3% ~4%。有机小分子包括各种有机酸、有机胺、氨基酸、核苷酸、单糖、维生素等,它们与体内物质代谢、能量代谢密切相关。生物大分子主要指蛋白质、酶、核酸、多糖、蛋白聚糖、脂类等。

(二) 生物大分子的结构与功能

生物大分子通常是由基本结构单位按一定顺序和方式连接而形成的多聚体(polymer),分子量一般大于10^4。对生物大分子的研究,除了确定其基本结构外,更重要的是研究其空间结构及

1

其功能的关系。结构是功能的基础,而功能则是结构的体现。尽管生物大分子种类繁多、结构复杂、功能各异,但其特征之一是具有信息传递功能,由此也称之为生物信息分子。它们之间的相互识别和相互作用,在细胞信号转导和基因表达调控中起着重要的作用。生物大分子结构与功能之间的关系研究是当今生物化学的热点之一。

（三）物质代谢及其调节

生命体的最基本特征是新陈代谢,它可分为合成代谢和分解代谢两个方向相反的代谢过程。即机体在生命活动中,一方面不断地从外界环境摄取氧气和营养物质,并将其转化成自身的组成成分,以实现生长发育和组成成分的更新,同时储存能量,这称为合成代谢;另一方面,体内的组成成分不断地分解,转化成代谢终产物,并将其排出体外,同时释放能量供机体利用,这称为分解代谢。新陈代谢过程中的物质合成代谢和分解代谢总称为物质代谢,能量的释放利用和储存转化则称为能量代谢。物质代谢与能量代谢密切相关,相互依存。

生物体内的物质代谢主要包括糖、脂类、蛋白质和核酸代谢,其本质是一系列复杂的化学反应过程,这些反应过程绝大部分是由酶催化的。在神经、激素等全身性调节因素的作用下,酶的活性或含量的变化对物质代谢的调节起着重要作用。目前对生物体内的主要物质代谢途径虽已基本清楚,但仍有许多的问题有待探讨。如物质代谢有序性调节的分子机制尚需进一步阐明;细胞信息传递的机制及网络也是近代生物化学研究的重要课题。

（四）基因信息的传递及其调控

在生物体内,每一次细胞分裂增殖都包含着细胞核内遗传物质的复制与遗传信息的传递。遗传信息的传递涉及遗传、变异、生长、分化等诸多生命过程。个体的遗传信息以基因为单位贮存于 DNA 分子中,研究 DNA 的复制、RNA 转录、蛋白质生物合成等基因信息传递过程的机制及基因表达时调控的规律,是生物化学的又一主要内容。

随着人类基因组计划(human genome project,HGP)的完成,包含 2 万~3 万个基因的人类染色体核苷酸序列已全部测定出来。在利用分子生物学技术深入探讨各种疾病发病机制的过程中,从基因水平深入理解疾病的发病机制,将为研究这些疾病的发生、发展、诊断、治疗以及预后提供新的手段。

第二节　生物化学发展简史

生物化学的研究始于 18 世纪,而在 20 世纪初作为一门独立的学科得到蓬勃发展,近几十年来又有许多重大的进展和突破,可谓是一门既古老又年轻的学科。

18 世纪中叶至 20 世纪初是生命化学发展的初期阶段。1768 年,氧气的发现者,居住在瑞典的德国药剂师舍勒(C. W. Scheele)首先证明植物中含有酒石酸,随后又从柠檬中制取出柠檬酸,肾结石中制取出尿酸,苹果中发现苹果酸,酸牛奶中发现乳酸等,先后共发现有机酸十几种。1785 年,法国著名化学家拉瓦锡(A. L. Lavoisier)阐明了呼吸过程的本质及其与氧化作用的关系。在此期间,科学家主要研究生物体的化学组成,取得主要成就包括:对脂类、糖类及氨基酸的性质进行了较为系统的研究,发现了核酸和酶,化学合成了简单的多肽,并认识了酶的基本特性。有人也将这一阶段称为"叙述生物化学"阶段。

1903 年,德国科学家纽堡(C. Neuberg)初次提出了"biochemistry"这一名词,使生物化学从生理学中分离出来成为一门独立的学科。从此,生物化学进入了蓬勃发展阶段。在营养学方面,发现了人类必需氨基酸、必需脂肪酸及多种维生素;在内分泌方面,发现了多种激素;在酶学方面,酶结晶获得成功;在物质代谢方面,由于化学分析和同位素示踪技术的发展与应用,对生物体内主要物质的代谢途径已基本确定,包括糖代谢的酶促反应过程、脂肪酸 β-氧化、尿素合成途径等;在遗传学方面,确定了 DNA 是遗传的物质基础。因此,这一时期也被称为"动态生物化

学"阶段。

1953年,沃森(J. D. Watson)和克里克(F. H. Crick)提出了DNA双螺旋结构模型,以此为重要标志,生命化学的发展进入了分子生物学时代。此后,对DNA的复制机制、DNA的转录过程以及各种RNA在蛋白质合成过程中作用进行了深入研究。到60年代中后期,克里克等已初步确立了遗传信息传递的中心法则,并破译了RNA分子中的遗传密码等。这些成果深化了人们对核酸和蛋白质的关系及其在生命活动中的认识。20世纪70年代,重组DNA技术的建立不仅促进了对基因表达调控的研究,而且使人们主动改造生物体成为可能。由此,相继获得了多种基因工程产品,大大推进了医药工业和农业发展。到80年代,核酶(ribozyme)的发现补充了人们对生物催化剂本质的认识。聚合酶链反应(PCR)技术的发明,更使人们在体外高效扩增DNA成为可能。

1990年,美国正式启动了人类基因组计划(HGP),目标是完成人类基因组DNA 30亿碱基对的全部测序工作,绘制出人类基因的基因图谱、物理图谱和序列图谱。在此基础上,后基因组计划将进一步深入研究各种基因的功能与调节。这些研究结果必将进一步加深人们对生命本质的认识,也会极大地推动医学的发展。近30年来,诺贝尔医学或生理学奖以及诺贝尔化学奖大多授予从事生物化学和分子生物学研究的科学家,这足以说明生物化学在生命科学中的重要地位和发展水平。

我国古代劳动人民和科学家对生物化学的发展也做出了重大贡献。早在公元前21世纪,我国人民已能用"曲"作"媒"(即酶)催化谷类淀粉发酵酿酒。公元前12世纪,已能制酱、制饴,还能将酒发酵成醋,这些都是近代发酵工业的先驱。公元前2世纪,已能提取豆类蛋白质制豆腐,这是人类从豆类提取并凝固蛋白质的开端。公元4世纪,万洪(晋朝)用含碘丰富的海藻治疗地方性甲状腺肿。公元7世纪,孙思邈用含维生素B_1的车前子、防风、杏仁、大豆、槟榔等治疗脚气病。由此可见,我国古代劳动人民很早就开始在生产和生活中总结并运用生物化学知识和技术。在近代生物学发展中,我国生物化学家吴宪等创立了血滤液的制备及血糖测定方法,提出了蛋白质变性学说,并在抗原抗体反应机制的研究方面也做出了重大贡献。1965年,我国生物化学工作者首先采用人工方法合成了具有生物活性的胰岛素。1981年又成功地合成了酵母丙氨酰-tRNA。近年来,我国在基因工程、蛋白质工程、人类基因组计划以及基因的克隆与功能研究等方面均取得了重大成果,我国生物化学的研究水平正在迅速地向国际先进水平看齐。

第三节　生物化学与医学的关系

生物化学是一门基础医学的必修课程,它阐述正常人体的物质组成、物质代谢规律及其调节机制、生物信息传递及表达调控等相关问题,与医学有着紧密的联系。目前,它的理论和技术已渗透到其他基础医学和临床医学的各个领域,正对医药卫生事业的发展和人类的健康长寿发挥着越来越重要的作用。

(一) 生物化学与基础医学

生物化学由化学和生理学发展而来,各种生理现象以及药物的作用与演变过程都必须依靠生物化学的知识从分子水平来进行解释。如疾病发生的机制、药物作用的机制及其在体内的代谢过程等。生物化学实验技术,如蛋白质和核酸分离、纯化、分析等技术也已广泛应用于组织学、免疫学、药理学等学科的研究之中。随着新知识的不断涌现和学科间的相互渗透,逐步出现了一批新兴的交叉学科,如分子病理性、分子药理学、分子微生物学、分子遗传学和分子免疫学等。生物化学与其他医学基础学科的关系正变得越来越密切。

(二) 生物化学与临床医学

随着现代医学的发展,临床医学正在越来越多地借助生物化学的理论和技术诊断、治疗和

预防疾病。例如：近年来，由于生物化学和分子生物学的迅速发展，大大加深了人们对恶性肿瘤、遗传性疾病、代谢异常疾病、心血管疾病、神经系统疾病、免疫缺陷性疾病等重大疾病本质的认识，并出现了新的诊断方法。生化药物和基因药物在疾病的临床治疗中也已取得了重大进展。相信随着生物化学和分子生物学的进一步发展，基因诊断和基因治疗在临床上的应用将会获得新的突破。可见，生物化学是现代医学发展的重要支柱。

（三）生物化学与检验医学

检验医学（laboratory medicine）是一门临床学科，它运用不断发展的自然科学和医学科学技术对患者血液、尿液和各种体液标本进行检验，并以发展检验技术、提高检验质量为重点，达到对患者疾病的诊断、病情观察和预后判断等目的一门学科。该学科根据检验对象和目的不同，又可分为临床检验、生物化学检验、血液学检验、免疫学检验、微生物学检验、寄生虫学检验等分支学科。生物化学检验、血液学检验、免疫学检验乃至分子生物学检验都是通过测定组织、体液、细胞的成分，解释疾病变化和药物治疗对机体生物化学过程和组织、体液成分的影响，以提供疾病诊断、病情监测、药物疗效、预后判断和疾病预防信息的学科。生物化学阐述正常机体或疾病的生物化学基础，疾病发展的生物化学过程，以及药物对此过程的影响，近几十年的生物化学研究成果，又从分子水平阐明了健康和维持健康的基本涵义，因此生物化学是检验医学发展的重要基础。

（蔡太生）

练 习 题

1. 何谓生物化学？
2. 生物化学的主要研究内容有哪几个方面？
3. 简述生物化学与检验医学的关系。

第一章

蛋白质的结构与功能

学习目标

1. 掌握：蛋白质的特征元素；蛋白质系数及应用；氨基酸的分类；蛋白质的等电点、变性、紫外吸收和呈色反应及应用。

2. 熟悉：蛋白质的一级结构；蛋白质的分类；蛋白质结构与功能的关系。

3. 了解：氨基酸的性质；蛋白质的空间结构；蛋白质胶体性质。

蛋白质（protein）由氨基酸组成，属于生物大分子，是生命的物质基础。其分子量很大，从6000到1 000 000道尔顿（Da）或更大。蛋白质占人体重量的16%～20%，一个体重60kg的成年人体内约含9.6～12kg蛋白质。体内蛋白质的种类很多，性质、功能各异。酶（核酶除外）是最常见的一类蛋白质，催化生物化学反应，对于生物体的代谢至关重要。除了酶之外，还有许多机械性或结构性蛋白质，如肌肉中的肌动蛋白和肌球蛋白，细胞骨架中的微管蛋白。此外，一些蛋白质则参与免疫反应、细胞信号传导等。要了解各种蛋白质的功能及其在生命活动中的重要性，需要先了解其结构。

第一节　蛋白质的分子组成

一、蛋白质的元素组成

蛋白质是由碳（C，50%）、氢（H，7%）、氧（O，23%）、氮（N，16%）元素组成的，有些蛋白质可能还含有磷（P）、硫（S）、铁（Fe）、锌（Zn）、铜（Cu）、硼（B）、锰（Mn）、碘（I）、钼（Mo）等。氮元素是蛋白质的特征元素，各种蛋白质的含氮量很接近，平均为16%。由于蛋白质是体内的主要含氮物质，因此生物样品中每1g氮的存在，表示大约有1/0.16＝6.25g蛋白质的存在，即16%的倒数。6.25常被称为蛋白质系数，这是蛋白质元素组成的一个特点，也是凯氏定氮法测定蛋白质含量的理论基础。

知识链接

三聚氰胺与奶粉

蛋白质平均含氮量为16%，三聚氰胺的含氮量为66.7%左右。"凯氏定氮法"是通过测定含氮量来估算蛋白质含量。作为粗蛋白含量测定的经典方法之一，其所测的"氮"同时包括蛋白氮和非蛋白氮。添加三聚氰胺会使凯氏定氮法所测得的样品含氮量升高，推算出的蛋白质测试含量偏高，造成蛋白含量结果的正偏差。这就是在蛋白含量不合格的奶粉中添加三聚氰胺的原因。弥补检测方法缺陷的办法是先用三氯乙酸处理样品，使蛋白质沉淀后再行凯氏定氮法。这是检测牛奶氮含量的国际标准（ISO 8968）规定的。

二、蛋白质的基本组成单位-氨基酸

蛋白质可以被酸、碱或蛋白酶催化水解,降解为分子量越来越小的肽段(peptide fragment),最终降解为氨基酸(amino acid,AA)混合物。氨基酸是构成蛋白质的基本单位,常被用三字母或单字母符号来表示,后者主要用于表达蛋白质的氨基酸顺序,氨基酸的简写符号见表1-1。组成人体蛋白质的氨基酸有20种,各种氨基酸的含量和排列顺序的不同构成了不同的蛋白质。

表 1-1　组成天然蛋白质的 20 种氨基酸

种类	结　构　式	俗名及缩写	英文名	化学系统名	pI
非极性氨基酸	H—CH—COOH（NH₂）	甘氨酸 Gly,G	glycine	氨基乙酸	5.97
	H₃C—CH—COOH（NH₂）	丙氨酸 Ala,A	alanine	α-氨基丙酸	6.02
	CH₃—CH—CH—COOH（CH₃ NH₂）	缬氨酸 Val,V	valine	α-氨基-β-甲基丁酸	5.96
	CH₃—CH—CH₂—CH—COOH（CH₃ NH₂）	亮氨酸 Leu,L	leucine	α-氨基-γ-甲基戊酸	5.98
	CH₃—CH₂—CH—CH—COOH（CH₃ NH₂）	异亮氨酸 Ile,I	isoleucine	α-氨基-β-甲基戊酸	6.02
	H₃C—S—CH₂—CH—COOH（NH₂）	甲硫氨酸 Met,M	methionine	α-氨基-γ-甲硫基丁酸	5.74
	苯基—CH₂—CH—COOH（NH₂）	苯丙氨酸 Phe,F	phenylalanine	α-氨基-β-苯基丙酸	5.48
	吲哚基—CH₂—CH—COOH（NH₂）	色氨酸 Trp,W	tryptophan	α-氨基-β-(3-吲哚基)丙酸	5.89
	吡咯烷—CH—COOH（NH）	脯氨酸 Pro,P	proline	吡咯-α-甲酸	6.30
极性中性氨基酸	HO—CH₂—CH—COOH（NH₂）	丝氨酸 Ser,S	serine	α-氨基-β-羟基丙酸	5.68
	HO—CH—CH—COOH（CH₃ NH₂）	苏氨酸 Thr,T	threonine	α-氨基-β-羟基丁酸	5.87
	HS—CH₂—CH—COOH（NH₂）	半胱氨酸 Cys,C	cysteine	α-氨基-β-巯基丙酸	5.07
	HO—苯基—CH₂—CH—COOH（NH₂）	酪氨酸 Tyr,Y	tyrosine	α-氨基-β-对羟苯基丙酸	5.66

续表

种类	结 构 式	俗名及缩写	英文名	化学系统名	pI
极性中性氨基酸	H₂N—C(=O)—CH₂⁻CH—COOH, NH₂	天冬酰胺 Asn,N	asparagine	α-氨基丁二酰胺	5.41
	H₂N—C(=O)—CH₂—CH₂⁻CH—COOH, NH₂	谷氨酰胺 Gln,Q	glutamine	α-氨基戊二酰胺	5.65
极性酸性氨基酸	HOOC—CH₂⁻CH—COOH, NH₂	天冬氨酸 Asp,D	aspartic acid	α-氨基丁二酸	2.77
	HOOC—CH₂—CH₂⁻CH—COOH, NH₂	谷氨酸 Glu,E	glutamic acid	α-氨基戊二酸	3.22
极性碱性氨基酸	H₂N—CH₂—CH₂—CH₂—CH₂⁻CH—COOH, NH₂	赖氨酸 Lys,K	lysine	α,ε-二氨基己酸	9.74
	H₂N—C(=NH)—NH—CH₂—CH₂⁻CH—COOH, NH₂	精氨酸 Arg,R	arginine	α-氨基-δ-胍基戊酸	10.76
	（咪唑环）—CH₂⁻CH—COOH, NH₂	组氨酸 His,H	histidine	α-氨基-β-(4-咪唑基)丙酸	7.59

（一）氨基酸的结构特点

氨基酸分子结构中含有氨基（—NH₂）和羧基（—COOH）。根据氨基连接于羧酸碳原子的位置不同，可分为 α、β、γ、δ……等氨基酸。其中，氨基连在 α-碳（Cα）上的为 α-氨基酸。组成天然蛋白质的氨基酸，除脯氨酸（α-亚氨基酸）外，结构均为 α-氨基酸（图 1-1）。

除甘氨酸外，其余氨基酸的 α 碳原子都属于不对称碳原子，连接的 4 个基团各不相同，包括氨基（—NH₂）、羧基（—COOH）、氢原子（—H）和一个可变的侧链基团（—R），构成四面体结构。四个不同的取代基在空间的排列可以有两种不同的方式，即 D-型与 L-型两种构型，彼此是平移不能叠合的左右手关系。因此，

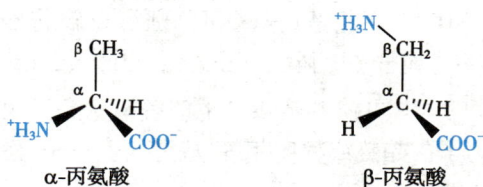

图 1-1 α-氨基酸与 β-氨基酸

这些氨基酸属于手性分子，存在立体异构体。组成天然蛋白质的氨基酸，都属 L-型（图 1-2）。

（二）氨基酸的分类

20 种氨基酸的一般结构相同，区别仅在于侧链基团的大小、电荷、疏水性和反应活性。通常据此将氨基酸分为：非极性氨基酸、极性中性氨基酸、极性酸性氨基酸和极性碱性氨基酸（表 1-1）。

非极性氨基酸共有 8 个，其 R-基团为烃基、吲哚环或甲硫基，难解离，呈疏水性。其中丙氨酸（Ala）的 R-基团疏水性最小。

极性中性氨基酸有 7 个，其 R-基团不带电荷，但含有极性的羟基、巯基或酰胺基团，能与其他的极性分子形成氢键。丝氨酸（Ser）、苏氨酸（Thr）和酪氨酸（Tyr）的侧链的极性是由所带的羟基（—OH）造成的；天冬酰胺（Asn）和谷氨酰胺（Gln）的侧链极性是由酰胺基（—CONH₂）引起

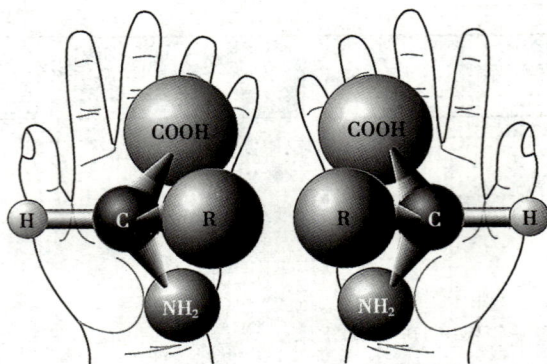

图 1-2　L-α-氨基酸与 D-α-氨基酸

的;半胱氨酸(Cys)则是因为含有巯基(—SH),它和酪氨酸的极性最强。

极性碱性氨基酸有 3 个。除了 α-氨基外,其 R-基团上额外含有氨基、胍基或咪唑基,在水溶液中可结合质子而带正电荷。赖氨酸(Lys)的 R 基团上带有氨基;精氨酸(Arg)和组氨酸(His)的 R 基团分别含有胍基和咪唑基。

极性酸性氨基酸有 2 个。除了连在 Cα 上的羧基之外,这类氨基酸的 R-基团额外还有一个羧基,在水溶液中可解离出质子而带负电荷。

20 种氨基酸中,半胱氨酸(Cys)和脯氨酸(Pro)较为特殊。半胱氨酸的侧链含有活泼的巯基(—SH),通过氧化可以和另一个半胱氨酸的侧链形成二硫键(—S—S—)(图 1-3)。借助二硫键,多肽链内部或肽链间可以发生共价交联,维持蛋白质的结构与功能。脯氨酸属于亚氨基酸,其 α-碳原子上的氨基与 R-基团共价交联,形成吡咯环,Cα-N 键不能自由转动。

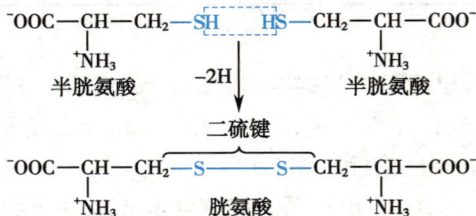

图 1-3　半胱氨酸和二硫键

(三) 氨基酸的理化性质

掌握氨基酸的理化性质是了解蛋白质许多性质的基础,也是氨基酸、蛋白质分析、分离工作的基础。

1. 两性解离　氨基酸分子中的氨基(—NH_2)可与质子(H$^+$)结合而带正电荷(—NH_3^+)。而羧基(—COOH)则可以解离出质子(H$^+$)而带负电荷(—COO$^-$)。因此,氨基酸具有两性解离的特性,是两性电解质。通过改变溶液的 pH,可使氨基酸分子的解离状态发生改变。在某一 pH 溶液中,氨基酸解离成阳离子和阴离子的趋势或程度相等,成为兼性离子,净电荷为零,此时溶液的 pH 是该氨基酸的等电点(isoelectric point,pI)。

溶液 pH 为 5.97 时,甘氨酸(Gly)净电荷为零,呈电中性,5.97 就是 Gly 的等电点。由表 1-1 可见,酸性氨基酸(谷氨酸和天冬氨酸)的 pI 小于 4.0;碱性氨基酸(赖氨酸、精氨酸和组氨酸)的 pI 大于 7.5;其余氨基酸的 pI 在 5.0 ~ 6.5 之间。

溶液 pH 高于氨基酸的 pI 时,溶解于溶液中的氨基酸带净负电荷,在电场中向正极移动。溶液 pH 低于氨基酸的 pI 时,溶解于溶液中的氨基酸带净正电荷,在电场中向负极移动(图 1-4)。在一定 pH 范围之间,溶液 pH 离氨基酸的等电点越远,氨基酸所带的净电荷越多。

2. 紫外吸收　构成天然蛋白质的 20 种氨基酸在可见光区(350 ~ 770nm)没有光吸收。由于 R-基团上含有苯环的共轭双键结构,在近紫外区(220 ~ 300nm),苯丙氨酸、酪氨酸和色氨酸这三种芳香族氨基酸具有光吸收能力,最大吸收波长分别为 257nm、275nm 和 278nm(图 1-5)。

$$H_3N^+ - \overset{\overset{\displaystyle H}{|}}{\underset{\underset{\displaystyle R}{|}}{C}} - C\overset{\displaystyle O}{\underset{\displaystyle O^-}{}}$$

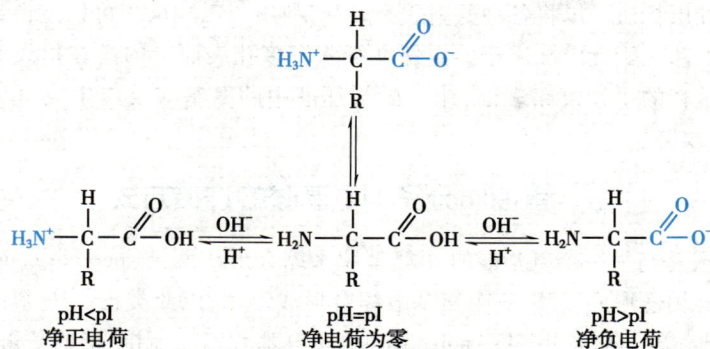

| pH<pI | pH=pI | pH>pI |
| 净正电荷 | 净电荷为零 | 净负电荷 |

图 1-4　溶液不同 pH 时氨基酸分子的解离状态

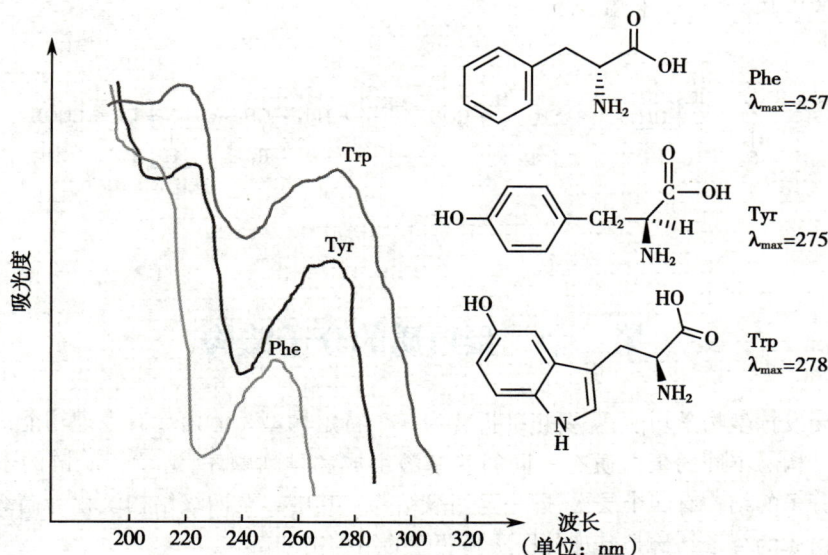

Phe $\lambda_{max}=257$

Tyr $\lambda_{max}=275$

Trp $\lambda_{max}=278$

图 1-5　芳香族氨基酸的紫外吸收

3. 呈色反应　氨基酸的呈色反应中,茚三酮反应最重要。在加热及弱碱条件下,α-氨基酸氧化脱氨、脱羧,生成的氨与水合茚三酮反应生成罗曼紫(图1-6)。罗曼紫是茚三酮反应的特征性产物,在 570nm 处有最大光吸收。天冬酰胺的反应产物是棕色的,脯氨酸或羟脯氨酸的反应产物则是亮黄色的。可根据化合物颜色的深浅对氨基酸进行定性或定量测定分析。

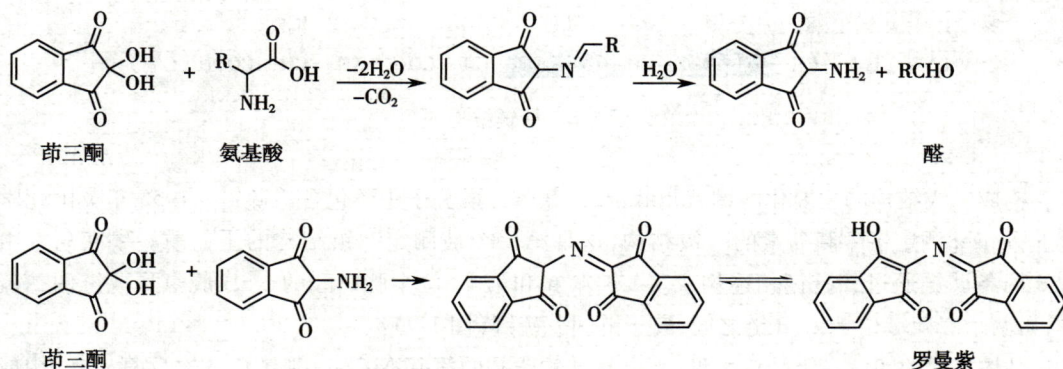

茚三酮　　　氨基酸　　　　　　　　　　　　　　　　　　　　　醛

茚三酮　　　　　　　　　　　　　　　　　　　　　　　　罗曼紫

图 1-6　氨基酸的茚三酮反应

用纸层析或柱层析法可以将各种氨基酸分离开,利用茚三酮反应可以定性或定量地测定各氨基酸。法医学上茚三酮反应被用于鉴定留在纸张等多孔表面上的潜在指纹。手指所分泌的细微汗液聚集于独特的手指纹路表面,茚三酮与汗液中的氨基酸反应生成可见的蓝紫色化合物,从而显出指尖纹路。

三、蛋白质分子中氨基酸的连接方式

氨基酸的 α-羧基与另一个氨基酸的 α-氨基脱水缩合形成肽键(peptide bond)(图 1-7)。两个氨基酸通过肽键相连形成二肽,三个氨基酸缩合形成三肽,以此类推。10 个以内氨基酸相连形成的是寡肽,十肽以上的称为多肽(polypeptide)。氨基酸相互衔接,形成长链,称为多肽链或肽链(polypeptide chain)。肽链中的氨基酸因为形成肽键而基团不全,称为氨基酸残基(residue)。氨基酸的这种连接方式使得多肽链的一端保留游离的氨基,形成 N-末端;而另一端则保留游离的羧基,形成 C-末端。

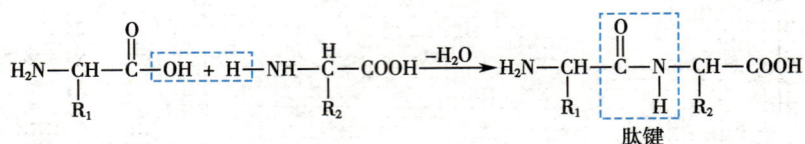

图 1-7　肽键的形成

第二节　蛋白质的分子结构

多肽链要发挥生物学功能,需要正确折叠为一个特定构型。体内具有生理功能的蛋白质都具有有序的结构。不同的蛋白质有不同的氨基酸组成和排列顺序,造就了肽链的不同空间构象。蛋白质分子的结构有四个层次,即一至四级结构。其中二至四级结构统称为高级结构或空间构象。蛋白质的分子结构是其理化性质和功能的结构基础。

一、蛋白质的一级结构

(一) 一级结构的要点

多肽链氨基酸残基从 N-端到 C-端的排列顺序就是蛋白质的一级结构(primary structure)。表示多肽链的一级结构时,通常将 N-末端的氨基酸写在左边,C-末端的残基写在右边,从左至右依次写出各氨基酸。肽链中的氨基酸残基可被编号,N-端第一个氨基酸被标为 1,依次向 C-端标注数字(图 1-8)。

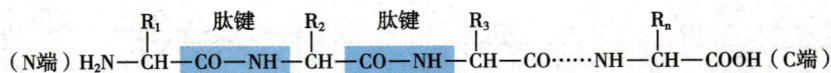

图 1-8　肽链结构

构成一级结构的主要化学键就是肽键,某些蛋白质分子中还包含二硫键。1955 年英国化学家 F. Sanger 测定了牛胰岛素的一级结构,这是第一个被测定一级结构的蛋白质。牛胰岛素由 A、B 两条肽链通过二硫键相连构成。A 链第 6 和第 11 位半胱氨酸的—SH 脱氢形成链内二硫键,另两个二硫键位于 A、B 链之间,属于链间二硫键(图 1-9)。

从图 1-8 的四肽一级结构可见,来自氨基酸残基的氨基 N-Cα—羧基 C 依次反复出现,构成多肽链的骨架,称为主链。氨基酸残基的 R-基团自主链向外突出,称为侧链。

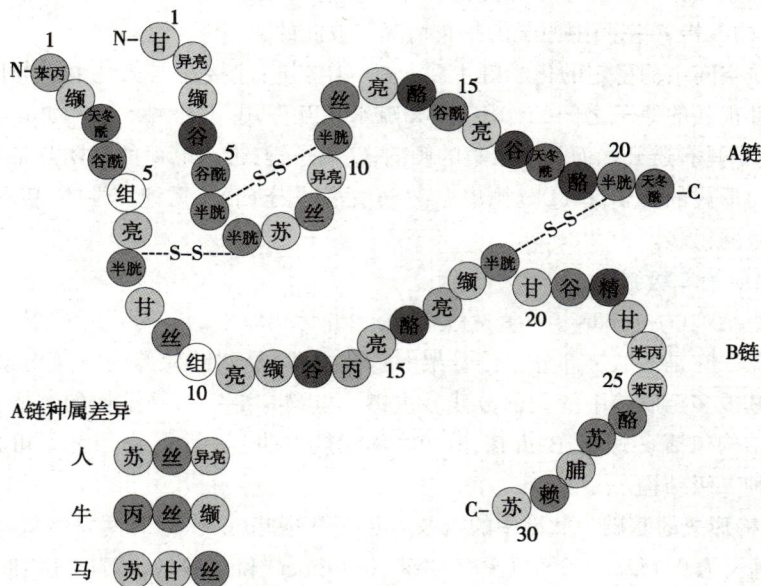

图 1-9 人胰岛素一级结构及 A 链种属差异示意图

知识链接

胰岛素的人工合成

胰岛素是胰脏中胰岛 β-细胞分泌的一种调节糖代谢的蛋白质激素,具有抗炎、抗血小板聚集等作用。1955 年,英国科学家桑格(F. Sanger)测定完成牛胰岛素的一级结构,并在 1958 年获得诺贝尔化学奖。1965 年,中国科学家首次用人工方法合成结晶牛胰岛素,且具有生物活性。这是世界上第一个人工合成的蛋白质,1982 年获中国自然科学一等奖。

组成天然蛋白质的 20 种氨基酸 R-基团各自不同,氨基酸以不同的序列组合时,就可形成各种一级结构,从而导致蛋白质具有不同的空间结构和生物学活性。阐明蛋白质的一级结构有助于在分子水平上阐述疾病的发生机制。

(二) 天然存在的活性肽

机体中存在许多活性小肽,发挥着重要的功能。很多激素属于小肽,包括促甲状腺释放激素(3 肽)、催产素(9 肽)、抗利尿激素(9 肽)、促肾上腺皮质激素(39 肽)等等。催产素和加压素都是九肽,一级结构序列只差一个氨基酸残基,后者分子中有一碱性氨基酸残基,造成两者等电点不同。催产素等电点为 7.7,加压素等电点为 10.9,可以通过这一理化性质的不同从混合液中提取分离这两种激素。

还原型谷胱甘肽属于三肽,由谷氨酸、半胱氨酸和甘氨酸缩合而成。因含有游离的巯基(—SH),所以常以 GSH 表示。谷胱甘肽还有氧化型(G-S-S-G)形式,但是,生理条件下大部分以还原型存在。存在于红细胞中的还原型谷胱甘肽能够维持血红蛋白的半胱氨酸处于还原态,防止溶血。作为体内一种重要的抗氧化剂,还原型 GSH 还能保护生物膜、生物大分子免受机体新陈代谢所产生的自由基的攻击,保护蛋白质和酶分子中的巯基。

二、蛋白质的空间结构

蛋白质分子的多肽链并非呈线形伸展,而是折叠和盘曲形成特定的比较稳定的空间结构。

蛋白质的空间构象可分为主链构象和侧链构象。主链构象指肽链骨架上各原子的空间排布及相互关系;侧链构象指 R-基团中原子的排布情况和彼此的关系。

维持蛋白质空间结构稳定的化学键主要包括:①氢键:连接在电负性很强的原子上的氢原子与另一电负性很强的原子之间的作用力;②疏水相互作用:非极性分子(如氨基酸的疏水残基)在水相环境中具有避开水而相互聚集的倾向;③离子键:带正电荷的基团与带负电荷的基团之间相互吸引而形成的化学键;④范德华力:分子之间非定向的、无饱和性的、较弱的电性引力,比化学键或氢键弱得多。

(一) 蛋白质的二级结构

蛋白质二级结构(secondary structure)指的是主链骨架原子的相对空间位置,不涉及氨基酸残基侧链的构象。它是多肽链部分主链骨架的折叠方式,是肽链局部的空间构象,可涉及少至三个氨基酸残基或多至肽链中的大部分残基主链。氢键是稳定二级结构的主要作用力。蛋白质常见的二级结构包括 α-螺旋、β-折叠、β-转角和无规卷曲。一个蛋白质分子可含有多种二级结构或多个同种二级结构。

1. 二级结构形成的基础　肽键中的氨基 N 原子与羰基(C═O)之间发生氧电子离域作用,使得 C—N 键键长为 0.132nm,介于 C—N 单键(0.149nm)和双键(0.127nm)之间,具有部分双键性质,导致肽键不能自由旋转。结果,形成肽键的 4 个原子与其相邻的 2 个 α 碳原子(Cα)位于同一平面上,称为肽平面(planar unit of peptide)(图 1-10)。这一平面是刚性的,又称肽单元。肽平面内的 C═O 与 N—H 呈反式排列,各原子间的键长和键角是固定的。

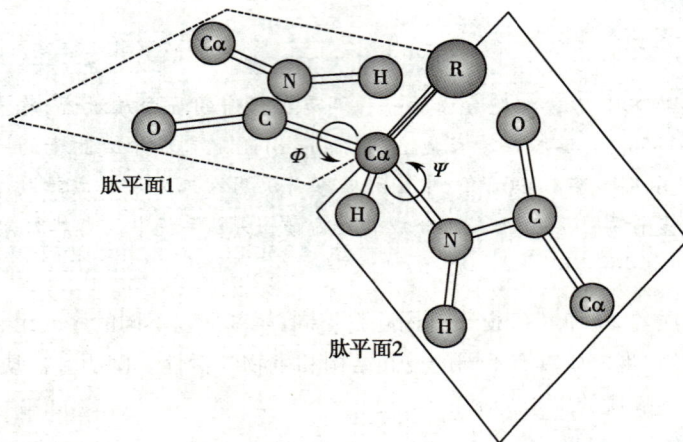

图 1-10　肽平面示意图

Cα 所连的两个单键是可以自由旋转的,Cα-N 旋转的角度称为 Ψ 角,Cα-C 旋转的角度称为 Φ 角。原则上 Φ、Ψ 角可以取−180°至+180°之间的任意值。这使得两个相邻的肽单元具有相对的空间排布,造成主链的不同构象。

2. 二级结构的类型　如果没有稳定因素,多肽链只能形成无规卷曲。借助肽平面之间的相对旋转和某些氨基酸残基之间形成的氢键,多肽链骨架可以形成一定的构象,包括 α-螺旋、β-折叠和 β-转角。

(1) α-螺旋:多肽链的某一段主链有规律地盘曲上升,形成紧密的螺旋结构,这一构象称为 α-螺旋(α-helix)。α-螺旋的结构要点如下(图 1-11):①一般为右手螺旋,走向顺时针;②每圈螺旋包含 3.6 个氨基酸残基,螺距(螺旋上升一周的距离)为 0.54nm;③每个肽键的亚氨基(—NH)氢与第四个肽键的羰基(—C═O)氧之间形成氢键,氢键方向与螺旋的长轴平行,维持螺旋的纵向稳定;④R-基团伸向螺旋的外侧,其大小、形状、性质及带电荷状态将影响 α-螺旋的形成及稳定。

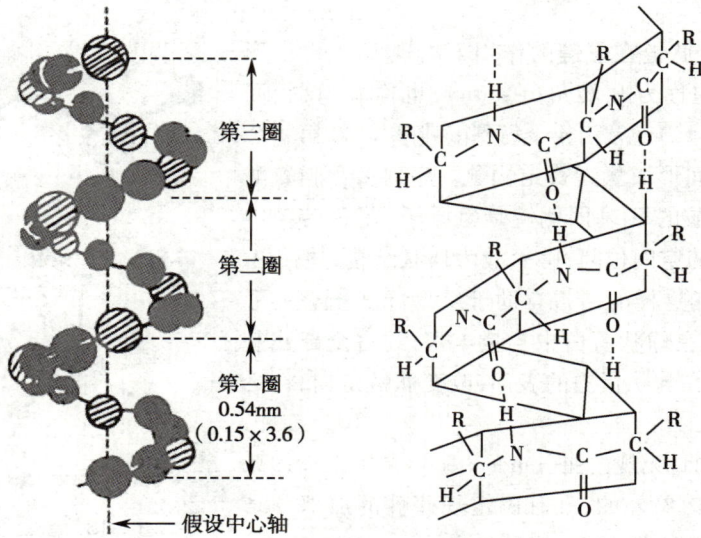

图 1-11 蛋白质的 α-螺旋结构示意图

α-螺旋在肽链中能否形成、形成后稳定与否与其氨基酸组成和序列(一级结构)有关。若肽段中大量氨基酸残基的 R-基团带有同种电荷,彼此间由于静电排斥,不能形成链内氢键,肽段将较难形成 α-螺旋。除了电荷性质外,R-基团的大小对肽段能否形成螺旋也有影响。如脯氨酸为亚氨基酸,N 在吡咯环中移动的自由度受限制。亚氨基与羧基形成肽键后,没有氢原子形成链内氢键。肽链中只要存在脯氨酸,α-螺旋到这一氨基酸残基处即被终止,产生"结节"。

α-螺旋是蛋白质中最常见、含量最丰富的二级结构。血红蛋白分子中的许多肽段呈 α-螺旋结构。构成毛发的 α-角蛋白二级结构主要是 α-螺旋,三股右手 α-螺旋向左缠绕,形成原纤维,增加了机械强度并具有可伸缩性。

(2)β-折叠:β-折叠(β-sheet)或称 β-片层是一种较为伸展、呈折纸状的蛋白质二级结构构象。两条或多条几乎完全伸展的肽段侧向聚集在一起,相邻肽段主链上的 N—H 和 C ═O 之间形成有规则的氢键,这样的构象就是 β-折叠。β-折叠可以发生在同一条肽链的不同肽段,也可以是不同的肽链间。β-折叠的结构要点如下(图 1-12):①两条或多条伸展的肽段或肽链侧向聚集在一起,各肽平面以 Cα 为旋转点形成 110°的夹角,依次折叠形成锯齿状;②肽链走向可相同或相反,反向平行的构象更为稳定;③维持结构稳定的因素是相邻肽链主链的 N—H 和 C ═O 之间形成的氢键;④R-基团交错位于锯齿状结构的上下方。β-折叠通常用箭头表示。

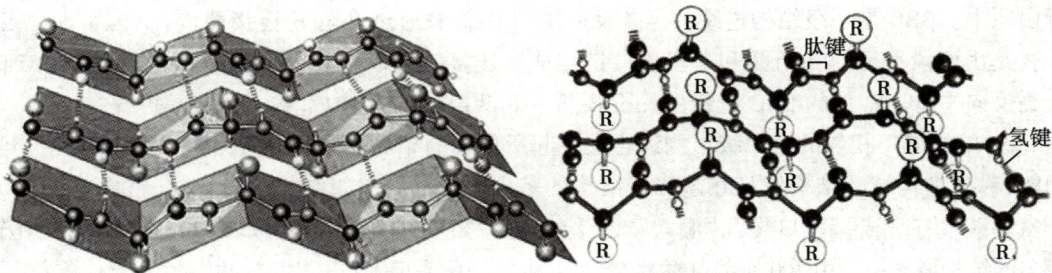

图 1-12 蛋白质的 β-折叠结构示意图

蚕丝中的丝心蛋白由保守的重复序列 Gly-Ala-Gly-Ala-Gly-Ser-Gly-Ala-Gly-(Ser-Gly-Ala-Gly-Ala-Gly)$_8$形成 β-折叠结构,片层交替堆积成平行的多层结构。由于 Gly、Ala 和 Ser 的 R-基团都比较小,片层间得以相互靠近,通过范德华力,形成强有力而不伸展的纤维,是丝纤维具有柔韧

性的原因。

（3）β-转角：肽链在氢键的作用下出现180°的U形弯，回折处的结构称为β-转角（β-turn），也称β-弯曲、回折。β-转角（图1-13）通常由4个氨基酸残基构成，第一个与第四个残基之间形成氢键稳定构象。序列多含脯氨酸和甘氨酸。甘氨酸的R-基团侧链是氢原子，在β-转角中能调整其他残基的空间位阻；脯氨酸为环状结构，迫使β-转角形成。β-转角这样的回折有助于反平行β-折叠的形成。其次，β-转角在球状蛋白中含量丰富，约占全部残基的1/4；一般出现在球状蛋白的表面，改变肽链走向，将之引向蛋白的内部。

（4）无规卷曲：无规卷曲（random coil）是用来描述肽链中除上述三种构象外的，没有确定规律性的那部分结构。但这一构象本身也具有一定的稳定性。

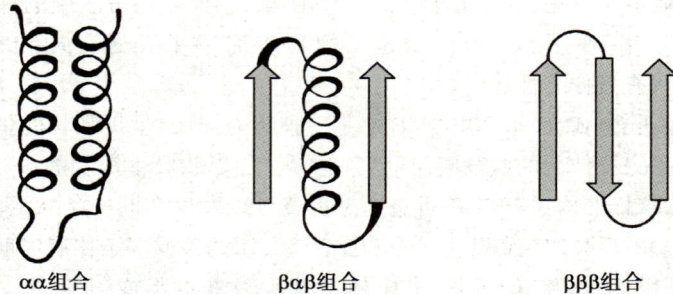

图1-13 蛋白质的β-转角结构示意图

（二）超二级结构和结构域

超二级结构（supersecondary structure）和结构域（domain）是介于蛋白质二级结构和三级结构之间的空间结构。

1. 超二级结构 是氨基酸序列相邻的若干个二级结构单元（即α-螺旋、β-折叠和β-转角等）在肽链折叠过程中相互靠近，彼此作用所形成的有规律的聚集体，其基本形式有α-螺旋组合（αα）、β-折叠组合（βββ）和α-螺旋β-折叠组合（βαβ）（图1-14），以βαβ组合最为常见。

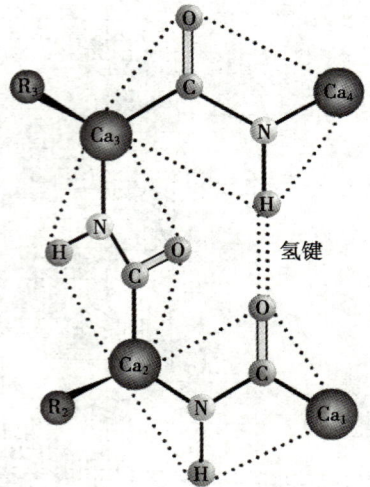

αα组合　　　βαβ组合　　　βββ组合

图1-14 蛋白质的超二级结构示意图

αα 由两股或三股右手α-螺旋彼此缠绕形成左手超螺旋，存在于α角蛋白、肌球蛋白和纤维蛋白原中。βββ 是一级结构连续的三条反向平行β-折叠通过β-转角连接而成，结构非常稳定。βαβ 是由两段平行的β-折叠和一段连接链组成。连接链可以是α-螺旋或无规卷曲，一般与β-折叠反向平行。常见的βαβ 组合由三段β-折叠和两段α-螺旋构成，称Rossman折叠。

2. 结构域 相邻的超二级结构组合在一起所形成的相对独立的空间构象，具有一定生物学功能，称为结构域。结构域是在超二级结构的基础上形成的二级结构的组合体，常由100～300个氨基酸残基组成，呈"口袋"、"洞穴"或"裂缝"状。SH2结构域（*Src* Homology 2 domain）是比较著名的结构域之一。由100个氨基酸残基组成，中间一段为反平行β-片层，两端各一个α-螺旋（图1-15）。该结构域通常结合于靶蛋白的磷酸化酪氨酸残基上，从而使包含SH2结构域的蛋白质可以定位到其他蛋白的磷酸化酪氨酸位点上，参与了细胞外信号穿过细胞膜转导入细胞的过程。受体酪氨酸激酶蛋白（RTKs）信号转导通路中的GTP酶活化蛋白（GAP）就含有SH2结构域。

（三）蛋白质的三级结构

多肽链在二级结构、超二级结构或结构域的基础上，进一步盘曲折叠，通过次级键的作用形

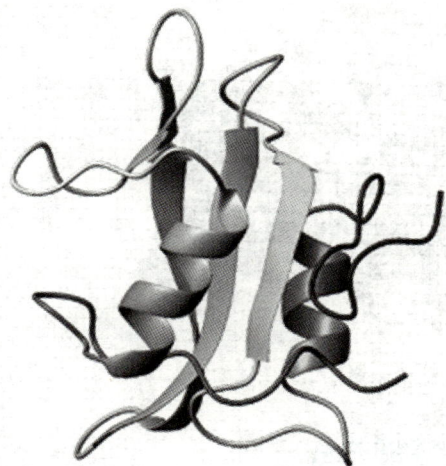

图 1-15　SH2 结构域

成的空间结构就是蛋白质的三级结构（tertiary structure）。它是整条肽链中全部氨基酸残基的相对空间位置，包括骨架和侧链在内的所有原子的空间排布。维系三级结构稳定的次级键主要是氨基酸残基侧链之间的疏水相互作用、氢键、范德华力和静电相互作用力。以球状蛋白质为例，通过三级结构得以形成疏水区和亲水区。亲水侧链组成亲水区位于蛋白质分子表面；疏水侧链集中于分子内部形成疏水区（图 1-16）。如果蛋白质分子仅由一条多肽链组成，则三级结构就是它的最高结构层次。

蛋白质的空间构象是多肽链上各个单键的旋转自由度受到各种限制的总结果。这些限制包括肽平面的刚性、$C\alpha$-C 和 $C\alpha$-N 键旋转的许可角度、肽链中疏水基团和亲水基团的数目及位置、带电荷的 R-基团的数目及位置、溶剂性质等。这些限制因素通过 R-基团的相互作用达到平衡，最终形成一种最稳定的空间结构。

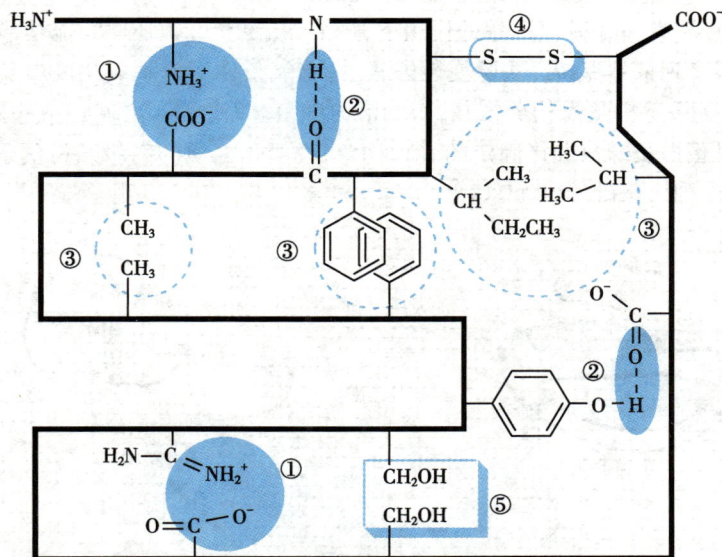

图 1-16　维持蛋白质三级结构的化学键
①离子键；②氢键；③疏水键；④二硫键；⑤范德华力

（四）蛋白质的四级结构

体内许多蛋白质由两条或两条以上的多肽链构成，才具有生物学功能。每一条多肽链具有完整的三级结构，但单独存在时没有生物学功能，称为亚基（subunit）。在由多个亚基组成的蛋白质分子中，亚基的种类、数目、空间上的相对位置及相互作用属于蛋白质的四级结构（quarternary structure）。

蛋白质四级结构的稳定因素是次级键。大多数寡聚蛋白的亚基数目为偶数。一种蛋白质中，亚基结构可以相同，也可不同。多数寡聚蛋白质分子其亚基的排列是对称的，这是四级结构的最重要性质之一。

人体内的血红蛋白是一种寡聚蛋白，成人的血红蛋白由两个 α 亚基和两个 β 亚基组成。生理条件下，肽链盘曲折叠，包绕血红素，成球形亚基；四个亚基再自动组装成 $\alpha_2\beta_2$ 四聚体（图 1-17）。血红蛋白四聚体具有运输 O_2 和 CO_2 的功能。

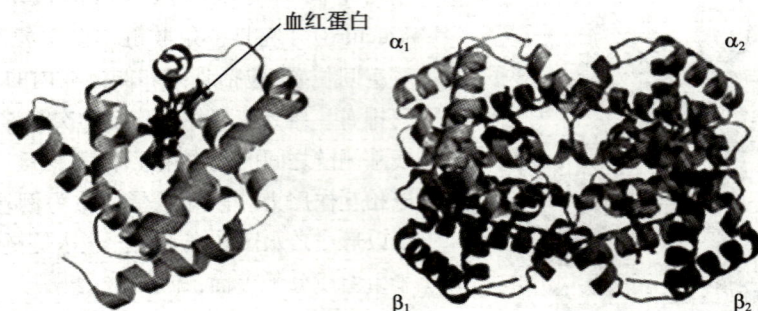

图 1-17 血红蛋白的四级结构示意图

三、蛋白质结构与功能的关系

（一）蛋白质一级结构是空间结构和功能的基础

1. 蛋白质一级结构是空间结构的基础 在生物体内，肽链一旦被合成，即可根据一级结构自然盘曲折叠，形成一定的空间构象。蛋白质的一级结构决定其高级结构。1961 年的牛胰核糖核酸酶 A（RNase A）变性和复性实验证明了这一理论。RNase A 蛋白质序列中含有 8 个 Cys，形成 4 对二硫键。在尿素和 β-巯基乙醇的作用下，4 对二硫键全部被还原为巯基，酶活性丧失。但肽键未断裂，一级序列依然保持。去除变性因素，在有氧条件下巯基氧化成二硫键，4 对二硫键准确无误地原位复原，RNase A 构象恢复，酶的活力恢复。8 个 Cys 之间形成 4 对二硫键有 105 种组合方式，但是蛋白质却只选择固定的一种构象，说明蛋白质的高级结构的形成是以一级结构的氨基酸残基序列为基础的（图 1-18）。

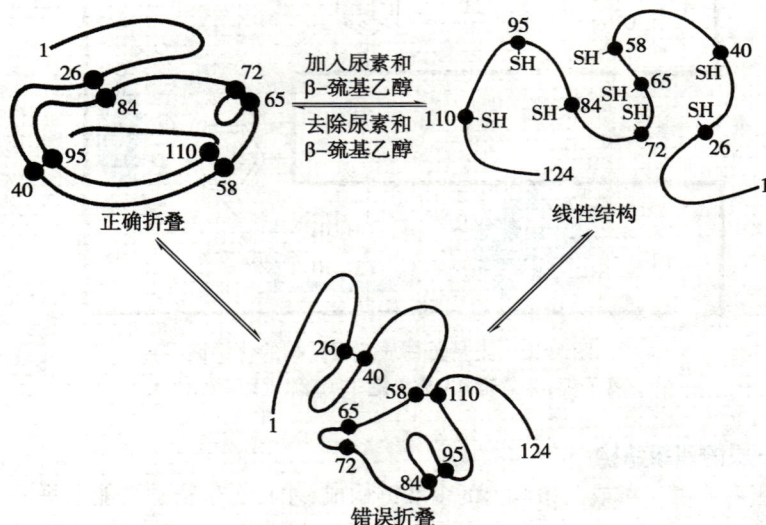

图 1-18 RNase A 的变性与复性

2. 蛋白质一级结构决定其功能 蛋白质分子的功能取决于其三维结构，而空间结构则取决于氨基酸序列，即一级结构。相似的氨基酸序列将折叠成相似的空间结构，在功能上也具有一定的相似性。在不同的机体中实现同一功能的蛋白质称为同源蛋白（homologous protein）。不同种属来源的同源蛋白一般具有相似的一级结构，称为序列同源（sequence homology）。如，不同哺乳动物的胰岛素分子就是同源蛋白，其序列同源性比较高，都由 A 链和 B 链构成，其氨基酸排列顺序、二硫键的配对位置、蛋白质的空间构象都很相似，它们的一级结构只有几个氨基酸的差别（图 1-9），它们的功能也相似，都是调节糖代谢的。

机体的一些生化反应所涉及的蛋白质分子,有时需要按照特定的方式发生肽键的断裂,即蛋白质的一级结构改变后,才具有特定的生物学功能。例如,血液凝固过程中,纤维蛋白原被催化切除两条酸性多肽后成为纤维蛋白单体,单体易于聚合成纤维蛋白多聚体,进一步变成稳定的不溶性纤维蛋白凝块,完成凝血过程。这是蛋白质分子结构与功能高度统一的表现。

（二）蛋白质一级结构与分子病

镰刀形红细胞贫血是一种致死性疾病,是由于遗传基因突变导致血红蛋白分子中氨基酸残基改变造成的(图 1-19)。该病是反映蛋白质一级结构决定其空间结构和功能的典型案例。血红蛋白四聚体中的 β-亚基第 6 位氨基酸残基($β6$)在正常人是谷氨酸(Glu),但是患者的血红蛋白,此位点因基因突变而变成了缬氨酸(Val)。酸性侧链氨基酸 Glu 突变为非极性侧链氨基酸 Val,蛋白质的一级结构发生了改变。由此,在三级结构层面上,位于分子表面的 β6 Glu 突变成 Val 相当于在蛋白质分子表面引入了一个非极性侧链。在低氧浓度时,突变的血红蛋白溶解度下降,分子聚集成丝,形成长链,互相黏着,进一步聚集成多股螺旋的微管纤维束,将整个红细胞扭曲呈镰刀状。这种由于基因突变导致蛋白质分子发生变异,进而引起空间结构和生物学功能改变而导致的疾病称为“分子病”。

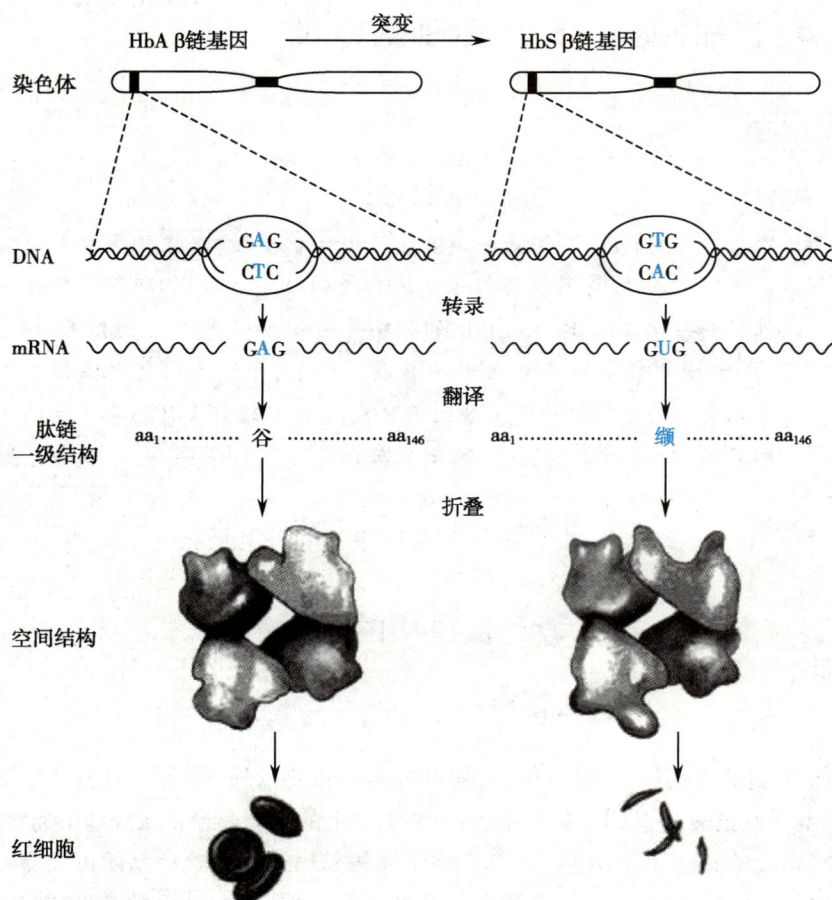

图 1-19　镰刀形红细胞贫血的发生机制

另一方面,蛋白质一些非关键位点的氨基酸残基的改变或缺失不一定会影响其生物学功能。例如细胞色素 C,蛋白质分子某些位点被置换数十个氨基酸残基,功能依然不变。但是,如果这种置换涉及侧链 R-基团性质的改变,如脂肪族变为芳香族氨基酸,虽然功能不变,但是蛋白的免疫原性会有较大差异。这些蛋白质若是组成人体组织器官的成分,在临床器官移植术中,就容易引起免疫排异反应。

（三）蛋白质空间结构与功能的关系

蛋白质分子的一级结构决定其空间构象，而蛋白质分子具有的特定空间构象与其发挥特定的生理功能有着直接的关系。如果蛋白质的一级结构保持不变，而空间构象发生改变也可导致其功能的变化。蛋白质构象并非固定不变。生物体内某些小分子物质与蛋白质分子特定部位作用，使其构象改变而生物学功能也随之改变，这种现象称为变构效应或别构效应（allostery）。

血红蛋白（hemoglobin，Hb）是最早发现具有别构作用的一种蛋白质，它是红细胞中的主要成分，其主要功能为运输氧和二氧化碳。Hb 的运氧功能是通过构象变化来完成的，现以 Hb 为例来说明蛋白质构象与功能的关系。Hb 是由两个 α 和两个 β 亚基组成的四聚体，每个亚基都含有一个血红素，每个血红素分子中含有的铁（Fe^{2+}）都能与 1 分子 O_2 结合，故每分子 Hb 可结合 4 分子 O_2。Hb 有两种可互变的天然构象：紧张态（T 态）和松弛态（R 态）。T 态结合氧的能力较弱，R 态的氧亲和力比 T 态高数百倍。在肺部毛细血管，O_2 分压高，当 Hb 的一个 α 亚基与 1 分子 O_2 结合后，使其相邻亚基的空间构象也随之改变，即触发 Hb 由 T 态转变为 R 态，与 O_2 的亲和力加强，易于与 O_2 结合。在组织毛细血管，O_2 分压低，而 CO_2 和 H^+ 的浓度高。当 CO_2 或 H^+ 与 HbO_2 结合后，可使 Hb 由 R 态变为 T 态，从而促进 HbO_2 释放 O_2，供组织利用。Hb 的这种别构作用，极有利于它在肺部与 O_2 结合及在周围组织释放 O_2。

📎 知识链接

朊病毒蛋白与疯牛病

朊病毒蛋白（prion protein，PrP）是一类高度保守的糖蛋白，正常朊病毒蛋白（PrP^C）广泛表达于脊椎动物细胞表面，它可能与神经系统功能的维持、淋巴细胞信号转导及核酸代谢有关。致病性朊病毒蛋白（PrP^{SC}）是 PrP^C 的构象异构体，两者一级结构相同，但空间结构不同，主要是 PrP^C 的 α-螺旋结构变为 PrP^{SC} 的 β 折叠结构，PrP^{SC} 可引起一系列致死性神经变性疾病。疯牛病发病的分子机制是生理性 PrP^C 转变为病理性 PrP^{SC}，导致生物化学性质改变。PrP^{SC} 水溶性差，对蛋白酶不敏感，构象不稳定易成聚集状态，在中枢神经细胞中堆积，最终破坏神经细胞。

第三节　蛋白质的理化性质

一、蛋白质的两性解离

蛋白质的 N-端带有氨基，C-端为羧基，均可解离。除此以外，R-基团中的某些基团也可解离，如碱性氨基酸赖氨酸 R-基团上的氨基、精氨酸侧链上的胍基和组氨酸残基中的咪唑基；酸性氨基酸谷氨酸和天冬氨酸 R-基团上的羧基。在不同的 pH 溶液中，这些基团可接受质子而带正电荷或给出质子而带负电荷，所以蛋白质和氨基酸一样，也是两性电解质，解离状态受溶液 pH 的影响。溶液中只溶解有某一蛋白质，当溶液处于某一 pH 时，该蛋白质解离成阳离子和阴离子的趋势相等，净电荷为零，此时溶液的 pH 是蛋白质的等电点（isoelectric point，pI）。当溶液 pH>蛋白质的 pI 时，蛋白质带负电荷；反之，当溶液 pH<蛋白质的 pI 时，蛋白质带正电荷；溶液 pH=蛋白质的 pI 时，蛋白质不带电荷（图 1-20）。

蛋白质的 pI 取决于其一级结构。氨基酸序列不同，所带的酸性氨基酸、碱性氨基酸等类型、数量也不尽相同，不同蛋白质的 pI 各不相同。因此在同一溶液 pH 下，pI 不同的蛋白质所带的

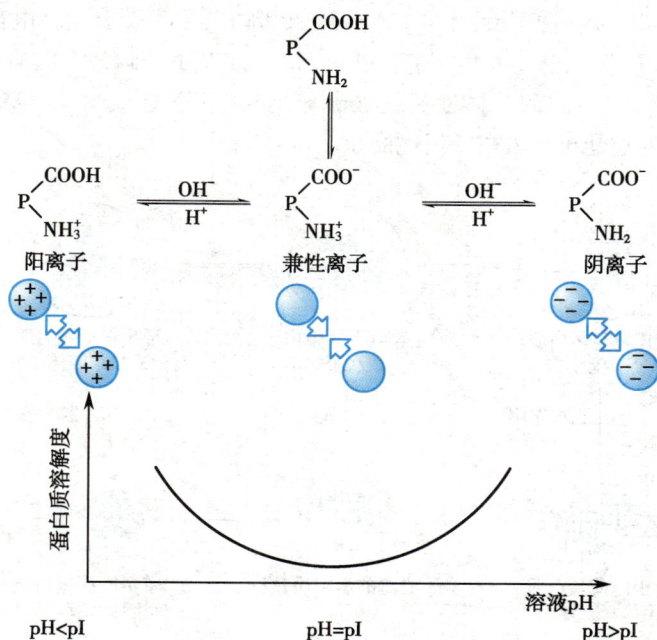

图 1-20　蛋白质在不同 pH 溶液中的解离程度

净电荷不同。人体体液 pH 为 7.35 ~ 7.45,体内蛋白质的 pI 大多数小于 6,所以人体内大部分蛋白质带负电荷。

　　蛋白质处于等电点时,净电荷为零,分子之间无电荷排斥,容易聚集成大颗粒而沉淀析出。沉淀的蛋白质保持有天然的构象,调节溶液 pH 偏离蛋白质的等电点,蛋白质可因带电荷而相互排斥,再次溶解。可以利用这一原理,从混合溶液中,提取单一蛋白质。在偏离等电点的 pH 值条件下,依据不同蛋白质所带净电荷的性质及电荷量不同,可将混合蛋白质通过电泳的方法分离、纯化。电泳(electrophoresis,EP)是带电粒子在电场力的作用下,向着与其电性相反的电极移动的现象。蛋白质在电场中的泳动速度与方向,取决于所带电荷的性质、数量及蛋白质分子的大小和形状。带电量大,分子量小的蛋白质泳动速度快。

知识链接

电泳技术的发展

　　1937 年 Tiselius 发现在一个 U 型管的自由溶液中进行血清蛋白电泳,可将血清蛋白分为清蛋白,α_1-球蛋白,α_2-球蛋白,β-球蛋白和 γ-球蛋白五种。1948 年,Wielamd 和 Kanig 采用滤纸条做载体,进行了纸上电泳。自此,电泳技术逐渐成熟,发展出以滤纸、各种纤维素粉、淀粉凝胶、琼脂和琼脂糖凝胶、醋酸纤维素薄膜、聚丙烯酰胺凝胶等为载体,结合增染试剂如银氨染色、考马斯亮蓝等材料技术,提高了电泳技术的分辨率。

二、蛋白质的胶体性质

　　蛋白质是生物大分子,分子量大多在 1 万 ~ 100 万 Da,分子直径 1 ~ 100nm,属于胶体颗粒,所以蛋白质具有胶体的性质。生物体中,蛋白质与水结合形成胶体系统,如细胞的原生质。

　　维持蛋白质胶体溶液稳定的因素主要是:①水化膜:—NH_2、—COOH、—OH 以及—CONH 等亲水基团位于蛋白质分子表面,通过吸引水分子在分子表面形成水化膜,阻断蛋白质分子相互

聚集,防止其沉淀析出;②同种电荷:溶液 pH≠pI 时,蛋白质分子带有同种电荷。同种电荷相互排斥,阻止蛋白质分子聚集,防止发生沉淀。破坏以上稳定因素,即破坏蛋白质的水化膜或(及)中和其分子表面电荷,蛋白质的胶体性质就被破坏,变得不稳定,分子间容易聚集而发生沉淀(图 1-21)。这就是通过盐析对蛋白质提纯的原理。

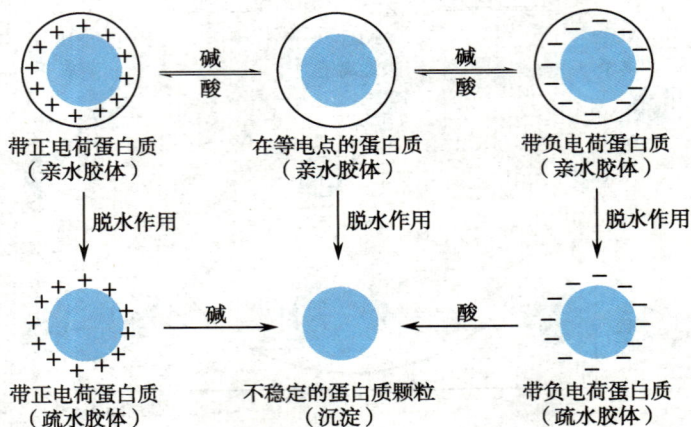

图 1-21　蛋白质胶体颗粒的沉淀

　　蛋白质分子量大,作为胶体不能通过半透膜,可以用半透膜将蛋白质和溶液分离开来。人体的细胞膜、线粒体膜、微血管壁等都具有半透膜性质,使各类蛋白质分布于膜内外的不同部位。

三、蛋白质的变性

　　除了少量的二硫键外,维持蛋白质空间构象的力主要是次级键。某些物理化学因素破坏维持蛋白质空间构象的次级键和二硫键,使蛋白质有序的空间结构变得无序,导致其理化性质改变、生物学活性丧失,这一现象称为蛋白质的变性(denaturation)。造成蛋白质变性的因素有很多,如加热可以破坏范德华力和氢键,去污剂十二烷基硫酸钠(SDS)会破坏疏水相互作用。另外,有机溶剂、重金属离子和辐射等因素均可造成蛋白质变性。蛋白质变性的实质是维持高级结构稳定的次级键被破坏,并不涉及一级结构氨基酸序列的改变。变性后的蛋白质结晶能力消失,黏度增加,溶解度降低,易被蛋白酶水解,生物活性丧失。临床上常利用或避免蛋白质的变性来开展工作。如 75% 的乙醇、高温高压使细菌体的蛋白质变性失去活性,达到消毒灭菌的目的。而酶、疫苗、免疫血清等蛋白质制剂的保存和运输则要求低温以防止其变性失去活性。

　　光照、有机溶剂等使蛋白质变性过程中,如果条件不是太剧烈,蛋白质分子空间结构变化不大,变性作用是可逆的。此时,若除去变性因素,改变条件,变性的蛋白质可恢复空间构象和生物活性,这一过程称为蛋白质的复性(renaturation)。蛋白质的性质不同,所处的环境不同,则其复性的条件大不相同。

　　蛋白质变性后次级键被破坏,分子从有序的卷曲紧密结构转变为无序的松散伸展结构,导致原来位于分子内部的疏水基团暴露于分子表面,蛋白质分子失去水化膜,分子间碰撞几率增加,肽链相互缠绕而聚集,最终从溶液中析出,这一现象称为沉淀(precipitation)。变性的蛋白质容易沉淀,但蛋白质沉淀不一定是变性造成的(如前述的盐析)。临床上,肾脏疾病诊断的检查方法之一是尿蛋白定性试验。其原理就是利用物理、化学手段,如氨基水杨酸法、醋酸加热法等,使尿中蛋白质变性沉淀再行检测。

　　蛋白质变性沉淀后,沉淀物仍能溶于强酸、强碱溶液中,如加热则絮状的沉淀会变成坚固的凝块,这一过程称为蛋白质的凝固作用。蛋白质的凝固作用是一个不可逆的过程,凝块将不再溶于强酸强碱。

四、蛋白质的紫外吸收性质

蛋白质分子中,酪氨酸、苯丙氨酸和色氨酸残基的苯环含有共轭双键,使蛋白质对紫外光具有吸收能力,最大吸收峰在 280nm 处。蛋白质溶液的浓度与 280nm 处蛋白质的光吸收值(A_{280})成正比,因此可以利用蛋白质的紫外吸收特性进行定量分析。

五、蛋白质的呈色反应

1. 茚三酮反应　在 pH 5~7 的溶液中,蛋白质经过水解后产生的氨基酸可以发生如前述的茚三酮反应。产物颜色深浅与蛋白质的含量成正比,可以用于蛋白质的定性、定量分析。

2. 双缩脲反应　在 NaOH 等碱性溶液中,双缩脲($H_2NOC\text{-}NH\text{-}CONH_2$)能与铜离子($Cu^{2+}$)反应,生成紫红色络合物,这一反应即为双缩脲反应。蛋白质分子中的肽键结构与双缩脲相似,能与 Cu^{2+} 发生双缩脲反应。氨基酸并不发生双缩脲反应,在蛋白质水解过程中,随着蛋白质水解程度的加强,双缩脲呈色深度逐渐降低,通过颜色的变化,可以检测蛋白质的水解程度。

第四节　蛋白质的分类

一、按组成分类

根据蛋白质分子的化学组成,通常可将蛋白质分为单纯蛋白质和结合蛋白质两类。

1. 单纯蛋白质　单纯蛋白质水解后只产生氨基酸,不含有其他组分。根据溶解性质的不同,又可将单纯蛋白质分为清蛋白、球蛋白、谷蛋白、醇溶谷蛋白、组蛋白、鱼精蛋白和硬蛋白等 7 类。

2. 结合蛋白质　结合蛋白质由蛋白和非蛋白两部分组成。非蛋白部分是一些有机或无机化合物,如糖类、脂质、核酸和金属离子等,称为结合蛋白质的辅助因子。根据辅助因子的不同,又可以将其分为糖蛋白、脂蛋白、色蛋白、核蛋白、金属蛋白、磷蛋白等。

二、按形状分类

从蛋白质形状上,可将其分为球状蛋白质和纤维状蛋白质。球状蛋白质,或称球蛋白,其肽链盘曲折叠呈球状或椭球状,形状对称,溶解度好,结晶能力强。大多数蛋白质属于球状蛋白质,典型的球蛋白含有能特异的识别其他化合物的凹陷或裂隙部位。血红蛋白是典型的球蛋白。

纤维状蛋白质,又称纤维蛋白,其肽链盘曲折叠呈棒状或纤维状,多由几条肽链合成麻花状的长纤维,一般不溶于水。纤维蛋白的功能主要是构成生物体的结构成分或对生物体起保护作用。毛发和指甲中的角蛋白,皮肤、骨骼和结缔组织中的胶原蛋白等属于纤维蛋白。

三、按功能分类

根据蛋白质功能的不同,可将其分为活性蛋白质和非活性蛋白质两类。

活性蛋白质包括有催化功能的酶、有调节功能的激素、有运动、防御、接受和传递信息的蛋白质以及毒蛋白、膜蛋白等。而胶原、角蛋白、弹性蛋白、丝心蛋白等属于非活性蛋白质。

第五节　血浆蛋白质

一、血浆蛋白质的组成与分类

血液中的液体成分即血浆(plasma)。血浆中最主要的固体成分是血浆蛋白,含量为 70 ~

75g/L,大部分是糖蛋白。血浆蛋白质种类丰富,约有200多种,在血浆中的含量不同,有的蛋白含量高达数十克,有的仅几毫克。它们的功能也各异(表1-2),部分血浆蛋白质的功能尚未明确。除γ-球蛋白在浆细胞内合成外,大部分的血浆蛋白质在肝细胞内合成。

表1-2 正常血浆中部分蛋白质组分名称、浓度及生物学活性

名称	简写或英文	浓度(mg/dl)	生物学活性
清蛋白			
前清蛋白	PA\Pre-AL	28～35	结合甲状腺素
清蛋白	AIb	4200±700	维持血浆胶体渗透压、运输、营养
α_1球蛋白			
α脂蛋白	aLP	217～270	运输磷脂、甘油三酯、胆固醇、脂溶性维生素
α_1酸性糖蛋白(乳清类黏蛋白)	α_1AGP	75～100	抑制黄体酮
α_1抗胰蛋白酶	α_1AT	210～500	抗胰蛋白酶和糜蛋白酶
运皮质醇蛋白	TSC	5～7	运输皮质醇
甲胎蛋白	AFP	$0.5～2.0×10^{-3}$	
α_2球蛋白			
α_2神经氨酸糖蛋白	C_1s I	24±10	抑制补体第一成分C_1s
甲状腺素结合球蛋白	TBG	1～2	结合甲状腺素(T_4)
铜蓝蛋白	CP	27～63	具有氧化酶活性,与铜结合,参与铜的代谢
凝血酶原	Prothrombin	5～10	参与凝血
α_2巨球蛋白	α_2M	200±60	抑制纤溶酶和胰蛋白酶,活化生长激素和胰岛素
胆碱酯酶	ChE	1±0.2	水解乙酰胆碱
结合珠蛋白	Hp	100(30～190)	与血红蛋白结合
血管紧张素原	angiotensinogen		使血管收缩,升高血压
红细胞生成素	erythropoietin		促进RBC生成
α_2脂蛋白(VLDL)	α_2Lp	28～71	运输甘油三酯、脂溶性维生素和激素
β球蛋白			
β脂蛋白(LDL)	βLp	219～340	运输磷脂、脂溶性维生素和激素
运铁蛋白	Tf	250±40	运输铁,抗菌、抗病素
运血红素蛋白	Hpx	80～100	与血红素结合
C反应蛋白	CRP	<1.2	与肺炎球菌的C多糖反应
纤溶酶原	Pm	30±2	具纤溶酶活性
纤维蛋白原	Fib	350(200～400)	凝血因子Ⅰ
γ球蛋白			
免疫球蛋白A	IgA	247±87	分泌型抗体
免疫球蛋白D	IgD	3(0.3～40)	抗体
免疫球蛋白E	IgE	0.033	反应素
免疫球蛋白M	IgM	146±56	抗体
免疫球蛋白G	IgG	1280±260	抗体

血浆蛋白可用不同方法,如盐析法、电泳法、超速离心法、层析法、免疫法等分析测定。临床上较常用的分离方法包括电泳法和超速离心法,也可用免疫法测定特定的血浆蛋白。

(一) 电泳法

电泳分离血浆蛋白可以用来分析血浆蛋白的成分变化,用于临床诊断等。电泳支持物不同,分离的效果也不同。醋酸纤维素薄膜电泳法可将血浆蛋白质分为清蛋白、α_1 球蛋白、α_2 球蛋白、β-球蛋白、纤维蛋白原和 γ-球蛋白 6 条区带,而用分辨力较高的聚丙烯酰胺凝脉电泳法则可将血浆蛋白质分为 34 条区带。目前临床上主要采用简便快速的醋酸纤维素薄膜电泳法。当肝细胞受损时,血浆清蛋白含量降低,球蛋白含量可不降低或有增加。重症肝炎患者 α_1、α_2 及 β-球蛋白含量均可增加;慢性迁延性肝炎患者 γ-球蛋白浓度增加;慢性活动性肝炎、骨髓瘤及丙种球蛋白血症患者 γ-球蛋白显著增多。肝癌患者 α_2 球蛋白浓度升高。

(二) 超速离心法

超速离心法分离脂蛋白是根据脂蛋白的密度不同采用密度梯度离心来分离的,但其他蛋白质的分离就不一定了。不同蛋白质其密度和形态各不相同,沉降系数也就不同,用超速离心法可将它们分开。

(三) 按照来源分类

按血浆蛋白质来源的不同,可将血浆蛋白质分为两类。一类是血浆功能性蛋白质,是组织细胞合成后分泌入血浆并在血浆中发挥生理功能的蛋白质,包括抗体、补体、凝血酶原、转运蛋白等。这类蛋白质的质和量的变化可以反映机体代谢情况。第二类是在细胞更新或遭到破坏时自细胞逸入血浆的蛋白质,包括血红蛋白、转氨酶等。这些蛋白质在血浆中出现或含量升高往往与特定组织器官的更新、破坏或细胞通透性改变有关。

(四) 按照功能分类

除上述分离、分类方法外,也可按照功能的不同对血浆蛋白质进行分类,可将之分为 8 类:①凝血系统蛋白质:除 Ca^{2+} 外的 12 种凝血因子;②纤溶系统蛋白质:纤溶酶原、纤溶酶、激活剂及抑制剂等;③补体系统蛋白质;④免疫球蛋白;⑤脂蛋白;⑥血浆蛋白酶抑制剂:酶原激活抑制剂、血液凝固抑制剂、纤溶酶抑制剂、激肽释放抑制剂、内源性蛋白酶及其他蛋白酶抑制剂;⑦载体蛋白,与各种配体;⑧功能未知的血浆蛋白质。

二、血浆蛋白质的功能

(一) 功能

1. 维持血浆胶体渗透压 血浆中含有大量的蛋白质,但是蛋白质分子量大,产生的渗透压很小,约只有 3.3kPa(25mmHg)。血浆中的这部分渗透压被称为胶体渗透压。血浆蛋白一般不能透过毛细血管壁,所以虽然血浆胶体渗透压很小,但对于维持血管内外水的平衡有重要作用。

在血浆蛋白质中,清蛋白的分子量小于球蛋白,但其浓度高于球蛋白;清蛋白的 pI 为 4.7 ~ 4.9,小于球蛋白,在生理 pH 条件下电离度大于球蛋白。所以 75% ~ 80% 的血浆胶体渗透压主要来自清蛋白所产生的渗透压。若清蛋白明显减少,即使球蛋白增加而保持血浆蛋白质总量基本不变,血浆胶体渗透压也将明显降低。当血浆蛋白浓度,尤其是清蛋白浓度过低时,血浆胶体渗透压下降,水分将潴留在组织间隙,造成水肿。

2. 运输功能 血浆蛋白分子表面含有许多亲脂性结合位点,血液中的脂溶性物质可与其相结合而被运输。血浆蛋白还能与容易随尿排出的小分子物质,如激素等,发生可逆结合,防止它们从肾流失。此种结合使得这些小分子物质的结合态与游离态处于动态平衡,保持游离态物质在血中的浓度相对恒定。

尤其是清蛋白能结合阳离子,也能结合阴离子,因而能输送许多理化性质不同的物质,如脂

肪酸、激素、金属离子和药物等。当清蛋白含量变化时,这些激素和药物的游离型含量也随之变化,使其生物学活性增强或减弱。许多在水中微溶的代谢物因与清蛋白结合形成复合物而易溶,有助于其运输。

血浆中的皮质激素传递蛋白、运铁蛋白、铜蓝蛋白等载体蛋白在发挥运输功能的同时还能调节被运输物质的代谢。

3. **催化作用**　部分血浆蛋白具有催化功能,被称为血清酶。根据来源和功能,将之分为三类:①血浆功能酶:主要在血浆中发挥作用,包括凝血及纤溶系统的多种蛋白水解酶、卵磷脂胆固醇脂酰基转移酶(lecithin cholesterol acyltransferase, LCAT)等。血浆功能酶大多在肝脏合成,以酶原形式入血,在一定条件下被激活,引起相应的生理或病理变化。肝功能减退时,酶活性降低;②外分泌酶:由消化腺或其他外分泌腺合成的酶,包括胃蛋白酶、胰蛋白酶和胰脂肪酶等。它们在血液中含量与相应的分泌腺的功能及疾病相关。生理条件下这些酶只有少量逸入血浆,但当相应的脏器受损时,逸入血浆的酶量增加,血浆内相关酶的活性增高;③细胞酶:细胞酶是存在于细胞和组织内参与物质代谢的酶。这些酶大部分无器官特异性;小部分来源于特定的组织,表现为器官特异性。这类酶细胞内外浓度差异悬殊,随着细胞的死亡、凋亡更新,可被释放入血。生理状态下它们在血浆中含量甚微,当特定的组织器官病变时,释放入血的酶量增加,血浆中的酶活性增高。红细胞、血小板、肌肉、心、肝、肾和中枢神经系统等均可向血浆释放相应的酶,这些酶最常用于临床诊断,如转氨酶、乳酸脱氢酶和肌酸激酶等。

4. **维持血浆 pH 稳定**　蛋白质是两性电解质,血浆蛋白的等电点在 pH 4~6 之间,在血浆中以阴离子形式存在。血浆蛋白与相应的蛋白盐形成缓冲对,缓冲血浆中可能发生的酸碱变化,参与维持血浆正常的 pH。

5. **免疫功能**　机体实现免疫功能时发挥重要作用的抗体(IgG、IgA、IgM、IgD、IgE)、补体等都属于血浆球蛋白。

6. **凝血、抗凝血和纤溶作用**　血浆含有参与凝血的各种蛋白,又有防止血液凝固的相关蛋白,血液在血管内能保持流动状态,除其他原因外,抗凝物质起了重要的作用。血浆内又存在一些可使血纤维再分解的蛋白质。在生理性止血过程中,众多的凝血因子、抗凝血和纤溶物质共同发挥作用,相互配合,既有效地防止了失血,又保持了血管内血流畅通。

7. **营养作用**　血浆蛋白,尤其是清蛋白,可分解成氨基酸,用于合成组织蛋白或氧化分解供能。

(二) 临床应用

多种临床疾病可表现为血浆蛋白异常。在疾病产生发展过程中,组织细胞内蛋白质的合成可增加或减少,或从细胞内释放入血,这些变化或对阐明疾病的发生机制,或检测疾病损害的部位和程度有重要的意义。如急性肝炎肝脏病变时,前清蛋白(PA)浓度的改变是肝功能损伤的敏感指标。甲胎蛋白(AFP)主要在胎儿肝中合成,在妊娠 30 周左右合成量达到最高峰,以后逐渐下降,出生时血浆浓度仅 40mg/L,只有高峰期的 1% 左右,周岁时降至 30mg/L 以下,接近正常成人水平。但是,80% 的肝癌患者血清中可检测到 AFP 升高,50% 的生殖细胞肿瘤患者出现 AFP 阳性,其他消化系统肿瘤如胰腺癌、肺癌患者血清 AFP 也可检测到不同程度的升高。

在临床生物化学检测中,血浆蛋白质的分析一直是最主要的常规工作之一。最早用于有关肝脏及肾脏疾病和血液恶性肿瘤的诊断与预后监测。随着蛋白质微量检测和特异性分析技术的发展,血浆蛋白质分析为不少病理检测和疾病诊断提供了新信息。如血液凝固因子、免疫球蛋白组分及补体系统组分检测在血液学中是最基本临床实践。

📚 小结

　　蛋白质是机体内重要的生物大分子,每一种蛋白质都有其特定的结构与功能。

　　氮元素是蛋白质的特征元素。6.25 是蛋白质系数,可通过测定氮元素含量换算样品蛋白质含量。L-α-氨基酸是构成天然蛋白质的基本组成单位,共有 20 种,根据侧链基团不同分类。氨基酸属于两性电解质,当溶液 pH 等于其 pI 时,氨基酸呈兼性离子。蛋白质也具有这一性质。

　　蛋白质的结构包括一级结构和高级结构。前者指自 N 端到 C 端的氨基酸的排列顺序,氨基酸残基之间通过肽键相连。高级结构包括二、三级结构,有的蛋白质还有四级结构。维持高级结构稳定的力是次级键。二级结构主要形式有 α-螺旋、β-折叠和 β-转角等。蛋白质一级结构是高级结构和功能的基础。

　　血浆蛋白质分析是临床生化检验的常规工作之一。电泳法可将血浆蛋白分为清蛋白、α_1 球蛋白、α_2 球蛋白、β-球蛋白和 γ-球蛋白,功能各异。多种临床疾病可表现为血浆蛋白异常。

（王黎芳）

复 习 题

一、单项选择题

1. 蛋白质的含氮量十分接近,平均约为
　　A. 1.6%　　　　　　　　B. 6.25%　　　　　　　　C. 16%
　　D. 18%　　　　　　　　E. 20%

2. 两条或两条以上具有三级结构多肽链的基础上,肽链进一步折叠盘曲形成蛋白质的
　　A. 一级结构　　　　　　B. 二级结构　　　　　　C. 三级结构
　　D. 四级结构　　　　　　E. 亚基

3. 氨基酸的茚三酮反应产物最大光吸收波长为
　　A. 260nm　　　　　　　B. 280nm　　　　　　　C. 360nm
　　D. 560nm　　　　　　　E. 570nm

4. 有一混合蛋白质溶液,各种蛋白质的 pI 为 4.6、5.0、5.3、6.7 和 7.3,电泳时欲使蛋白向负极泳动,缓冲液的 pH 应为
　　A. 4.0　　　　　　　　B. 5.0　　　　　　　　C. 6.0
　　D. 7.0　　　　　　　　E. 8.0

5. 维系蛋白质二级结构稳定的化学键是
　　A. 肽键　　　　　　　　B. 盐键　　　　　　　　C. 氢键
　　D. 疏水键　　　　　　　E. 二硫键

二、名词解释
1. 蛋白质变性　2. 等电点　3. 电泳

三、简答题
1. 简述蛋白质二级结构的类型和要点。
2. 简述血浆蛋白质的功能。

选择题参考答案

1. C　2. D　3. E　4. A　5. C

第二章

核酸的结构与功能

▶ 学习目标

1. 掌握:DNA 二级结构的特点,核酸的理化性质及其检测应用的原理。
2. 熟悉:核酸的元素组成及其结构特点。
3. 了解:体内某些核苷酸衍生物的结构及功能。

1868 年瑞士化学家米歇尔从脓细胞中首先分离得到一种含氮和磷特别丰富的沉淀物质,随后人们多次发现了这类物质的存在。由于这类物质是从细胞核中提取出来的,而且都具有酸性,因此称为核酸。后来的研究发现核酸不仅存在于细胞核内,还存在于细胞质中,是体内具有重要功能的生物大分子,是物种进化和繁衍的遗传物质基础。天然存在的核酸有两类,即脱氧核糖核酸(deoxyribonucleic acid,DNA)和核糖核酸(ribonucleic acid,RNA)。DNA 是遗传信息的载体,主要存在于细胞核的染色体中,而线粒体及植物叶绿体中也含有少量环状 DNA;RNA 存在于细胞质、细胞核及线粒体内,参与遗传信息的复制与表达,也可作为某些病毒的遗传信息载体。

现代医学的发展离不开对核酸的研究和利用,核酸疫苗应用于病毒、细菌和寄生虫等感染性疾病的防治研究正广泛展开。因此,核酸的研究对医学的发展具有重大意义。

第一节 核酸的化学组成

一、核酸的元素组成

核酸的元素组成为 C、H、O、N 和 P,其中 P 的含量在各种核酸中变化范围不大,平均含 P 量约为 9% ~ 10%,这也是定磷法进行核酸含量测定的理论基础。

二、核酸的基本组成单位——核苷酸

核酸在核酸酶的作用下水解为核苷酸,核苷酸进一步水解生成磷酸和核苷,核苷再进一步水解生成戊糖和碱基。因此,核酸的基本单位是核苷酸,核苷酸由戊糖、碱基和磷酸组成。

1. **戊糖** 核酸中所含的糖均为五碳糖,即戊糖。RNA 分子中的戊糖在第 2 位碳上含氧,称为 β-D-核糖(ribose),DNA 分子中的戊糖在第 2 位碳上不含氧,称为 β-D-2-脱氧核糖(deoxyribose)(图 2-1)。

2. **碱基** 核酸中碱基分为嘌呤(purine)与嘧啶(pyrimidine)两类(图 2-2)。常见的嘌呤包括腺嘌呤

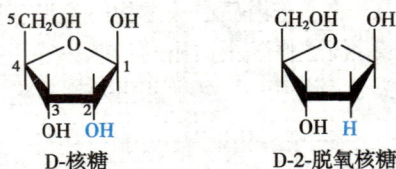

图 2-1 核糖与脱氧核糖

（adenine，A）和鸟嘌呤（guanine，G），常见的嘧啶包括胞嘧啶（cytosine，C）、尿嘧啶（uracil，U）和胸腺嘧啶（thymine，T）。DNA 分子中含有 A、G、C、T；RNA 分子中含有 A、G、C、U。除此之外，DNA 和 RNA 分子中还有含量甚少的其他碱基，称稀有碱基，如次黄嘌呤、二氢尿嘧啶、5-甲基尿嘧啶等。

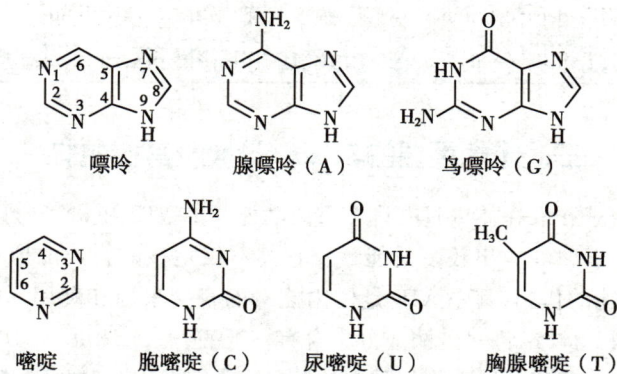

图 2-2 嘌呤与嘧啶碱基

3. 核苷 戊糖 C-1′原子上的羟基和嘌呤的 N-9 原子或嘧啶的 N-1 原子上的氢脱水缩合形成糖苷键。核糖与碱基形成的化合物称为核苷（nucleoside）；脱氧核糖与碱基形成的化合物称为脱氧核苷（deoxynucleoside）。核苷的命名是在核苷的前面加上碱基的名字，如腺嘌呤核苷（简称腺苷）、胞嘧啶脱氧核苷（简称脱氧胞苷）等（图 2-3）。

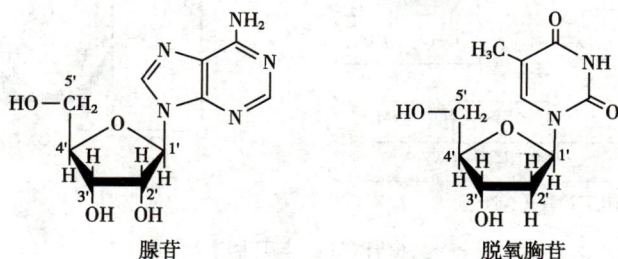

图 2-3 核苷与脱氧核苷

4. 核苷酸 核苷或脱氧核苷 C-5′原子上的羟基与磷酸脱水后形成酯键，构成核苷酸或脱氧核苷酸。根据连接的磷酸基团的数目不同，核苷酸可分为核苷一磷酸（NMP）、核苷二磷酸（NDP）和核苷三磷酸（NTP）（N 代表 A、G、C、U）；脱氧核苷酸可分为脱氧核苷一磷酸（dNMP）、脱氧核苷二磷酸（dNDP）和脱氧核苷三磷酸（dNTP）（N 代表 A、G、C、T）（图 2-4a）。再加上碱基就构成了各种核苷酸的命名，如 GMP 是鸟苷一磷酸，dCDP 是脱氧胞苷二磷酸，ATP 是腺苷三磷酸等。构成核酸的碱基、核苷与核苷酸的名称及代号见表 2-1 和表 2-2。

表 2-1 构成 RNA 的主要碱基、核苷与核苷酸的名称及代号

碱基	核 苷	核 苷 酸
A	腺苷 adenosine	腺苷一磷酸 adenosine monophosphate，AMP
G	鸟苷 guanosine	鸟苷一磷酸 guanosine monophosphate，GMP
C	胞苷 cytidine	胞苷一磷酸 cytidine monophosphate，CMP
U	尿苷 uridine	尿苷一磷酸 uridine monophosphate，UMP

表 2-2 构成 DNA 的主要碱基、核苷与核苷酸的名称及代号

碱基	脱氧核苷	脱氧核苷酸
A	脱氧腺苷 deoxyadenosine	脱氧腺苷一磷酸 deoxyadenosine monophosphate，dAMP
G	脱氧鸟苷 deoxyguanosine	脱氧鸟苷一磷酸 deoxyguanosine monophosphate，dGMP
C	脱氧胞苷 deoxycytidine	脱氧胞苷一磷酸 deoxycytidine monophosphate，dCMP
T	脱氧胸苷 deoxythymidine	脱氧胸苷一磷酸 deoxythymidine monophosphate，dTMP

三、体内重要的游离核苷酸及其衍生物

核苷酸除了构成核酸外，在体内具有许多重要功能。如 NTP 和 dNTP 是高能磷酸化合物，含两个高能磷酸酯键，水解时释放出较多的能量。它们不仅是核酸合成的原料，而且在多种物质的合成中起活化或供能的作用，其中 ATP 是体内能量的直接来源和利用形式；UTP 参与糖原合成，CTP 参与磷脂合成。此外，许多辅酶成分中含有核苷酸，如 AMP 是 NAD^+、$NADP^+$、FAD、辅酶 A 等的组成成分；某些核苷酸及衍生物是重要的调节因子，如环腺苷酸（cAMP）（图 2-4b）与环鸟苷酸（cGMP）是细胞信号转导过程中的第二信使，具有重要调控作用。

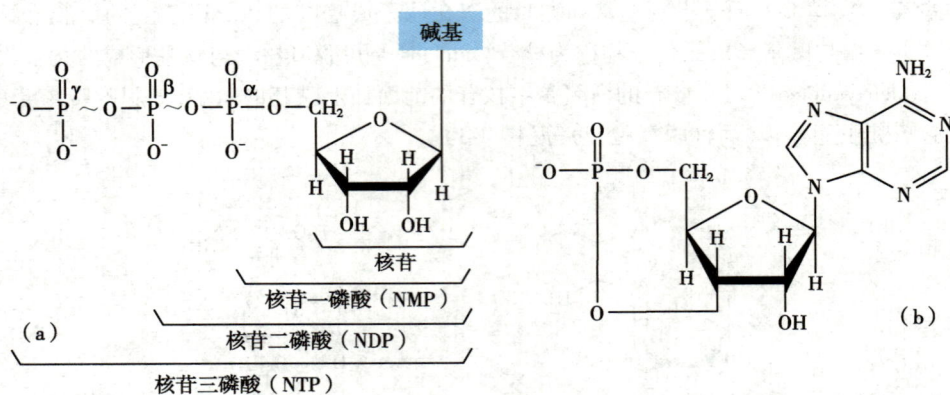

图 2-4 核苷酸（a）与环腺苷酸（b）

四、核酸分子中核苷酸的连接方式

核苷酸的连接方式是 3′,5′磷酸二酯键，即由一个核苷酸的 3′-羟基与另一个核苷酸的 5′-磷酸脱水缩合形成。RNA 由许多核苷酸组成，它们连接而成的线性大分子，称为多聚核苷酸链。DNA 由许多脱氧核苷酸组成，它们连接而成的线性大分子，称为多聚脱氧核苷酸链。每条核苷酸链具有两个不同的末端，带有游离磷酸基的末端叫 5′-末端，带有游离羟基的末端叫 3′-末端。这样核酸分子就有了方向性，按照通行规则，以 5′→3′方向为正方向，书写时将 5′-末端写在左侧（头），3′-末端写在右侧（尾）（图 2-5a）。

第二节　DNA 的结构与功能

一、DNA 的一级结构

DNA 的一级结构是指 DNA 分子中脱氧核苷酸从 5′-末端到 3′-末端的排列顺序。由于脱氧核苷酸之间的差别仅在于碱基的不同，所以 DNA 的一级结构就是它的碱基排列顺序。DNA 的一级结构的表示方式从繁到简见图 2-5b。自然界中 DNA 的长度可以高达几十万个碱基，而

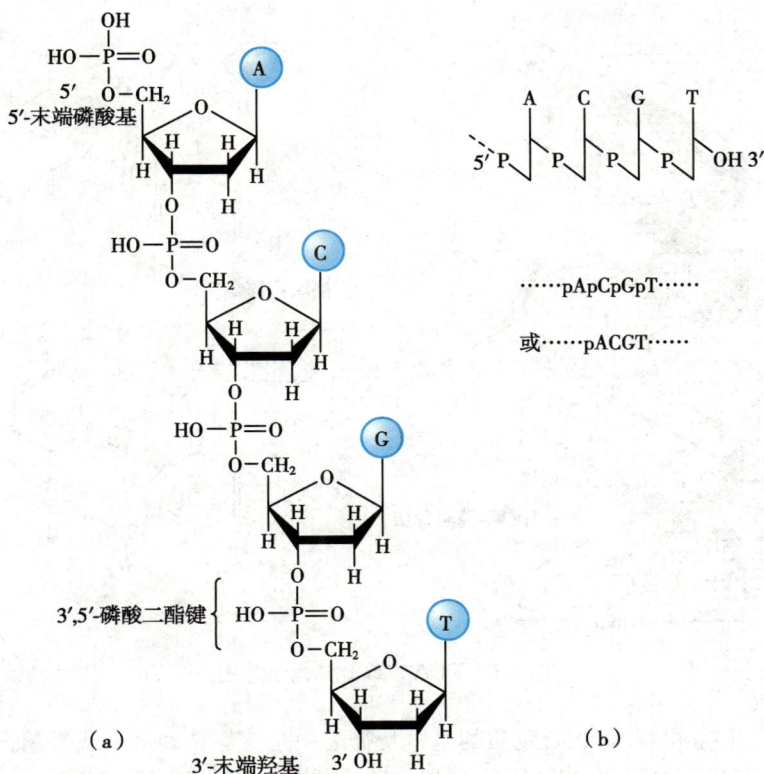

图 2-5 DNA 中核苷酸的连接方式(a)与 DNA 一级结构的表示方式(b)

DNA 携带的遗传信息完全依靠碱基排列顺序变化,一个由 N 个碱基组成的 DNA 会有 4^N 个可能的排列组合,提供了巨大的遗传信息编码潜力。

由于遗传信息蕴藏在碱基顺序之中,因此研究 DNA 的一级结构,实际上就是测定 DNA 分子中碱基的排列顺序,简称"测序"。

二、DNA 的二级结构

1. **DNA 双螺旋结构的研究背景** 20 世纪中期,美国生物化学家 E. Chargaff 利用层析和紫外吸收光谱等技术研究了 DNA 的化学组成,并提出了以下有关 DNA 中四种碱基组成的 Chargaff 规则:①腺嘌呤与胸腺嘧啶的摩尔数相等,而鸟嘌呤与胞嘧啶的摩尔数相等;②不同生物种属的 DNA 碱基组成不同;③同一个体的不同器官、不同组织的 DNA 具有相同的碱基组成。这一规则暗示了 DNA 的碱基 A 与 T,G 与 C 是以某种相互配对的方式存在的。1951 年 M. Wilkins 和 R. Franklin 获得了高质量的 DNA 分子 X 线衍射图像。1953 年 J. Watson 和 F. Crick 综合了前人的研究成果,提出了 DNA 分子双螺旋结构的模型。

2. **DNA 双螺旋结构模型的要点** ①DNA 分子是由两条平行但走向相反(一条链为 5′→3′,另一条链为 3′→5′)的多聚脱氧核苷酸链围绕同一中心轴,以右手螺旋方式形成的双螺旋结构,结构的表面有一个大沟(major groove)与小沟(minor groove)(图 2-6)。这些沟状结构与蛋白质、DNA 之间的相互识别有关;②双螺旋结构的外侧是由磷酸与脱氧核糖组成的亲水性骨架,内侧是疏水的碱基,碱基平面与中心轴垂直。两条链同一平面上的碱基形成氢键,使两条链连接在一起。A 与 T 之间形成两个氢键,G 与 C 之间形成三个氢键。A-T、G-C 配对的规律称为碱基互补规律,两条链则互为互补链;③双螺旋结构的直径为 2.4nm,螺距为 3.54nm,每一个螺旋有 10.5 个碱基对,每两个相邻的碱基对平面之间的垂直距离为 0.34nm;④DNA 双螺旋结构的横向稳定性靠两条链间的氢键维系,纵向稳定性则靠碱基平面间的疏水性碱基堆积力维系。

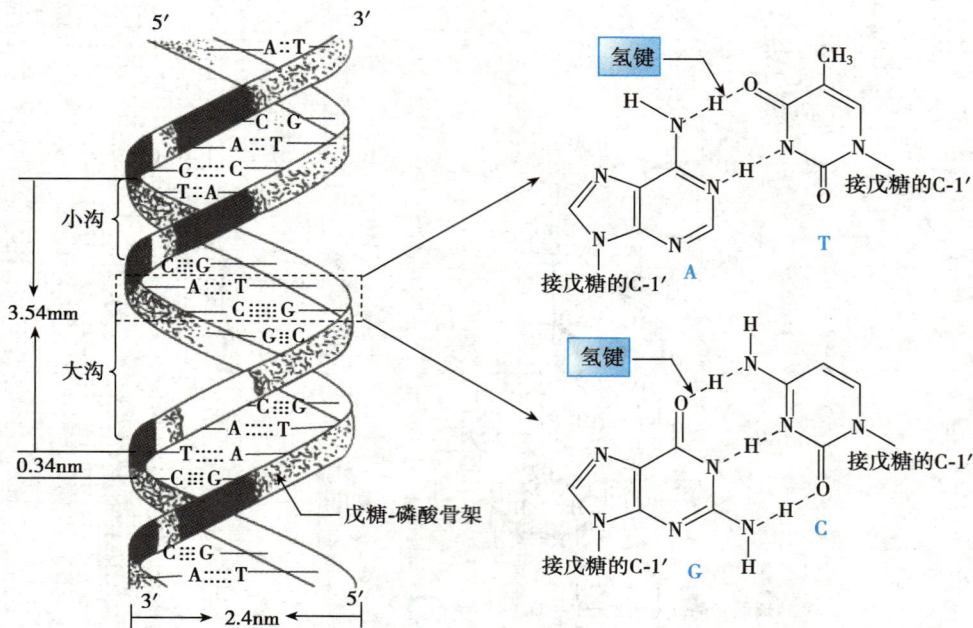

图2-6 DNA双螺旋结构示意图

"种瓜得瓜,种豆得豆"。遗传物质的基本特征之一是能够精确地自我复制,这是保证遗传信息准确地传递给下一代的前提。DNA双螺旋结构模型理论的核心是碱基配对,这种配对规则为解释DNA复制机制提供了理论基础,也是理解生物遗传机制的关键。DNA双螺旋结构模型的提出意味着分子生物学这门学科的诞生。

知识链接

DNA 双螺旋结构的发现

1951 年,年仅23 岁的生物学博士沃森(J. Watson)在卡文迪许实验室结识了克里克(F. Crick)。两人为揭示 DNA 空间结构的奥秘开始了密切合作,根据威尔金斯(M. Wilkins)的高质量的 DNA 分子 X 线衍射图像和前人的研究成果,他们于 1953 年提出了 DNA 双螺旋结构模型。DNA 双螺旋结构的发现被认为是分子生物学发展史上的里程碑。因此,他们 3 人分享了 1962 年的诺贝尔生理学或医学奖。

三、DNA 的高级结构

生物界的 DNA 是长度十分可观的大分子,因此,DNA 在形成双螺旋结构的基础上,还要进一步盘绕和压缩,形成致密的超级结构。

原核生物、线粒体、叶绿体中的 DNA 是共价封闭的双螺旋环状结构,这种环状结构还需再螺旋化形成超螺旋(supercoil)(图2-7)。当螺旋方向与 DNA 双螺旋方向相同时,形成正超螺旋;反之则形成负超螺旋。自然界以负超螺旋为主。

真核生物的 DNA 以高度有序的形式存在于细胞核内,在细胞周期的大部分时间里以松散的染色质形式出现,在细胞分裂期形成高度致密的染色体。核小体(nucleosome)是染色质的基

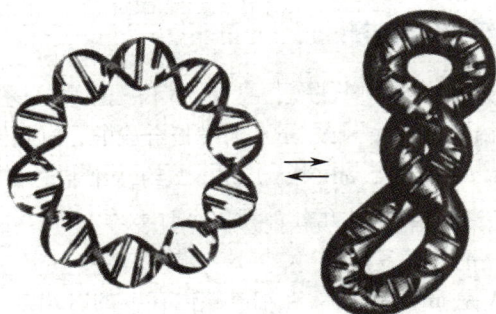

图 2-7　DNA 环状结构与超螺旋结构

本组成单位,由 DNA 和 5 种组蛋白共同构成。先由各两个分子的组蛋白 H_{2A}、H_{2B}、H_3 和 H_4 形成八聚体的核心组蛋白。长度约 150 个 bp 的 DNA 双链在八聚体上盘绕 1.75 圈形成尺寸约为 11nm×6nm 的盘状核心颗粒。核心颗粒之间再由 DNA(约 60bp)和组蛋白 H_1 连接起来,形成串珠样的染色质细丝。染色质细丝进一步盘曲成外径为 30nm、内径为 10nm 的中空螺旋管。这种中空螺旋管进一步卷曲折叠形成直径为 400nm 的超螺旋管,之后进一步压缩成染色单体,在核内组装成染色体。在分裂期形成染色体的过程中,DNA 被压缩了 8000 ~ 10 000 倍(图 2-8)。

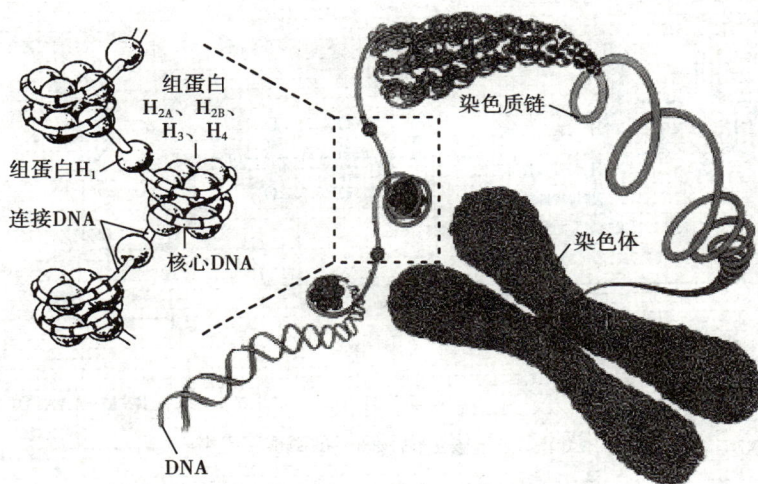

图 2-8　DNA 折叠、盘绕形成高度有序和致密的染色体

四、DNA 的功能

DNA 的基本功能是作为生物遗传信息的携带者,是基因复制和转录的模板,并通过 DNA 的碱基序列决定蛋白质的氨基酸顺序。DNA 是生命遗传的物质基础,也是个体生命活动的信息基础。遗传信息是以基因的形式存在的,基因(gene)就是 DNA 分子中的特定区段。一个生物体的全部 DNA 序列称为基因组,有些病毒的基因组是 RNA。各种生物基因组的大小、结构、基因的种类和数量都是不同的,高等动物的基因组可高达 $3×10^9$ 个碱基对。研究生物基因组的组成,组内各基因的精确结构、相互关系及表达调控的科学称为基因组学。2001 年,人类基因组计划公布了人类基因组草图,为基因组学研究揭开了新的一页。

第三节　RNA 的结构与功能

RNA 的一级结构是指 RNA 分子中核苷酸从 5′-末端到 3′-末端的排列顺序。RNA 通常以一条核苷酸链的形式存在,但可以通过链内的碱基配对形成局部双螺旋,从而形成茎环状的二级结构和特定的三级结构。RNA 分子比 DNA 小得多,从数十个到数千个核苷酸长度不等,但它的种类、大小、结构多种多样,其功能也各不相同。对细胞中全部 RNA 分子的结构与功能进行系统的研究,从整体水平阐明 RNA 的生物学意义即为 RNA 组学。

一、mRNA 的结构与功能

1960 年 F. Jacob 和 J. Monod 等人用放射性核元素示踪实验证实,一类大小不一的 RNA 才是蛋白质在细胞内合成的模板,后来这类 RNA 又被确认是在核内以 DNA 为模板合成的,然后转移至细胞质内。这类 RNA 被命名为信使 RNA(messenger RNA,mRNA)。mRNA 约占细胞总 RNA 的 2% ~5%,代谢非常活跃,真核生物 mRNA 的半寿期很短,从几分钟到数小时不等。

在细胞核内初合成的 RNA 分子比成熟的 mRNA 大得多,分子大小不一,故被称为不均一核 RNA(heterogeneous nuclear RNA,hnRNA)。hnRNA 是 mRNA 前体,在细胞核内存在的时间极短,经剪接、加工转变为成熟的 mRNA。mRNA 的结构特点如下:

1. **帽子结构** 真核生物 mRNA 的 5′-末端有特殊帽子结构,大部分真核细胞 mRNA 的 5′-末端都以 7-甲基鸟苷三磷酸(m^{7}GpppN)为起始结构,这种结构称为帽子结构(cap sequence)(图 2-9)。mRNA 的帽子结构对于 mRNA 从细胞核向细胞质转运、与核糖体结合、与翻译起始因子结合以及 mRNA 的稳定性等均起到重要作用。

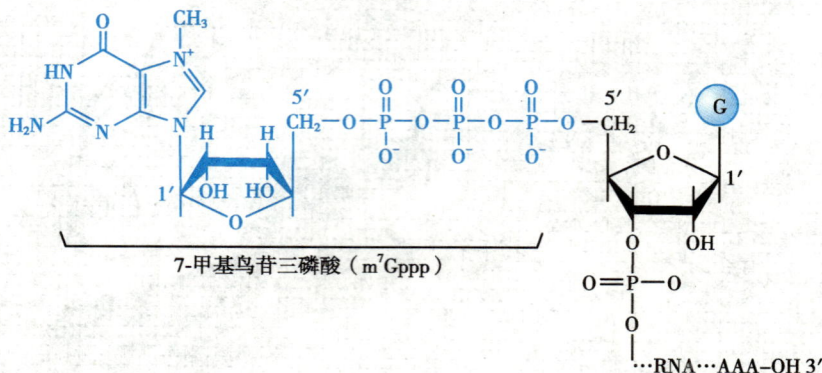

图 2-9 真核生物 mRNA 5′端帽子结构

2. **多聚腺苷酸尾** 在真核生物 mRNA 的 3′-末端,有数十至数百个腺苷酸连接而成的多聚腺苷酸结构,称为多聚腺苷酸尾或多聚 A 尾(polyA-tail)。目前认为 3′多聚 A 尾结构和 5′帽子结构共同负责 mRNA 从核内向细胞质的转移、维系 mRNA 的稳定性以及翻译起始的调控。

3. **遗传密码子** mRNA 的功能是把核内 DNA 的碱基顺序,按照碱基互补原则,抄录并转移到细胞质,再依照自身的碱基顺序指导蛋白质合成过程中的氨基酸顺序,也就是为蛋白质的生物合成提供直接模板,即每 3 个相邻的核苷酸组成碱基三联体,代表一种氨基酸,这种碱基三联体称为遗传密码子。

二、tRNA 的结构与功能

已完成了一级结构测定的 100 多种转运 RNA(transfer RNA,tRNA)都是由 74 ~95 个核苷酸组成的,约占细胞总 RNA 的 15%。tRNA 具有较好的稳定性,所有 tRNA 具有以下结构特点:

1. **稀有碱基** tRNA 含有多种稀有碱基,占所有碱基的 10% ~20%,包括二氢尿嘧啶(DHU)、假尿嘧啶(pseudouridine,ψ)、次黄嘌呤(I)和甲基化的嘌呤(如^{m}G,^{m}A)等,它们均是转录后修饰而成的(图 2-10)。

2. **环状结构** tRNA 的核苷酸存在着一些能形成互补配对的区域,可以形成局部的双螺旋,呈茎状。中间不能配对的部分则膨出形成环状结构,这些茎环结构也称发夹结构。发夹结构的存在使得 tRNA 的二级结构形似三叶草(图 2-11a)。位于三叶草结构两侧的发夹结构以含有稀有碱基为特征,分别称为 DHU 环和 TψC 环;位于其上下的则分别是氨基酸臂和反密码环(anticodon loop)。

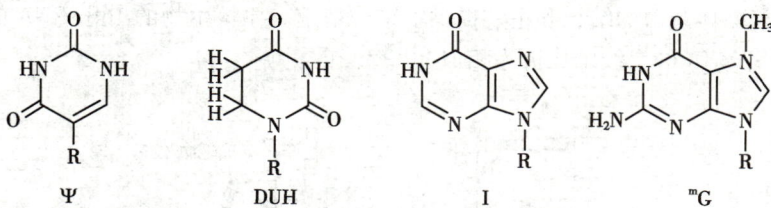

图 2-10　tRNA 分子中的稀有碱基

3. "L"形结构　tRNA 具有共同的倒"L"形三级结构,一端为氨基酸臂,另一端为反密码环。L 型的拐角处是 DHU 环和 TψC 环(图 2-11b)。

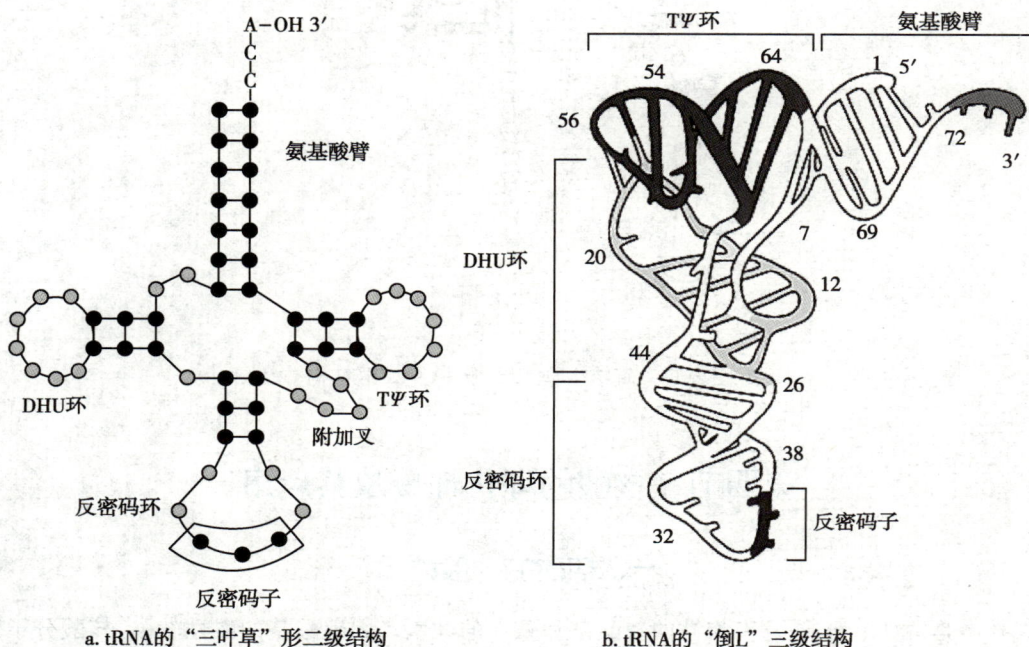

a. tRNA 的"三叶草"形二级结构　　　b. tRNA 的"倒L"三级结构

图 2-11　tRNA 的二级结构(a)与三级结构(b)

4. 作为各种氨基酸的载体　所有 tRNA 3'-末端都是以 CCA 结束的,氨基酸可以通过酯键连接在最后一个核苷酸的核糖的 2'-OH 或 3'-OH 上。不同的 tRNA 可以结合不同的氨基酸,有的氨基酸只有一种 tRNA 作为载体,有的则有数种 tRNA 作为载体,这是由密码子的简并性所致。反密码环由 7~9 个核苷酸组成,居中的 3 个核苷酸构成了一个反密码子,反密码子依靠碱基互补的方式辨认 mRNA 的密码子,将其所携带的氨基酸准确地运送到核糖体上合成肽链。

三、rRNA 的结构与功能

核糖体 RNA(ribosomal RNA,rRNA)是细胞内含量最多的 RNA,占细胞总 RNA 的 80% 以上。

1. 原核生物含有 3 种 rRNA,它们分别与不同的核糖体蛋白结合形成了核糖体的大亚基和小亚基,其中 23S 与 5S rRNA 存在于大亚基,16S rRNA 存在于小亚基。真核生物的 4 种 rRNA 也利用同样的方式构成了核糖体的大亚基和小亚基,其中 28S、5.8S 和 5S rRNA 存在于大亚基,小亚基只含有 18S rRNA。

2. 核糖体的功能是蛋白质合成的场所,起装配机的作用。在此装配过程中,无论是何种 mRNA 或 tRNA,都必须与核糖体进行结合,氨基酸才能有序的鱼贯而入,肽链合成才能启动和延伸。

3. 不同来源的 rRNA 的碱基组成差别很大,各种 rRNA 的核苷酸序列已经测定,并据此推测出了它们的二级结构和空间结构。如真核生物的 18S rRNA 的二级结构呈花状(图 2-12),众多

的茎环结构为核糖体蛋白的结合和组装提供了结构基础。原核生物的 16S rRNA 的二级结构与真核生物的 18S rRNA 的二级结构极为相似。

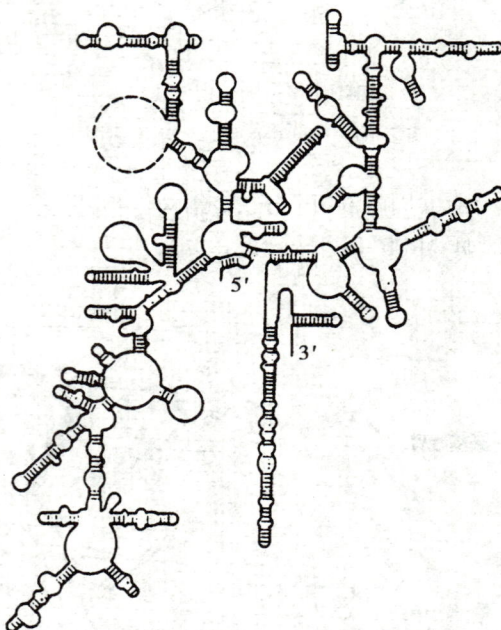

图 2-12 真核生物 18S rRNA 的二级结构

第四节 核酸的理化性质及其应用

一、核酸的一般性质

核酸是两性电解质，含有酸性的磷酸基和碱性的碱基。因磷酸基的酸性较强，核酸分子通常表现为较强的酸性。可用电泳和离子交换分离纯化核酸。在碱性条件下，RNA 不稳定，可在室温下水解。利用这个性质可以测定 RNA 的碱基组成，也可清除 DNA 溶液中混杂的 RNA。

核酸多是线性的大分子，其在溶液中的黏度很高。RNA 分子比 DNA 短，在溶液中的黏度低于 DNA。DNA 和 RNA 都易溶于碱金属的盐溶液中，不溶于一般的有机溶剂。所以，常用乙醇、异丙醇从溶液中沉淀提取核酸。

嘌呤和嘧啶都含有共轭双键，因此核酸具有吸收紫外线的性质。在中性条件下，其最大吸收峰在 260nm 附近。利用这一性质可以对核酸溶液进行定性和定量分析。

蛋白质在 280nm 波长处有最大吸收，所以可利用溶液 260nm 和 280nm 处吸光度（A）的比值（A_{260}/A_{280}）来估计核酸的纯度。纯 DNA 样品的 A_{260}/A_{280} 应为 1.8，而纯 RNA 样品的 A_{260}/A_{280} 应为 2.0。若有蛋白质和酚的污染，此比值下降。

二、DNA 的变性与复性

（一）变性

DNA 变性是指在某些理化因素的作用下，DNA 双链互补碱基对之间的氢键发生断裂，双链 DNA 解链为单链的过程。引起 DNA 变性的因素有加热、有机溶剂、酸、碱、尿素和酰胺等。DNA 的变性可使其理化性质发生一系列改变，如黏度下降和紫外吸收值增加等。

在实验室内最常用的 DNA 变性方法是加热。加热使 DNA 解链过程中，更多的共轭双键得以暴露，DNA 在 260nm 处的吸光度增高，称为增色效应（hyperchromic effect）。它是监测 DNA 双

链是否发生变性的最常用的指标。

如果在连续加热的过程中以温度相对于 A_{260} 作图（图 2-13），所得的曲线称为解链曲线。从曲线中可以看出，DNA 从变性开始解链到完全解链，是在一个相当窄的温度范围内完成的。在 DNA 解链过程中，A_{260} 的值达到最大变化值的一半时所对应的温度称为解链温度或融解温度（melting temperature，T_m）。在此温度时，50% 的 DNA 双链被打开。T_m 值主要与 DNA 长度以及碱基的 GC 含量有关。GC 含量越高，T_m 值越高。这是因为 G 与 C 比 A 与 T 之间多 1 个氢键，解开 G 与 C 之间的氢键要消耗更多的能量。

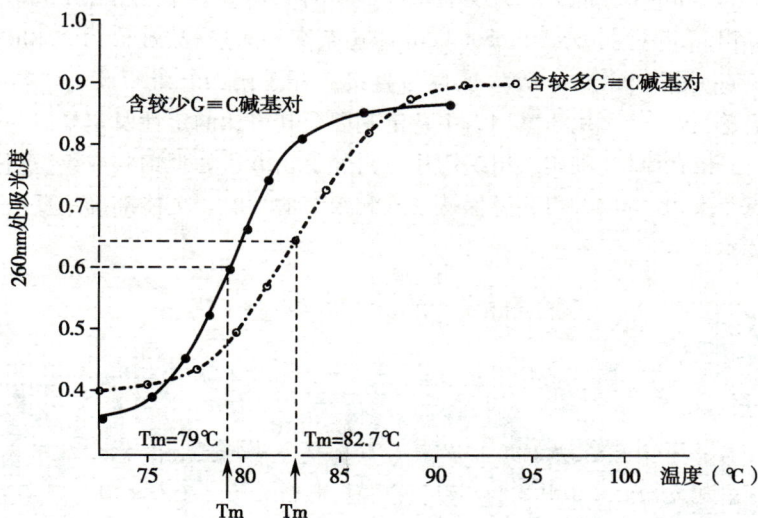

图 2-13　DNA 解链曲线

（二）复性

当变性条件缓慢地除去后，两条解离的互补链可重新配对，恢复原来的双螺旋结构，这一过程称为 DNA 的复性（renaturation）。热变性的 DNA 经缓慢冷却后可以复性，这一过程称为退火（annealing）。但是，热变性 DNA 迅速冷却至 4℃ 以下，复性不能进行，这一特性被用来保持 DNA 的单链状态。

利用核酸的复性，不同来源的 DNA 单链之间或 DNA 与 RNA 单链之间，只要存在着一定程度的碱基配对关系，它们就有可能形成杂化双链，这一过程称为核酸分子杂交（molecular hybridization）（图 2-14）。

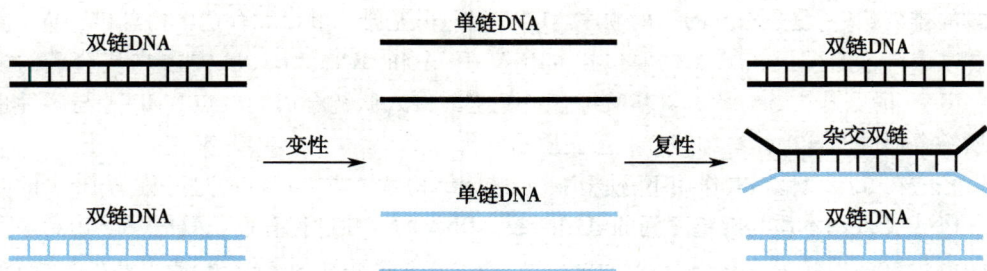

图 2-14　核酸分子复性与杂交的示意图

三、核酸的分子杂交

核酸分子杂交技术已广泛应用于核酸结构及功能的研究、遗传病的诊断、肿瘤病因学的研究及基因工程，该技术可分为 Southern 印迹、Northern 印迹、斑点杂交、原位杂交等。

　　Southern 印迹(Southern blotting)是实验室杂交检测 DNA 的一种方法,由英国爱丁堡大学的 E. Southern 于 1975 年建立,故而得名。Southern 印迹杂交就是将经过限制性核酸内切酶酶切后的 DNA 样品电泳分离,再用碱溶液对凝胶中的 DNA 样品进行碱变性,使其形成单链分子。经转膜,即将凝胶中碱变性的 DNA 转移到硝酸纤维素膜(NC 膜)上,再用含变性鲑鱼精子 DNA(该 DNA 与哺乳动物 DNA 同源性差)的预杂交液封闭膜上非特异性的吸附位点,然后与标记的 DNA 探针进行杂交,将膜洗涤以除去未杂交的标记物,再将纤维素膜烘干后进行放射性自显影,可观察杂交情况并进行分析。

　　Northern 印迹(Northern blotting)是实验室杂交检测 RNA 的一种方法,其基本原理和过程与 Southern blotting 相似,与检测 DNA 的 Southern 印迹杂交相对应,故被称为 Northern blotting。斑点杂交(dot blotting)是将 RNA 或 DNA 变性后直接点样于硝酸纤维素膜上进行杂交检测的方法。其优点是简单,快速。可用于基因组中特定基因及其表达的定性及定量研究。原位杂交是将 DNA 或 RNA 保持在原位(细胞或组织切片中),经适当方法处理细胞或组织后进行杂交检测的方法。其优点是灵敏度高,并可完整保持细胞和组织的形态。更能准确地反映出组织细胞的相互关系及功能状态。

知识链接

亲 子 鉴 定

　　亲子鉴定又称亲缘鉴定,是利用医学、生物学和遗传学的理论和技术,从子代和亲代的形态构造或生理机能方面的相似特点,分析遗传特征,判断父母与子女之间是否是亲生关系。

　　一个人有 23 对(46 条)染色体,同一对染色体同一位置上的一对基因称为等位基因,一个来自父亲,一个来自母亲。如果检测到某个 DNA 位点的等位基因,一个与母亲相同,另一个就应与父亲相同,否则就存在疑问了。利用 DNA 进行亲子鉴定,只要选择十几至几十个 DNA 位点作检测,如果全部一样,就可以确定亲子关系,如果有 3 个以上的位点不同,则可排除亲子关系,有一两个位点不同,则应考虑基因突变的可能,加做一些位点的检测进行辨别。

小结

　　核酸是以核苷酸为基本组成单位的生物大分子,分为 DNA 和 RNA 两大类,核苷酸通过 3',5'-磷酸二酯键彼此相连形成多核苷酸链。核酸的一级结构是指多核苷酸链中单核苷酸的排列顺序,也是碱基的排列顺序。DNA 通过碱基排列顺序贮存遗传信息,是 DNA 复制和基因转录的模板。RNA 主要包括 mRNA、tRNA 和 rRNA。mRNA 是蛋白质合成的模板。tRNA 的氨基酸臂与特定氨基酸结合将氨基酸带入肽链合成的位点。rRNA 与多种蛋白质结合形成的核糖体是细胞合成蛋白质的场所。

　　核酸在某些理化因素作用下,使 DNA 双螺旋结构解链成为单链的过程称为 DNA 的变性。DNA 变性的本质是双链之间的氢键断裂。DNA 的变性过程有增色效应,A_{260} 达到最大吸收值的 50% 时的温度称为 DNA 的解链温度(T_m)。热变性的 DNA 在适当条件下,两条互补链可重新配对形成双链称为 DNA 的复性。在 DNA 的复性过程中,不同的核酸分子间可形成杂化双链,这一过程称为杂交。DNA 与 DNA、DNA 与 RNA 间的分子杂交在核酸研究中被广泛应用。

(闫　波)

复 习 题

一、单项选择题

1. DNA 分子中不存在
   A. dAMP
   B. dGMP
   C. dCMP
   D. dUMP
   E. dTMP

2. 核酸中核苷酸之间的连接方式是
   A. 2′,3′-磷酸二酯键
   B. 3′,5′-磷酸二酯键
   C. 2′,5′-磷酸二酯键
   D. 糖苷键
   E. 氢键

3. 核酸的最大紫外光吸收值一般在哪一波长附近
   A. 200nm
   B. 220nm
   C. 240nm
   D. 260nm
   E. 280nm

4. DNA 分子中的碱基组成为
   A. C+G＝A+T
   B. A＞T
   C. C＞G
   D. C+A＝G+T
   E. A／T＝1.5

5. 下列哪种光吸收值 A 的变化,能监测 DNA 变性
   A. A_{280}nm ↑
   B. A_{260}nm ↑
   C. A_{280}nm ↓
   D. A_{260}nm ↓
   E. A_{280}nm／A_{260}nm 比值改变

6. 对核酸理化性质描述错误的是
   A. 核酸是两性电解质
   B. 可用电泳方法将它们分离
   C. 核酸通常显酸性
   D. 核酸在 280nm 下有吸收峰
   E. T_m 值又称为解链温度

7. DNA 分子中储存、传递信息的关键部分是
   A. 戊糖
   B. 磷酸
   C. 戊糖磷酸骨架
   D. 磷酸二酯键
   E. 碱基序列

二、名词解释

1. Tm　2. DNA 变性与复性　3. 增色效应

三、简答题

1. 试述 DNA 双螺旋结构模式的要点。
2. 对比 mRNA、tRNA 及 rRNA 的结构及功能特点。

选择题参考答案

1. D　2. B　3. D　4. D　5. B　6. D　7. E

第三章

酶

▶ 学习目标

1. 掌握：酶促反应动力学；酶分子的组成与结构；酶促反应的特点。
2. 熟悉：酶与医学的关系；酶的活性调节；酶的概念；酶活性。
3. 了解：酶的分类与命名；酶促反应的机制。

　　生命的基本特征是新陈代谢，而新陈代谢由一系列的化学反应组成。在体内，这些化学反应的进行有赖于高效、特异的生物催化剂（biocatalyst）的催化作用。现已发现生物体内有两类催化剂：酶（enzyme，E）是体内对其特异底物具有高效催化作用的特殊蛋白质，是体内最主要的催化剂；核酶（ribozyme）是具有高效、特异催化作用的核酸，是近年来发现的一类新的生物催化剂，主要作用于核酸。

知识链接

核酶的发现

　　20 世纪 70 年代，奥特曼（Sidney Altman）在研究 RNA 的催化功能时，发现四膜虫中所存在有一种较大的 tRNA，当它"剪切"为较短的功能性 tRNA 的过程中并没有蛋白质类型的酶参与，而是自我准确地切断它中间的核苷酸链，再将头尾两段接合成成熟的 tRNA，从而首次提出了"RNA 具有独立催化活性"。

　　1981 年后切赫（Thomas R. Cech）也全力投入了 RNA 分子的催化功能研究，他将奥特曼的研究成果和学说推而广之，并提出分子层次上的化学理论来解释 RNA 分子的自我催化机理。因此，他们两人共同获得了 1989 年诺贝尔化学奖。

第一节　概　述

　　酶是由活细胞合成的、对其特异底物具有高效催化作用的特殊蛋白质。酶所催化的化学反应称为酶促反应。在酶促反应中被酶催化的物质叫底物（substrate，S），也叫基质或作用物；催化反应所生成的物质叫产物（product，P）；酶所具有的催化能力称为酶活性，如果酶丧失催化能力称为酶失活。

一、酶促反应的特点

　　酶具有一般催化剂的特征：①在化学反应前后没有质和量的改变；②只能催化热力学上允

许的化学反应;③只能缩短化学反应达到平衡所需的时间,而不能改变化学反应的平衡点,即不能改变化学反应的平衡常数;④对可逆反应的正反应和逆反应都具有催化作用。酶是蛋白质,又具有一般催化剂所没有的特征。

(一) 高度的催化效率

酶具有极高的催化效率,对于同一化学反应,酶的催化效率比非催化反应高 $10^8 \sim 10^{20}$ 倍,比一般催化剂高 $10^7 \sim 10^{13}$ 倍。如脲酶催化尿素水解的速率是 H^+ 催化的 7×10^{12} 倍。酶极高的催化效率有赖于酶蛋白与底物分子之间独特的作用机制。

(二) 高度的特异性

与一般催化剂相比,酶对其催化的底物具有较严格的选择性,即一种酶只能作用于一种或一类底物,或一定的化学键,催化一定的化学反应并生成一定的产物,酶的这种特性称为特异性或专一性(specificity)。酶催化作用的特异性取决于酶蛋白分子特定的结构。根据酶对底物分子结构选择的严格程度不同,酶的特异性可分为 3 种类型:

1. 绝对特异性　一种酶只能作用于一种特定结构的底物分子,进行一定的化学反应并生成一定的产物,这种特异性称为绝对特异性。如脲酶只能催化尿素水解成 NH_3 和 CO_2。

2. 相对特异性　有些酶可作用于一类底物或一种化学键发生化学变化,这种不太严格的选择性称为相对特异性。如脂肪酶不仅能催化脂肪水解,也可水解简单的酯类化合物。

3. 立体异构特异性　当底物具有立体异构现象时,一种酶只对某一底物的一种立体异构体具有催化作用,而对其立体对映体不起催化作用,这种特异性称为立体异构特异性。如蛋白质代谢的酶类仅作用于 L-氨基酸,对 D-氨基酸则无作用。

(三) 酶活性的可调节性

物质代谢在正常情况下处于既相互联系又相对独立的动态平衡中,而对酶活性的调节作用是维持这种平衡的重要环节。通过各种调控方式,改变酶的催化活性,以适应不断变化的内外环境和生命活动的需要。例如:①酶与代谢物在细胞内的区域化分布;②酶原的激活使酶在合适的环境中被激活并发挥催化作用;③代谢物通过对代谢过程中关键酶、别构酶的抑制与激活和对酶的化学修饰等,对酶活性进行调节;④酶的含量受酶合成的诱导与阻遏作用的调节等。

(四) 酶活性的不稳定性

酶的化学本质是蛋白质,所以酶促反应要求一定的 pH、温度和压力等条件。强酸、强碱、有机溶剂、重金属离子、高温、高压、紫外线、剧烈震荡等任何使蛋白质变性的理化因素都可使酶蛋白变性,而影响酶的催化作用,甚至使酶失去活性。

二、酶的分类和命名

(一) 酶的分类

国际酶学委员会根据酶催化反应的类型,将酶分为六大类,分别用 1,2,3,4,5,6 编号来表示,其排序如下:

1. 氧化还原酶类　催化底物进行氧化还原反应的酶属于氧化还原酶类(oxidoreductases)。包括转移电子、氢的反应和分子氧参加的反应。常见的有脱氢酶、氧化酶、还原酶、过氧化物酶等。

2. 转移酶类　催化底物之间进行某些基团的转移或交换的酶属于转移酶类(transferases)。例如,甲基转移酶、氨基转移酶、乙酰转移酶、转硫酶、激酶和多聚酶等。

3. 水解酶类　催化底物发生水解反应的酶属于水解酶类(hydrolases)。例如,淀粉酶、蛋白酶、脂肪酶、磷酸酶、糖苷酶等。

4. 裂合酶类　催化从底物移去一个基团并形成双键的反应或其逆反应的酶属于裂合酶类

（lyases）。例如，脱水酶、脱羧酶、碳酸酐酶、醛缩酶、柠檬酸合酶等。许多裂合酶催化逆反应，使两底物间形成新的化学键并消除一个底物中的双键。这类酶常称为合酶（synthase）。

5. 异构酶类　催化各种同分异构体、几何异构体或光学异构体之间相互转化的酶属于异构酶类（isomerases）。例如，异构酶、表构酶、消旋酶等。

6. 合成酶类　催化两分子底物合成为一分子化合物，同时偶联有 ATP 的磷酸键断裂释放能量的酶属于合成酶类（synthetases）或称连接酶类（ligases）。例如，谷氨酰胺合成酶、DNA 连接酶、氨基酰-tRNA 合成酶等。

国际系统分类法除按上述六类将酶依次编号外，还将每一大类根据酶所催化的化学键的特点和参加反应的基团不同再进一步分类。

（二）酶的命名

酶的命名可分为习惯命名法和系统命名法。

1. 习惯命名法　通常是依据酶所催化的底物命名，如脂肪酶、蛋白酶等，并可指明其来源，如胰蛋白酶等；依据化学反应类型命名如脱氢酶、转氨酶等；以及综合上述两原则命名，如乳酸脱氢酶等。这种命名法的缺点是：①经常造成具有相同功能的不同的酶（同工酶）有相同的名字；②有些酶常具有两个或多个类型的催化活性，从而出现同一种酶具有不同的名字。

2. 系统命名法　为避免习惯命名法的缺点，1961 年国际酶学委员会（IEC）以酶的分类为依据，提出了酶的系统命名法。该法规定每一种酶均有一个系统名称，它表明酶的所有底物与反应性质。底物名称之间用"："隔开。每种酶的分类编号都由四个数字组成，第一个数字表示该酶属于六大类中的哪一类；第二个数字表示该酶属于哪一亚类；第三个数字表示该酶的亚-亚类；第四个数字表示该酶在亚-亚类中的排序，数字前冠以 EC（enzyme commission），如葡萄糖激酶的系统命名及分类编号为 EC.2.7.1.1，ATP：葡萄糖磷酸基转移酶，表示该酶催化从 ATP 转移一个磷酸基到葡萄糖分子上的化学反应。

系统命名法虽然合理，但比较繁琐，使用不方便。为此，国际酶学委员会又从每种酶的习惯命名中选定一个简便实用的推荐名称（表 3-1）。

表 3-1　某些酶的命名与分类

酶的分类	催化的化学反应	系统名称	编号	推荐名称
还原酶类	乙醇+NAD$^+$ ⇌ 乙醛+NADH+H$^+$	乙醇：NAD$^+$ 氧化还原酶	EC 1.1.1.1	乙醇脱氢酶
转移酶类	L-天冬氨酸+α-酮戊二酸 ⇌ 草酰乙酸+L-谷氨酸	L-天冬氨酸：α-酮戊二酸氨基转移酶	EC 2.6.1.1	天冬氨酸转氨酶
水解酶类	L-精氨酸 + H$_2$O ⟶ L-鸟氨酸 + 尿素	L-精氨酸脒基水解酶	EC 3.5.3.1	精氨酸酶
裂解酶类	酮糖-1-磷酸 ⇌ 磷酸二羟丙酮+醛	酮糖-1-磷酸裂解酶	EC 4.1.2.7	醛缩酶
异构酶类	D-葡萄糖-6-磷酸 ⇌ D-果糖-6-磷酸	D-葡萄糖-6-磷酸酮-醇异构酶	EC 5.3.1.9	磷酸葡萄糖异构酶
连接酶类	L-谷氨酸+ATP+NH$_3$ ⟶ L-谷氨酰胺+ADP+磷酸	L-谷氨酸：氨连接酶	EC 6.3.1.2	谷氨酰胺合成酶

三、酶 活 性

（一）酶活性

酶活性是指酶催化反应的能力，即酶促反应的速率。一般是根据规定条件下，在单位时间内酶促反应中底物的减少量或产物的生成量来计算酶活性的高低。

（二）酶活性单位

酶活性单位是指在一定条件下,酶促反应达到某一速度时所需的酶量。它是一种人为规定的标准,有三种表示方法:惯用单位、国际单位、Katal 单位（催量单位）。

1. 惯用单位　是酶活性测定方法的建立者所规定的单位,常以方法建立者的姓氏来命名。如测定 ALP 的 King 单位、氨基转移酶的 Karmen 单位等。由于各单位定义不同,参考值差别大,难以进行相互比较,不便于临床实际工作,现在临床中已很少应用。

2. 国际单位　酶活性的国际单位定义是:在规定条件下,每分钟催化 $1\mu mol$ 底物转变为产物的酶量。用 IU 表示,$1IU = 1\mu mol/min$。为了与人体实际情况接近,加快反应速率,反应温度大都选择 37℃。

3. Katal 单位　即在规定条件下,每秒钟转化 $1mol$ 底物的酶量为 $1Katal$。$1Katal = 1mol/s$。由于 Katal 单位对血清中的酶量而言太大,故常用 $\mu Katal$ 或 nKatal 单位表示。IU 与 Katal 的换算关系为:$1IU = 16.67nKatal$,$1Katal = 60 \times 10^6 IU$。

（三）酶活性浓度

临床上测定的是酶的活性浓度,而不是酶的绝对量。酶活性浓度一般是采用每单位体积样品中所含的酶活性单位数表示。国际单位用 IU/L 或 U/L 表示。酶活性浓度才具有临床可比性,多数情况下被不严格地称为酶活性单位或酶活性。

四、酶催化作用机制

（一）活化分子与活化能

酶和一般催化剂一样,加速化学反应的机制都是降低化学反应的活化能,其实质是降低反应的能阈。能阈是指在化学反应中底物分子必须具有的最低能量水平。在反应体系中,底物分子（基态）所含能量的平均水平较低,在反应的任一瞬间,只有那些达到或超过能阈水平能量的分子即活化分子（过渡态）,才有可能发生化学反应。活化分子具有的达到或超过能阈水平的能量称为活化能,即底物分子从基态转变到过渡态所需的能量。活化分子愈多,反应愈快。酶通过其特有的作用机制,比一般催化剂能更有效地降低反应的活化能,使底物分子只需较少的能量就可转变为活化分子,故表现为酶促反应的高度催化效率（图 3-1）。

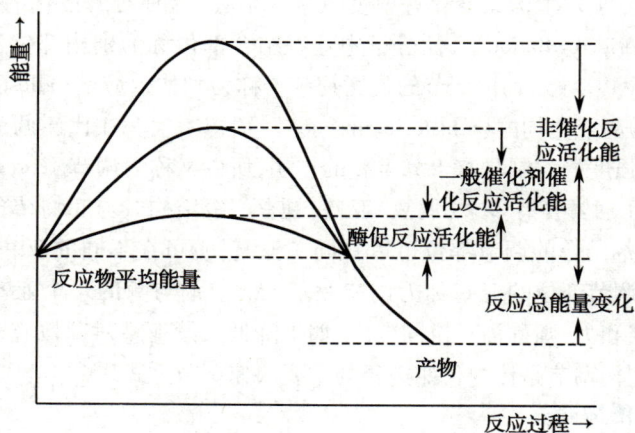

图 3-1　酶促反应活化能的改变

（二）酶催化作用机制

1. 酶-底物复合物的形成与诱导契合作用　酶在发挥催化作用前,必须先与底物密切结合,但这种结合并不是锁与钥匙之间的机械关系,而是要在酶与底物相互接近时,其结构相互诱导、相互变形和相互适应,进而相互结合,生成酶-底物复合物,而后使底物转变成产物并释放出酶。

这一过程称为酶-底物结合的诱导契合(induced-fit)。此反应过程可用下式表示：

$$E + S \rightleftharpoons ES \longrightarrow E + P$$

ES 的形成,改变了原来化学反应的途径,从而大幅度地降低酶促反应所需的活化能,使化学反应速度加快。

2. 邻近效应与定向排列　在两个以上底物参与的反应中,底物之间必须以正确的方向相互碰撞,才有可能发生反应。酶在反应中将各底物定向结合到酶的活性中心,使它们既可相互接近又可形成有利于反应的正确定向关系,从而加快反应速度。这种邻近效应与定向排列实际上是将分子间的反应变成分子内的反应,从而大大提高催化效率。

3. 表面效应　酶活性中心内部多种疏水性氨基酸,常形成疏水性"口袋"以容纳并结合底物。疏水性可排除周围大量水分子对酶和底物功能基团的干扰性吸引或排斥,防止在底物与酶之间形成水化膜,有利于酶与底物的直接接触和结合,使酶的活性基团对底物的催化反应更为有效和强烈。

4. 多元催化作用　酶分子中含有多种功能基团,具有两性解离性质,它们既可以作为质子供体(酸),又可以作为质子的受体(碱)。这些基团参与质子的转移,可极大地提高酶的催化效率。此外,有些酶的催化基团在催化过程中通过和底物形成瞬间共价键而激活底物,并进一步水解释放产物和酶。

在酶促反应过程中,酶的催化反应不限于上述某一种因素,而常常是多种催化作用的综合机制,这是酶促反应高效率的重要原因。

五、酶活性的调节

酶活性的调节主要是对代谢途径中关键酶的调节,这种调节主要通过改变酶的活性和含量来实现,以此来调节细胞内外活动。关键酶(key enzyme)通常只催化单向不平衡反应,或者是该多酶体系中催化活性最低的限速酶(rate limiting enzyme)。调节限速酶活性的方式有别构调节和化学修饰调节。

(一) 别构调节

1. 相关概念　生物体内许多酶具有别构现象。某些代谢物与酶分子活性中心外的某个部位可逆地结合,使酶分子发生构象变化并改变其催化活性,这种对酶催化活性的调节方式称为酶的别构调节(allosteric regulation)。酶分子中这些结合部位称为别构部位(allosteric site)或调节部位(regulatory site)。导致别构调节的代谢物分子称为别构效应剂(allosteric effector)。受别构调节的酶称为别构酶或变构酶(allosteric enzyme)。别构酶大多在代谢调节中处于关键地位,对代谢速度、方向和强度的控制具有十分重要的作用,所以又称为调节酶(regulatory enzyme)。

2. 特点　别构酶通常含有多个(偶数)亚基,具有四级结构。与底物结合的催化部位(活性中心)和与别构效应剂结合的调节部位可以在同一亚基,也可在不同的亚基。含催化部位的亚基称为催化亚基;含调节部位的亚基称为调节亚基。效应剂与酶的一个亚基结合,并增加后续亚基对此效应剂的亲和力,则称为正协同效应;如果降低后续亚基对此效应剂的亲和力,则称为负协同效应。酶的别构调节是体内代谢途径的重要快速调节方式之一。

(二) 酶的化学修饰调节

1. 概念　酶蛋白肽链上的一些基团可与某种化学基团发生可逆的共价结合,从而改变酶的活性,这一过程称为酶的化学修饰(chemical modification)或共价修饰(covalent modification)。

2. 特点　在化学修饰过程中,酶会发生无活性(或低活性)与有活性(或高活性)两种形式的互变。这种互变由两种不同的酶所催化,这些酶又可受其他酶或激素的调控。酶的化学修饰包括磷酸化与脱磷酸化、乙酰化与脱乙酰化、甲基化与脱甲基化、腺苷化与脱腺苷化,以及氧化型巯基(—S—S—)与还原型巯基(—SH)的互变等。其中以磷酸化修饰最为常见。酶的化学修

饰是通过酶促反应完成的,需要消耗 ATP,作用快,效率高,是体内快速调节的另一种重要方式。

第二节 酶的分子组成与结构

一、酶的分子组成

根据酶的化学组成不同,可将酶分为单纯酶(simple enzyme)和结合酶(conjugated enzyme)两类。

(一)单纯酶

单纯酶是仅由肽链构成的单纯蛋白质,通常为一条多肽链,催化活性主要由蛋白质结构决定。如淀粉酶、脂肪酶、蛋白酶、脲酶、核糖核酸酶等。

(二)结合酶

结合酶的化学本质是结合蛋白质。该酶由蛋白质部分和非蛋白质部分组成,前者称为酶蛋白(apoenzyme),后者称为辅助因子(cofactor),酶蛋白和辅助因子结合后形成的复合物称为全酶(holoenzyme)。辅助因子主要是由金属离子和小分子有机化合物组成。有些辅助因子与酶蛋白结合疏松,用透析或超滤方法可将其除去的称为辅酶(coenzyme)。有些辅助因子与酶蛋白结合紧密,不能用透析或超滤方法将其除去的称为辅基(prosthetic group)。其中金属离子多为酶的辅基,小分子有机化合物有的为辅酶(如 NAD^+、$NADP^+$ 等),有的为辅基(如 FMN、FAD、生物素等)。常见的金属离子包括:K^+、Na^+、Mg^{2+}、Zn^{2+}、$Fe^{2+}(Fe^{3+})$、$Cu^{2+}(Cu^+)$、Mn^{2+} 等。有的金属离子与酶蛋白结合紧密,提取过程中不易丢失,这些酶称为金属酶(metalloenzyme),如羧基肽酶、黄嘌呤氧化酶等;而有的金属离子与酶蛋白结合不甚紧密,但为酶的活性所必需,这类酶称为金属活化酶(metal activated enzyme),如己糖激酶、肌酸激酶、丙酮酸羧化酶等。结合酶中金属离子的作用主要是:①维持酶分子的特定空间构象;②参与电子的传递;③在酶与底物间起连接作用;④中和阴离子,降低反应中的静电斥力等。小分子有机化合物是常含有维生素及其衍生物的一类化学性质稳定的物质(表3-2),其主要作用是在结合酶的催化过程中传递电子、质子或某些基团,如酰基、氨基、甲基等。

表 3-2 B 族维生素与辅酶或辅基的关系

维生素	辅酶或辅基	转移的基团
维生素 B_1(硫胺素)	焦磷酸硫胺素(TPP)	醛基
维生素 B_2(核黄素)	黄素单核苷酸(FMN) 黄素腺嘌呤二核苷酸(FAD)	氢原子(质子)
维生素 PP(烟酰胺)	烟酰胺腺嘌呤二核苷酸(NAD^+,辅酶Ⅰ) 烟酰胺腺嘌呤二核苷酸磷酸($NADP^+$,辅酶Ⅱ)	氢原子(质子)
维生素 B_6(吡哆醛,吡哆胺)	磷酸吡哆醛,磷酸吡哆胺	氨基
泛酸	辅酶 A	酰基
生物素	生物素	二氧化碳
叶酸	四氢叶酸	一碳单位
维生素 B_{12}	钴胺素辅酶类	一碳单位

对结合酶而言,酶蛋白和辅助因子分别单独存在时均无催化活性;一种辅助因子可与不同的酶蛋白结合构成多种不同的酶;在酶促反应过程中,酶蛋白决定催化反应的特异性,而辅助因子决定反应的类型。

知识链接

第一个证明酶是蛋白质的人

1926 年美国生物化学家萨姆纳(J. B. Sumner)首次成功地从刀豆分离结晶出脲酶,并证明脲酶的化学本质是蛋白质,进而提出酶可能都是蛋白质,由于尚缺乏其他例证,因此,存在着长期争论。三年后,诺思罗普(J. H. Northrop)结晶出多种酶,证实了萨姆纳的发现。后来斯坦利(W. M. Stanley)则利用他们的方法,分离出病毒蛋白酶。为此,他们 3 人共同荣获 1946 年诺贝尔化学奖。

二、酶的活性中心

酶蛋白中氨基酸残基的侧链存在许多化学基团,如—NH_2、—COOH、—SH、—OH 等,这些基团并不都与酶的催化活性有关。其中与酶的活性密切相关的化学基团称为酶的必需基团(essential group)。如组氨酸残基的咪唑基、丝氨酸和苏氨酸残基的羟基、半胱氨酸残基的巯基以及谷氨酸残基的 γ-羧基等。酶分子中的必需基团在其一级结构上可能相距甚远,但肽链经过盘绕、折叠形成空间结构后,这些必需基团可彼此靠近,形成具有特定空间结构的区域,能与底物分子特异结合并催化底物转化为产物,这一区域称为酶的活性中心(active-center)或活性部位(active-site)。对结合酶来说,辅酶或辅基可参与活性中心的组成。

酶活性中心的必需基团有两类:①能与底物和辅酶直接结合,使之与酶形成复合物的必需基团称为结合基团(binding group);②催化底物转化为产物的必需基团称为催化基团(catalytic group)。活性中心内有的必需基团可同时具有这两方面的功能。此外,还有一些必需基团虽然不直接参与酶活性中心的组成,但为维持酶活性中心应有的空间构象所必需,这些必需基团称为酶活性中心外的必需基团(图 3-2)。

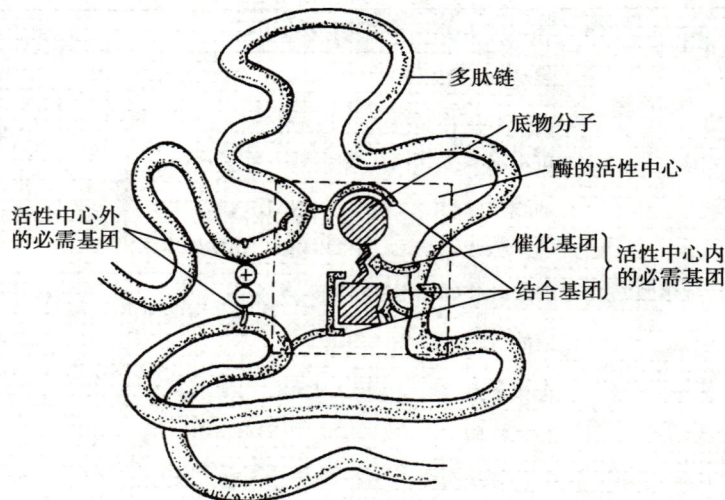

图 3-2　酶的活性中心示意图

酶的活性中心是酶催化作用的关键部位。不同的酶具有不同的活性中心,故酶对其底物具有高度的特异性。活性中心往往位于酶分子表面的凹陷处或裂缝处,也可通过凹陷或裂缝深入到酶分子内部。不同的酶分子空间构象不同,活性中心各异,催化作用各不相同。具有相同或相近活性中心的酶,尽管其分子组成和理化性质不同,而催化作用可相同或极为相似。酶的活性中心一旦被其他物质占据或某些理化因素使酶的空间构象破坏,则丧失其催化活性。

三、酶原与酶原的激活

有些酶在细胞内合成或初分泌时,或在其发挥催化作用前没有催化活性,这种无活性的酶的前身物质称为酶原(zymogen)。酶原是体内某些酶暂不表现催化活性的一种特殊存在形式。在一定条件下,酶原受某种因素作用后,分子结构发生改变,暴露或形成活性中心,转变成具有活性的酶,这一过程称为酶原的激活。

正常生理情况下,体内的许多酶如胃蛋白酶、胰蛋白酶、弹性蛋白酶等在它们初分泌时均以无活性的酶原形式存在,在一定的条件下这些酶原才能转化成具有催化活性的酶。例如,胰蛋白酶原在胰腺细胞内合成和初分泌时,以无活性形式存在,当它随胰液进入肠道后,在 Ca^{2+} 存在下受肠激酶激活,从 N 端水解掉一个六肽片段,使肽链分子空间构象发生改变,形成活性中心,胰蛋白酶原转变成具有催化活性的胰蛋白酶(图 3-3)。

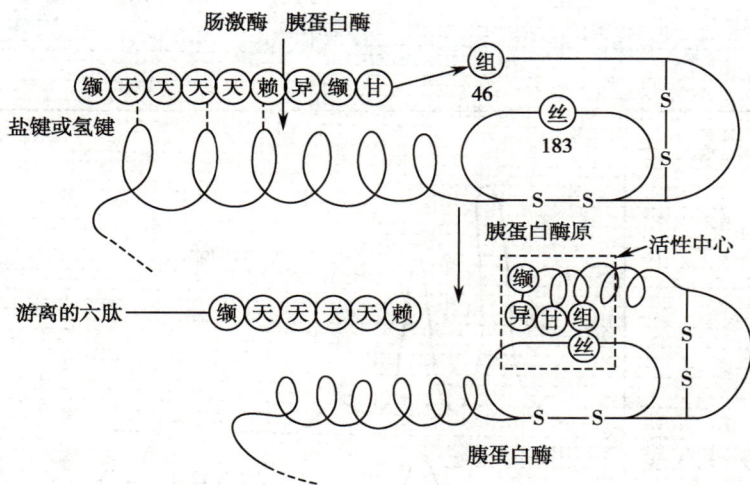

图 3-3 胰蛋白酶原激活示意图

这种作用的意义在于既可避免细胞产生的蛋白酶对细胞进行自身消化,又可使酶原达到特定部位或环境后发挥其催化作用。

四、同 工 酶

同工酶(isoenzyme,isozyme)是指催化的化学反应相同,酶蛋白的分子结构、理化性质乃至免疫学性质不同的一组酶。这类酶存在于生物的同一种属或同一个体的不同组织、甚至同一组织或细胞中。同工酶是由不同基因编码的蛋白质,也可以是同一基因转录的不同的 mRNA 所翻译的不同的蛋白质。

目前已知的同工酶有百余种,临床上常进行测定的同工酶有乳酸脱氢酶、肌酸激酶、丙氨酸氨基转移酶、天冬氨酸氨基转移酶、酸性和碱性磷酸酶等。其中乳酸脱氢酶(lactate dehydrogenase,LDH)是最先发现的同工酶。LDH 是由二种亚基组成的四聚体酶,即骨骼肌型(M 型)亚基和心肌型(H 型)亚基,两种亚基以不同比例组成五种同工酶:$LDH_1(H_4)$、$LDH_2(H_3M)$、$LDH_3(H_2M_2)$、$LDH_4(HM_3)$ 和 $LDH_5(M_4)$(图 3-4)。由于分子结构的差异,五种同工酶具有不同的电泳速度,电泳时它们都移向正极,其电泳速度由 LDH_1 至 LDH_5 依次递减。

● 为H亚基　　○ 为M亚基

| LDH₁ (H₄) | LDH₂ (H₃M) | LDH₃ (H₂M₂) | LDH₄ (HM₃) | LDH₅ (M₄) |

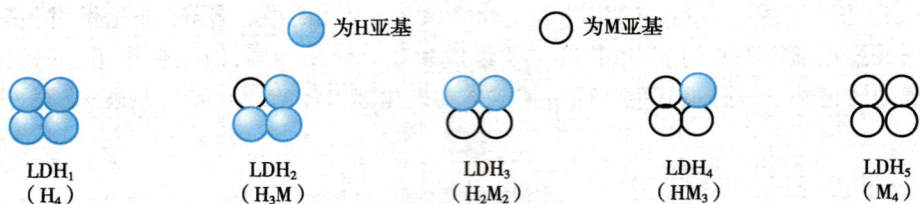

图3-4　LDH同工酶结构模式图

LDH的同工酶在不同组织器官中的种类、含量与分布比例不同（表3-3）。心肌中以LDH₁较为丰富，在心肌LDH₁以催化乳酸脱氢生成丙酮酸为主；肝和骨骼肌中含LDH₅较多，在肝和骨骼肌中LDH₅以催化丙酮酸还原为乳酸为主（图3-5）。

表3-3　人体各组织器官中LDH同工酶的分布（占总活性的%）

组织器官	LDH₁	LDH₂	LDH₃	LDH₄	LDH₅
心肌	67	29	4	<1	<1
肾	52	28	16	4	<1
肝	2	4	11	27	56
骨骼肌	4	7	21	27	41
红细胞	42	36	15	5	2

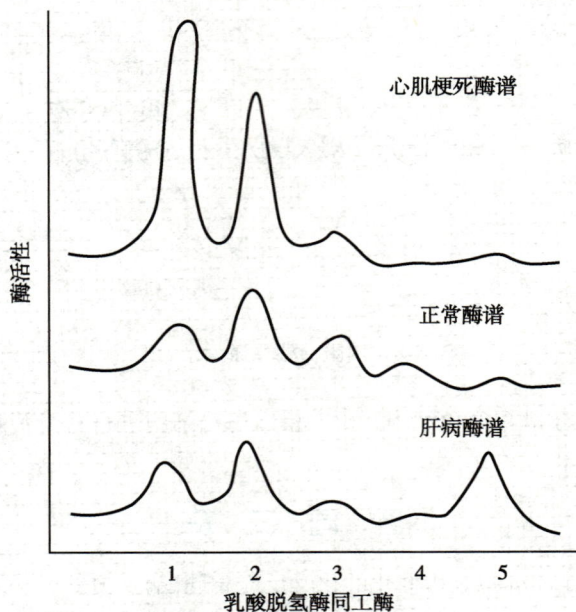

图3-5　LDH同工酶

肌酸激酶（creatine kinase, CK）是由肌型（M型）亚基和脑型（B型）亚基组成的二聚体酶，共有CK₁（BB型）、CK₂（MB型）、CK₃（MM型）三种同工酶。其广泛分布于各种组织细胞中，其中脑中含有CK₁；骨骼肌中含有CK₃；CK₂仅见于心肌。血清中CK₂活性的测定有助于临床心肌梗死的早期诊断。

某些酶或同工酶从组织进入体液后，可进一步分为多个不同的类型，即"同工酶亚型"，也称为同工型。它是指基因在编码过程中由于翻译后修饰的差异所形成的多种形式的一类酶。亚型常为基因编码产物从细胞内释放进入血浆时因肽酶的作用降解而形成。

同工酶的分布除了具有组织器官特异性外,在同一细胞的不同细胞器中也有不同的分布,这对于提高疾病的诊断有重要意义。临床上可根据酶浓度的变化用以辅助诊断。若酶浓度变化由细胞坏死或细胞膜通透性变化引起,表示脏器或组织损伤;若为细胞内酶合成增加所致,提示组织再生、修复、成骨或异位分泌,或提示有恶性肿瘤的可能;若为酶排泄障碍引起则说明有梗阻存在。同工酶的分析与鉴定则能更准确地反映出疾病的部位、性质和程度,具有十分重要的临床诊断价值。

第三节 酶促反应动力学

酶促反应动力学(kinetics of enzyme-catalyzed reaction)研究酶促反应速率及其影响因素。有许多因素影响酶促反应速度,主要包括底物浓度、酶浓度、pH、温度、激活剂和抑制剂等。酶促反应动力学的研究具有重要的理论和实践意义。

一、底物浓度对反应速度的影响

在其他条件不变的情况下,底物浓度的变化对反应速度影响的作图呈矩形双曲线。①在底物浓度较低时,反应速度随底物浓度的增加而急剧上升,两者呈正比关系,反应呈一级反应;②随着底物浓度的进一步增高,反应速度不再呈正比例加速,反应速度增加的幅度逐渐下降;③如果继续加大底物浓度,反应速度将不再增加,达到最大反应速度,表现为零级反应。此时酶的活性中心已被底物饱和(图3-6)。

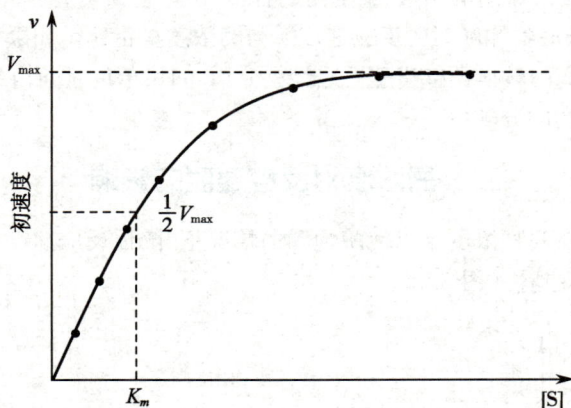

图 3-6　底物浓度对酶促反应速度的影响

酶促反应速度与底物浓度之间的变化关系,反映了酶-底物复合物的形成与产物生成的过程。E+S $\rightleftharpoons$ ES $\longrightarrow$ E+P,即中间产物学说。在底物浓度很低时,酶的活性中心没有全部与底物结合,增加底物浓度,复合物的形成与产物的生成均呈正比关系增加;当底物增加到一定浓度时,所有的酶全部与底物形成了复合物,此时再增加底物浓度也不会增加酶-底物复合物,反应速度趋于恒定。

(一)米-曼氏方程式

为了解释酶促反应中底物浓度和反应速度的关系,Leonor Michaelis 和 Maud L. Menten 于1913 年提出了酶促反应速度和底物浓度之间变化关系的数学表达式,即著名的米-曼氏方程式,简称米氏方程式(Michaelis equation):

$$v = \frac{V_{max} \cdot [S]}{K_m + [S]}$$

式中 V_{max} 为最大反应速度,[S]为底物浓度,K_m 为米氏常数(Michaelis constant),v 是在不同

[S]时的反应速度。当底物浓度很低（$[S]\ll K_m$）时，$v=\dfrac{V_{max}}{K_m}[S]$，反应速度与底物浓度呈正比。当底物浓度很高（$[S]\gg K_m$）时，$v\cong V_{max}$，反应速度达到最大反应速度，再增加底物浓度也不影响反应速度。

（二）K_m 与 V_{max} 的意义

1. **K_m值等于酶促反应速率为最大反应速率一半时的底物浓度**　当 v 等于 V_{max} 一半时，米氏方程可变换为：

$$\frac{V_{max}}{2}=\frac{V_{max}[S]}{K_m+[S]}$$

经整理得 $K_m=[S]$；（单位为：mol/L）。

2. **K_m值是酶的特征性常数**　通常只与酶的结构、底物和反应环境（如温度、pH、离子强度）有关，而与酶的浓度无关。

3. **K_m值可用来表示酶对底物的亲和力**　K_m值愈大，酶与底物的亲和力愈小；K_m值愈小，酶对底物的亲和力愈大。酶与底物亲和力大，表示不需要很高的底物浓度，便可达到最大反应速度。

4. **可计算不同底物浓度时的反应程度**　当 K_m 值已知时，可计算出某一底物浓度时反应速率 v 与最大速率 V_{max} 的比值。当底物浓度为 $10\sim20K_m$ 时，反应速率达到最大速率的 91%～95%。

5. **选择酶的最适底物或天然底物**　如果一种酶有几种底物，则对每一种底物各有一个特定的 K_m 值，其中 K_m 值最小的底物大都是该酶的最适底物或天然底物。

另外，还可用来确定工具酶的用量、鉴别酶的种类、确定连锁反应、限速反应等。

6. **V_{max}是酶完全被底物饱和时的反应速度**　与酶浓度呈正比。如果酶的总浓度已知，可从 V_{max} 计算酶的转换数。酶的转换数指当酶被底物充分饱和时，单位时间内每个酶分子（或活性中心）催化底物转变为产物的分子数。

二、酶浓度对反应速度的影响

酶促反应体系中，在底物浓度足以使酶饱和的情况下，酶促反应速度与酶浓度呈正比关系。即酶浓度越高，反应速度越快（图3-7）。

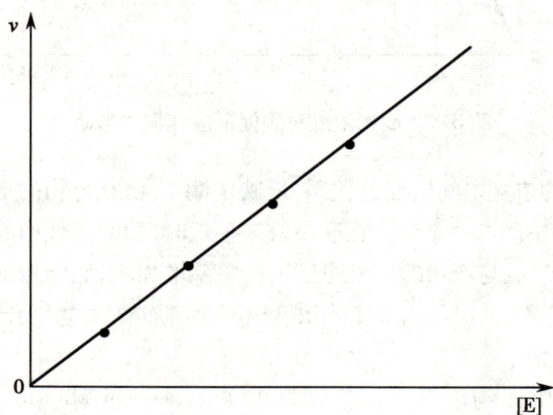

图 3-7　酶浓度对反应速度的影响

三、温度对反应速度的影响

一般情况下，化学反应速度随温度升高而加快。而酶是蛋白质，温度过高可引起酶蛋白变性，因此，温度对酶促反应速度具有双重影响。在较低温度范围内，随着温度升高，酶的活性逐步增加,以致达到最大反应速度。温度升高到60℃以上时,大多数酶已变性;80℃时,多数酶的变性不可逆转,反应速度则因酶变性而降低。酶促反应速度达到最快时反应体系的温度称为酶促反应的最适温度(optimum temperature)。温血动物组织中酶的最适温度一般在35～40℃之间。反应体系的温度低于最适温度时,温度每升高10℃,反应速度可加大1～2倍。温度高于最适温度时,反应速度则因酶变性而降低(图3-8)。

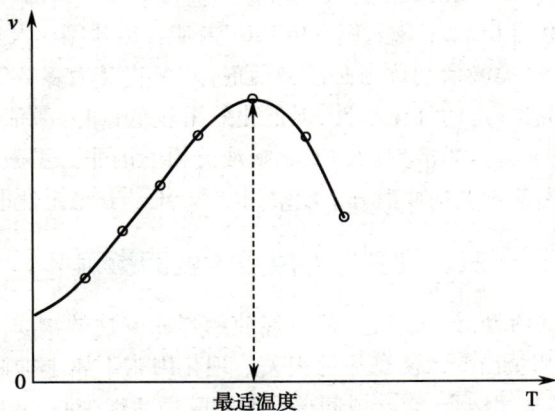

图3-8　温度对酶促反应速度的影响

酶的最适温度不是酶的特征性常数,它常与反应时间有关。在短时间内酶可以耐受较高的温度。相反,随着反应时间延长,酶的最适温度相应降低。酶的活性随温度下降而降低,但低温一般不使酶破坏。温度回升后,酶又恢复其活性。酶活性与温度的关系在临床上具有重要意义,如低温麻醉、生物样本的低温保存和高温高压灭菌等。

四、pH 对反应速度的影响

酶分子中的许多极性基团,在不同的 pH 条件下解离状态不同,酶活性中心的某些必需基团只有在某一解离状态时,才最容易同底物结合或具有最大催化活性。同时,许多具有解离基团的辅酶和底物的解离状态也受 pH 改变的影响,从而影响它们与酶的结合力。此外,pH 还可影响酶活性中心的空间构象,从而影响酶的催化活性。因此,pH 值的改变对酶的催化活性影响很大(图3-9)。酶催化活性最大时的反应体系的 pH 称酶促反应的最适 pH(optimum pH)。

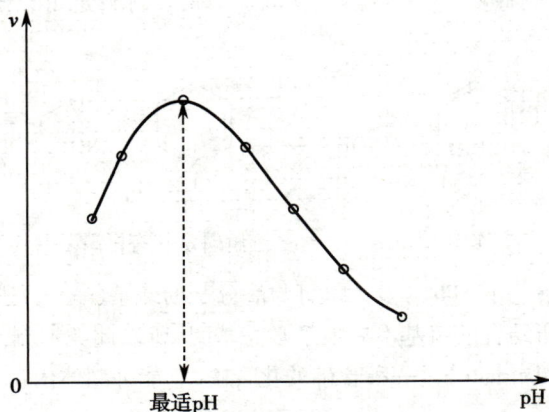

图3-9　pH 对酶促反应速度的影响

最适 pH 不是酶的特征性常数,它受底物浓度、缓冲液的种类与浓度、酶的纯度等因素的影响。溶液的 pH 高于或低于最适 pH,酶的活性降低,酶促反应速度减慢,远离最适 pH 时甚至可

导致酶的变性失活。每一种酶都有其各自的最适 pH。生物体内大多数酶的最适 pH 接近中性，但也有例外，如胃蛋白酶的最适 pH 约为 1.8，肝精氨酸酶的最适 pH 约为 9.8。此外，同一种酶催化不同的底物时最适 pH 也稍有不同。

五、激活剂对反应速度的影响

使酶由无活性变为有活性或使酶活性增加的物质称为酶的激活剂（activator）。激活剂包括无机离子和小分子有机化合物，如：Mg^{2+}、K^+、Mn^{2+}、Cl^- 及胆汁酸盐等。大多数金属离子激活剂对酶促反应是不可缺少的，这类激活剂称为必需激活剂，如 Mg^{2+} 是大多数激酶的必需激活剂。有些激活剂不存在时，酶仍有一定的催化活性，但催化效率较低，加入激活剂后，酶的催化活性显著提高，这类激活剂称为非必需激活剂，如 Cl^- 是唾液淀粉酶的非必需激活剂；胆汁酸盐是胰脂肪酶的非必需激活剂。激活剂在构成酶分子的空间结构、维持其稳定性上具有重要作用。

六、抑制剂对反应速度的影响

能够有选择地使酶的活性降低或丧失但不能使酶蛋白变性的物质统称为酶的抑制剂（inhibitor）。无选择地引起酶蛋白变性使酶活性丧失的理化因素不属于抑制剂范畴。抑制剂多与酶活性中心内、外的必需基团结合，直接或间接地影响酶的活性中心，从而抑制酶的活性。根据抑制剂与酶结合的紧密程度不同，可将其分为不可逆性抑制（irreversible inhibition）和可逆性抑制（reversible inhibition）两类。

（一）不可逆性抑制

抑制剂通常与酶活性中心上的必需基团形成共价键，使酶失去活性。此种抑制剂不能用透析、超滤等物理方法予以去除，只能靠某些药物才能解除抑制，使酶恢复活性，这种抑制称为不可逆性抑制。例如，农药敌百虫、敌敌畏等有机磷化合物能专一性地与胆碱酯酶活性中心丝氨酸残基的羟基（—OH）共价结合，使酶失去活性。通常把这些能够与酶活性中心的必需基团进行共价结合，从而抑制酶活性的抑制剂称为专一性抑制剂。

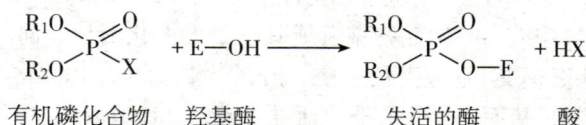

有机磷化合物　　羟基酶　　　　　　失活的酶　　　酸

胆碱酯酶活性受到抑制，使胆碱能神经末梢乙酰胆碱积蓄，造成迷走神经高度持续兴奋的中毒状态。临床上常采用解磷定（PAM）治疗有机磷中毒。解磷定可以解除有机磷化合物对羟基酶的抑制作用。

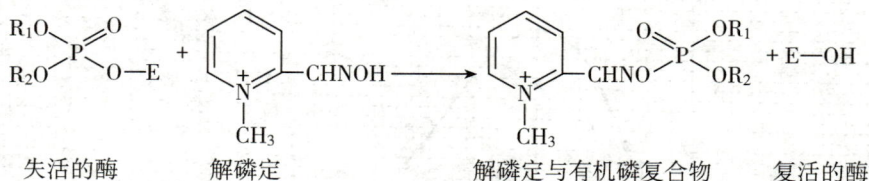

失活的酶　　　解磷定　　　　解磷定与有机磷复合物　　复活的酶

某些重金属离子（Hg^+、Ag^+、Pb^{2+}）及 As^{3+} 可与酶分子的巯基（—SH）进行共价结合，使酶失去活性。由于这些抑制剂所结合的巯基不局限于必需基团，所以此类抑制剂又称为非专一性抑制剂。化学毒气路易士气（Lewisite）是一种含砷的化合物，它能抑制体内巯基酶而使人畜中毒。

路易士气　　　巯基酶　　　　　失活的酶　　　　酸

重金属盐引起的巯基酶中毒可用富含巯基的二巯基丙醇（BAL）或二巯基丁二酸钠解毒，两

50

者含有 2 个—SH,在体内达到一定浓度后,可与毒剂结合,恢复巯基酶活性。

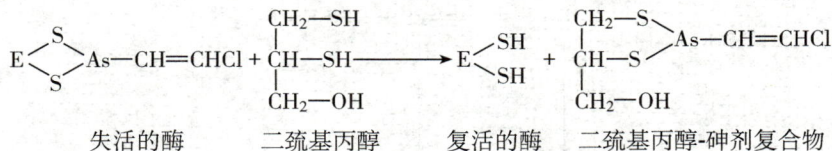

$$E\begin{matrix}S\\S\end{matrix}As-CH=CHCl + \begin{matrix}CH_2-SH\\CH-SH\\CH_2-OH\end{matrix} \longrightarrow E\begin{matrix}SH\\SH\end{matrix} + \begin{matrix}CH_2-S\\CH-S\\CH_2-OH\end{matrix}As-CH=CHCl$$

　　失活的酶　　　二巯基丙醇　　　复活的酶　　二巯基丙醇-砷剂复合物

(二) 可逆性抑制

　　抑制剂通过非共价键与酶和(或)酶-底物复合物可逆性结合,使酶活性降低或丧失。此种抑制采用透析或超滤等方法可将抑制剂除去,恢复酶的活性,这类抑制称为可逆性抑制。可逆性抑制作用主要有 3 种类型:

　　1. 竞争性抑制作用　竞争性抑制剂(I)与酶的底物结构相似,可与底物分子竞争酶的活性中心,从而阻碍酶与底物结合形成中间产物,这种抑制作用称为竞争性抑制作用(competitive inhibition)。该抑制剂与酶的结合是可逆的。竞争性抑制作用具有以下特点:①抑制剂在化学结构上与底物分子相似,两者竞相争夺同一酶的活性中心;②抑制剂与酶的活性中心结合后,酶失去催化作用;③竞争性抑制作用的强弱取决于抑制剂与底物之间的相对浓度,抑制剂浓度不变时,通过增加底物浓度可以减弱甚至解除抑制剂对酶的抑制作用;④V_{max}不变,K_m变大。该抑制过程中,E、S、I 及其催化反应的关系如下式:

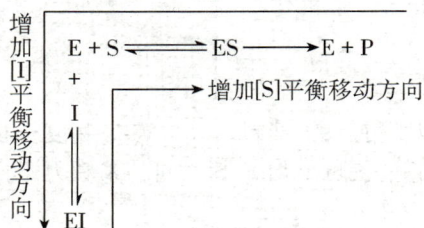

　　应用竞争性抑制的原理可阐明某些药物的作用机制,如磺胺类药物。对磺胺类药物敏感的细菌在生长繁殖时,不能直接利用环境中的叶酸,而是在菌体内二氢叶酸合成酶的作用下,以对氨基苯甲酸(PABA)为底物合成二氢叶酸,后者在还原酶作用下生成四氢叶酸,四氢叶酸是细菌合成核酸过程中不可缺少的辅酶。磺胺类药物与对氨基苯甲酸结构相似,是二氢叶酸合成酶的竞争性抑制剂,可以抑制二氢叶酸的合成,进而影响四氢叶酸的合成。

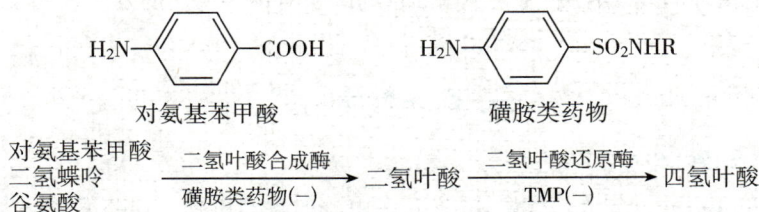

　　磺胺类药物竞争性抑制细菌体内二氢叶酸的合成及四氢叶酸的合成,影响一碳单位的代谢,从而有效地抑制了细菌体内核酸及蛋白质的生物合成,导致细菌死亡。人体能直接利用食物中叶酸,核酸合成不受磺胺类药物干扰。

　　许多抗代谢类抗癌药物,如甲氨蝶呤(MTX)、5-氟尿嘧啶(5FU)、6-巯基嘌呤(6MP)等,几乎都是酶的竞争性抑制剂,它们分别抑制四氢叶酸、脱氧胸苷酸及嘌呤核苷酸的合成,达到抑制肿瘤生长的目的。

　　2. 非竞争性抑制作用　抑制剂与酶活性中心外的必需基团相结合,此种结合不影响酶与底物的结合,同时,酶与底物的结合也不影响酶与抑制剂的结合。底物与抑制剂之间无竞争关系,但酶与抑制剂的结合使酶的空间构象改变,导致酶活性降低或酶-底物-抑制剂复合物(ESI)不能进一步释放产物,这种抑制作用称为非竞争性抑制作用(non-competitive inhibition)。典型的非

竞争性抑制作用的反应过程是：

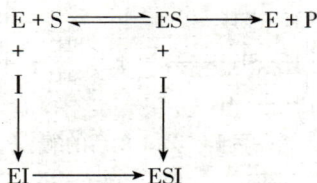

$$E + S \rightleftharpoons ES \longrightarrow E + P$$

$$EI \longrightarrow ESI$$

非竞争性抑制作用具有以下特点：①抑制剂与酶活性中心外的必需基团结合，底物与抑制剂之间无竞争关系；②非竞争性抑制作用的强弱取决于抑制剂的浓度；③酶-底物-抑制剂复合物不能进一步释放产物；④此种抑制作用不能通过增加底物浓度减弱或消除；⑤V_{max}变小，K_m不变。

3. 反竞争性抑制作用　抑制剂不与酶直接结合，仅与酶和底物形成的中间产物（ES）结合，使中间产物（ES）的量下降，即 ES+I $\longrightarrow$ ESI。这样既减少了从中间产物转化为产物的量，同时也减少了从中间产物解离出游离酶和底物的量。在反应体系中存在反竞争性抑制剂时，不仅不排斥 E 和 S 的结合，反而可增加二者的亲和力，这与竞争性抑制作用相反，故称为反竞争性抑制作用（uncompetitive inhibition）。其抑制作用的反应过程如下：

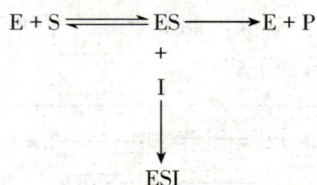

$$E + S \rightleftharpoons ES \longrightarrow E + P$$

$$ESI$$

反竞争性抑制作用具有以下特点：①抑制剂只与酶-底物复合物结合；②抑制程度取决于抑制剂的浓度及底物的浓度；③抑制剂可增加 E、S 之间的亲和力，与竞争性抑制作用相反；④V_{max}变小，K_m降低。

第四节　酶与医学的关系

生物体的正常生理活动，有赖于酶对体内物质代谢有条不紊地催化作用，以及对代谢过程精确地调节功能。酶在物质代谢过程中这种独特的作用决定了酶在医学上的广泛应用。人体的许多疾病与酶活性的改变有关，血浆中酶活性的改变对许多疾病的发生发展及预后判断具有重要意义。

一、酶与疾病的关系

（一）酶与疾病的发生

1. 已发现的 140 多种先天性代谢缺陷病，多由酶的缺损所致。如酪氨酸酶遗传性缺陷时，酪氨酸不能转化成黑色素，导致皮肤、毛发缺乏黑色素而患白化病。表3-4 列出部分酶遗传性缺陷病及其所缺陷的酶。

2. 某些疾病可引起酶的异常，酶的异常进而又可加重病情。例如，急性胰腺炎时，胰蛋白酶原在胰腺中被激活，造成胰腺组织被水解破坏。

3. 临床上某些疾病是由于酶活性受到抑制所致。如有机磷农药中毒是由于抑制了胆碱酯酶活性而致；重金属盐中毒是抑制了巯基酶活性；氰化物中毒是抑制了细胞色素氧化酶等。

（二）酶与疾病的诊断

临床酶学检测一般是测定血清或血浆等体液中酶的活性变化，以帮助诊断和预后判断。根据酶的来源及其在血浆中发挥催化功能的不同，可将血清酶分为血浆功能酶和非血浆功能酶两大类。

表 3-4　遗传性酶缺陷所致疾病

缺陷酶	相应疾病
酪氨酸酶	白化病
尿黑酸氧化酶	尿黑酸症
苯丙氨酸羟化酶系	苯丙酮酸尿症
1-磷酸半乳糖尿苷移换酶	半乳糖血症
葡萄糖-6-磷酸酶	糖原贮积症
6-磷酸葡萄糖脱氢酶	蚕豆病
高铁血红蛋白还原酶	高铁血红蛋白血症
谷胱甘肽过氧化物酶	新生儿黄疸
肌腺苷酸脱氢酶	肌病

1. 血浆功能酶　血浆功能酶是血浆蛋白的固有成分,在血浆中发挥特定的催化作用,也称为血浆固有酶。如凝血酶原、凝血因子(Ⅶ、Ⅸ、Ⅹ)、纤溶酶原等凝血因子及纤溶因子等,还有胆碱酯酶、铜蓝蛋白、脂蛋白脂肪酶等。它们大多数由肝脏合成,多以酶原形式分泌入血,在一定条件下被激活,从而引起相应的生理或病理变化。此类酶在血浆中的含量较为固定,但当肝功能减退时,血浆中这些酶的活性降低。测定血浆中这些酶的活性,有助于了解肝功能。

2. 非血浆功能酶　非血浆功能酶在血浆中浓度很低,通常不发挥催化功能。它们又可分为两种。

(1) 外分泌酶:是指由外分泌腺合成并分泌进入血浆的酶,如唾液和胰淀粉酶、胰脂肪酶、胃蛋白酶、胰蛋白酶和前列腺酸性磷酸酶等。在血浆中很少发挥催化作用,它们在血液中的浓度与相应分泌腺体的功能有关。

(2) 细胞内酶:是指存在于组织细胞内催化物质代谢的酶类。随着细胞的更新,可有少量酶释放入血液,在血液中无重要的催化作用。按其来源可分为:①一般代谢酶:无器官特异性;②组织专一性酶:有器官特异性。这类酶在细胞内外浓度差异很大,病理情况下显著升高,常用于临床诊断。如转氨酶、乙醇脱氢酶、γ-谷氨酰转移酶等,主要存在于肝脏,其在血液中浓度异常时,能较特异地反映肝细胞的病变。

许多疾病可引起血浆中该类酶活性的改变:①体内某些细胞酶合成增加,使入血的酶量增加,如成骨肉瘤或佝偻病时,血清碱性磷酸酶活性升高,前列腺癌时血清酸性磷酸酶活性增高;②组织细胞损伤或细胞膜通透性变大,使进入血液中的酶量增加,如急性胰腺炎时,血清淀粉酶活性升高,急性肝炎、心肌梗死时血浆丙氨酸氨基转移酶(ALT)、天冬氨酸氨基转移酶(AST)活性增高;③酶在细胞内合成障碍,使血清酶活性降低,如肝病时,血中凝血酶原和某些凝血因子含量均显著降低;④酶活性受到抑制,如有机磷中毒时,胆碱酯酶活性降低。

(三) 酶与疾病的治疗

酶可作为药物用于疾病治疗。①胃蛋白酶、胰蛋白酶、胰淀粉酶、胰脂肪酶等可用于帮助消化;②溶菌酶、胰蛋白酶、胰凝乳蛋白酶、木瓜蛋白酶、链激酶、尿激酶和纤溶酶等用于进行外科扩创、化脓伤口的净化、浆膜黏连的防治和某些炎症治疗;③链激酶、尿激酶和纤溶酶等均可溶解血栓,防止血栓形成,可用于脑血栓、心肌梗死等疾病的防治;④利用天冬酰胺酶分解天冬酰胺可抑制血癌细胞的生长;⑤甲氨蝶呤、6-巯基嘌呤、5-氟尿嘧啶等药物是肿瘤细胞核酸代谢途径中相关酶的竞争性抑制剂。

二、酶在医学上的其他应用

在医学研究领域中,通常利用酶具有高度特异性的特点,以限制性核酸内切酶和连接酶等

为工具,在分子水平上对某些生物大分子进行定向的切割与连接,来阐述某些疾病的发病机制。酶标记测定法可代替同位素与某些物质结合,从而使该物质被酶标记。然后通过测定酶的活性来判断被标记物质或与其定量结合的物质的存在和含量,这样,可避免或减少应用同位素造成的污染。此外,酶在制药和日常生活中的应用也非常广泛,如用特定的酶来合成抗生素;加酶洗衣粉帮助除去衣物上的污渍和油渍。

小结

　　酶是对其特异底物起高效催化作用的蛋白质。酶促反应具有高效性和特异性。根据分子组成酶可分为单纯酶与结合酶,前者是仅由氨基酸残基组成的蛋白质,后者除含有蛋白质部分外,还含有非蛋白质辅因子,只有两者结合在一起构成全酶后才具有催化活性。酶分子中一些在一级结构上可能相距很远的必需基团,在空间结构上彼此靠近,组成具有特定空间结构的区域,能与底物特异结合并将底物转化为产物,这一区域称为酶的活性中心。活性中心是酶发挥催化作用的关键部位。同工酶是指催化相同的化学反应,酶蛋白的分子结构、理化性质乃至免疫学性质不同的一组酶,同工酶在临床疾病的诊断方面有重要意义。酶促反应动力学研究酶促反应速率及其影响因素,包括底物浓度、酶浓度、温度、pH、抑制剂和激活剂等。酶活性的调节是机体对代谢调节的重要途径。酶与医学的关系十分密切,许多疾病的发生与发展和酶的异常或酶受到抑制有关,此外酶可以作为诊断试剂对某些疾病进行诊断。

（邵世滨）

练 习 题

一、单项选择题

1. 结合酶在何种状态下才有活性
   A. 单独酶蛋白存在时
   B. 单独辅酶存在时
   C. 酶蛋白和辅酶同时存在时
   D. 酶蛋白和底物同时存在时
   E. 酶蛋白经激酶作用后

2. 关于米氏常数(K_m)叙述,错误的是
   A. K_m单位是 mol/L
   B. K_m增大,酶与底物亲和力增大
   C. K_m增大,酶与底物亲合力减小
   D. K_m是酶特征性常数
   E. 同工酶的 K_m 不相同

3. 关于同工酶叙述,错误的是
   A. 可存在于同一组织
   B. 酶蛋白一级结构不同
   C. 可存在于不同组织
   D. 催化不同的化学反应
   E. 理化性质不同

4. 竞争性抑制剂的特点是
   A. 抑制剂以共价键与酶结合
   B. 抑制剂的结构与底物不相似
   C. 当抑制剂的浓度增加时,酶活性逐渐降低
   D. 当底物浓度增加时,抑制作用不减弱
   E. 抑制剂和酶活性中心外的部位结合

5. 对于酶的叙述下列哪项是正确的
   A. 酶对底物都有绝对特异性
   B. 有些 RNA 具有酶一样的催化作用

   C. 酶的催化活性与空间结构的完整性无关　　　　D. 所有酶均需特异的辅助因子

   E. 酶只能在中性环境发挥催化作用

二、名词解释

  1. 活性中心　　2. 同工酶

三、简答题

  1. 简述酶促反应的特点。

  2. 何谓 K_m 值？简述其应用。

  3. 简述竞争性抑制的特点。

选择题参考答案

1. C　2. B　3. D　4. C　5. B

第四章

维 生 素

学习目标

1. 熟悉:维生素概念及分类;脂溶性维生素的主要生理功能及相应的缺乏症;水溶性维生素的主要生理功能、在体内的活性形式及相应缺乏症。
2. 了解:脂溶性维生素和水溶性维生素的主要来源。

第一节　维生素概述

一、维生素的概念

维生素(vitamin)是维持人体正常生命活动所必需的一组低分子有机化合物。通常情况下,人体内不能合成或合成量甚少,必须由食物供给。维生素既不是构成机体组织和细胞的组成成分,也不是供能物质,然而在调节人体物质代谢、维持正常生理功能及促进生长发育等方面却发挥着极其重要作用。长期缺乏某种维生素时,可导致物质代谢障碍,并出现相应的维生素缺乏症(avitaminosis)。

二、维生素的命名与分类

(一) 命名

维生素的命名方法有多种,一是按其被发现的先后顺序在"维生素"后加上英文字母 A、B、C、D 等,如维生素 A。二是根据其化学结构特点命名,如维生素 B_1 因其分子结构中既含有硫也含有氨基,故又称硫胺素。三是根据其生理功能和治疗作用命名,如维生素 A 又称抗眼干燥症维生素、维生素 D 又称抗佝偻病维生素等。有些维生素在最初发现时认为是一种,后经证明是多种维生素混合存在,命名时便在其原字母的右下方标注 1、2、3 等数字加以区别,如维生素 B_1、B_2 等。在维生素的发现过程中,有些物质曾命名为维生素,但后来证实并不是维生素,如维生素 B_4 实际上是精氨酸、甘氨酸和半胱氨酸的混合物。

(二) 分类

目前已知的维生素有几十种,其化学结构、理化性质和生物学功能各不相同。这些维生素按其溶解性不同,可分为两大类,即脂溶性维生素(lipid-soluble vitamin)和水溶性维生素(water-soluble vitamin)。脂溶性维生素包括维生素 A、D、E、K 和硫辛酸,水溶性维生素包括 B 族维生素和维生素 C 两类。B 族维生素又包括维生素 B_1、B_2、B_6、B_{12}、维生素 PP、泛酸、叶酸、生物素等。

三、维生素的需要量和缺乏的原因

(一) 维生素的需要量

维生素的需要量是指能保持人体健康、达到机体应有的发育水平和高效完成各项体力和脑力活动所需要的维生素的必需量。人体每天对维生素的需要量很少,常以毫克或微克计。

（二）维生素缺乏的原因

脂溶性和水溶性维生素在人体内的代谢特点不同。脂溶性维生素在人体内大部分储存于肝及脂肪组织，可通过胆汁代谢并排出体外。水溶性维生素在人体内只有少量储存，且易随尿排出体外，因此，每天必须通过膳食提供足够的数量以满足机体的需要。当膳食供给不足时，易导致人体出现相应的缺乏症。引起维生素缺乏的常见原因如下：

1. 维生素的摄入量不足 膳食构成或膳食调配不合理、严重的偏食、食物的加工、烹调方法和贮存不当均可造成维生素的大量破坏丢失，从而导致机体某些维生素的摄入不足。如做饭时淘米过度、煮稀饭时加碱、米面加工过细等都可造成维生素 B_1 缺乏；新鲜蔬菜、水果储存过久或炒菜时先切后洗，可造成维生素 C 的丢失和破坏；长期素食者常出现一些脂溶性维生素缺乏等。

2. 机体的吸收障碍 某些原因造成的消化系统吸收功能障碍，如长期腹泻、消化道或胆道梗阻、胃酸分泌减少等均可造成维生素的吸收、利用减少；胆汁分泌受限可影响脂类的消化吸收，使脂溶性维生素的吸收大大降低；维生素 B_{12} 的吸收与胃黏膜细胞分泌的内因子有关，所以一些胃部疾病的患者维生素 B_{12} 的吸收会减少以致缺乏。

3. 维生素的需要量相对增加 不同的人群对维生素的需要量也有所不同。在某些生理或病理条件下，机体对维生素的需要量会相对增加，如孕妇、乳母、生长发育期儿童、某些疾病（长期高热、慢性消耗性疾病等）等均可使机体对维生素的需要量相对增加，如不及时补充，则可引起维生素相对缺乏。

4. 某些药物作用 长期服用抗生素可抑制肠道正常菌群的生长，从而影响某些维生素如维生素 K、B_6、叶酸、PP、生物素、泛酸、B_{12} 等的产生；另外，长期服用异烟肼抗结核治疗时，可引起维生素 B_6 和维生素 PP 的相对不足。水溶性维生素摄入过多时，多以原型从尿中排出体外，不易引起机体中毒，但生理性大剂量摄入，有可能干扰其他营养素的代谢。脂溶性维生素大剂量摄入时，可因体内积存过多而引起中毒。

知识链接

维生素的发现

在 20 世纪初，科学家发现只用脂肪、糖类、蛋白质及水的混合饲料喂养实验动物并不能存活。后经过反复实验证明，动物食物中除含有脂肪、糖类、蛋白质及水以外，还必须含有微量矿物质、维生素等。荷兰医生艾克曼（C. Eijkman）首先发现脚气病是由于缺乏某种微量物质引起的，从而发现了维生素 B_1。

英国生物化学家霍普金斯（F. G. Hopkins）于 1912 年提出了维生素学说，他发现肉汁、酵母中都含有动物生长和代谢所必需的微量有机物，称为维他命（vitamin），即维生素。由于这一发现，他们于 1929 年共同获得诺贝尔生理学或医学奖。

第二节 脂溶性维生素

脂溶性维生素包括维生素 A、D、E、K、硫辛酸。它们的主要特点为：①难溶于水,易溶于脂类及脂肪溶剂;②当脂类吸收发生障碍时,常常会导致脂溶性维生素的缺乏;③体内储存量较多,主要在肝脏,长期过量摄入可蓄积引起中毒。

一、维生素 A

(一) 化学本质、性质及来源

维生素 A 是由 β-白芷酮环和两分子异戊二烯构成的多烯化合物,呈淡黄色。天然的维生素 A 有 A_1(视黄醇)和 A_2(3-脱氢视黄醇)两种形式。维生素 A 在体内的活性形式有视黄醇、视黄醛和视黄酸三种,其分子结构主要有全反式和 11-顺式两种重要的异构体。

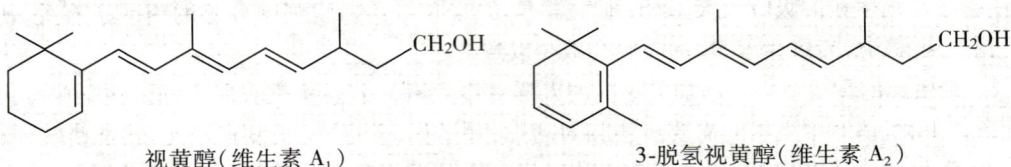

视黄醇(维生素 A_1)　　　　3-脱氢视黄醇(维生素 A_2)

维生素 A 的结构中含有共轭双键,在紫外光谱区有吸收峰。维生素 A_1 在 325nm 处有最大吸收峰。维生素 A 在空气中易被氧化而失活,遇光和热更易氧化,故维生素 A 制剂要在棕色瓶内避光保存。烹调时,由于加热及接触空气而氧化也会损失部分维生素 A;冷藏食品可保持大部分维生素 A。

维生素 A 主要来源于动物性食品,如肝、肉类、蛋黄、乳制品、鱼肝油等。植物性食物虽然不含维生素 A,但含有维生素 A 原——类胡萝卜素,其中以 β-胡萝卜素最为重要。β-胡萝卜素在小肠黏膜细胞的 β-胡萝卜素加双氧酶的作用下,加氧断裂为 2 分子的视黄醇。胡萝卜、菠菜、番茄、枸杞子等都含有丰富的胡萝卜素。

(二) 生化作用及缺乏症

1. 构成视觉细胞内感光物　11-顺视黄醛作为光敏感视蛋白的辅基与视蛋白结合生成视紫红质,有感受弱光作用。当视紫红质感光时,11-顺视黄醛即转变为全反式视黄醛,引起视蛋白发生变构,视蛋白是 G 蛋白偶联跨膜受体,通过一系列反应产生视觉神经冲动。此后,视紫红质被分解,全反式视黄醛与视蛋白分离,全反式视黄醛再还原为全反式视黄醇,并异构成 11-顺视黄醛,再合成视紫红质,构成视循环。正是这种再生补充的过程,形成了"暗适应"。故维生素 A 缺乏时,必然引起循环的关键物质 11-顺视黄醛的补充不足,视紫红质合成减少,对弱光敏感性降低,严重时会发生"夜盲症"。

2. 参与生物膜糖蛋白的合成　维生素 A 缺乏时皮肤及各器官如呼吸道、消化道、腺体等的上皮组织干燥、增生和角质化,表现为皮肤粗糙、毛囊角质化等。在眼部的病变表现为泪腺分泌受阻,角膜、结膜干燥,引起眼干燥症,故维生素 A 又称抗眼干燥症维生素。

3. 促进生长发育　维生素 A 参与类固醇合成,影响细胞分化,从而影响生长、发育。当维生素 A 缺乏时,儿童可出现生长缓慢、发育不良。

4. 具有抗癌作用　研究表明维生素 A 可控制细胞的增殖和分化,抑制肿瘤细胞的生长。同时,维生素 A 也可减轻致癌物质的作用。流行病学调查已证明,缺乏维生素 A 的动物,对化学致癌物诱发的肿瘤更为敏感,维生素 A 的摄入与癌症的发生呈负相关。

5. 具有抗衰老作用　维生素 A 在氧分压较低的条件下,能直接清除自由基,有助于控制细胞膜和富含脂质组织的脂质过氧化,是有效的抗氧化剂。

长期服用过多的维生素 A 会引起中毒,严重者可使生长停滞及造成肝脏不可恢复的损伤。维生素 A 中毒目前多见于 1~2 岁的婴幼儿不合理地使用维生素 A 或鱼肝油治疗佝偻病,因为鱼肝油中维生素 A 的含量很高,在满足维生素 D 治疗的用量时,会引起维生素 A 的蓄积中毒。维生素 A 中毒的主要表现为:皮肤干燥、发痒、疲乏、食欲降低、黄疸、凝血时间延长、易于出血等。

二、维生素 D

(一) 化学本质、性质及来源

维生素 D 是类固醇的衍生物,主要包括维生素 D_2(麦角钙化醇)和维生素 D_3(胆钙化醇)两种。维生素 D 为无色针状结晶,除对光敏感外,性质比较稳定,不易被热、酸、碱和氧破坏。

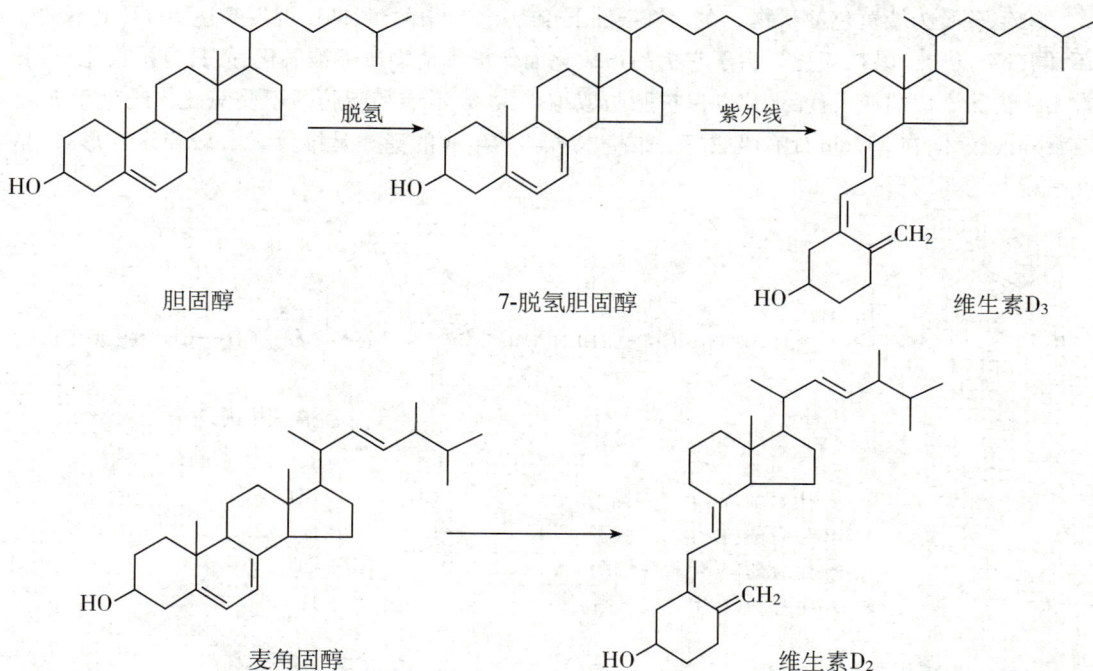

胆固醇　　　脱氢→　　　7-脱氢胆固醇　　　紫外线→　　　维生素D_3

麦角固醇　　　→　　　维生素D_2

维生素 D 主要来自动物性食品,如乳汁、蛋黄、肝等,其中以鱼肝油中含量最丰富。植物性食品不含维生素 D,但含有维生素 D 原。来自植物和酵母中的麦角固醇,在紫外线照射下转变为被人体吸收的维生素 D_2,所以麦角固醇被称之为维生素 D_2 原。人体内可由胆固醇转变为 7-脱氢胆固醇,储存于皮下,在紫外线作用下 7-脱氢胆固醇转变成维生素 D_3,故 7-脱氢胆固醇为维生素 D_3 原。

(二) 维生素 D 的活性形式

维生素 D 本身并没有生化活性,食物中的维生素 D 进入机体后,先以乳糜微粒的形式入血,在血液中与其特殊的载体蛋白结合后被运至肝脏,在肝脏经 25-羟化酶的催化,生成 25-(OH)-D_3,然后在肾脏 1-羟化酶的催化下,转变成其活性形式 1,25-(OH)$_2$-D_3。

(三) 生化作用及缺乏症

1,25-(OH)$_2$-D_3 的靶细胞主要是小肠黏膜、肾小管和骨骼,其主要功能是:

1. 促进小肠对钙、磷的吸收 1,25-(OH)$_2$-D_3 能促进小肠黏膜细胞中钙结合蛋白的生成和 Ca^{2+}-ATP 酶的活性,从而促进肠道对钙的吸收,同时伴随磷的吸收,维持血钙和血磷的正常浓度。

2. 促进肾小管对钙和磷的重新吸收,减少钙和磷从尿液中排出。

3. 促进骨盐的更新,有利于骨的生长及钙化。

当婴儿缺乏维生素 D 时，肠道钙和磷的吸收不足，使血液中钙、磷含量下降，骨、牙不能正常发育，临床表现为手足搐搦，严重者导致佝偻病。成人缺乏可引起软骨病。维生素 D 过量会引起中毒，主要表现为高钙血症、高钙尿症、高血压以及软组织钙化等。

三、维生素 E

（一）化学本质、性质及来源

维生素 E 化学本质是 6-羟基苯骈二氢吡喃的衍生物，包括生育酚和生育三烯酚两大类。根据环上甲基的数目和位置不同，每类又可以分为 α、β、γ、δ 四种。自然界以 α-生育酚活性最高、分布最广。抗氧化作用 δ-生育酚最强，α-生育酚最弱。维生素 E 在食油、水果、蔬菜及粮食中均存在，以植物种子油中含量最为丰富。冷冻贮存的食物中生育酚会大量丢失。

维生素 E 为淡黄色油状物。在无氧条件下较为稳定、很耐热，即使温度高达 200℃ 也不被破坏，但在空气中极易被氧化。由于它极易被氧化而保护其他物质不被氧化，故具有抗氧化作用。常用作食品添加剂加入食品中，以保护脂肪或维生素 A、不饱和脂肪酸不受氧化。维生素 E 可被紫外线破坏，在 259nm 处有吸收峰。维生素 E 和酸生成的酯类是维生素 E 较稳定的形式，是在临床上的药用形式。

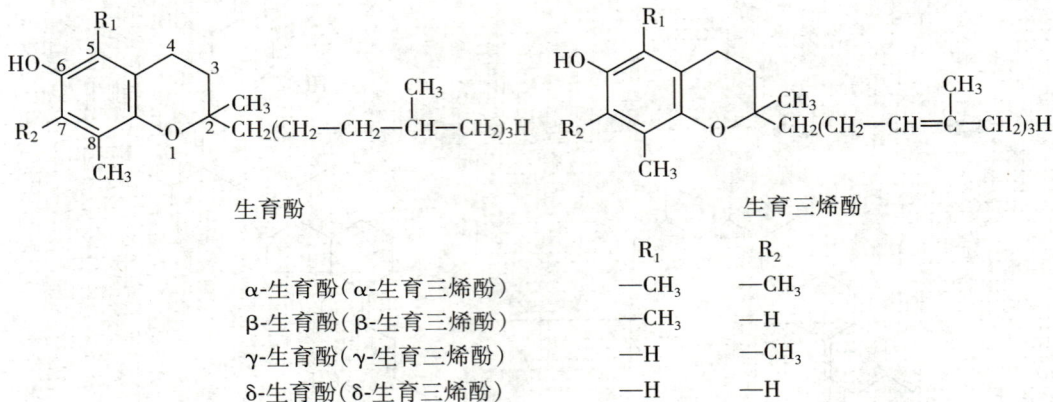

生育酚　　　　　　　　　　　　　　　　生育三烯酚

	R₁	R₂
α-生育酚（α-生育三烯酚）	—CH₃	—CH₃
β-生育酚（β-生育三烯酚）	—CH₃	—H
γ-生育酚（γ-生育三烯酚）	—H	—CH₃
δ-生育酚（δ-生育三烯酚）	—H	—H

（二）生化作用及缺乏症

1. 抗氧化作用　维生素 E 是体内抗过氧化物的第一道防线，体内产生的自由基有很强的氧化性，如超氧阴离子、过氧化物及羟自由基等都有强氧化性，能氧化生物膜的不饱和脂肪酸产生脂质过氧化物来破坏生物膜。维生素 E 的功能就是捕捉这些自由基，保护生物膜的不饱和脂肪酸不被氧化产生脂质过氧化物，从而对细胞膜有保护和稳定作用。

2. 与动物生殖功能有关　缺乏维生素 E 的动物可导致生殖器官受损而不育。雌性动物会因胚胎和胎盘萎缩引起流产，雄性动物睾丸萎缩不产生精子。维生素 E 对人类生殖功能的影响不很明确，尚未发现因维生素 E 缺乏引起的不育症，但临床上可用于防治先兆流产和习惯性流产。

3. 促进血红素代谢　维生素 E 能提高血红素合成过程中的关键酶 δ-氨基-γ-酮戊酸（δ-aminolevulinic acid，ALA）合酶和 ALA 脱水酶的活性，从而促进血红素的合成。新生儿缺乏维生素 E 可引起贫血，可能与血红蛋白合成减少及红细胞寿命缩短有关。

4. 抗衰老作用　动物实验发现，在衰老组织的细胞内会出现色素颗粒，而且随着年龄增长色素颗粒增加。这种颗粒是不饱和脂肪酸氧化生成过氧化物与蛋白质结合的复合物，不易受酶分解或排出而在细胞内蓄积的结果。给予维生素 E 治疗后，既可以减少组织衰老时细胞中的色素颗粒，还可以减轻性腺萎缩，改善皮肤弹性等。因此，维生素 E 在抗衰老方面具有重要的意义。

人类尚未发现维生素 E 缺乏病。维生素 E 与维生素 A 和 D 不同,即使一次服用高出常用量 50 倍的剂量,也尚未见到中毒现象。

四、维生素 K

(一) 化学本质、性质及来源

维生素 K 在自然界存在形式有两种,即 K_1 和 K_2,都是 2-甲基-1,4-萘醌的衍生物。维生素 K_1 又叫叶绿醌,最初是从苜蓿中得到的,主要存在于深绿色蔬菜(如甘蓝、菠菜、莴苣等)和植物油中。动物性来源的维生素 K_2 是从细菌和鱼粉中分离得到的,生理状况下由肠道细菌合成,是人体维生素 K 的主要来源。临床上应用的是人工合成水溶性的 K_3 和 K_4,可口服或注射。

维生素 K 对热稳定,但易受光和碱的破坏。维生素 K 主要在小肠被吸收,经淋巴入血,在血中随 β-脂蛋白运至肝储存。

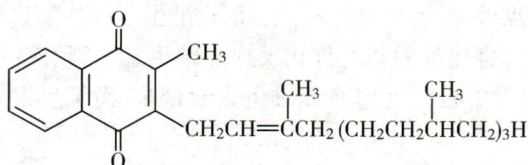

维生素 K_1

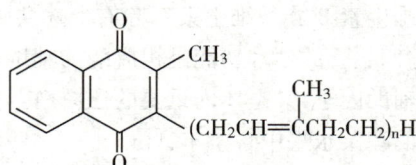

维生素 K_2(n=6、7 或 9)

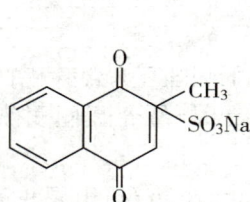

维生素 K_3(亚硫酸氢钠甲萘醌)

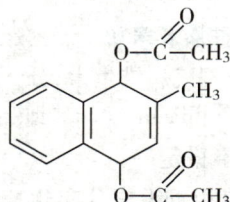

维生素 K_4(二乙酰甲萘醌)

(二) 生化作用及缺乏症

1. 促进凝血因子从无活性向活性形式转化　维生素 K 是 γ-谷氨酰羧化酶的辅酶,凝血因子 Ⅱ、Ⅶ、Ⅸ、Ⅹ 及抗凝血因子蛋白 C 和蛋白 S 在肝中初合成时是无活性的前体,这些无活性的前体转变为有活性的形式需要 γ-谷氨酰羧化酶的催化,主要催化前体分子中的 4~6 个谷氨酸残基羧化,生成 γ-羧基谷氨酸(Gla)残基。Gla 有很强的螯合 Ca^{2+} 的能力,因而使其转变为活性型。

2. 促进骨代谢及减少动脉硬化　骨中骨钙蛋白和骨基质 Gla 蛋白都是维生素 K 依赖蛋白。研究表明,服用低剂量维生素 K 的妇女,其骨盐密度明显低于服用大剂量维生素 K 时的骨盐密度。此外,大剂量的维生素 K 可以降低动脉硬化的风险。

维生素 K 广泛分布于动、植物组织,体内肠道细菌也能合成,一般不易缺乏。因维生素 K 不能通过胎盘,新生儿出生后肠道内又无细菌,故易发生维生素 K 的缺乏;长期应用广谱抗生素也有引起维生素 K 缺乏。维生素 K 缺乏的主要症状是凝血功能障碍,皮下、肌肉及胃肠道易出血。

五、硫　辛　酸

(一) 化学本质、性质及来源

硫辛酸(lipoic acid)是一个含硫的八碳酸,在 6,8 位上有二硫键相连,又称 6,8-二硫辛酸,在体内以氧化型和还原型两种形式存在。硫辛酸为白色结晶,不溶于水,而溶于脂溶剂,故将其归为脂溶性维生素。食物中常和维生素 B_1 共存。

(二) 生化作用及缺乏症

1. 硫辛酸是乙酰转移酶的辅酶　它是丙酮酸转变为乙酰 CoA、α-酮戊二酸生成琥珀酰 CoA

的过程中不可缺少的辅酶之一。

2. **硫辛酸为代谢性抗氧化剂**　它能够清除体内多种自由基,保护巯基免受金属离子的损害。

3. 硫辛酸还有抗脂肪肝和降低血胆固醇的作用。

第三节　水溶性维生素

水溶性维生素包括 B 族维生素和维生素 C。水溶性维生素的主要特点是:①均溶于水;②除维生素 B_{12} 的吸收需要内因子的参与外,其余水溶性维生素能自由地迅速吸收;③除维生素 B_{12} 和大部分叶酸与蛋白质结合转运外,其余水溶性维生素均可在体液中自由转运;④多数体内贮存不多,机体摄入过多可由尿排出,必须经常补充(维生素 B_{12} 除外,在体内贮存量可用数年);故不会因为蓄积而中毒。

维生素 B 族和维生素 C 除有上述共同特点外,还有各自的特点。B 族维生素的作用比较单一,它们主要的生理功能是构成酶的辅助因子,直接影响某些催化反应。维生素 C 既作为某些酶的辅助因子,又是体内重要的还原剂。自然界中粗粮食物 B 族维生素含量多,而维生素 C 在新鲜的蔬菜水果中含量丰富。

一、维生素 B_1

(一) 化学本质、性质及来源

维生素 B_1 也称抗脚气病维生素,分子中有含硫的噻唑环和含氨基的嘧啶环通过甲烯基连接而成,故又称硫胺素(thiamine)。其纯品为白色结晶,极易溶于水,耐热,在酸性环境中稳定,在中性或碱性溶液中不稳定。

维生素 B_1 在动植物组织中分布很广,如谷类、豆类、酵母、干果和蔬菜中维生素 B_1 的含量都很丰富;动物的肝、肾、脑、瘦肉及蛋类含量也较多。精白米和精白面粉中维生素 B_1 含量远不及标准米、标准面粉的含量高。维生素 B_1 极易溶于水,故淘米时不宜多洗,以免损失维生素 B_1。

维生素 B_1 易被小肠吸收,入血后主要在肝及脑组织中经硫胺素焦磷酸激酶的催化生成焦磷酸硫胺素(thiamine pyrophosphate,TPP)才发挥活性,TPP 是维生素 B_1 在体内的活性形式。临床上应用的维生素 B_1 为人工合成的硫胺素的盐酸盐。

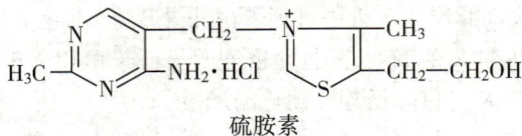

硫胺素

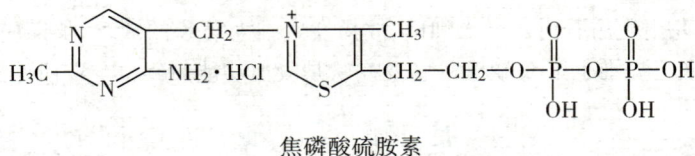

焦磷酸硫胺素

(二) 生化作用及缺乏症

1. **TPP 是 α-酮酸脱氢酶复合体的辅酶,参与糖代谢**　当维生素 B_1 缺乏时,糖代谢中间产物丙酮酸的氧化脱羧发生障碍,血中丙酮酸和乳酸堆积。此时由于以糖有氧分解为主的神经组织供能不足,影响神经细胞膜髓鞘磷脂合成,导致慢性末梢神经炎及其他神经病变,即"脚气病"。严重时可影响心肌的功能,引起心跳加快、心力衰竭、下肢水肿等症状。

2. **TPP 是磷酸戊糖途径中转酮醇酶的辅酶**　磷酸戊糖途径是体内合成核糖的唯一途径,

核糖是核苷酸合成的原料,当维生素 B_1 缺乏时,核苷酸合成及神经髓鞘中磷酸戊糖代谢受到影响,可导致神经末梢炎和其他病变。此外,磷酸戊糖途径还可生成 NADPH+H⁺,而 NADPH+H⁺ 是脂肪酸、胆固醇等物质合成的重要供氢体,当维生素 B_1 缺乏时必然会使脂肪酸、胆固醇等物质的合成发生障碍。

3. 维生素 B_1 可抑制胆碱酯酶的活性　胆碱酯酶催化乙酰胆碱水解生成胆碱和乙酸。乙酰胆碱是一种神经递质,具有促进消化液分泌、增强胃肠蠕动等作用。合成乙酰胆碱所需的乙酰辅酶 A 主要来自丙酮酸的氧化脱羧反应。当维生素 B_1 缺乏时 TPP 减少,一方面乙酰胆碱的合成受阻;另一方面维生素 B_1 对胆碱酯酶的抑制减弱,乙酰胆碱分解加强。结果,体内乙酰胆碱减少,最终影响神经传导。主要表现为消化液分泌减少、胃肠蠕动变慢、食欲不振、消化不良、心肌炎、神经炎等。

慢性乙醇中毒时影响其他食物的摄入,可发生维生素 B_1 的缺乏。

知识链接

维生素 B_1 与脚气病

19 世纪东南亚各国流行脚气病。荷兰政府认为脚气病是细菌引起的,于是派出一个调查团前往爪哇,艾克曼参加这一工作。在他偶然的实验中发现,实验室里的鸡患了一种奇怪的病,从走路不稳开始,身体自下而上发生麻痹,如不进行特殊治疗则会很快死亡。鸡的这种神经变化与脚气病相似。艾克曼还观察发现,鸡的这种与鸡患病前把带有外壳的粗谷饲料更换成煮沸的精米有关,患鸡可以通过在饲料中加入谷糠予以治疗。他指出,糙米的米皮中含有一种保护素(即维生素 B_1)。他提倡人们吃粗米、喝米糠水来防治脚气病。艾克曼虽没有提出此保护素的确切结构,但他却是最先发现食物中含有生命必需的微量物质的人,为后来研究维生素的营养学奠定了基础。

二、维生素 B_2

(一)化学本质、性质及来源

维生素 B_2 是 D-核醇与 7,8-二甲基异咯嗪(黄素)的缩合物,故又称核黄素(riboflavin)。在异咯嗪环上 N_1 位和 N_5 位之间有两个活泼的双键,此 2 个氮原子可反复接受或释放氢,因而具有可逆的氧化还原性。

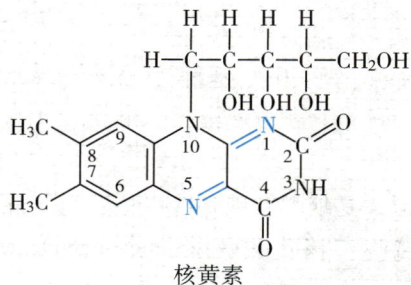

核黄素

维生素 B_2 是橙黄色针状晶体,在碱性条件下不稳定,故在烹调时不宜加碱。在酸性环境中较稳定,且不受空气中氧的影响。维生素 B_2 异咯嗪环上有共轭双键结构,故对光敏感,应避光保存。

维生素 B_2 分布广泛,尤其是奶与奶制品、肝、蛋类和肉类等是维生素 B_2 的丰富来源。人体

肠道细菌可自身合成,但数量有限。维生素 B_2 的吸收主要在肠道,吸收后的核黄素在小肠黏膜黄素激酶催化下转变成黄素单核苷酸(flavin mononucleotide,FMN),FMN 在焦磷酸化酶催化下进一步生成黄素腺嘌呤二核苷酸(flavin adenine dinucleotide,FAD)。FMN 及 FAD 是维生素 B_2 的活性形式,作为各种黄素酶的辅酶,起到递氢作用,参与三羧酸循环、生物氧化、氨基酸脱氨基等重要代谢过程。

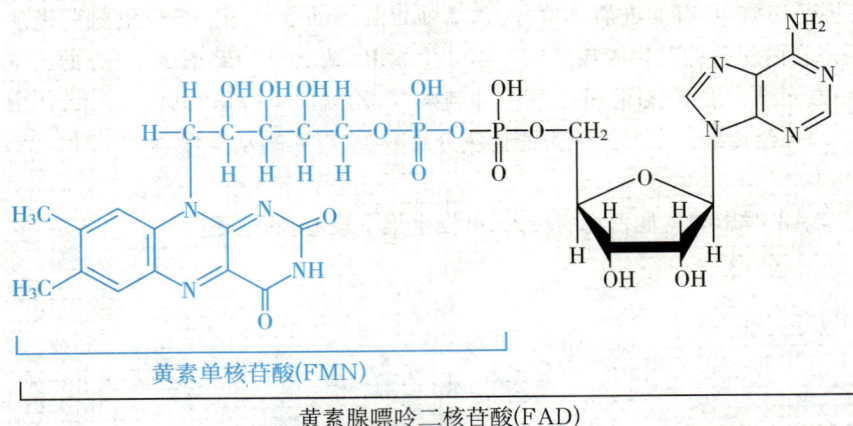

黄素单核苷酸(FMN)

黄素腺嘌呤二核苷酸(FAD)

(二) 生化作用及缺乏症

FMN 和 FAD 是体内氧化还原酶的辅基,如琥珀酸脱氢酶、脂酰辅酶 A 脱氢酶、L-氨基酸氧化酶及黄嘌呤氧化酶等,主要起递氢作用。维生素 B_2 广泛参与体内的各种氧化还原反应,能促进糖、脂肪和蛋白质的代谢。维生素 B_2 可维持皮肤和黏膜的完整性,缺乏维生素 B_2 时可引起口角炎、舌炎、阴囊炎、眼睑炎、畏光等症。

三、维生素 PP

(一) 化学本质、性质及来源

维生素 PP 又称抗癞皮病维生素,包括烟酸(nicotinic acid)曾称尼克酸和烟酰胺(nicotinamide)曾称尼克酰胺,两者均属吡啶衍生物,在体内可相互转化。维生素 PP 为白色结晶,性质稳定,不易被酸、碱和加热破坏。烟酰胺易溶于水,而烟酸微溶于水。

烟酸

烟酰胺

维生素 PP 广泛存在于自然界,尤以肉类、酵母、马铃薯、谷类及花生中含量丰富。人体可以利用色氨酸合成少量的维生素PP,但转化效率较低,不能满足人体需要。因此,人体所需的维生素 PP 主要从食物中摄取。

维生素 PP 在体内的活性形式是烟酰胺腺嘌呤二核苷酸(nicotinamide adenine dinucleotide,NAD^+,辅酶 Ⅰ)或烟酰胺腺嘌呤二核苷酸磷酸(nicotinamide adenine dinucleotide phosphate,$NADP^+$,辅酶Ⅱ)。

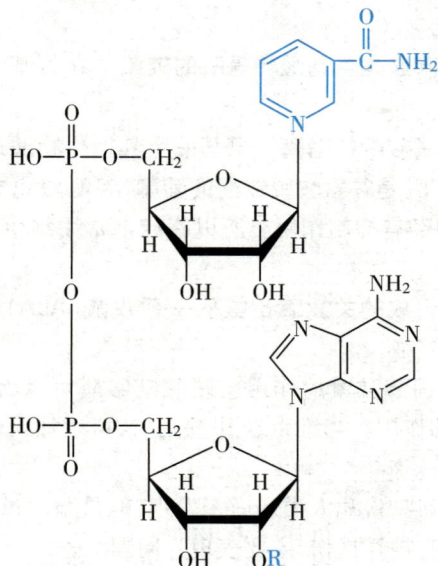

R＝H 为烟酰胺腺嘌呤二核苷酸,即 NAD[+]

R＝PO_3H_2 为烟酰胺腺嘌呤二核苷酸磷酸,即 NADP[+]

（二）生化作用及缺乏症

1. NAD[+]和 NADP[+]是生物体内多种不需氧脱氢酶的辅酶,起递氢作用　它们在人体的生物氧化过程中接受、释放氢原子,广泛参与体内各种代谢,如糖代谢、脂类代谢及氨基酸代谢等。维生素 PP 缺乏时,代谢物中氢无法正常传递,可引起癞皮病,表现为皮炎、腹泻、痴呆,开始时全身无力,以后出现皮炎及色素沉着,还可出现胃肠功能失调,口舌发炎等。

2. 临床上可用烟酸治疗高脂蛋白血症　烟酸可以抑制脂肪动员,使肝中极低密度脂蛋白（VLDL）的合成下降,从而降低血浆胆固醇。故临床上烟酸可用作降低胆固醇的药物。

抗结核药物异烟肼与维生素 PP 结构相似,二者有拮抗作用,若需长期服用异烟肼,可能会引起维生素 PP 的缺乏,应注意维生素 PP 的及时补充。玉米中的烟酸是结合型的,不能被人体直接利用,加之玉米中色氨酸含量极低,无法转变较多的烟酸,故以玉米为主食的地区,应提倡玉米和豆类混食,或动植物食品搭配,保证烟酸对机体的供给,防止长期以玉米为主食者烟酸缺乏症的发生。

四、维生素 B_6

（一）化学本质、性质及来源

维生素 B_6 包括吡哆醇（pyridoxine）、吡哆醛（pyridoxal）和吡哆胺（pyridoxamine）三种物质,是吡啶的衍生物。维生素 B_6 的活性形式是磷酸吡哆醛和磷酸吡哆胺,它们是转氨酶的辅酶,二者可以相互转化。

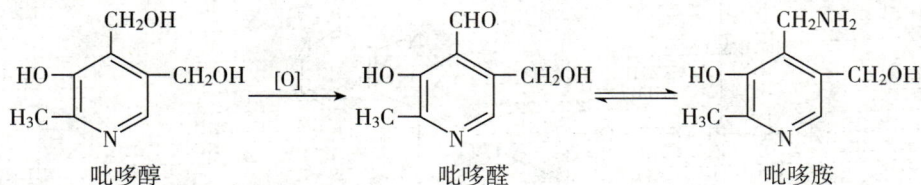

维生素 B_6 为无色结晶,微溶于脂类,易溶于水和乙醇。对光和碱均较敏感,紫外线照射时损坏尤甚,高温下迅速破坏;与三氯化铁作用呈红色产物,与对氨基苯磺酸作用生成橘红色产物,此呈色反应可用于维生素 B_6 的定量测定。

维生素 B_6 广泛存在于动、植物食品中,肝、肉、全麦、米糠、坚果、酵母、蛋黄、肾、鱼均是维生素 B_6 的丰富来源。

（二）生化作用及缺乏症

1. 磷酸吡哆醛和磷酸吡哆胺是氨基酸转氨酶的辅酶　在氨基酸氨基转移过程中发挥转氨基作用。

2. 磷酸吡哆醛是氨基酸脱羧酶的辅酶　氨基酸及其衍生物通过脱羧反应可生成重要的胺（多为神经递质），如磷酸吡哆醛是谷氨酸脱羧酶的辅酶，谷氨酸脱羧生成的 γ-氨基丁酸是大脑的抑制性神经递质，对中枢神经有抑制作用。所以临床上常用维生素 B_6 治疗小儿惊厥、妊娠呕吐和精神焦虑等。

3. 磷酸吡哆醛是血红素合成的关键酶 δ-氨基-γ-酮戊酸（ALA）合酶的辅酶　因此缺乏维生素 B_6 造成低血色素小细胞性贫血。

4. 磷酸吡哆醛可终止类固醇激素的作用　磷酸吡哆醛可以将类固醇激素-受体复合物从 DNA 中移去，终止这些激素的作用。当维生素 B_6 缺乏时，可增加人体对雌激素、雄激素、皮质激素和维生素 D 作用的敏感性。

维生素 B_6 的缺乏引起的典型疾病人类还尚未发现，但是服用过量的维生素 B_6 可引起中毒。日摄入量超过 200mg 可以引起神经损伤，主要表现为周围感觉神经病。抗结核药异烟肼可与磷酸吡哆醛结合，使其失去辅酶的作用。故服用异烟肼时，注意及时补充维生素 B_6。

五、泛　　酸

（一）化学本质、性质及来源

泛酸（pantothenic acid）是由 α，γ-二羟-β、β-二甲基羟丁酸和 β-丙氨酸借助于肽键缩合而成，因在自然界中普遍存在且为酸性，故又名遍多酸。肠道细菌可以合成，很少缺乏。

泛酸在常温下为淡黄色油状物，不溶于脂性溶剂，而易溶于水和乙醇。泛酸在中性溶液中对热稳定，对氧化剂和还原剂也极为稳定，但是在碱性或酸性溶液中加热易被破坏。

泛酸在肠内被吸收后经磷酸化并与半胱氨酸反应生成 4-磷酸泛酸巯基乙胺，4-磷酸泛酸巯基乙胺是辅酶 A（coenzyme A，CoA）和酰基载体蛋白（acyl carrier protein，ACP）的组成成分，参与酰基转移反应。CoA 和 ACP 是泛酸在体内的活性形式。

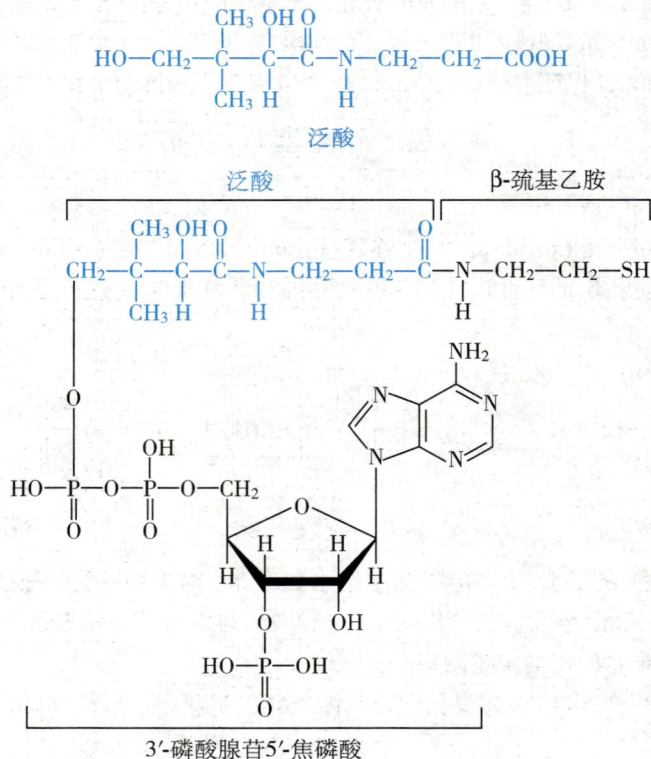

泛酸

3'-磷酸腺苷5'-焦磷酸

(二) 生化作用及缺乏症

CoA 及 ACP 是体内 70 多种酶的辅酶。CoA 是酰基转移酶的辅酶,CoA 的—SH 可与酰基形成硫酯,在代谢中起传递酰基的作用,广泛参与糖、脂、蛋白质的代谢及肝的生物转化作用。ACP 参与脂肪酸的生物合成过程,另外也参与了如乙酰胆碱、胆固醇、卟啉、甾体类激素等的合成过程。

由于泛酸在自然界分布广泛,肠道细菌也能合成,故人类很少发现其缺乏症。

知识链接

维生素的科学用法

如果在空腹时服用维生素,会在人体还来不及吸收利用之前即从粪便中排出。服用维生素 A 时需忌酒,因乙醇在代谢过程中会抑制视黄醛的生成,严重影响视循环和男性精子的生成功能;蛤蜊和鱼类中含有一种能破坏维生素 B_1 的硫胺类物质,因此服用维生素 B_1 时应忌食鱼类和蛤蜊;高纤维类食物可增加肠蠕动,并加快肠内容物通过的速度,从而降低维生素 B_2 的吸收率;高脂肪膳食会提高维生素 B_2 的需要量,从而加重维生素 B_2 的缺乏,因此,服用维生素 B_2 时应忌食高脂肪食物和高纤维类食物。

六、生 物 素

(一) 化学本质、性质及来源

生物素(biotin)又称维生素 H,是由尿素和噻吩环结合形成的双环且含有戊酸侧链的化合物。生物素来源广泛,如酵母、肝、蛋类、鱼类、花生、牛奶等食品都是生物素的良好来源,人类肠道细菌也能合成。

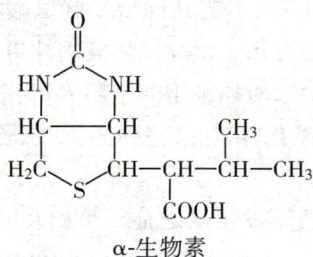

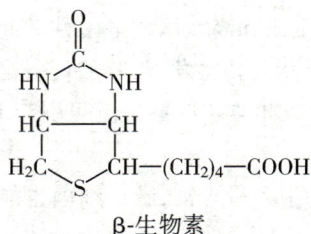

α-生物素   β-生物素

生物素微溶于水和乙醇,不溶于其他常见的有机溶剂。在中等强度的酸及中性溶液中可稳定数日,在碱性溶液中稳定性较差。在普通温度下相当稳定,但高温和氧化剂可使其丧失活性。

(二) 生化作用及缺乏症

生物素是体内多种羧化酶的辅基,生物素作为丙酮酸羧化酶、乙酰辅酶 A 羧化酶等多种羧化酶的辅基,参与 CO_2 的固定和羧化过程。

生物素来源广泛,人体肠道细菌也能合成,很少出现缺乏症。长期服用抗生素抑制肠道细菌生长,可造成生物素的缺乏。大量食用生鸡蛋清也会造成生物素的缺乏,因为新鲜鸡蛋清中有一种抗生物素蛋白,它能与生物素结合而不能被吸收,蛋清加热后这种蛋白遭破坏而失去作用。

七、叶　酸

（一）化学本质、性质及来源

叶酸（folic acid）又名维生素 M，最初是从菠菜叶中提取纯化的，因绿叶中含量丰富故而命名为叶酸。叶酸由蝶呤啶（pteridine）、对氨基苯甲酸（paminobenzoic acid，PABA）和谷氨酸三部分组成，又称蝶酰谷氨酸（PGA）。叶酸为黄色结晶，在酸性溶液中不稳定，在中性及碱性溶液中耐热，对光照敏感。

食物中的叶酸在小肠黏膜上皮细胞二氢叶酸还原酶的作用下，由 $NADPH^+H^+$ 供 H 先还原生成为二氢叶酸（FH_2），再进一步还原为 5,6,7,8-四氢叶酸（FH_4），FH_4 为叶酸在体内的活性形式。

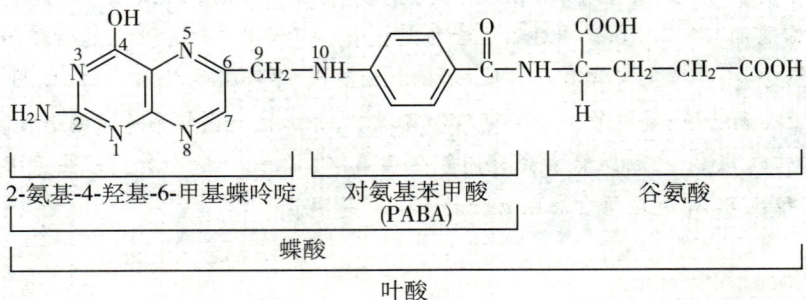

2-氨基-4-羟基-6-甲基蝶呤啶　　对氨基苯甲酸（PABA）　　谷氨酸

蝶酸

叶酸

（二）生化作用及缺乏症

1. FH_4 是体内一碳单位转移酶的辅酶，参与一碳单位的转移　FH_4 分子中 N_5 和 N_{10} 是结合、携带一碳单位的部位，而一碳单位参与嘌呤、嘧啶核苷酸的合成，所以叶酸在核酸的生物合成中起重要作用。当叶酸缺乏时 DNA 合成障碍，骨髓幼红细胞 DNA 合成减少，细胞分裂、成熟速度减慢，细胞体积增大，造成巨幼红细胞性贫血。

2. 叶酸缺乏影响同型半胱氨酸甲基化生成甲硫氨酸，引起高同型半胱氨酸血症，加速动脉粥样硬化、血栓生成和高血压的危险性。此外，叶酸还可用于治疗慢性萎缩性胃炎、抑制支气管鳞状转化等。研究人员还发现，叶酸可引起癌细胞凋亡，对癌细胞的基因表达有一定影响，故属于一种天然抗癌维生素。叶酸缺乏可引起 DNA 低甲基化，增加某些癌症（如结肠癌、直肠癌）的危险性。

叶酸在食物中含量丰富，肠道细菌也能合成，一般不发生缺乏症。孕妇及哺乳期妇女因代谢较旺盛，应适量补充叶酸。口服避孕药或抗惊厥药能干扰叶酸的吸收及代谢，如长期服用时应考虑补充叶酸。

八、维生素 B_{12}

（一）化学本质、性质及来源

维生素 B_{12} 因其结构中含有金属元素钴，故又称钴胺素（cobalamine），是唯一含有金属元素的维生素。自然界中的维生素 B_{12} 都是微生物合成的，维生素 B_{12} 主要存在于肉类中，肠道细菌可以合成，故一般情况下不缺乏。维生素 B_{12} 的吸收需要一种由胃壁细胞分泌的高度特异的糖蛋白（内因子）和胰腺分泌的胰蛋白酶参与。故胃和胰腺功能障碍时可引起维生素 B_{12} 的缺乏。

R=CN　　　　氰钴胺素
R=OH　　　　羟钴胺素
R=CH₃　　　甲钴胺素
R=5′-脱氧腺苷　5′-脱氧腺苷钴胺素

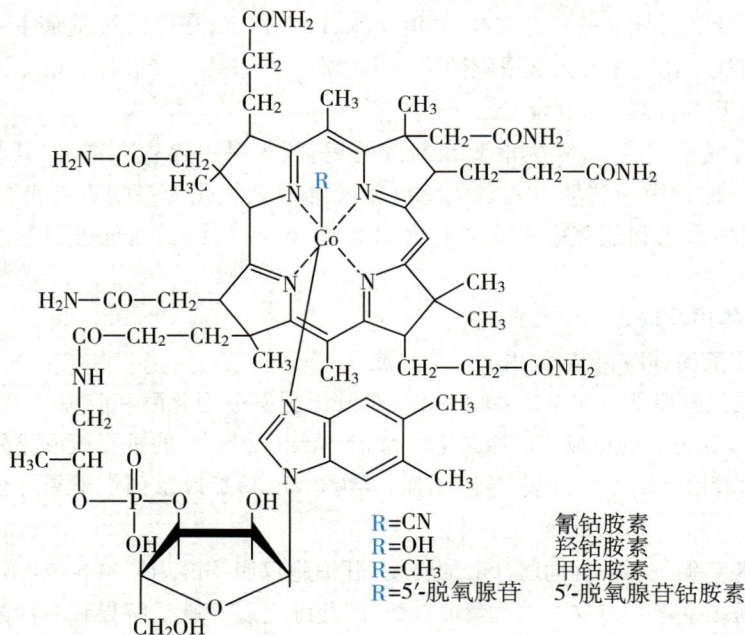

维生素 B_{12} 为粉红色结晶,在 pH 值为 4.5~5.0 的弱酸性水溶液中相当稳定,极易被强酸、强碱破坏。日光、氧化剂及还原剂均易破坏维生素 B_{12}。

(二) 生化作用及缺乏症

1. 维生素 B_{12} 参与体内一碳单位的代谢　维生素 B_{12} 是 N_5—CH_3—FH_4 转甲基酶(甲硫氨酸合成酶)的辅酶,催化同型半胱氨酸甲基化生成甲硫氨酸。维生素 B_{12} 缺乏时,N_5—CH_3—FH_4 的甲基不能转移出去,一是引起甲硫氨酸合成减少,同型半胱氨酸堆积,可造成高同型半胱氨酸血症,加速动脉硬化、血栓生成和高血压的危险性。二是影响 FH_4 的再生,组织中游离的 FH_4 含量减少,一碳单位的代谢受阻,造成核酸合成障碍,产生巨幼红细胞性贫血即恶性贫血。故临床上常将维生素 B_{12} 和叶酸合用治疗巨幼红细胞性贫血。

2. 5′-脱氧腺苷钴胺素是 L-甲基丙二酰 CoA 变位酶的辅酶　该酶催化 L-甲基丙二酰 CoA 生成琥珀酰 CoA,维生素 B_{12} 的缺乏,可引起 L-甲基丙二酰 CoA 大量堆积。L-甲基丙二酰 CoA 的结构与脂肪酸合成的中间产物丙二酰 CoA 相似,从而影响脂肪酸的正常合成。脂肪酸合成障碍会影响神经髓鞘质的转换,造成髓鞘质变性退化,引发进行性脱髓鞘。所以 B_{12} 具有营养神经的作用。

正常人每日维生素 B_{12} 需要量为 2~5μg,由于维生素 B_{12} 广泛存在于动物食品中,正常膳食者很难发生缺乏症。

九、维生素C

(一) 化学本质、性质及来源

维生素 C 是 L-己糖衍生物,以内酯形式存在,呈酸性,因其可预防坏血病,故又称 L-抗坏血酸。维生素 C 的 C_2 和 C_3 位羟基上 2 个氢原子可以氧化脱去生成氧化型抗坏血酸,后者可接受氢再还原成抗坏血酸。

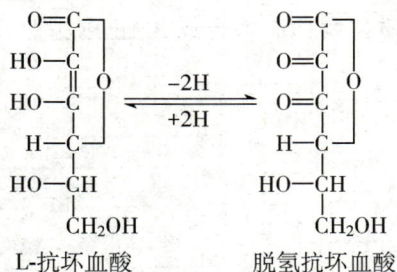

L-抗坏血酸　　　　脱氢抗坏血酸

维生素 C 为无色片状结晶。有酸味,易溶于水,极不稳定,有很强的还原性,易被弱氧化剂氧化。在酸性溶液中比在中性溶液或碱性溶液中稳定。易被热和光破坏,Fe^{2+}、Cu^{2+} 等金属离子也能促进维生素 C 的分解。

人体不能合成维生素 C,维生素 C 在新鲜的蔬菜、水果中含量丰富,尤其是橙子、番茄、辣椒及鲜枣等。植物中的抗坏血酸氧化酶可将维生素 C 氧化为二酮古洛糖酸,使维生素 C 失活,所以久存的水果和蔬菜中维生素 C 含量大量减少;烹饪不当也可引起维生素 C 的大量流失。

(二) 生化作用及缺乏症

1. 作为羟化酶的辅酶,参与体内的羟化反应

(1) 促进成熟胶原蛋白的生成:维生素 C 是胶原脯氨酸羟化酶和胶原赖氨酸羟化酶的辅酶,促进成熟的胶原分子的形成。胶原是毛细血管、结缔组织和骨的重要组成成分,维生素 C 缺乏可导致毛细血管脆性增加易破裂、牙龈出血、牙齿松动、骨折以及创伤不易愈合等症状,称为坏血病(scurvy)。

(2) 维生素 C 促进胆固醇向胆汁酸的转变:肝细胞以胆固醇为原料合成胆汁酸,其关键酶是 7α-羟化酶,而维生素 C 是这一关键酶的辅酶,因此维生素 C 缺乏将导致胆汁酸生成障碍,引起体内胆固醇增多,成为动脉粥样硬化的危险因素。

(3) 参与芳香族氨基酸的代谢:苯丙氨酸在苯丙氨酸羟化酶的作用下生成酪氨酸,酪氨酸再经转氨生成对羟苯丙酮酸,最后生成尿黑酸的这一系列反应过程中,均需维生素 C。当维生素 C 缺乏时,尿中大量出现对羟苯丙酮酸。

(4) 参与肉碱合成:在体内肉碱合成过程中有两个依赖维生素 C 的羟化酶,维生素 C 缺乏时,由于脂肪酸 β-氧化减弱,病人出现的倦怠乏力也是坏血病的症状之一。

(5) 促进生物转化作用:药物或毒物在内质网中的羟化过程是生物转化的重要反应。维生素 C 使催化此类反应的酶的活性升高,促进药物或毒物的代谢转化,因而维生素 C 有增强解毒的作用。

2. 参与氧化还原反应　维生素 C 既可以还原型,又可以氧化型存在,作为递氢体,参与体内许多氧化还原反应。

(1) 维生素 C 保护 GSH 的巯基处于还原状态:铅、汞等重金属离子能与体内巯基酶的—SH 结合,使其失活以致代谢发生障碍而中毒。维生素 C 可使 G—S—S—G 还原为 G—SH,后者与金属离子结合排出体外。故维生素 C 常用于防治铅、汞、砷、苯等的慢性中毒。此外,G—SH 可使脂质过氧化物还原,从而起到保护细胞膜的作用。

(2) 促进四氢叶酸的生成:维生素 C 可作为供氢体,使叶酸变成其活性形式四氢叶酸。故临床上常用维生素 C 辅助治疗巨幼红细胞性贫血和缺铁性贫血。

(3) 促进体内铁的吸收和利用:在肠道内,维生素 C 可使难以吸收的 Fe^{3+} 还原成易于吸收的 Fe^{2+},从而促进铁的吸收。维生素 C 还可使红细胞中的高铁血红蛋白(MHb)还原为血红蛋白(Hb),恢复其运输氧的能力。

3. 抗癌作用　临床上维生素 C 具有良好的抗癌效果,这可能与维生素 C 所具有的阻断致癌物亚硝胺的生成、促进透明质酸酶抑制物合成、防止癌扩散、减轻抗癌药的副作用等功能有关。

维生素C的抗癌作用

动物实验显示：小鼠喂以亚硝酸盐和胺类后易患肿瘤,而在其食物中添加维生素C,则显示其肿瘤被抑制。

20世纪70年代,Linus Pauling等曾做过这样的研究：给100名晚期癌症患者每天服用10克维生素C,并把他们与1000名采用常规治疗的癌症患者作对比。结果显示,服用维生素C的病人生存率会有所提高。

加利福尼亚大学Gladys Block曾对多达90项研究结果综述时得出这样的结论：维生素C对癌症的防御作用,在口腔癌、食道癌、胃癌、胰腺癌上表现得最为强大,对结肠癌、乳腺癌和肺癌等的防御作用也已被证实。

小结

维生素是维持机体正常生理功能所必需的一类小分子有机化合物,机体不能合成或合成量不足,主要靠食物供给。如果食物中缺乏会引起维生素缺乏症。根据其溶解性质不同可分为脂溶性维生素和水溶性维生素两大类。

脂溶性维生素主要有维生素A、D、E、K四种,随脂类物质一同被吸收,若脂类吸收障碍则易产生缺乏症。维生素A与视觉的形成、维持上皮组织的健全及分化有关;维生素D的活性形式是$1,25\text{-}(OH)_2\text{-}D_3$,主要调节钙、磷代谢;维生素E是体内最重要的抗氧化剂,可保护细胞膜的完整性和促进血红素的代谢,临床上用于治疗先兆流产及习惯性流产;维生素K与凝血功能有关。

水溶性维生素包括B族维生素和维生素C。B族维生素主要以辅酶或辅基形式参与物质代谢。维生素B_1的活性形式是TPP,为脱羧酶和转酮醇酶的辅酶;维生素B_2以FMN、FAD的形式作为多种氧化还原酶的辅酶;维生素PP以NAD^+、$NADP^+$的活性形式为多种不需氧脱氢酶的辅酶;维生素B_6为转氨酶和脱羧酶的辅酶;泛酸构成的CoA是酰基转移酶的辅酶;生物素是多种羧化酶的辅酶;叶酸的活性形式FH_4是一碳单位转移酶的辅酶,参与核酸等多种物质的合成;维生素B_{12}是甲基转移酶的辅酶,参与体内甲基的转移和叶酸代谢。维生素C参与体内众多的羟化反应和还原反应,并可提高机体免疫力,具有抗氧化和抗癌功能。

（蔡太生）

练 习 题

一、单项选择题

1. 下列哪一种维生素不属于脂溶性维生素
  A. 维生素A   B. 维生素K   C 维生素E
  D. 维生素D   E. 维生素PP

2. 缺乏下列哪种维生素会发生佝偻病
  A. 维生素A   B. 维生素B_1 C. 维生素D

D. 维生素 C　　　　　　　　E. 维生素 K

3. 维生素 A 缺乏可引起成年人患下列哪种病

　　A. 夜盲症　　　　　　　B. 骨软化症　　　　　　　C. 佝偻病

　　D. 皮肤癌　　　　　　　E. 贫血症

4. 焦磷酸硫胺素(TPP)中含有何种维生素

　　A. 维生素 K　　　　　　B. 维生素 B_1　　　　　　C. 维生素 PP

　　D. 维生素 E　　　　　　E. 维生素 B_2

5. 下列何种维生素为转氨酶的辅酶

　　A. 维生素 B_1　　　　　B. 维生素 B_2　　　　　　C. 维生素 B_6

　　D. 维生素 B_{12}　　　　E. 维生素 C

6. 抗结核药物异烟肼与下列何种维生素结构相似并有拮抗作用

　　A. 维生素 PP　　　　　　B. 维生素 B_{12}　　　　　C. 叶酸

　　D. 生物素　　　　　　　E. 泛酸

二、名词解释

1. 维生素　2. 脂溶性维生素　3. 水溶性维生素

三、简答题

1. 简述维生素缺乏的原因有哪些？

2. 简述维生素 A、D、E、K 的主要生化作用和缺乏症。

3. 简述维生素 B_1、B_2、B_6 和维生素 PP 主要生化作用和缺乏症。

4. 简述维生素 C 的来源及主要生化作用。

选择题参考答案

1. E　2. C　3. A　4. B　5. C　6. A

第五章

糖 代 谢

▶ 学习目标

1. 掌握:糖酵解、有氧氧化和糖异生的概念,关键酶,生理意义;磷酸戊糖途径的生理意义;血糖的来源、去路及调节因素。

2. 熟悉:糖酵解、有氧氧化、磷酸戊糖途径、糖异生、糖原合成与分解的基本反应过程;糖原合成与分解的特点。

3. 了解:糖的生理功能;血糖水平异常,糖尿病防治策略。

糖类是食物中含量最多的营养成分,是人体所需三大营养物质之一。其化学本质为多羟基醛、多羟基酮及其衍生物或多聚物。根据构件分子数目的不同,糖类可分为单糖(如葡萄糖、果糖等)、双糖(如蔗糖、麦芽糖等)、多糖(如植物中的淀粉、纤维素,动物组织中的糖原)、糖复合物(糖蛋白、蛋白聚糖、糖脂等)。糖在体内主要以葡萄糖和糖原两种形式存在。糖原是糖在体内的贮存形式,而葡萄糖为糖的功能和运输形式,是糖代谢过程中最重要的单糖。

第一节 概 述

一、糖的生理功能

1. **氧化供能** 正常情况下人体所需能量的50%～70%来自糖的氧化分解。1mol 葡萄糖完全氧化为 CO_2 和 H_2O,可释放 2 840kJ(679kcal)的能量,这些能量一部分以热能形式散发,约40%转化为高能化合物 ATP,以供机体各种生理活动所需。

2. **构成组织成分** 糖是组成人体组织结构的重要成分,如糖与蛋白质结合形成糖蛋白,构成细胞表面受体,在细胞间信息传递中起着重要作用,还有血浆蛋白、抗体、某些酶及激素分子也都是糖蛋白;蛋白聚糖是结缔组织的重要成分。糖与脂类结合形成糖脂,是神经组织和细胞膜中的组成成分。

3. **是机体重要的碳源** 糖分解代谢的中间产物可以转变为氨基酸、脂肪酸、核苷等其他含碳化合物。糖的磷酸衍生物是形成许多重要生物活性物质的原料,如 NAD^+、FAD、DNA、RNA、ATP 等。

二、糖代谢概况

糖代谢主要是指葡萄糖在体内的一系列复杂的化学反应。在不同组织细胞、不同条件下,糖代谢的途径也有所不同,在供氧充足时,葡萄糖进行有氧氧化,彻底氧化成 CO_2 和 H_2O,并释放大量能量;在缺氧时,则进行糖酵解,生成乳酸,释放少量能量。此外,葡萄糖也可通过磷酸戊

糖途径生成5-磷酸核糖,作为核苷酸合成的原料。葡萄糖也可经合成代谢聚合成糖原,储存于肌肉组织和肝脏中。有些非糖物质(如乳酸、甘油、丙酮酸和某些氨基酸等)还可经糖异生途径转变成葡萄糖和糖原。糖代谢概况如图5-1所示。

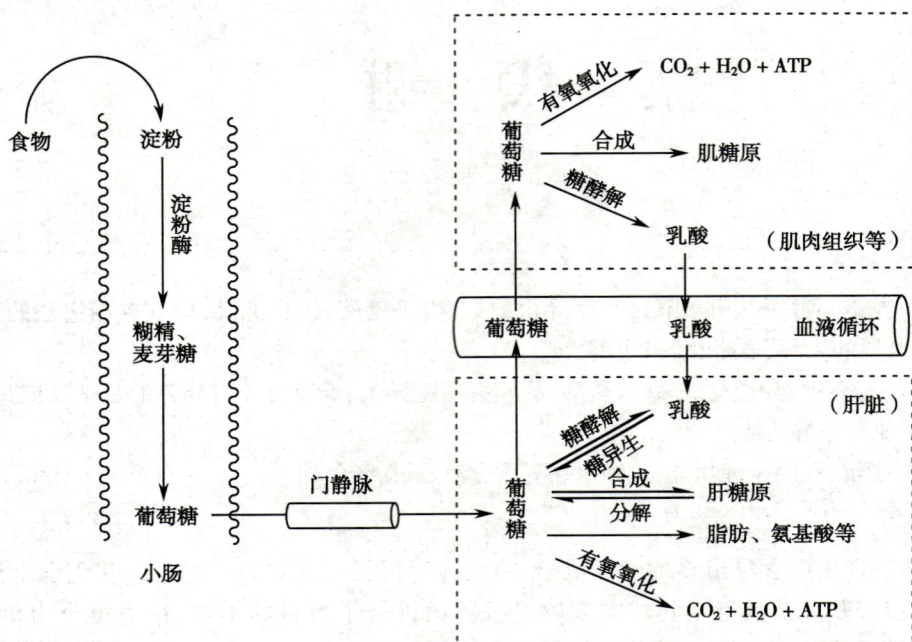

图5-1　糖代谢概况

第二节　糖的分解代谢

糖的主要生理功能是氧化供能。人体所需能量约50%～70%来自糖的氧化分解。葡萄糖在体内分解代谢的途径有三条,即糖的无氧氧化(糖酵解)、有氧氧化和磷酸戊糖途径。

一、糖　酵　解

葡萄糖或糖原在缺氧条件下分解为乳酸的过程称为糖的无氧氧化。由于此过程与酵母菌使糖发酵生醇的过程相似,故又称糖酵解(glycolysis)。催化此途径的酶类存在于细胞的胞质中,其全部反应均在胞质中完成。

(一) 糖酵解的反应过程

糖酵解的代谢反应过程可分为三个阶段:第一个阶段为耗能阶段,葡萄糖或糖原利用ATP活化,裂解为两分子磷酸丙糖;第二阶段为产能阶段,磷酸丙糖经一系列反应转化为丙酮酸,以底物水平磷酸化方式产生ATP;第三阶段是还原反应,在缺氧的情况下丙酮酸被还原为乳酸。

1. 磷酸丙糖的生成

(1) 6-磷酸葡萄糖的生成:葡萄糖进入细胞后,在肌肉中己糖激酶(hexokinase,HK)或肝中葡萄糖激酶(glucokinase,GK)催化下由ATP提供磷酸基和能量,生成6-磷酸葡萄糖(glucose-6-phosphate,G-6-P)和ADP。因释放了大量自由能,故反应是不可逆的。这一过程不仅使葡萄糖活化,有利于它进一步参与合成与分解代谢,同时还能使进入细胞的葡萄糖不再逸出细胞。

葡萄糖 → 6-磷酸葡萄糖（己糖激酶，ATP，Mg^{2+}，ADP）

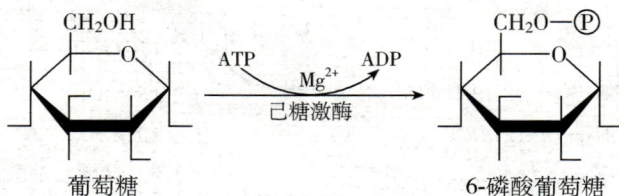

若从糖原开始,则由糖原磷酸化酶催化,在磷酸参与下分解生成1-磷酸葡萄糖,再经变位酶作用生成6-磷酸葡萄糖。己糖激酶是糖酵解过程的关键酶之一。

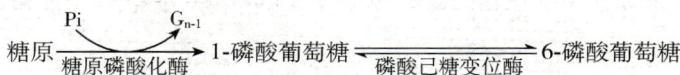

糖原 → 1-磷酸葡萄糖 → 6-磷酸葡萄糖（Pi，糖原磷酸化酶，G_{n-1}，磷酸己糖变位酶）

（2）6-磷酸果糖的生成:6-磷酸葡萄糖在磷酸己糖异构酶(需要 Mg^{2+} 参与)催化下转化为6-磷酸果糖(fructose-6-phosphate,F-6-P),为可逆反应。

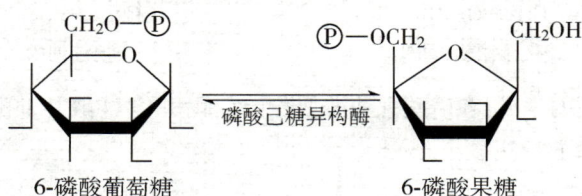

6-磷酸葡萄糖 ⇌ 6-磷酸果糖（磷酸己糖异构酶）

（3）1,6-二磷酸果糖的生成:6-磷酸果糖在磷酸果糖激酶-1(phosphofructokinase-1,PFK-1)催化下,ATP 提供磷酸基和能量,进一步磷酸化,生成 1,6-二磷酸果糖(fructose-1,6-phosphate,F-1,6-P),此反应是不可逆反应。磷酸果糖激酶-1 是糖酵解过程的主要关键酶,也是糖酵解过程中的主要调节点。

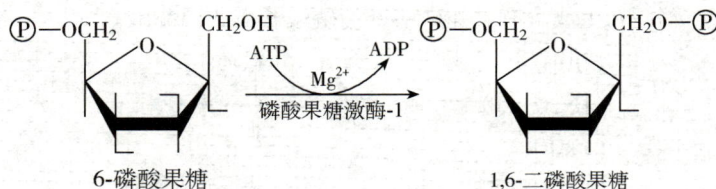

6-磷酸果糖 → 1,6-二磷酸果糖（ATP，Mg^{2+}，ADP，磷酸果糖激酶-1）

（4）磷酸丙糖的生成:在醛缩酶催化下,1,6-二磷酸果糖裂解为 2 分子磷酸丙糖,即 3-磷酸甘油醛和磷酸二羟丙酮,二者在磷酸丙糖异构酶作用下可相互转变。

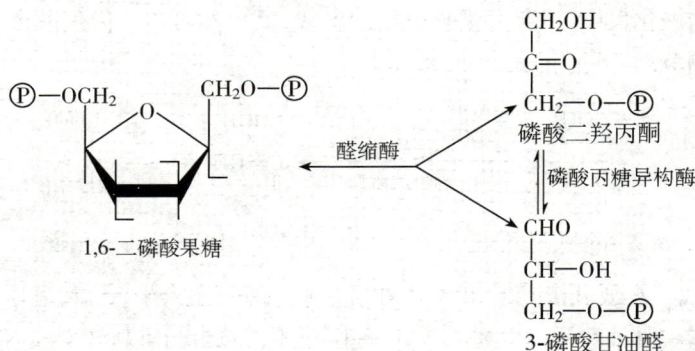

1,6-二磷酸果糖 → 磷酸二羟丙酮 / 3-磷酸甘油醛（醛缩酶，磷酸丙糖异构酶）

至此,通过两次磷酸化作用,消耗 2 分子 ATP,6 碳的己糖裂解成 2 分子 3 碳的磷酸丙糖。

2. 丙酮酸的生成

（1）1,3-二磷酸甘油酸的生成:在3-磷酸甘油醛脱氢酶催化下,3-磷酸甘油醛氧化生成含有高能磷酸键的1,3-二磷酸甘油酸。反应以 NAD^+ 为受氢体,另需无机磷酸参与,是该途径唯一一步氧化反应。

$$CHO \quad CH-OH \quad CH_2-O-\textcircled{P} \quad + H_3PO_4 \xrightarrow[\text{3-磷酸甘油醛脱氢酶}]{NAD^+ \quad NADH+H^+} \quad C=O\sim\textcircled{P} \quad CH-OH \quad CH_2-O-\textcircled{P}$$

3-磷酸甘油醛   1,3-二磷酸甘油酸

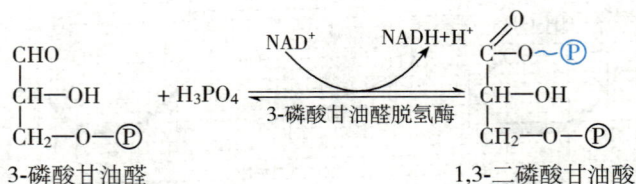

（2）3-磷酸甘油酸的生成：在磷酸甘油酸激酶催化下，1,3-二磷酸甘油酸的高能磷酸基转移给 ADP 生成 ATP 和 3-磷酸甘油酸。这种物质代谢中底物分子产生的高能键直接转给 ADP 生成 ATP 的过程，称为底物水平磷酸化作用。因为 1 分子葡萄糖产生 2 分子丙糖，因此共产生 2 分子 ATP。

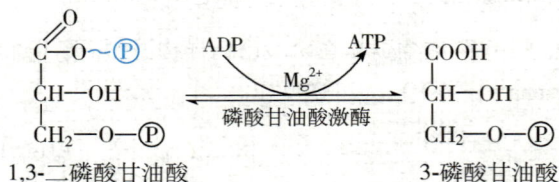

$$C=O\sim\textcircled{P} \quad CH-OH \quad CH_2-O-\textcircled{P} \xrightarrow[\text{磷酸甘油酸激酶}]{ADP \quad ATP \quad Mg^{2+}} \quad COOH \quad CH-OH \quad CH_2-O-\textcircled{P}$$

1,3-二磷酸甘油酸   3-磷酸甘油酸

（3）2-磷酸甘油酸的生成：在磷酸甘油酸变位酶催化下，3-磷酸甘油酸 C_3 位上的磷酸基转移到 C_2 位上，生成 2-磷酸甘油酸。

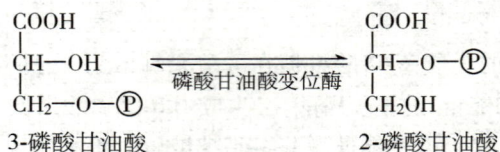

$$COOH \quad CH-OH \quad CH_2-O-\textcircled{P} \xrightarrow[\text{磷酸甘油酸变位酶}]{} \quad COOH \quad CH-O-\textcircled{P} \quad CH_2OH$$

3-磷酸甘油酸   2-磷酸甘油酸

（4）磷酸烯醇式丙酮酸的生成：在烯醇化酶催化下，2-磷酸甘油酸脱水的同时，分子内部的电子重排和能量重新分布，生成含有高能磷酸键的磷酸烯醇式丙酮酸。

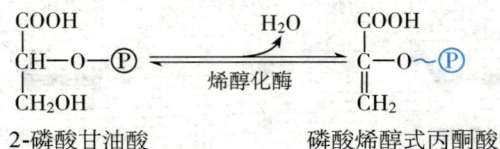

$$COOH \quad CH-O-\textcircled{P} \quad CH_2OH \xrightarrow[\text{烯醇化酶}]{H_2O} \quad COOH \quad C-O\sim\textcircled{P} \quad CH_2$$

2-磷酸甘油酸   磷酸烯醇式丙酮酸

（5）丙酮酸的生成：在丙酮酸激酶（pyruvate kinase，PK）催化下，磷酸烯醇式丙酮酸释放高能磷酸基团以生成 ATP，自身转变为烯醇式丙酮酸，并自发转变为丙酮酸。这是糖酵解过程中第二个底物水平磷酸化反应，因有大量自由能的释放，反应不可逆。丙酮酸激酶也是糖酵解过程中的关键酶及调节点。

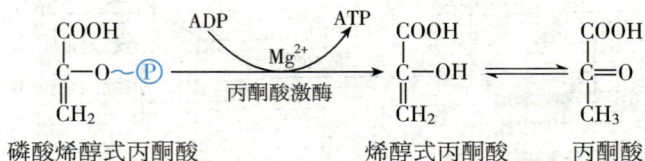

$$COOH \quad C-O\sim\textcircled{P} \quad CH_2 \xrightarrow[\text{丙酮酸激酶}]{ADP \quad ATP \quad Mg^{2+}} \quad COOH \quad C-OH \quad CH_2 \rightleftharpoons \quad COOH \quad C=O \quad CH_3$$

磷酸烯醇式丙酮酸   烯醇式丙酮酸   丙酮酸

3. 乳酸的生成 在缺氧情况下，丙酮酸在乳酸脱氢酶催化下接受氢，还原生成乳酸。这使糖酵解途径中 3-磷酸甘油醛脱氢生成的 $NADH+H^+$ 可不需氧参与重新转变成 NAD^+，使糖酵解过程在无氧条件下得以继续运行。

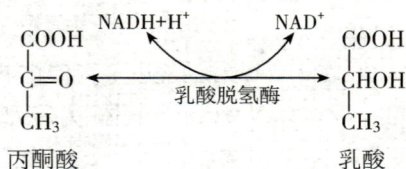

$$COOH \quad C=O \quad CH_3 \xrightleftharpoons[\text{乳酸脱氢酶}]{NADH+H^+ \quad NAD^+} \quad COOH \quad CHOH \quad CH_3$$

丙酮酸   乳酸

糖酵解途径其整个过程如图5-2所示。

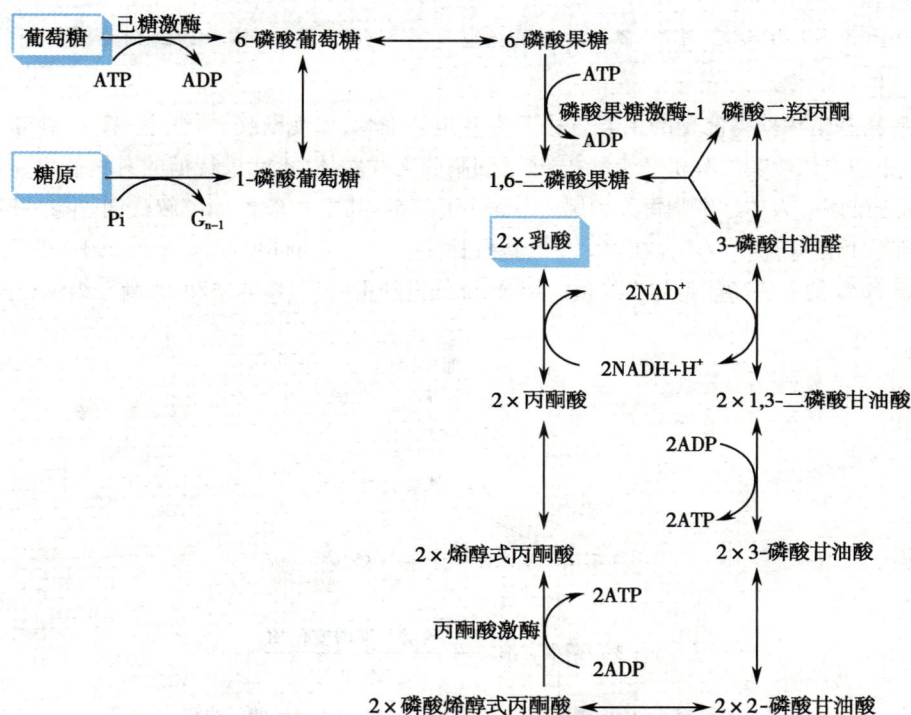

图 5-2 糖酵解反应过程

(二) 糖酵解的特点

1. 反应部位与终产物 糖酵解的整个过程在细胞的胞质中进行,不需氧参与,乳酸是其终产物。

2. 无 NADH 净生成 糖酵解过程中有氧化反应,即 3-磷酸甘油醛脱氢生成 1,3-二磷酸甘油酸,脱下的氢由 NAD^+ 接受生成 $NADH+H^+$,但 $NADH+H^+$ 又作为供氢体参与丙酮酸还原为乳酸的反应,使 $NADH+H^+$ 又转变为 NAD^+ 再参与脱氢反应,使糖酵解得以持续进行。

3. 产能 糖酵解过程中有两个耗能反应,即葡萄糖→6-磷酸葡萄糖和 6-磷酸果糖→1,6-二磷酸果糖,消耗 2ATP;两个产能反应,即 1,3-二磷酸甘油酸→3-磷酸甘油酸,磷酸烯醇式丙酮酸→丙酮酸,产生 2×2ATP,故净生成 2ATP;若从糖原开始,则糖原中的每一个葡萄糖单位经糖酵解净生成 3ATP。

4. 有三个不可逆反应 己糖激酶、磷酸果糖激酶-1、丙酮酸激酶催化的反应是不可逆反应,它们也是糖酵解的关键酶,调节这三个酶的活性可影响糖酵解的速度,其中最重要是磷酸果糖激酶-1。

(三) 糖酵解的生理意义

糖酵解是生物界普遍存在的供能途径,是糖有氧氧化的前提,释放的能量虽少,但具有重要的生理意义。

1. 是机体在缺氧条件下快速补充能量的方式 糖酵解最主要的意义在于机体缺氧时,能迅速提供能量,供机体急需。在生理性缺氧情况下,如剧烈运动时,能量需求增加,肌肉处于相对缺氧状态,此时骨骼肌主要通过糖酵解迅速获得能量。在病理性缺氧情况下,如严重贫血、呼吸或循环功能障碍等,组织细胞处于缺血、缺氧状态,糖酵解增强。但糖酵解过度,可因乳酸产生过多导致酸中毒。

课堂讨论

为什么剧烈运动后,肌肉常有酸痛的感觉？哪些情况下,机体会加强糖酵解供能？

2. 是某些组织获得能量的主要方式　有些组织细胞,如视网膜、白细胞、睾丸、肿瘤等,在有氧条件下也主要依赖糖酵解获得能量;成熟红细胞因无线粒体,不能进行糖的有氧氧化,所需能量全部来自糖酵解。人体红细胞每天利用25～30g葡萄糖,其中90%经糖酵解代谢。与一般细胞不同,红细胞内糖酵解途径中还存在着2,3-二磷酸甘油酸(2,3-bisphosphoglycerate,2,3-BPG)支路(图5-3)。2,3-BPG的主要功能是与血红蛋白结合,降低血红蛋白与O_2的亲和力,利于组织获得氧。

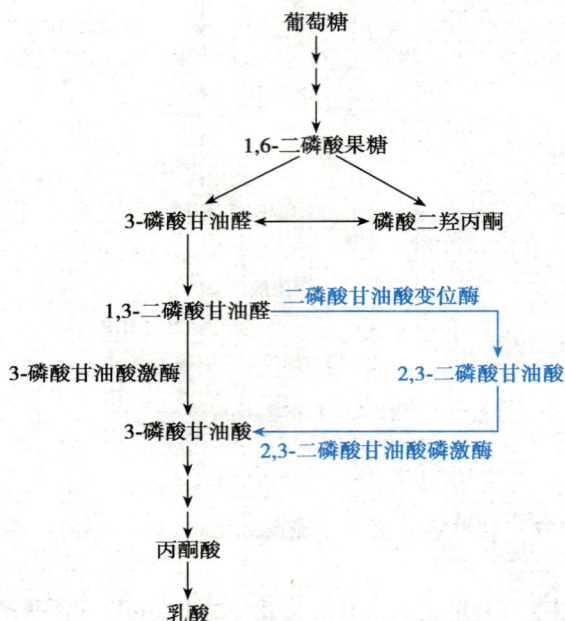

```
                    葡萄糖
                      ↓
                      ↓
                 1,6-二磷酸果糖
                    ↙   ↘
          3-磷酸甘油醛 ⇄ 磷酸二羟丙酮
                ↓
          1,3-二磷酸甘油醛 ──→ 二磷酸甘油酸变位酶
                                      ↓
 3-磷酸甘油酸激酶                  2,3-二磷酸甘油酸
                ↓                     ↓
          3-磷酸甘油酸 ←── 2,3-二磷酸甘油酸磷酸酶
                ↓
                ↓
               丙酮酸
                ↓
               乳酸
```

图5-3　2,3-二磷酸甘油酸支路

(四) 糖酵解的调节

在糖酵解途径中,多数反应是可逆的,而己糖激酶、磷酸果糖激酶-1、丙酮酸激酶分别催化的3个反应是不可逆的,是糖酵解途径中的三个关键酶。机体通过别构效应剂和激素调节这3个酶的活性,以影响糖酵解的进行速度。

目前认为,磷酸果糖激酶-1(PFK-1)是3个关键酶中催化效率最低的,调节PFK-1的活性是糖酵解途径最重要的控制步骤。该酶受多种别构效应剂的影响。ATP和柠檬酸可别构抑制PFK-1的活性,当有足够ATP时,ATP与PFK-1的调节部位结合使酶活性丧失,糖酵解反应速度减慢。而PFK-1的别构激活剂有AMP、ADP、1,6-二磷酸果糖、2,6-二磷酸果糖。当细胞内能量消耗增多,AMP、ADP充足时,糖酵解反应速度加快,ATP的生成量增加,使糖酵解对细胞能量需要得以应答。

此外,通过改变丙酮酸激酶和己糖激酶的活性也可调节糖酵解的速率。1,6-二磷酸果糖是丙酮酸激酶的别构激活剂,ATP和丙氨酸为此酶的别构抑制剂。胰高血糖素抑制丙酮酸激酶活性。己糖激酶受其反应产物6-磷酸葡萄糖反馈抑制。胰岛素可诱导葡萄糖激酶、磷酸果糖激酶、丙酮酸激酶的合成,因而促进这些酶的活性。

二、糖的有氧氧化

糖的有氧氧化(aerobic oxidation)是指在有氧条件下,葡萄糖或糖原彻底氧化生成水和二氧化碳并产生大量能量的过程。有氧氧化是糖分解代谢的主要途径。

（一）有氧氧化的反应过程

糖有氧氧化的反应过程可分为三个阶段：第一阶段是由葡萄糖循糖酵解途径生成丙酮酸；第二阶段是丙酮酸进入线粒体，氧化脱羧生成乙酰 CoA；第三阶段为乙酰 CoA 进入三羧酸循环。

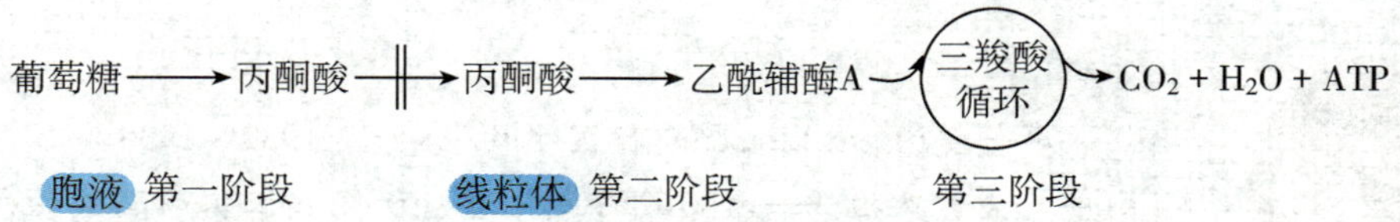

葡萄糖 ⟶ 丙酮酸 ‖ 丙酮酸 ⟶ 乙酰辅酶A ⟶（三羧酸循环）⟶ $CO_2 + H_2O + ATP$

胞液 第一阶段　　线粒体 第二阶段　　第三阶段

1. 丙酮酸的生成　在胞质中，1mol 葡萄糖经糖酵解途径净生成 2mol 的丙酮酸。此途径无论是有氧还是缺氧都能进行，属于糖酵解和有氧氧化的共同通路。

2. 乙酰辅酶 A 的生成　在有氧条件下，丙酮酸被转运进入线粒体，由丙酮酸脱氢酶复合体（pyruvate dehydrogenase complex，PDH）催化，氧化脱羧生成乙酰辅酶 A（乙酰 CoA），脱下的 2H 由 NAD^+ 接受，经电子传递链氧化磷酸化生成 2.5 分子 ATP，反应不可逆。总反应为：

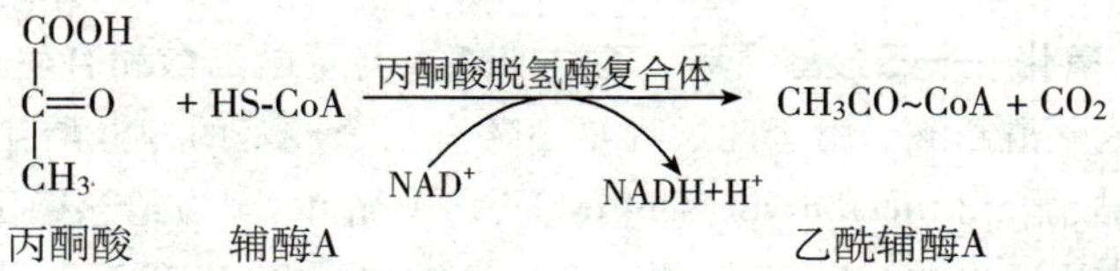

$$
\begin{array}{c}
COOH \\
| \\
C=O \\
| \\
CH_3
\end{array}
+ HS\text{-}CoA \xrightarrow[\substack{NAD^+ \quad NADH+H^+}]{\text{丙酮酸脱氢酶复合体}} CH_3CO{\sim}CoA + CO_2
$$

丙酮酸　　　辅酶A　　　　　　　　　　　　　　乙酰辅酶A

丙酮酸脱氢酶复合体是糖有氧氧化的关键酶，是由丙酮酸脱羧酶、二氢硫辛酸转乙酰基酶和二氢硫辛酸脱氢酶三种酶构成的多酶复合体。参与反应的辅酶有焦磷酸硫胺素（TPP）、硫辛酸、FAD、NAD^+ 和辅酶 A 5 种（表 5-1）。

表 5-1　丙酮酸脱氢酶复合体的组成

酶	辅酶	所含维生素
丙酮酸脱羧酶	TPP	维生素 B_1
二氢硫辛酸转乙酰基酶	二氢硫辛酸、辅酶 A	硫辛酸、泛酸
二氢硫辛酸脱氢酶	FAD、NAD^+	维生素 B_2、维生素 PP

丙酮酸脱氢酶复合体的作用机制如图 5-4 所示。

丙酮酸脱氢酶复合体中含有 5 种维生素，这些维生素缺乏可能影响丙酮酸的氧化脱羧反

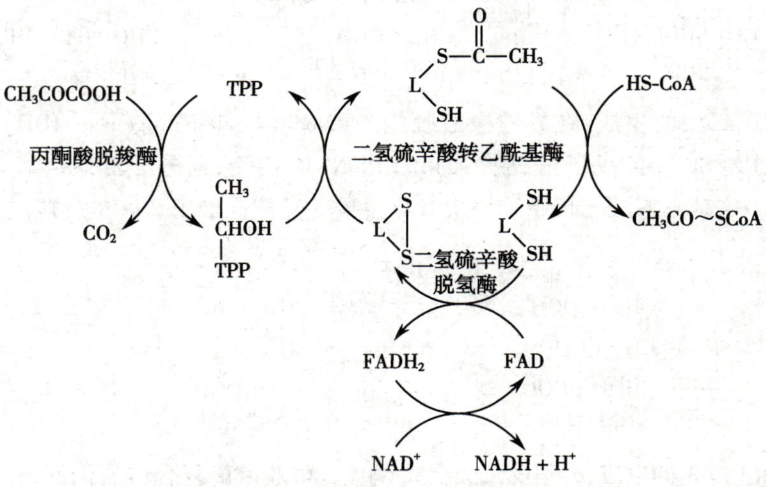

图 5-4　丙酮酸脱氢酶复合体作用机制

应,如缺乏维生素 B_1 ,体内 TPP 不足,丙酮酸氧化脱羧受阻,造成神经系统和心肌能量供应不足,而发生多发性神经炎和心力衰竭。

知识链接

诺贝尔奖风采

李普曼(F. A. Lipmann)德国生物化学家,1932～1939 年围绕着糖酵解的关键产物——丙酮酸的氧化进行研究。证明丙酮酸的氧化和脱羧必需有维生素 B_1 参加。1941～1957 年发现了辅酶 A。从此在糖酵解和三羧酸循环之间架起了一座桥梁。由于这一系列成就,获 1953 年诺贝尔生理学或医学奖。

3. 乙酰 CoA 的氧化——三羧酸循环 乙酰辅酶 A 与草酰乙酸缩合生成柠檬酸,经四次脱氢、两次脱羧,又生成草酰乙酸。由于此过程是由含有三个羧基的柠檬酸作为起始物的循环反应,因而称之为三羧酸循环(tricarboxylic acid cycle,TCA 循环)。为纪念德国科学家 Hans Krebs 在阐明三羧酸循环方面所作的突出贡献,这一循环又被称为 Krebs 循环。催化此循环反应的酶存在于细胞的线粒体中,具体反应过程如下。

(1) 柠檬酸的生成:乙酰 CoA 与草酰乙酸在柠檬酸合酶(citrate synthase,CS)的催化下缩合成柠檬酸,并释放出辅酶 A(HSCoA 或 CoA)。乙酰 CoA 的高能硫酯键水解时可释放较多的自由能,反应不可逆,柠檬酸合酶为三羧酸循环关键酶。

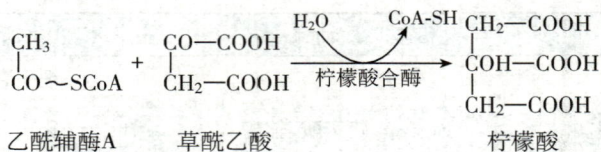

(2) 异柠檬酸的生成:柠檬酸在顺乌头酸酶的催化下,经脱水及再加水,从而改变分子内—OH和 H 的位置,生成异柠檬酸。

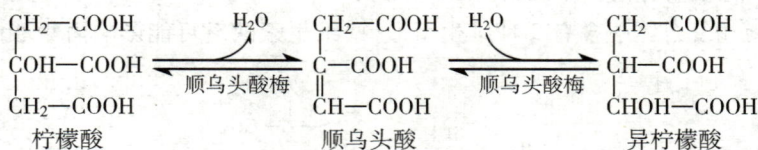

(3) α-酮戊二酸的生成:在异柠檬酸脱氢酶(isocitrate dehydrogenase,IDH)的催化下,异柠檬酸氧化脱羧生成 α-酮戊二酸,脱下的 2H 由 NAD^+ 接受,经电子传递链氧化磷酸化生成 2.5 分子 ATP。这是三羧酸循环中第一次氧化脱羧。异柠檬酸脱氢酶是三羧酸循环中重要的关键酶。

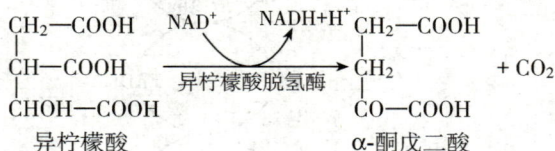

(4) 琥珀酰 CoA 的生成:α-酮戊二酸在 α-酮戊二酸脱氢酶复合体催化下,氧化脱羧生成琥珀酰 CoA。脱下的 2H 也由 NAD^+ 接受,经电子传递链氧化磷酸化生成 2.5 分子 ATP。这是三羧

酸循环中第二次氧化脱羧。α-酮戊二酸氧化脱羧时释放较多自由能,反应不可逆。

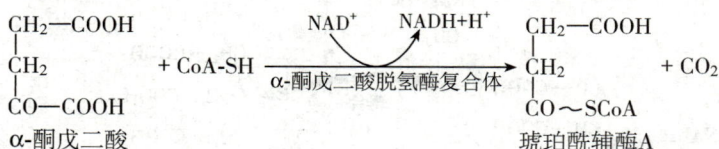

α-酮戊二酸脱氢酶复合体的组成和催化反应过程与丙酮酸脱氢酶复合体类似,是三羧酸循环中又一关键酶。

（5）琥珀酸的生成:在琥珀酰 CoA 硫激酶催化下,琥珀酰 CoA 的高能硫酯键水解将能量转移,使 GDP 经底物水平磷酸化生成 GTP,本身转变为琥珀酸。GTP 与 ADP 反应通过能量转化生成 GDP 与 ATP。

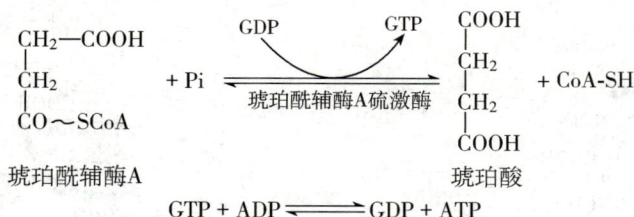

$$GTP + ADP \rightleftharpoons GDP + ATP$$

（6）延胡索酸的生成:琥珀酸在琥珀酸脱氢酶催化下脱氢生成延胡索酸,脱下的2H由辅酶FAD接受,并直接进入电子传递链氧化磷酸化可产生 1.5 分子 ATP。

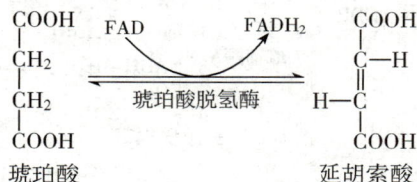

（7）苹果酸的生成:延胡索酸在延胡索酸酶催化下加水生成苹果酸。

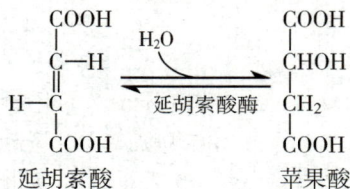

（8）草酰乙酸的再生:苹果酸在苹果酸脱氢酶催化下脱氢生成草酰乙酸,脱下的2H由NAD$^+$接受生成 NADH+H$^+$,并经呼吸链传递生成水和 2.5 分子 ATP。再生的草酰乙酸则不断地被用于柠檬酸的合成。

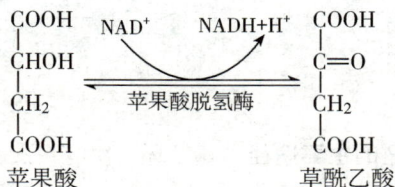

三羧酸循环(图5-5)的总反应式为:$CH_3CO \sim CoA + 3NAD^+ + FAD + GDP + Pi + 2H_2O \longrightarrow 2CO_2 + 3NADH + 3H^+ + FADH_2 + GTP + HSCoA$。在此循环中,乙酰 CoA 的乙酰基被彻底氧化,以 2 分子 CO_2 形式释放,这是体内 CO_2 的主要来源。循环中 4 次脱氢反应,生成的 NADH+H$^+$ 和 FADH$_2$ 将通过电子传递体氧化磷酸化产生 H_2O 和 ATP。

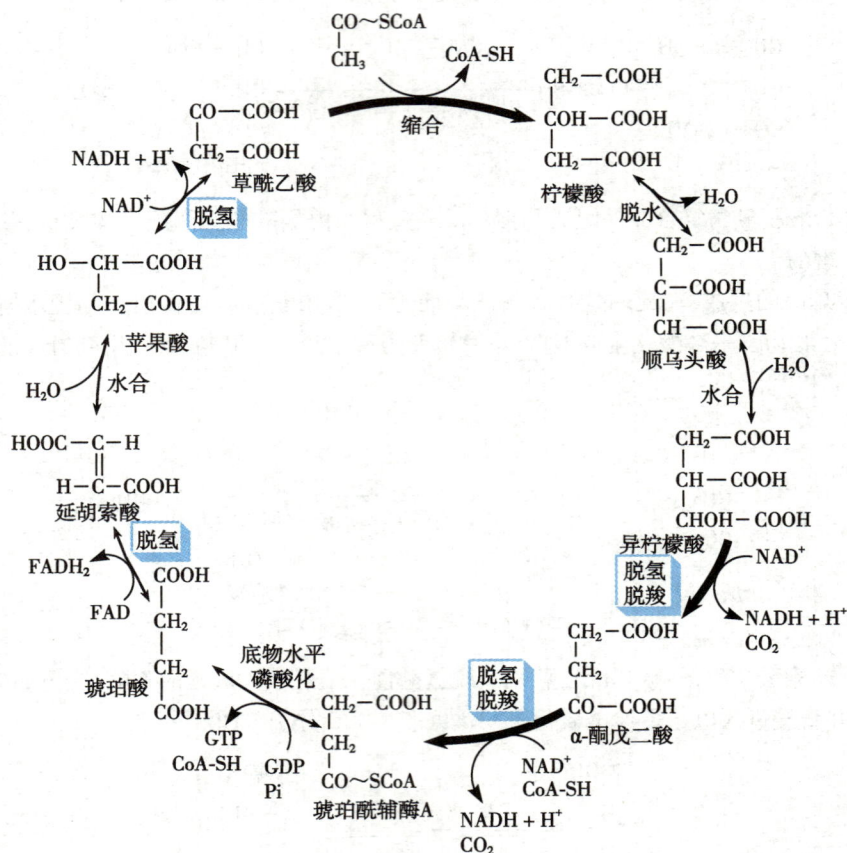

图 5-5　三羧酸循环

知识链接

三羧酸循环的发现

1937 年克雷布斯(Hans Adolf Krebs)发现了柠檬酸循环(又称三羧酸循环或克雷布斯循环)。揭示了生物体内糖经酵解途径变为三碳物质后,进一步氧化为二氧化碳和水的途径以及代谢能的主要来源。这一循环与糖、蛋白质、脂肪等的代谢都有密切关系,是所有需氧生物代谢中的重要环节。这一发现被公认为代谢研究的里程碑,因此,荣获 1953 年的诺贝尔生理学或医学奖。

(二) 三羧酸循环的特点

1. **三羧酸循环是产生 ATP 的主要途径**　每循环一次有 4 次脱氢,生成 3 分子 $NADH+H^+$ 和 1 分子 $FADH_2$,经呼吸链氧化生成 9 分子 ATP,加上底物水平磷酸化生成 1 分子 ATP,1 分子乙酰 CoA 经三羧酸循环一次,共生成 10 分子 ATP。

2. **三羧酸循环是需氧代谢过程**　在循环中产生的 3 分子 $NADH+H^+$ 和 1 分子 $FADH_2$ 必须经电子传递链传递给氧生成水并重新氧化成 NAD^+ 和 FAD。由此可见,三羧酸循环是在有氧条件下运转的。

3. 三羧酸循环是单向反应体系 三羧酸循环中的柠檬酸合酶、异柠檬酸脱氢酶、α-酮戊二酸脱氢酶复合体三个酶所催化的三步关键反应均是不可逆反应,所以三羧酸循环反应方向不能逆转,这有利于三羧酸循环产能的稳定性。

4. 三羧酸循环必须不断补充中间产物 三羧酸循环与其他代谢途径相互联系,因此,要保证三羧酸循环的顺利进行,就必须不断补充消耗的中间产物。草酰乙酸是三羧酸循环的重要起始物,是乙酰 C_oA 进入三羧酸循环的载体,因而草酰乙酸的补充就显得尤为重要。草酰乙酸的补充主要通过丙酮酸的羧化。

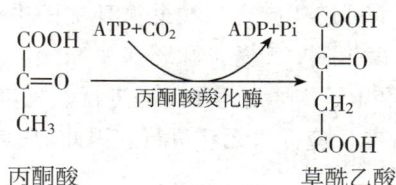

$$
\begin{array}{ccc}
\text{COOH} & & \text{COOH} \\
| & \text{ATP}+CO_2 \quad \text{ADP}+Pi & | \\
\text{C}=\text{O} & \xrightarrow{\quad\text{丙酮酸羧化酶}\quad} & \text{C}=\text{O} \\
| & & | \\
\text{CH}_3 & & \text{CH}_2 \\
& & | \\
& & \text{COOH}
\end{array}
$$

丙酮酸 　　　　　　　草酰乙酸

(三) 有氧氧化的生理意义

1. 糖有氧氧化是机体获得能量的主要途径 1 分子葡萄糖经无氧氧化仅净生成 2 分子 ATP;而通过有氧氧化可净生成 32(或30)分子 ATP(表5-2),其中三羧酸循环生成 20 分子 ATP。在一般生理条件下,许多组织细胞皆通过糖的有氧氧化获得能量。

表 5-2　葡萄糖有氧氧化时 ATP 的生成与消耗

反应阶段	反应步骤	辅酶	产能方式	ATP 生成数
第一阶段	葡萄糖→6-磷酸葡萄糖			−1
	6-磷酸果糖→1,6-二磷酸果糖			−1
	2×3-磷酸甘油醛→2×1,3-二磷酸甘油酸	NAD^+	氧化磷酸化	2×2.5 或 2×1.5 [*]
	2×1,3-二磷酸甘油酸→2×3-磷酸甘油酸		底物磷酸化	2×1
	2×磷酸烯醇式丙酮酸→2×丙酮酸		底物磷酸化	2×1
第二阶段	2×丙酮酸→2×乙酰 CoA	NAD^+	氧化磷酸化	2×2.5
第三阶段	2×异柠檬酸→2×α-酮戊二酸	NAD^+	氧化磷酸化	2×2.5
	2×α-酮戊二酸→2×琥珀酰 CoA	NAD^+	氧化磷酸化	2×2.5
	2×琥珀酰 CoA→2×琥珀酸		底物磷酸化	2×1
	2×琥珀酸→2×延胡索酸	FAD	氧化磷酸化	2×1.5
	2×苹果酸→2×草酰乙酸	NAD^+	氧化磷酸化	2×2.5
合计				32(或 30)

[*] 根据 $NADH+H^+$ 进入线粒体的方式不同,如α-磷酸甘油穿梭经呼吸链只产生 2×1.5 ATP,苹果酸穿梭经呼吸链产生 2×2.5 ATP

2. 三羧酸循环是糖、脂肪、氨基酸分解代谢的共同途径 三大营养物质糖、脂肪、蛋白质经分解代谢后都能生成乙酰辅酶 A 或三羧酸循环中的中间产物。因此,三羧酸循环是三大营养物质在体内氧化分解的共同通路,人体内约 2/3 的有机物是通过三羧酸循环而被分解的。

3. 三羧酸循环是糖、脂肪、氨基酸代谢联系的枢纽 糖分解代谢产生的丙酮酸、草酰乙酸、α-酮戊二酸等均可通过联合脱氨基作用逆行反应,分别转变成丙氨酸、天冬氨酸和谷氨酸;同样,这些氨基酸也可脱氨基转变成相应的 α-酮酸,再经糖异生作用生成糖。脂肪分解产生甘油和脂肪酸,甘油在甘油磷酸激酶的催化下,生成 α-磷酸甘油,脱氢氧化为磷酸二羟丙酮,进入糖代谢途径,脂肪酸可分解为乙酰辅酶 A,进入三羧酸循环彻底氧化。由此可见,三羧酸循环是体

内连接糖、脂肪、氨基酸代谢的枢纽。

（四）有氧氧化的调节

糖的有氧氧化是机体获得能量的重要过程,所以有氧氧化的调节是为了适应机体能量的需求。体内 ATP 消耗大于 ATP 合成时,ADP、AMP、NAD$^+$ 浓度升高,磷酸果糖激酶-1、丙酮酸激酶、丙酮酸脱氢酶复合体等均被激活,糖的有氧氧化反应增强。反应产物乙酰 CoA、NADH+H$^+$ 及 ATP 增加时,此类酶被反馈抑制,糖的有氧氧化反应速度减慢。

三羧酸循环的速率和流量也受多种因素的调控。柠檬酸合酶、异柠檬酸脱氢酶和 α-酮戊二酸脱氢酶复合体所催化的 3 个不可逆反应是三羧酸循环中的主要调节点。当 NADH/NAD$^+$ 和 ATP/ADP 比值升高时,酶被反馈抑制,三羧酸循环速率减慢。三羧酸循环中 4 次脱氢生成 NADH+H$^+$ 和 FADH$_2$,脱下的氢和电子需通过电子传递进行氧化磷酸化,使 NAD$^+$ 和 FAD 恢复其氧化型,否则三羧酸循环中的脱氢反应都将无法进行。因此,凡是抑制电子传递链各环节的因素均可阻断三羧酸循环运转。

有氧氧化抑制糖酵解的现象称巴斯德效应。这个效应是巴斯德在研究酵母菌使葡萄糖发酵时发现的。人体组织中同样存在此效应。当组织供氧充足时,丙酮酸进入三羧酸循环氧化,NADH+H$^+$ 可穿梭进入线粒体经电子传递链氧化,抑制乳酸的生成,所以有氧抑制糖酵解。缺氧时,氧化磷酸化受阻,ADP 与 Pi 不能转变为 ATP,ADP/ATP 比值升高,促使磷酸果糖激酶-1 和丙酮酸激酶活性增强,丙酮酸在胞质中被还原为乳酸,加速葡萄糖沿糖酵解途径分解。

知识链接

有氧运动与无氧运动

有氧运动是指人体在供氧充足的条件下进行的运动。它的特点是强度低、有节奏、持续时间较长。常见的有氧运动项目有瑜伽、慢跑、游泳、骑自行车、打太极拳、做韵律操等。通过这种运动,可消耗体内的糖和脂肪,增强心肺功能,调节心理和精神状态,达到健身强体的目的。

无氧运动是指肌肉在缺氧的状态下高速剧烈的运动。它的特点是运动时氧气的摄取量非常低。常见的无氧运动项目有赛跑、举重、投掷、拔河、肌力训练等。由于速度快和爆发力猛,机体不得不依靠糖的无氧氧化供能。无氧运动可以增强肌肉力量,塑造肌肉线条,达到形体美。

三、磷酸戊糖途径

磷酸戊糖途径(pentose phosphate pathway)由 6-磷酸葡萄糖开始,经脱氢、脱羧生成具有重要生理功能的 NADPH 和 5-磷酸核糖。主要在肝、脂肪组织、哺乳期的乳腺、肾上腺皮质、性腺和红细胞等组织的胞质中进行。

（一）磷酸戊糖途径的反应过程

磷酸戊糖途径可分为不可逆的氧化阶段和可逆的基团转移阶段。

1. **氧化阶段**　6-磷酸葡萄糖在以 NADP$^+$ 为辅酶的 6-磷酸葡萄糖脱氢酶和 6-磷酸葡萄糖酸脱氢酶催化下脱氢和脱羧,产生 2 分子 NADPH+H$^+$、1 分子 CO$_2$ 和 1 分子 5-磷酸核酮糖,5-磷酸核酮糖在磷酸戊糖异构酶催化下转变为 5-磷酸核糖,或在差向酶作用下生成 5-磷酸木酮糖。

6-磷酸葡萄糖脱氢酶是磷酸戊糖途径的关键酶,催化不可逆反应。此酶活性受 NADPH 浓度影响,NADPH 反馈抑制该酶的活性。

2. **基团转移阶段**　此阶段通过一系列的基团转移反应,进行酮基和醛基的转移,产生 3 碳、

4 碳、5 碳、6 碳和 7 碳糖，最后转变成 6-磷酸果糖和 3-磷酸甘油醛又进入糖酵解途径。

磷酸戊糖途径(图 5-6)的总反应为：

$$3×6\text{-磷酸葡萄糖}+6NADP^+ \longrightarrow 2×6\text{-磷酸果糖}+3\text{-磷酸甘油醛}+6NADPH+6H^++3CO_2$$

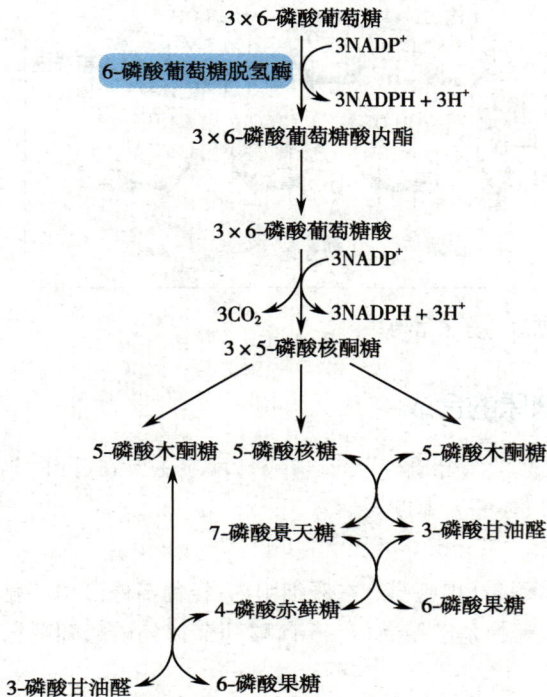

图 5-6　磷酸戊糖途径

（二）磷酸戊糖途径的生理意义

1. 提供 5-磷酸核糖　磷酸戊糖途径是葡萄糖在体内生成 5-磷酸核糖的唯一途径。5-磷酸核糖是合成核酸和核苷酸辅酶的原料之一。

2. 产生 NADPH+H⁺，参与多种代谢反应

（1）作为供氢体参与多种物质的合成：人体内脂肪酸、胆固醇及类固醇激素等化合物的生物合成都需 $NADPH+H^+$ 作为供氢体，故脂类合成旺盛的组织，磷酸戊糖途径也比较活跃。

（2）参与体内的羟化反应：$NADPH+H^+$ 作为加单氧酶的辅酶在体内的羟化反应中起重要作用。如从胆固醇合成胆汁酸、类固醇激素，药物和毒物在肝中的生物转化都需 $NADPH+H^+$ 参与的羟化反应。

（3）是谷胱甘肽还原酶的辅酶：谷胱甘肽还原酶以 NADPH 为辅酶，催化氧化型谷胱甘肽(GSSG)还原成还原型谷胱甘肽(GSH)。还原型谷胱甘肽是体内重要的抗氧化剂，可保护巯基酶和巯基蛋白免受氧化剂的破坏。如 GSH 可以保护红细胞膜上的巯基酶和巯基蛋白，维持红细胞膜的完整性。

知识链接

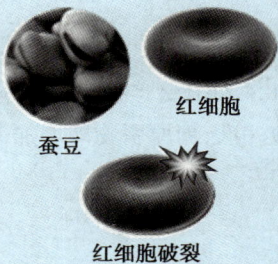

蚕豆

红细胞

红细胞破裂

话说蚕豆病

遗传性 6-磷酸葡萄糖脱氢酶缺陷的患者，俗称蚕豆病，由于红细胞中磷酸戊糖途径不能正常进行，NADPH 缺乏或不足，导致 GSH 生成减少，红细胞膜稳定性降低，当一些氧化性物质(如蚕豆、磺胺、喹啉类药物)进入体内时，使机体产生过多的 H_2O_2 不能及时清除，而破坏红细胞膜，诱发溶血性黄疸。

第三节　糖的储存和动员

糖在体内的储存形式是糖原(glycogen)，糖原是由许多个葡萄糖单位组成的带多分支结构的多糖，分子中葡萄糖主要以 α-1,4-糖苷键相连形成直链，以 α-1,6-糖苷键相连构成支链(图 5-7)。糖原分子有许多非还原性分支末端，是糖原合成、分解关键酶作用的位点。肌肉和肝是合成并储存糖原的主要组织器官，肌肉中糖原占肌肉总重量的 1%～2%，约 250～400g；肝中糖原

占肝总重量的6%～8%,约70～100g。肌糖原分解为肌肉自身收缩供给能量,肝糖原分解主要维持血糖浓度。

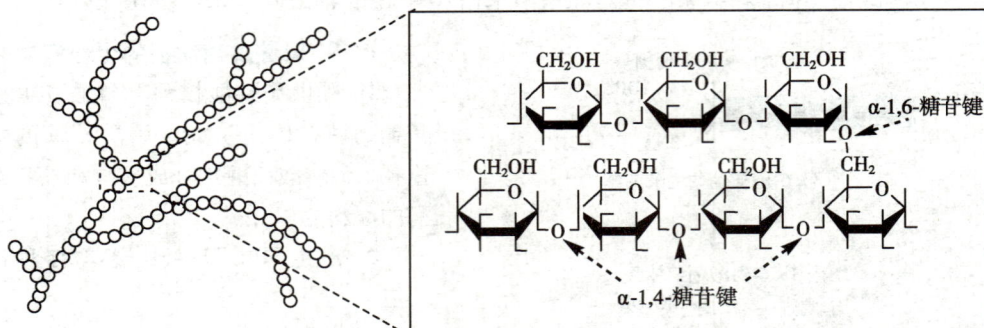

图 5-7 糖原的分子结构

一、糖原的合成

由单糖(主要是葡萄糖)合成糖原的过程称糖原合成(glycogenesis),反应主要在肝脏、肌肉组织等细胞的胞质中进行,除需要 ATP 供能外,还需要 UTP。

(一) 反应过程

1. 1-磷酸葡萄糖的生成 葡萄糖可自由通过肝细胞膜。在肝细胞内,经葡萄糖激酶催化生成 6-磷酸葡萄糖,在肌肉或其他组织催化此步骤的是己糖激酶。6-磷酸葡萄糖经磷酸葡萄糖变位酶催化转变为 1-磷酸葡萄糖。

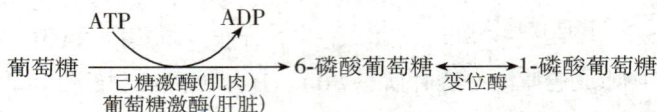

$$葡萄糖 \xrightarrow[\substack{己糖激酶(肌肉)\\葡萄糖激酶(肝脏)}]{ATP \quad ADP} 6-磷酸葡萄糖 \underset{变位酶}{\longleftrightarrow} 1-磷酸葡萄糖$$

2. 尿苷二磷酸葡萄糖的生成 1-磷酸葡萄糖在 UDPG 焦磷酸化酶催化下与 UTP 反应,生成尿苷二磷酸葡萄糖(UDPG),释放出焦磷酸。UDPG 是葡萄糖的活性形式,作为糖原合成的葡萄糖供体。

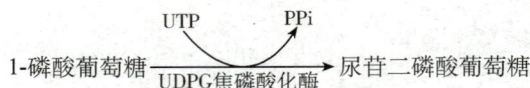

$$1-磷酸葡萄糖 \xrightarrow[UDPG焦磷酸化酶]{UTP \quad PPi} 尿苷二磷酸葡萄糖$$

3. 糖原合成 在糖原合酶的催化下,将 UDPG 的葡萄糖基通过 α-1,4-糖苷键连接于糖原引物的非还原末端,糖原引物是指原有的细胞内较小的糖原分子。每反应一次,糖原引物即增加 1 个葡萄糖单位。多次进行上述反应,糖原分子直链则不断延长。

$$UDPG + Gn \xrightarrow{糖原合酶} Gn+1 + UDP$$

糖原合酶只能延长糖链,不能形成分支。当糖链的直链超过 11 个糖基的长度时,由分支酶将一段糖链残基(通常 6～7 个葡萄糖单位)转移到邻近的糖链上,以 α-1,6-糖苷键相连不断形成新分支,从而形成高度分支的糖原分子。增多非还原末端数目,有利于糖原的迅速合成和分解,也增加糖原的水溶性。糖原合成示意图(图 5-8)。

糖原合成是耗能过程。每增加 1 个葡萄糖单位消耗 2 分子 ATP。糖原合酶是糖原合成的关键酶。

(二) 糖原合成的生理意义

糖原是糖在体内的储存形式。进食后,葡萄糖在体内合成糖原将能量进行储存,防止血糖

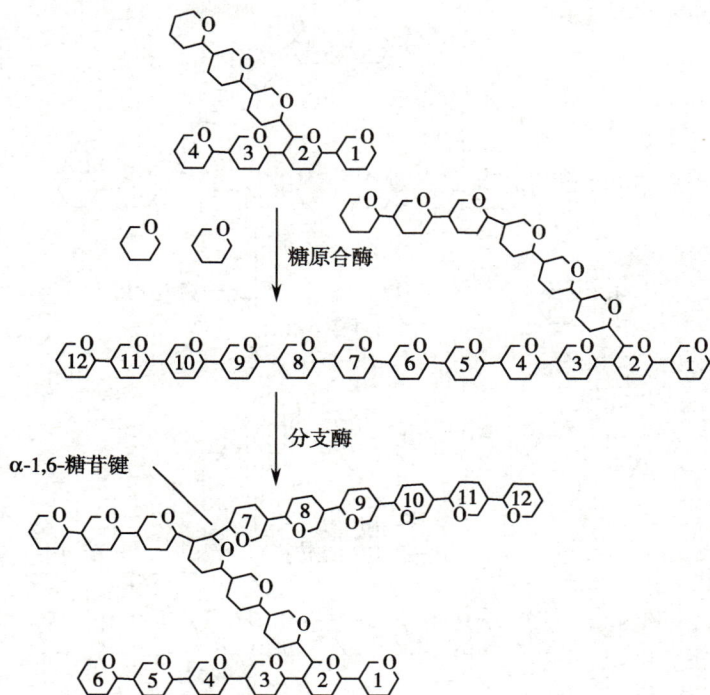

图 5-8 糖原的合成

浓度过度升高,维持血糖浓度的恒定。

二、糖原的分解

肝糖原分解为葡萄糖以补充血糖的过程称糖原分解(glycogenolysis)。

(一) 反应过程

1. 糖原磷酸化生成 1-磷酸葡萄糖 肝糖原分解反应的位点是糖链的非还原端。糖原磷酸化酶作用于糖链非还原端的 α-1,4-糖苷键,糖基逐个磷酸解生成 1-磷酸葡萄糖。

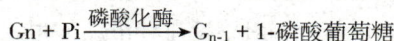

$$Gn + Pi \xrightarrow{磷酸化酶} G_{n-1} + 1\text{-磷酸葡萄糖}$$

磷酸化酶只能分解 α-1,4-糖苷键,并且催化至距 α-1,6-糖苷键 4 个葡萄糖残基时就不再起作用。对 α-1,6-糖苷键水解需脱支酶作用。

2. 脱支酶的作用 脱支酶是一种双功能酶,它具有葡聚糖基转移酶和 α-1,6-葡萄糖苷酶的活性。磷酸解进行至分支处约 4 个糖基时,由脱支酶(葡聚糖基转移酶活性)将其中 3 个葡萄糖基转移到邻近糖链末端,通过 α-1,4-糖苷键连接。剩下的一个以 α-1,6-糖苷键与糖链相连的葡萄糖基,被脱支酶(α-1,6-葡萄糖苷酶活性)水解为游离葡萄糖。磷酸化酶和脱支酶持续作用下,使糖原分子逐渐变小(图5-9)。

糖原分解的产物中 1-磷酸葡萄糖约为 85%,游离葡萄糖为 15%。

3. 1-磷酸葡萄糖变位生成 6-磷酸葡萄糖 1-磷酸葡萄糖在变位酶作用下转变为 6-磷酸葡萄糖。

4. 6-磷酸葡萄糖水解生成葡萄糖 葡萄糖-6-磷酸酶催化 6-磷酸葡萄糖水解为葡萄糖而释放入血。

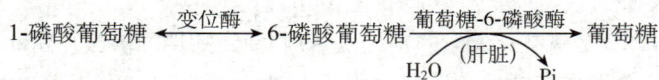

$$1\text{-磷酸葡萄糖} \xleftrightarrow{变位酶} 6\text{-磷酸葡萄糖} \xrightarrow[H_2O \quad (肝脏) \quad Pi]{葡萄糖-6-磷酸酶} 葡萄糖$$

葡萄糖-6-磷酸酶只存在于肝和肾组织中,所以只有肝糖原可分解为葡萄糖直接补充血糖。

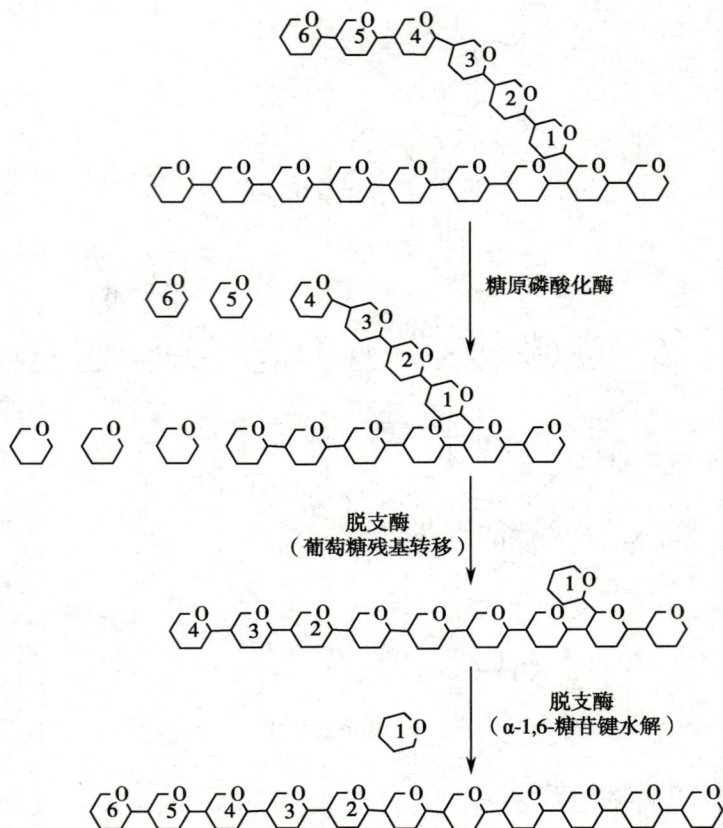

图 5-9　脱支酶的作用

肌肉中无此酶,故肌糖原只能酵解成乳酸或进行有氧氧化,而不能直接分解成葡萄糖。糖原磷酸化酶是糖原分解的关键酶。

(二) 糖原分解的生理意义

空腹等血糖供应不足时,肝糖原迅速分解为葡萄糖,维持血糖浓度的恒定,保证组织细胞能量代谢得以实现。所以糖原的合成与分解对维持血糖浓度的恒定,保证机体组织细胞对能量的需求十分重要。

(三) 糖原合成与分解的调节

糖原合酶和糖原磷酸化酶分别是糖原合成与分解代谢中的关键酶,它们均受到别构与共价修饰双重调节。

1. 共价修饰调节　糖原合酶和糖原磷酸化酶在体内有活性型(糖原合酶 a 和磷酸化酶 a)和无活性型(糖原合酶 b 和磷酸化酶 b)两种形式。两型之间通过磷酸化和去磷酸化共价修饰相互转变而改变酶的活性。肾上腺素和胰高血糖素可通过 cAMP 连锁的级联放大过程,构成一个调节糖原合成与分解的控制系统。如血糖浓度下降和剧烈活动时,肾上腺素和胰高血糖素分泌增加,并与细胞膜受体结合,使 G 蛋白活化,活化的 G 蛋白介导活化腺苷酸环化酶,使 cAMP 生成增加,cAMP 又使蛋白激酶 A 活化,活化的蛋白激酶 A 一方面使有活性的糖原合酶 a 磷酸化为无活性的糖原合酶 b;另一面使无活性的磷酸化酶 b 激酶磷酸化为有活性的磷酸化酶 b 激酶,活化的磷酸化酶 b 激酶进一步使无活性的糖原磷酸化酶 b 磷酸化转变为有活性的糖原磷酸化酶 a,最终结果是抑制糖原合成,促进糖原分解(图 5-10)。

2. 别构调节　AMP 是磷酸化酶 b 的别构激活剂,使无活性的磷酸化酶 b 在磷酸化酶 b 激酶作用下进行磷酸化修饰形成有活性的磷酸化酶 a,加速糖原分解。而 ATP 是磷酸化酶 a 的别构抑制剂,使糖原分解减少。6-磷酸葡萄糖是糖原合酶 b 的别构激活剂,促使糖原合酶 b 转变为有

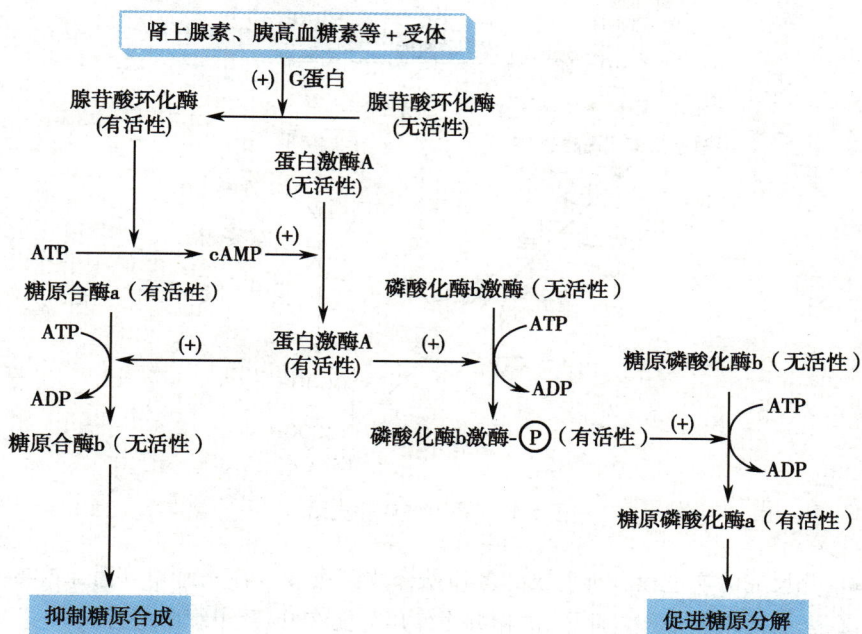

图 5-10　糖原合成与分解的共价修饰调节

活性的糖原合酶 a,加速糖原的合成。

三、糖　异　生

由非糖物质转变为葡萄糖或糖原的过程称为糖异生作用(gluconeogenesis)。在饥饿情况下,机体可利用乳酸、丙酮酸、甘油、生糖氨基酸(如丙、丝、苏、谷、天冬等)等非糖物质转变为糖。正常情况下,肝是糖异生的主要器官,长期饥饿和酸中毒时,肾糖异生也起重要作用。

(一)糖异生途径

糖异生途径基本上是糖酵解的逆过程,但糖酵解途径中己糖激酶、磷酸果糖激酶-1 和丙酮酸激酶催化的反应释放了大量自由能,使反应不可逆,而成为糖异生的"能障反应"。在糖异生途径中必须由另外的酶催化,才能绕过这三个"能障"使反应逆行,这些酶即为糖异生作用的关键酶。

1. 丙酮酸转变为磷酸烯醇式丙酮酸　首先在丙酮酸羧化酶催化下丙酮酸转变为草酰乙酸;然后草酰乙酸在磷酸烯醇式丙酮酸羧激酶催化下,脱羧并磷酸化生成磷酸烯醇式丙酮酸。此过程称为丙酮酸羧化支路(pyruvate carboxylation shunt),(图 5-11),是消耗能量的过程,两步反应共消耗 2 分子 ATP。

丙酮酸羧化酶存在于线粒体中,磷酸烯醇式丙酮酸羧激酶存在于线粒体及胞质中,而草酰乙酸不能直接通过线粒体内膜,需借助转变为苹果酸或天冬氨酸的方式转入胞质。

2. 1,6-二磷酸果糖水解为 6-磷酸果糖　1,6-二磷酸果糖在果糖二磷酸酶催化下,水解 C_1 位上的磷酸基团,生成 6-磷酸果糖。该水解过程是释放能量的反应,为糖异生作用的关键步骤。

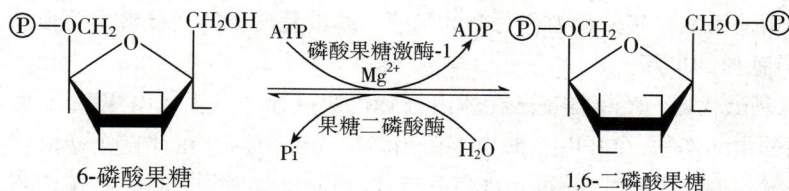

3. 6-磷酸葡萄糖水解为葡萄糖　6-磷酸葡萄糖在葡萄糖-6-磷酸酶催化下水解为葡萄糖,完

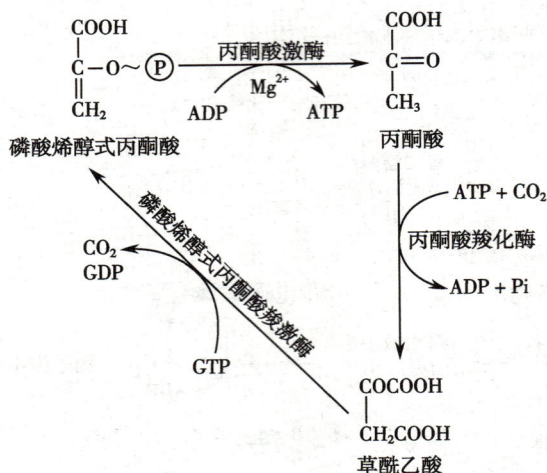

图 5-11 丙酮酸羧化支路

成己糖激酶催化反应的逆过程。所生成的葡萄糖释放到血液可补充血糖。葡萄糖-6-磷酸酶存在于肝、肾细胞,肌肉组织中不含此酶,故糖异生作用只能在肝、肾组织中进行。

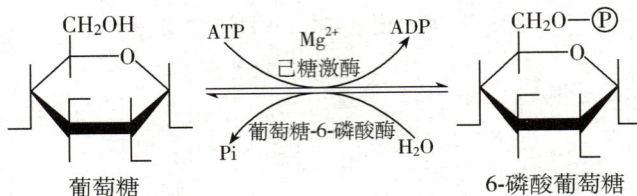

上述由两种不同的酶催化的单向反应,使两种底物之间相互转化的过程,称为底物循环(substrate cycle)。

糖异生途径小结于图 5-12。

(二) 乳酸循环与糖异生作用

肌肉组织通过糖酵解生成的乳酸,从细胞扩散到血液,经血液运输到肝,经糖异生作用生成葡萄糖。葡萄糖释放入血中又被肌肉组织摄取利用。这种循环过程称为乳酸循环(lactic acid cycle),亦称 Cori 循环(图 5-13)。乳酸循环的生理意义在于回收利用肌肉生成的乳酸,同时防止乳酸堆积引起的酸中毒。

(三) 糖异生的生理意义

1. 维持血糖浓度相对恒定 实验证明,在禁食 12 小时后肝糖原耗尽,糖异生作用成为饥饿情况下补充血糖的主要来源。糖异生作用最主要的生理意义就是在血糖来源不足情况下,利用非糖物质转变为糖以维持血糖浓度的相对恒定。长期饥饿情况下,糖异生作用的存在对于维持血糖浓度的恒定,保证脑、红细胞等组织器官的葡萄糖供应是十分必要的。

2. 加强乳酸的利用防止酸中毒 在剧烈运动或缺氧时,糖酵解加速,产生大量的乳酸,导致酸中毒。生成的乳酸经血液运输到肝脏,通过糖异生作用合成肝糖原或葡萄糖,用于补充血糖浓度的同时,有利于乳酸的再利用,同时可有效防止酸中毒。

糖异生作用使不能直接分解为葡萄糖的肌糖原通过乳酸循环间接转变为血糖,维持血糖浓度恒定,利于肝糖原的更新。

3. 协助氨基酸代谢 生糖氨基酸在体内分解代谢过程中可生成丙酮酸、α-酮戊二酸、草酰乙酸等糖代谢的中间产物,在肝内经糖异生作用转变为葡萄糖。在补充血糖浓度的同时,加速了蛋白质的分解代谢。实验证明,进食蛋白质后,肝糖原含量增加;饥饿时,组织蛋白分解增强,血中氨基酸水平升高,糖异生作用活跃。可见,蛋白质的分解可弥补血糖浓度的不足,糖异生作

葡萄糖　　　　　　　　糖原

Pi　ATP
葡萄糖-6-磷酸酶　己糖激酶
H₂O　ADP

6-磷酸葡萄糖 ⇌ 1-磷酸葡萄糖

6-磷酸果糖

Pi　ATP
果糖二磷酸酶　磷酸果糖激酶-1
H₂O　ADP

1,6-二磷酸果糖

甘油

ATP

ADP

3-磷酸甘油醛 ⇌ 磷酸二羟丙酮 ⇌ α-磷酸甘油

NADH+H⁺　NAD⁺

1,3-二磷酸甘油酸

三羧酸循环
中间产物　　　　　　(线粒体)

谷氨酸　α-酮戊二酸

草酰乙酸　　　　　天冬氨酸

3-磷酸甘油酸

丙酮酸
羧化酶

ADP+Pi

ATP+CO₂

2-磷酸甘油酸　　　丙氨酸　　　　苹果酸

ADP　ATP

磷酸烯醇式丙酮酸　丙酮酸　丙酮酸
丙酮酸激酶

苹果酸

乳酸

磷酸烯醇式丙酮酸羧激酶　　　草酰乙酸 ← 天冬氨酸

CO₂+GDP　GTP　　　谷氨酸　α-酮戊二酸

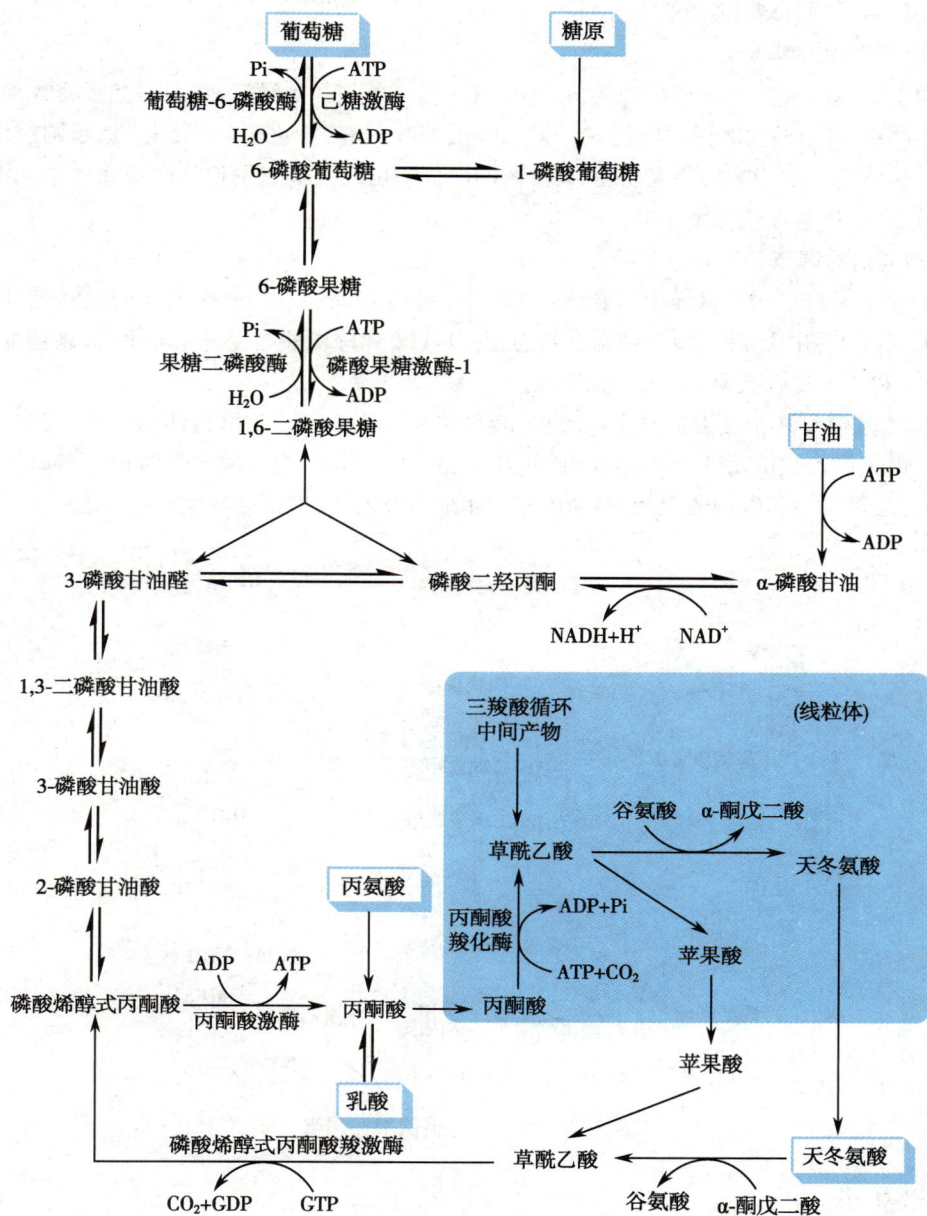

图 5-12　糖异生途径

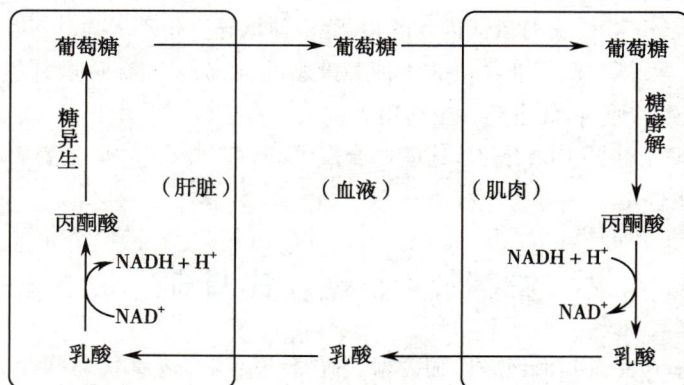

葡萄糖 → 葡萄糖 → 葡萄糖

糖
异
生　　　　　　　　　　　　　糖
　　　　　　　　　　　　　酵
　（肝脏）　（血液）　（肌肉）　解

丙酮酸　　　　　　　　　丙酮酸

NADH + H⁺　　　NADH + H⁺

NAD⁺　　　　　NAD⁺

乳酸 ← 乳酸 ← 乳酸

图 5-13　乳酸循环

用能协助氨基酸的分解代谢。

（四）糖异生的调节

糖异生和糖酵解是方向相反的两条代谢途径,当一条途径被激活时,另一途径将被抑制,磷酸果糖激酶-1、丙酮酸激酶(糖酵解)和果糖二磷酸酶、丙酮酸羧化酶(糖异生)是起调控作用的关键酶。机体通过改变酶的合成速度、共价修饰调节和别构调节来调控这两条途径中关键酶的活性,以达到最佳生理效应。

1. 别构剂的调节

（1）ATP 和柠檬酸对糖异生的影响:ATP 和柠檬酸是果糖二磷酸酶的别构激活剂,同时是磷酸果糖激酶-1 和丙酮酸激酶的别构抑制剂,所以 ATP 和柠檬酸能促进糖异生、抑制糖酵解;而 ADP、AMP 和 2,6-二磷酸果糖的作用则反之。

（2）乙酰辅酶 A 浓度对糖异生的影响:乙酰辅酶 A 决定了丙酮酸代谢的方向,脂肪酸氧化分解产生大量的乙酰辅酶 A 可以抑制丙酮酸脱氢酶复合体,使丙酮酸大量蓄积,为糖异生提供原料,同时又可激活丙酮酸羧化酶,加速丙酮酸生成草酰乙酸,促进糖异生作用(图5-14)。

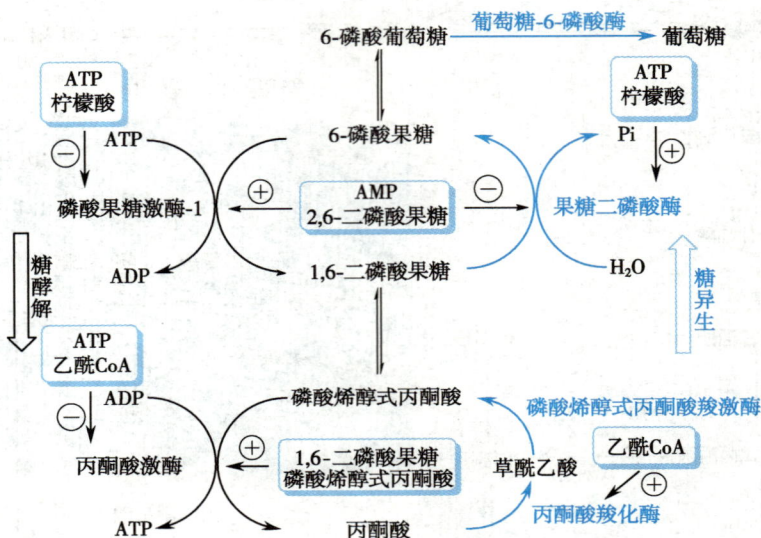

图 5-14 糖异生途径的别构调节

2. 激素的调节

（1）肾上腺素和胰高血糖素:能激活肝细胞膜上腺苷酸环化酶,使 cAMP 水平升高,进而激活磷酸烯醇式丙酮酸羧激酶;另外,它们能促进脂肪动员,不但提供了糖异生的原料甘油,而且脂肪酸氧化产生的乙酰 CoA 又可激活丙酮酸羧化酶,使糖异生作用增强。

（2）糖皮质激素:既可诱导糖异生的 4 种关键酶的合成,又能促进肝外组织蛋白质分解成氨基酸来增加糖异生的原料,促进糖异生作用。

（3）胰岛素:抑制糖异生的 4 种限速酶的合成,同时抑制腺苷酸环化酶的活性,使 cAMP 水平降低,抑制糖异生作用。

第四节 血糖及其调节

血糖(blood sugar)主要指血液中的葡萄糖。血糖是反映体内糖代谢状况的一项重要指标。正常人血糖水平相对恒定,维持在 3.89 ～ 6.11mmol/L 之间。这是机体对血糖的来源和去路进行调节,使之维持动态平衡的结果。

一、血糖的来源与去路

血糖的来源包括食物中糖类物质的消化吸收,肝糖原分解及糖异生作用生成的葡萄糖。血糖的去路则是在各组织器官中氧化分解供能,合成糖原或转化成甘油三酯及转变为某些氨基酸、糖的衍生物等,此外,当血糖浓度超过 8.89～10.0mmol/L 时可随尿排出,这种尿中出现葡萄糖时的最低血糖浓度称为肾糖阈(图5-15)。

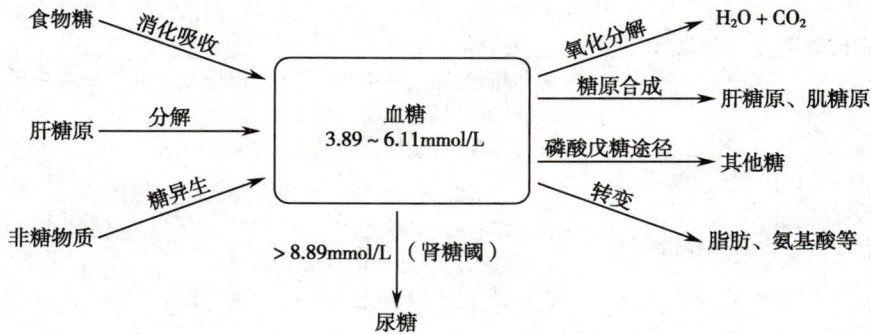

图 5-15 血糖的来源与去路

二、血糖水平的调节

血糖浓度的恒定是机体通过器官、激素和神经系统的调节机制,协调各组织器官的糖、脂肪和氨基酸的代谢,使血糖的来源与去路保持动态平衡的结果。

(一) 器官水平调节

1. 肝脏调节 肝脏是调节血糖水平的最重要器官,这不仅因为肝内糖代谢的途径很多,而且关键还在于有些代谢途径为肝脏所特有。肝脏主要通过肝糖原的合成、分解和糖异生作用来维持血糖浓度的相对恒定。进食后血糖浓度增高,肝糖原的合成作用增加;当空腹血糖浓度降低时,肝糖原能直接分解为葡萄糖补充血糖;饥饿状态下肝糖原耗尽,肝脏糖异生作用加强,将非糖物质如甘油、生糖氨基酸、丙酮酸、乳酸等转变为糖,进而维持血糖浓度的相对稳定。

2. 肾脏调节 肾小管有很强重吸收葡萄糖的能力,它犹如一个阀门控制葡萄糖的重吸收与排出,当血糖浓度大于 8.89～10.0mmol/L 时,即超过肾小管重吸收能力时则出现糖尿。当血糖浓度小于 8.89～10.0mmol/L 时,滤入肾小管管腔内的葡萄糖几乎全部重吸收入血,所以,正常人尿液中一般检测不出葡萄糖。此外,当长期饥饿时,肾脏糖异生作用大大增强,成为糖异生的重要器官。

(二) 激素水平调节

激素是调节血糖浓度恒定的主要因素。调节血糖浓度的激素有两类:

1. 降低血糖的激素 由胰岛 β 细胞分泌的胰岛素(insulin)是体内唯一能降低血糖的激素,也是唯一同时促进糖原、脂肪、蛋白质合成的激素。

2. 升高血糖的激素 升高血糖的激素有胰岛 α 细胞分泌的胰高血糖素、肾上腺皮质分泌的糖皮质激素、肾上腺髓质分泌的肾上腺素、腺垂体分泌的生长素等。

正常情况下,这两类激素互相协调、互相制约,通过调节糖原的合成与分解、糖的氧化分解、糖异生等途径来实现对血糖浓度的调节。各种激素调节糖代谢的机制(表5-3)。

(三) 神经系统调节

神经系统对血糖浓度的调节属于整体调节。通过对各种促激素或激素分泌的调节,进而影响各代谢途径中的酶活性或酶含量而完成调节作用。如当血糖浓度低于正常时,交感神经兴

奋,可使肾上腺髓质增加肾上腺素的分泌,从而使血糖浓度升高。而迷走神经兴奋时,胰岛素分泌增加,糖原合成增加,血糖水平降低。

表5-3　激素对血糖水平的调节

激　　素		调 节 作 用
降低血糖的激素	胰岛素	1. 促进葡萄糖进入肌肉、脂肪组织细胞 2. 活化糖原合酶,抑制磷酸化酶,加速糖原合成,抑制糖原分解 3. 诱导糖酵解3个关键酶合成,激活丙酮酸脱氢酶系,促进糖的氧化分解 4. 抑制糖异生的4个关键酶,促进氨基酸合成蛋白质,减少糖异生原料而抑制糖异生 5. 抑制激素敏感性脂肪酶,减少脂肪动员
升高血糖的激素	胰高血糖素	1. 活化磷酸化酶,抑制糖原合酶,促进肝糖原分解 2. 抑制磷酸果糖激酶-2,减少2,6-二磷酸果糖的合成而抑制糖酵解,促进糖异生 3. 激活激素敏感性脂肪酶,加速脂肪动员
	糖皮质激素	1. 促进蛋白质分解,促进糖异生 2. 协同其他激素促进脂肪动员
	肾上腺素	1. 引发细胞内依赖cAMP的磷酸化级联反应,加速肝糖原分解 2. 促进肌糖原酵解成乳酸,转入肝脏异生成糖
	生长素	与胰岛素作用相拮抗

上述几方面作用并非孤立进行,而是互相协同又互相制约地协调一致,以维持血糖浓度的相对恒定。

三、血糖水平异常

正常人体内有一套精细调节糖代谢的机制,当一次性摄入大量葡萄糖后,血糖水平不会持续升高,也不会出现很大的波动。机体这种处理摄入葡萄糖的能力称为葡萄糖耐量(glucose tolerance)或耐糖现象。但当机体某一调节功能障碍时,如神经系统功能紊乱、内分泌失调、某些酶的先天性缺陷、肝或肾功能障碍等可引起糖代谢紊乱。无论何种原因引起的糖代谢紊乱都可导致血糖水平的异常,出现高血糖或低血糖。

(一) 高血糖

临床上将空腹血糖浓度高于7.0mmol/L时称为高血糖。血糖浓度高于8.89mmol/L,即超过了肾小管重吸收葡萄糖能力,尿中可检测出葡萄糖,称为糖尿。

高血糖分为生理性和病理性两类。

1. 生理性高血糖　如一次性摄入过多或静脉输入大量葡萄糖时,血糖浓度急剧升高,可引起饮食性高血糖;情绪激动时,肾上腺素分泌增加,肝糖原分解加速,血糖升高,可出现情感性高血糖。

2. 病理性高血糖　在病理情况下,如胰岛素分泌障碍或升高血糖激素分泌亢进可导致高血糖,以致出现糖尿,属病理性高血糖。由胰岛素分泌障碍所引起的高血糖和糖尿,称为糖尿病。

糖尿病(diabetes mellitus,DM)是一种由于胰岛素分泌不足或胰岛素作用低下而引起的代谢性疾病,其特征是高血糖症。由于胰岛素绝对或相对不足或胰岛素抵抗,引起葡萄糖、脂肪、蛋白质代谢紊乱,并继发维生素、电解质代谢障碍。糖尿病呈持续性高血糖和糖尿,特别是空腹血糖和糖耐量曲线高于正常范围。

DM的典型症状为多食、多饮、多尿和体重减轻,俗称"三多一少",有时伴有视力下降,并容易继发感染,青少年患者可出现生长发育迟缓。长期的高血糖症将导致多种器官的损伤、功能紊乱和衰竭,尤其是眼、肾、神经、心血管系统。DM 并发酮症酸中毒可危及生命。

DM 的病因与发病机制目前尚在研究中。其发病原因可能包括:①胰岛素缺乏,如病毒感染可严重破坏胰岛 β 细胞。②胰岛细胞抗体阳性,可说明自身免疫因素的存在。胰岛细胞抗体能破坏胰岛 β 细胞,使胰岛素分泌不足或缺乏。③胰岛素作用障碍,或存在胰岛素受体或受体后信号传导分子结构、功能缺陷,阻断胰岛素对代谢调节的作用。

现行的糖尿病分类和诊断标准主要是参考 1999 年得到 WHO 认可的 1997 年美国糖尿病协会(ADA)修改后的糖尿病分类和诊断标准,简称 ADA/WHO 标准。

根据病因可将 DM 分为四大类型:1 型糖尿病(胰岛素依赖型糖尿病)、2 型糖尿病(非胰岛素依赖型糖尿病)、妊娠期糖尿病和其他特殊类型糖尿病。1 型糖尿病主要是因为胰岛 β 细胞的自身免疫性损害导致胰岛素分泌绝对不足引起,任何年龄均可发病,典型病例常见于青少年,具有酮症酸中毒倾向。2 型糖尿病主要表现为胰岛素抵抗和胰岛 β 细胞功能减退,多发于中、老年。妊娠期糖尿病指在妊娠期发现的糖尿病,分娩后血糖浓度即可恢复正常。特殊类型糖尿病往往继发于其他疾病,病因众多,但患者较少。

DM 的诊断标准:目前糖尿病的诊断主要借助于实验室检查结果,其诊断标准见表5-4。

表5-4 糖尿病诊断标准

方法	检 查 结 果
1	典型症状,同时随机血糖浓度≥11.1mmol/L
2	空腹血糖浓度≥7.0mmol/L
3	口服葡萄糖耐量实验中 2 小时血糖浓度≥11.1mmol/L

以上三种方法都可以单独用来诊断 DM,其中一项出现阳性结果,必须用其余方法中的任意一项复查才能确诊。

知识链接

科学防治糖尿病

糖尿病常伴有多种并发症,如下肢坏疽、肾功能衰竭、视网膜病变、心脑血管意外等,致残和致死率高。1991 年,WHO 和国际糖尿病联盟(IDF)将每年 11 月 14 日定为世界糖尿病日。从 2003 年中华医学会糖尿病学分会编写第一版糖尿病防治指南开始,到 2013 年第四版,都强调对糖尿病的三级预防。一级预防是提高对糖尿病的认识,预防高危个体发展为糖尿病患者;二级预防是在糖尿病患者中预防并发症的发生;三级预防就是减少并发症的加重,降低致残率和死亡率,改善患者的生活质量。

(二) 低血糖

临床上将空腹血糖浓度低于 3.0mmol/L 时称为低血糖。脑组织正常能量供应主要依赖血液供给葡萄糖。血糖浓度过低,导致脑组织能量不足,可出现头晕、乏力、心悸、手颤;当血糖浓度低于 2.5mmol/L 时,可出现低血糖昏迷(低血糖休克),甚至死亡。病理性低血糖出现的原因有:①胰岛 β 细胞功能亢进或胰岛 α 细胞功能低下等;②严重肝疾患;③内分泌异常,如垂体功能低下;④进食障碍;⑤肿瘤等。

小结

糖代谢包括合成代谢(糖原合成和糖异生)和分解代谢(糖酵解、有氧氧化、磷酸戊糖途径及糖原分解等)两个方面。

糖酵解是指葡萄糖在无氧或供氧不足的条件下分解成乳酸的过程。糖酵解反应部位:胞质;产能:净生成 2ATP;产能方式:底物水平磷酸化;关键酶:己糖激酶、磷酸果糖激酶-1、丙酮酸激酶;生理意义:是机体在缺氧条件下获得能量的有效方式,是某些组织(如红细胞)获得能量的方式。

糖的有氧氧化是指葡萄糖在供氧充足的条件下彻底氧化分解为 CO_2 和 H_2O 并释放大量能量的过程。有氧氧化反应部位:胞质和线粒体;产能:净生成 32 或 30ATP;关键酶:己糖激酶、磷酸果糖激酶-1、丙酮酸激酶、丙酮酸脱氢酶复合体、柠檬酸合酶、异柠檬酸脱氢酶和 α-酮戊二酸脱氢酶复合体;生理意义:是机体获能的主要途径,三羧酸循环是三大营养物质最终彻底氧化分解的共同途径,也是三大代谢相互联系的枢纽。

磷酸戊糖途径在胞质中进行。主要生理意义在于该途径提供 NADPH 和 5-磷酸核糖。

糖原是体内糖的贮存形式,主要存在于肝和肌肉组织中。肝糖原可以直接分解为葡萄糖,用以补充血糖浓度。肌肉组织中由于缺乏葡萄糖-6-磷酸酶,故肌糖原不能直接分解为葡萄糖。糖原合成的关键酶是糖原合酶,糖原分解的关键酶是糖原磷酸化酶。糖原合成与分解的主要生理意义是维持正常的血糖浓度。

糖异生是指由非糖类物质转变为葡萄糖或糖原的过程。糖异生部位:主要是肝,其次为肾;关键酶:葡萄糖-6-磷酸酶、果糖二磷酸酶、丙酮酸羧化酶和磷酸烯醇式丙酮酸羧激酶;生理意义:维持饥饿状态下血糖浓度的相对恒定,更新肝糖原,防止酸中毒。

血糖是指血液中的葡萄糖,正常人空腹血糖浓度为 3.89~6.11mmol/L。血糖的来源主要有:①食物糖;②肝糖原分解;③糖异生。血糖的主要去路有:①氧化分解供能;②合成糖原储存;③转化成非糖物质(脂肪、某些氨基酸等)。血糖浓度的相对恒定是血糖的来源与去路维持动态平衡的结果,机体通过神经体液因素调节血糖浓度,胰岛素是唯一的降糖激素,血糖水平异常将发生高血糖或低血糖。

(张 申)

练 习 题

一、单项选择题

1. 下列化合物中哪个不是丙酮酸脱氢酶复合体的组成成分

    A. TPP   B. 硫辛酸   C. FMN

    D. FAD   E. NAD^+

2. 糖原合成过程中除需要 ATP 供能外,还需要

    A. ADP   B. CTP   C. GTP

    D. UTP   E. TTP

3. 低血糖时能量供应首先受影响的器官是

    A. 心   B. 肝   C. 肺

    D. 肾   E. 脑

4. 糖原分解产生 6 分子乳酸时可净生成几分子 ATP

A. 6   B. 9   C. 12

D. 15   E. 18

5. 糖酵解途径的细胞定位是

    A. 线粒体   B. 线粒体及胞质   C. 胞质

    D. 内质网   E. 细胞核

6. 降低血糖的激素是

    A. 胰高血糖素   B. 肾上腺素   C. 生长激素

    D. 糖皮质激素   E. 胰岛素

7. 下列哪个组织细胞完全依靠糖酵解供能

    A. 肌肉   B. 肺   C. 肝

    D. 成熟红细胞   E. 肾

8. 不能进行糖异生的物质是

    A. 乳酸   B. 丙酮酸   C. 草酰乙酸

    D. 脂肪酸   E. 天冬氨酸

二、名词解释

1. 糖酵解   2. 糖异生   3. 三羧酸循环

三、简答题

1. 比较糖酵解与糖有氧氧化的异同。

2. 试述三羧酸循环的特点及生理意义。

3. 简述6-磷酸葡萄糖在体内的代谢途径。

选择题参考答案

1. C 2. D 3. E 4. B 5. C 6. E 7. D 8. D

第六章

生 物 氧 化

学习目标

1. 掌握：生物氧化的概念与特点；呼吸链的概念、组成成分和排列顺序；氧化磷酸化的概念。

2. 熟悉：生物氧化中 CO_2 的生成方式；磷氧比值的概念以及影响氧化磷酸化的因素；ATP 生成的方式、储存和利用。

3. 了解：生物氧化的方式；参与生物氧化还原反应的酶类；非线粒体氧化体系。

一切生物生存所必需的能量大都来自体内糖、脂、蛋白质等有机物的氧化。这些物质在生物体内彻底氧化生成 CO_2 和 H_2O。这一系列的反应过程伴随着能量的释放，其中一部分能量以底物水平磷酸化和氧化磷酸化的方式转化到 ATP 分子中，供机体肌肉收缩、物质转运、生物电等各种生命活动的需要，其余能量以热能的形式释放。这种物质在生物体内氧化分解并释放能量的过程称为生物氧化（biological oxidation）。生物氧化本质上是需氧细胞呼吸作用中的一系列氧化-还原反应，所以又称为组织呼吸或细胞呼吸。生物氧化的主要场所是线粒体、微粒体、过氧化物酶体。线粒体内进行的生物氧化是机体产生 ATP 的主要途径。微粒体和过氧化物酶体中进行的生物氧化则与机体内代谢物、药物及毒物的清除、排泄有关。

第一节 概 述

一、生物氧化的方式

在化学本质上，物质在体内外的氧化反应是相同的。生物氧化是在一系列氧化-还原酶的作用下完成的，遵循氧化还原反应的一般规律。生物氧化的主要方式有：加氧、脱氢、失电子反应。

1. **加氧反应** 底物分子中直接加入氧原子或氧分子。

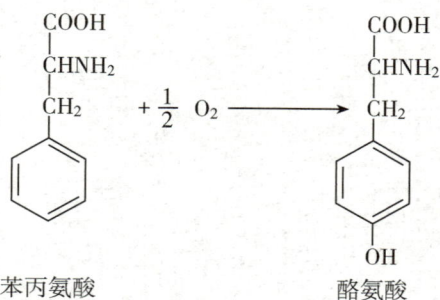

苯丙氨酸 $+\dfrac{1}{2}O_2 \longrightarrow$ 酪氨酸

2. **脱氢反应** 底物分子中脱下一对氢，氢与受氢体结合。

$$CH_3CH(OH)COOH + NAD^+ \longrightarrow CH_3COCOOH + NADH + H^+$$
乳酸　　　　　　　　　　　　丙酮酸

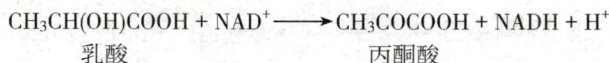

3. 脱电子反应 底物分子上脱去一个电子,从而使其原子或离子化合价增加而被氧化。

$$Fe^{2+} \longrightarrow Fe^{3+}+e$$

二、生物氧化的特点

生物体内的氧化和体外燃烧在化学本质上虽然生成的终产物都是 CO_2 和 H_2O,释放的总能量均相同。但生物体内氧化和体外氧化也具有显著的不同。生物氧化的特点是在体温及近中性 pH 环境中通过酶的催化使有机物分子发生一系列化学反应,同时逐步释放能量,有相当一部分能量驱动 ADP 磷酸化生成 ATP,以供机体生理生化活动之需,一部分以热的形式散发用来维持体温。而体外氧化是在剧烈的条件下无需酶的催化进行的,释放的能量多以热和光的形式骤然释放。人体内 CO_2 的生成并不是物质中所含的碳原子和氧直接化合的结果,而是物质代谢生成的中间产物有机酸经过脱羧基(decarboxylation) 反应生成的。生物氧化特点可简单归纳如下(表6-1)。

表 6-1　生物氧化体系及其特点

内　容	特　点
生物氧化反应条件	酶催化、37℃、近中性 pH 环境、逐步释放能量
生物氧化方式	脱氢、脱电子、加氧
生成 CO_2 的方式	脱羧基
生物氧化场所	线粒体、微粒体、过氧化物酶体等
能量的形式	ATP、热能

三、参与生物氧化的酶类

生物体内的反应是在一系列酶的催化下进行的。参与生物体内氧化反应的酶有:氧化酶类、脱氢酶类、过氧化氢酶等。

1. 氧化酶类 该酶通常催化代谢物脱氢,氧分子接受氢生成水。抗坏血酸氧化酶、细胞色素氧化酶等属于此类酶,该类酶的辅基常含有铁、铜等金属离子。

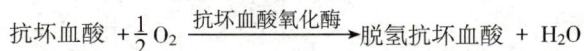

$$抗坏血酸 + \frac{1}{2}O_2 \xrightarrow{抗坏血酸氧化酶} 脱氢抗坏血酸 + H_2O$$

2. 脱氢酶类 该酶催化代谢物脱氢,其辅基或辅酶通常为 FMN、FAD 或、NAD^+、$NADP^+$。根据是否需要氧直接作为受氢体,将脱氢酶分为需氧脱氢酶和不需氧脱氢酶。

(1) 需氧脱氢酶:需氧脱氢酶是以 FMN 或 FAD 为辅基的一类黄素蛋白,也称黄素酶。该酶催化代谢物脱氢,直接将氢传递给氧生成 H_2O_2,如黄嘌呤氧化酶。

$$黄嘌呤 + O_2 + H_2O \xrightarrow{黄嘌呤氧化酶} 尿酸 + H_2O_2$$

(2) 不需氧脱氢酶:不需氧脱氢酶是指能催化代谢物脱氢,但不以氧为直接受氢体,该类酶依据辅助因子的不同分为两类:一是以 NAD^+、$NADP^+$ 为辅酶的不需氧脱氢酶,如乳酸脱氢酶、苹果酸脱氢酶等;二是以 FMN 或 FAD 为辅基的不需氧脱氢酶,如琥珀酸脱氢酶、脂酰辅酶 A 脱氢酶等。

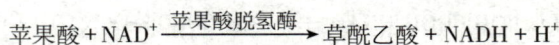

苹果酸 + NAD⁺ $\xrightarrow{\text{苹果酸脱氢酶}}$ 草酰乙酸 + NADH + H⁺

3. 其他酶类　除上述酶外,体内还有一些氧化酶类,如过氧化氢酶、超氧化物歧化酶、加单氧酶和过氧化物酶等参与生物氧化。

四、生物氧化过程中 CO_2 的生成

糖、脂肪、蛋白质等物质在体内氧化过程中,产生许多不同的有机酸,某些有机酸在酶的作用下脱去羧基,生成 CO_2。根据脱去的羧基的位置不同,分为 α-脱羧和 β-脱羧两种。又根据脱羧反应是否伴随脱氢,分为单纯脱羧和氧化脱羧。

1. α-单纯脱羧

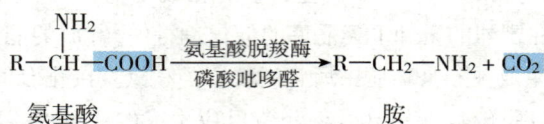

2. α-氧化脱羧

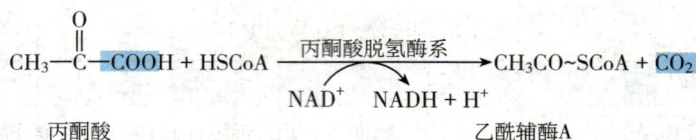

3. β-单纯脱羧

4. β-氧化脱羧

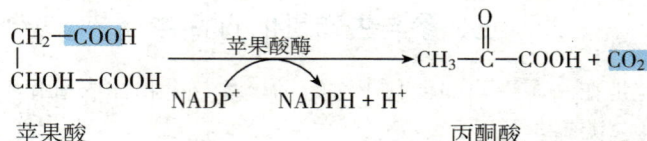

第二节　线粒体氧化体系

线粒体(mitochondria)是生物氧化的主要场所,其内膜上一系列的酶与辅酶发挥重要的作用。生物氧化过程中,代谢物脱下的氢以 NADH+H⁺ 或 FADH₂ 的形式经一系列酶或辅酶的传递,最终与氧结合生成水。在这一过程中,起传递氢作用的酶或辅酶称为递氢体,传递电子作用的酶或辅酶称为递电子体。它们按一定顺序排列在线粒体内膜上组成递氢或递电子体系,称为电子传递链(electron transfer chain)。该体系进行的一系列连锁反应与细胞摄取氧的呼吸过程有关,故又称为呼吸链(respiratory chain)。

一、呼吸链的组成

用去垢剂温和处理线粒体内膜,可将呼吸链分离得到四种仍具有传递电子功能的复合体(complex)(表6-2)。

表 6-2　组成呼吸链的蛋白复合物

名称	质量(kDa)	多肽链数	辅基
复合体 I（NADH-泛醌还原酶）	850	43	FMN，Fe-S
复合体 II（琥珀酸-泛醌还原酶）	140	4	FAD，Fe-S
复合体 III（泛醌-细胞色素 c 还原酶）	250	11	血红素 b_L，b_H，c_1，Fe-S
细胞色素 c	13	1	血红素 c
复合体 IV（细胞色素氧化酶）	160	13	血红素 a，血红素 a_3，Cu_A，Cu_B

（一）复合体 I

复合体 I 称为 NADH-泛醌还原酶，为一巨大的复合物，整个复合体嵌在线粒体内膜上。其中包括黄素蛋白(辅基为 FMN)和铁硫蛋白。$NADH+H^+$ 脱下的氢经复合体 I 中的 FMN、铁硫蛋白传递给泛醌，与此同时伴有质子从线粒体内膜基质侧泵到内膜胞质侧。

1. 烟酰胺核苷酸　包括烟酰胺腺嘌呤二核苷酸（NAD^+）或称辅酶 I（Co I）和烟酰胺腺嘌呤二核苷酸磷酸 $NADP^+$ 或称辅酶 II（Co II）（图 6-1）。它是多种脱氢酶的辅酶。

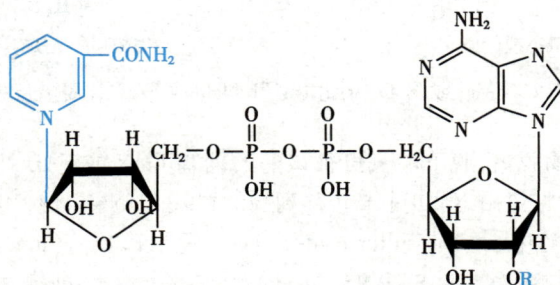

R=H 烟酰胺腺嘌呤二核苷酸，即 NAD^+
R=PO_3H_2 烟酰胺腺嘌呤二核苷酸磷酸，即 $NADP^+$

图 6-1　烟酰胺腺嘌呤二核苷酸和烟酰胺腺嘌呤二核苷酸磷酸结构

NAD^+ 的主要功能是接受从底物上脱下的 $2H(2H^++2e)$，然后传递给另一传递体黄素蛋白辅基 FMN。在生理 pH 条件下，烟酰胺中的氮（吡啶氮）为五价氮，它能可逆的接受电子而成为三价氮，与氮对位的碳也较活泼，能可逆的加氢还原，故可将 NAD^+ 视为递氢体（图 6-2）。

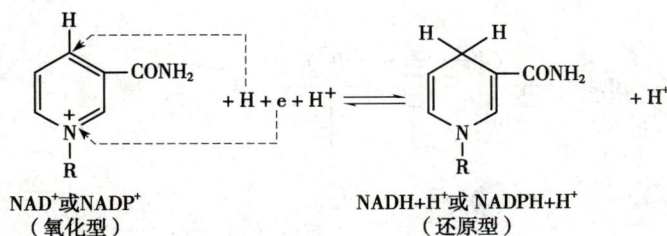

NAD^+ 或 $NADP^+$（氧化型）　　$NADH+H^+$ 或 $NADPH+H^+$（还原型）
R代表烟酰胺以外的部分

图 6-2　烟酰胺核苷酸的氧化还原反应

2. 黄素蛋白　黄素蛋白(flavoprotein，FP)种类很多，其辅基有两种，黄素单核苷酸（FMN）和黄素腺嘌呤二核苷酸（FAD），两者均含有核黄素（图 6-3）。FMN、FAD 分子异咯嗪环上的第 1 及第 10 位氮原子与活泼的双键连接，此两个氮原子可反复接受或释放氢，进行可逆的脱氢或加氢反应，是递氢体（图 6-4）。

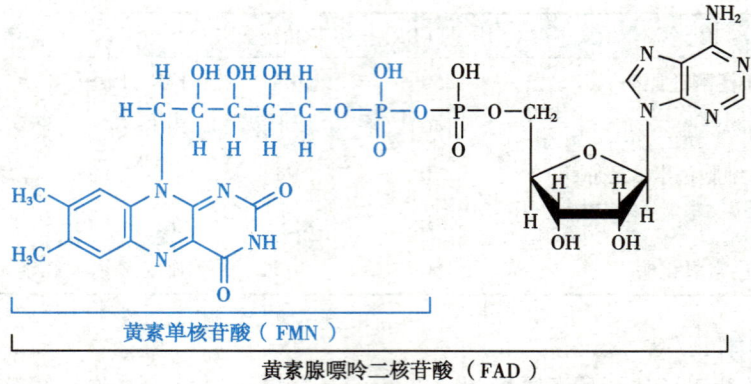

图 6-3 黄素单核苷酸和黄素腺嘌呤二核苷酸结构

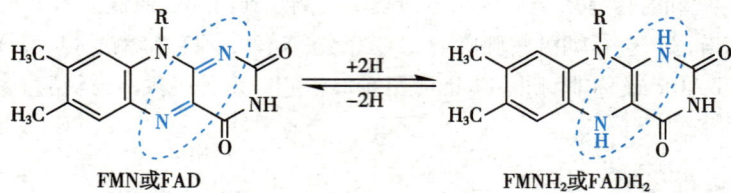

图 6-4 FMN 或 FAD 的加氢或 FMNH₂ 或 FADH₂ 脱氢反应

黄素蛋白可催化底物脱氢,脱下的氢可被该酶的辅基 FMN 或 FAD 接受。NADH-泛醌还原酶是黄素蛋白的一种,它将氢由 NADH+H⁺ 转移到酶的辅基 FMN 上,使 FMN 还原为 FMNH₂。

3. **铁硫簇** 又称铁硫中心(iron-sulfur center, Fe-S)是铁硫蛋白(iron-sulfur protein)的辅基,Fe-S 与蛋白质结合为铁硫蛋白。Fe-S 是 NADH-泛醌还原酶的第二种辅基。铁硫簇含有等量的铁原子与硫原子,有几种不同的类型,有的只含有一个铁原子[FeS],有的含有两个铁原子[Fe₂S₂],有的含有四个铁原子[Fe₄S₄](图6-5)。铁原子除与无机硫原子连接外,还与蛋白质分子中半胱氨酸的巯基硫连接。铁硫蛋白分子中的一个铁原子能可逆地进行氧化还原反应,每次只能传递一个电子,为递电子体。

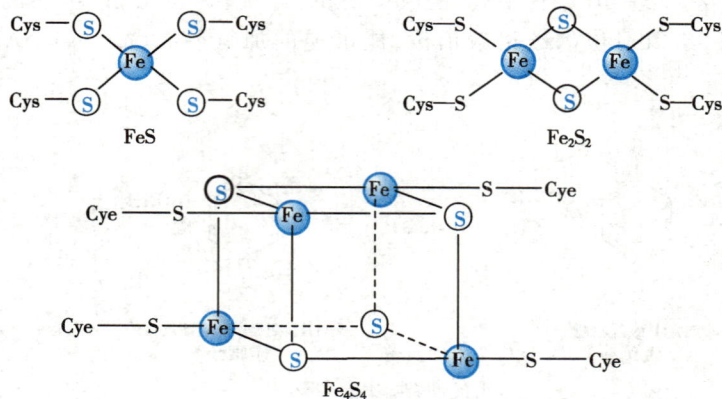

图 6-5 线粒体中铁硫中心的结构

4. **泛醌** 又称为辅酶 Q(coenzyme Q, CoQ),它是一类脂溶性的醌类化合物,因为它广泛分布于生物界故得名泛醌(ubiquinone, UQ)(图6-6)。

UQ 为脂溶性,分子较小,是呼吸链中唯一的不与蛋白质紧密结合的递氢体。UQ 在电子传递过程中的作用是将电子从 NADH-UQ 还原酶(复合体Ⅰ)或从琥珀酸-UQ 还原酶(复合体Ⅱ)

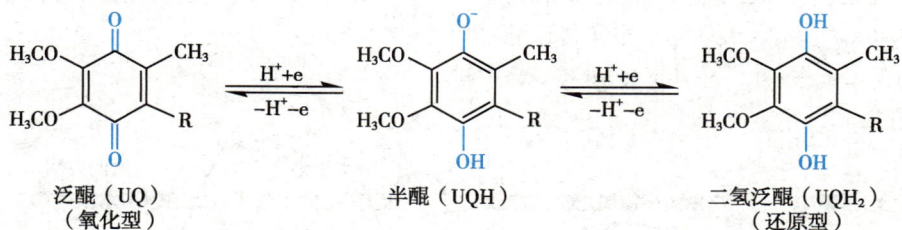

图 6-6 泛醌的加氢和脱氢反应

转移到细胞色素 c 还原酶(复合体Ⅲ)上。

（二）复合体Ⅱ

复合体Ⅱ又称为琥珀酸-泛醌还原酶,人复合体Ⅱ中含有以 FAD 为辅基的黄素蛋白,铁硫蛋白和细胞色素 b。以 FAD 为辅基的琥珀酸脱氢酶、脂酰辅酶 A 脱氢酶等催化相应底物脱氢后,使 FAD 还原为 $FADH_2$,电子的传递顺序是:$FADH_2$ 传递电子到铁硫中心,然后传递给泛醌。

（三）复合体Ⅲ

复合体Ⅲ称为泛醌-细胞色素 c 还原酶(ubiquinone-Cytochrome c reductase)。人复合体Ⅲ含有两种细胞色素 b($Cyt\ b_{562}$,b_{566})、细胞色素 C_1、铁硫蛋白以及其他多种蛋白质。复合体Ⅲ将电子从 UQ 传递给细胞色素 C,同时将质子从线粒体内膜基质侧转移至胞质侧。

细胞色素(Cytochrome,Cyt)是以血红素(heme)为辅基的电子传递蛋白质,因具有颜色故名细胞色素。在呼吸链中其功能是将电子从 UQ 传递到氧。

细胞色素分为三大类,分别为 Cyt a、Cyt b、Cyt c,每类又有各种亚类(图 6-7)。在呼吸链中的细胞色素有 b、c_1、c、a、a_3。细胞色素各辅基中的铁可以得失电子,进行可逆的氧化还原反应,因此起到传递电子的作用,为单电子递体。

$$Fe^{2+} \underset{+e}{\overset{-e}{\rightleftharpoons}} Fe^{3+}$$

细胞色素 c 分子量较小,与线粒体内膜结合疏松,是除 UQ 外另一个可在线粒体内膜外侧移动的递电子体,有利于将电子从复合体Ⅲ传递到复合体Ⅳ。

（四）复合体Ⅳ

复合体Ⅳ包括细胞色素 a 及 a_3,电子从细胞色素 c 通过复合体Ⅳ到氧,同时引起质子从线粒体内膜基质侧向胞质侧移动。Cyt a 与 Cyt a_3 很难分开,组成一复合体。Cyt aa_3 是唯一能将电子

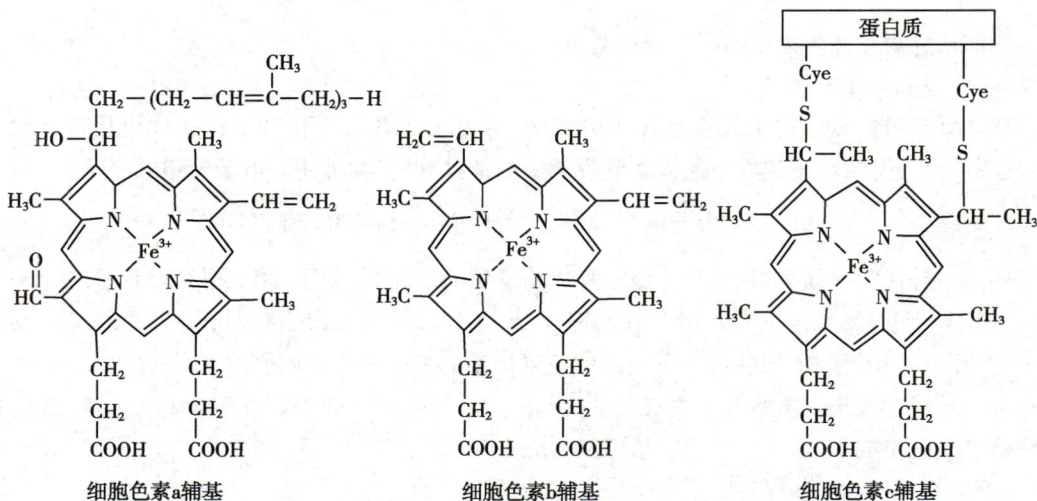

图 6-7 细胞色素 a、b、c 的辅基

传给氧的细胞色素,故又称为细胞色素氧化酶(cytochrome oxidase)。复合体Ⅳ中有四个氧化还原中心:Cyt a、Cyt a_3、Cu_B、Cu_A。电子传递顺序如下(图6-8):

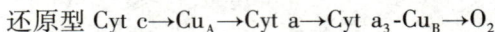

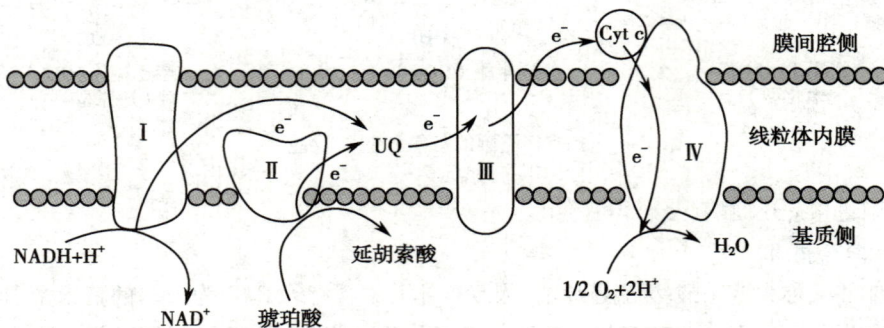

还原型 Cyt c→Cu_A→Cyt a→Cyt a_3-Cu_B→O_2

图6-8 呼吸链四个复合体传递顺序示意图

底物氧化后脱下的质子及电子通过以上呼吸链组成成分传递到氧,这样活化了的氧与活化了的氢(质子)结合成水(图6-8)。

知识链接

细胞呼吸与呼吸酶的发现

20世纪20年代,德国生物化学家瓦尔伯(O. H. Warburg)通过自创的瓦氏呼吸计测定组织的氧耗量来确定细胞的呼吸速率,发现了数种参与细胞内氧化的酶,瓦尔伯首先确定了一种含铁的"呼吸酶",这种酶能加快细胞的呼吸速率,他称其为"含铁加氧酶",并确定这种酶是一种血红素化合物,即现在所称的细胞色素氧化酶。由于他在呼吸酶领域的杰出贡献使他荣获1931年诺贝尔生理学或医学奖。

二、呼吸链的类型

目前认为线粒体内主要的呼吸链有两条。

(一) NADH 氧化呼吸链

从 NADH 开始到水的生成称为 NADH 氧化呼吸链。NADH 氧化呼吸链是体内最常见的一条呼吸链,因为生物氧化过程中绝大多数脱氢酶都是以 NAD^+ 为辅酶。电子传递顺序是:

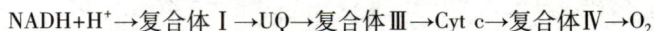

NADH+H^+→复合体Ⅰ→UQ→复合体Ⅲ→Cyt c→复合体Ⅳ→O_2

体内多种代谢物如苹果酸、异柠檬酸等在相应酶的催化下,脱下 2H,交给 NAD^+ 生成 NADH+H^+,NADH+H^+ 经复合体Ⅰ将 2H 传递给 UQ 形成 UQH_2,UQH_2 在复合体Ⅲ作用下脱下 2H,其中 $2H^+$ 游离于介质中,而 2e 则通过一系列细胞色素体系的 Fe^{3+} 接受还原生成 Fe^{2+},并沿着 b→c_1→c→aa_3→O_2 顺序逐步传递给氧生成氧离子(O^{2-}),后者与介质中的 $2H^+$ 结合生成水。每 2H 通过此呼吸链氧化生成水时,所释放的能量可以生成 2.5 ATP。

(二) $FADH_2$ 氧化呼吸链

底物脱下的氢交给 FAD,使 FAD 还原为 $FADH_2$,从 $FADH_2$ 到生成 H_2O 的途径称为 $FADH_2$

氧化呼吸链。此呼吸链最早发现于琥珀酸生成 $FADH_2$ 参与的电子传递,因此又称为琥珀酸氧化呼吸链。其电子传递顺序是:

$$琥珀酸 \rightarrow 复合体Ⅱ \rightarrow UQ \rightarrow 复合体Ⅲ \rightarrow Cyt\ c \rightarrow 复合体Ⅳ \rightarrow O_2$$

琥珀酸脱氢酶、脂酰辅酶 A 脱氢酶和 α-磷酸甘油脱氢酶催化底物脱下的氢均通过此呼吸链氧化。与 NADH 氧化呼吸链的区别在于脱下的 2H 不经过 NAD^+ 这一环节,除此之外,其氢和电子传递过程均与 NADH 氧化呼吸链相同,每 2H 经此呼吸链氧化生成 1.5 分子 ATP。

(三) 呼吸链的组分是按氧化还原电位从低到高排列

在呼吸链中各种电子传递体是按一定顺序排列的,通过测定呼吸链各组分的氧化还原电位可以确定呼吸链。氧化还原电位表示氧化剂得到电子的能力或还原剂失去电子的能力(表6-3),呼吸链中电子流动趋向从还原电位低(电子亲和力弱)的成员向还原电位高(电子亲和力强)的成员方向流动,据此可以推论呼吸链中电子传递的方向。

表6-3 与呼吸链相关的电子传递体的标准氧化还原电位

氧化还原反应	$E^{o'}$(V)	氧化还原反应	$E^{o'}$(V)
$-2H^+ + 2e^- \rightarrow 2H$	-0.41	$Cyt\ c_1(Fe^{3+}) + e^- \rightarrow Cyt\ c_1(Fe^{2+})$	0.22
$NAD^+ + 2H^+ + 2e^- \rightarrow NADH + H^+$	-0.32	$Cyt\ c(Fe^{3+}) + e^- \rightarrow Cyt\ c(Fe^{2+})$	0.25
$FMN + 2H^+ + 2e^- \rightarrow FMNH_2$	-0.22	$Cyt\ a(Fe^{3+}) + e^- \rightarrow Cyt\ a(Fe^{2+})$	0.29
$FAD + 2H^+ + 2e^- \rightarrow FADH_2$	-0.22	$Cyt\ a_3(Fe^{3+}) + e^- \rightarrow Cyt\ a_3(Fe^{2+})$	0.35
$UQ + 2H^+ + 2e^- \rightarrow UQH_2$	0.06	$1/2O_2 + 2H^+ + 2e^- \rightarrow H_2O$	0.82
$Cyt\ b(Fe^{3+}) + e^- \rightarrow Cyt\ b(Fe^{2+})$	0.077		

$E^{o'}$ 表示在 pH = 7.0,25℃,1mol/L 反应物浓度测得的标准氧化还原电位。

三、ATP 的生成

生物体不能直接利用糖、脂肪、蛋白质营养物质的化学能,需要将它们氧化分解转变成可利用的能量形式,即 ATP 等含有高能磷酸化学键的化合物。当机体需要能量时,再由这些高能磷酸化合物直接提供。所以 ATP 几乎是组织细胞能直接利用的唯一的高能化合物,ATP 在机体能量代谢中处于中心地位。不同化学键储存的能量不一样,所以水解时释放的能量多少各不相同,一般磷酸酯键水解时自由能变化(ΔG^o)为 -8 至 -12kJ/mol,而 ATP 中的磷酸酐键水解时,ΔG^o 为 -30.5kJ/mol。生物化学中把磷酸化合物水解时释出的能量 >21kJ/mol 者称为高能磷酸化合物,其所含的键称为高能磷酸键(energy-rich phosphate bond),以 $\sim P$ 表示之。

体内 ATP 的生成方式有两种:底物水平磷酸化和氧化磷酸化。

(一) 底物水平磷酸化

代谢物在氧化分解过程中,有少数反应因脱氢或脱水而引起分子内部能量重新分布产生高能键,直接将代谢物分子中的高能键转移给 ADP(或 GDP)生成 ATP(或 GTP)的反应称为底物水平磷酸化(substrate level phosphorylation)。目前,已知体内有三个底物水平磷酸化反应。

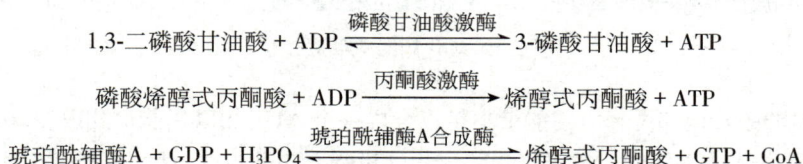

$$1,3-二磷酸甘油酸 + ADP \xrightarrow{\text{磷酸甘油酸激酶}} 3-磷酸甘油酸 + ATP$$

$$磷酸烯醇式丙酮酸 + ADP \xrightarrow{\text{丙酮酸激酶}} 烯醇式丙酮酸 + ATP$$

$$琥珀酰辅酶A + GDP + H_3PO_4 \xrightarrow{\text{琥珀酰辅酶A合成酶}} 烯醇式丙酮酸 + GTP + CoA$$

(二) 氧化磷酸化

在生物氧化过程中,代谢物脱下的氢经呼吸链氧化生成水的同时,所释放出的能量用于

ADP 磷酸化生成 ATP,这种氧化与磷酸化相偶联的过程称为氧化磷酸化(oxidative phosphorylation)。氧化是放能反应,而 ADP 磷酸化生成 ATP 是吸能反应,所以体内的吸能反应与放能反应总是偶联进行的。这种方式生成的 ATP 约占 ATP 生成总量的 80%,是维持生命活动所需能量的主要来源。

1. 氧化磷酸化偶联部位　根据下述实验方法及数据可以大致确定氧化磷酸化偶联部位即 ATP 的生成部位。

(1) P/O 比值(P/O ratio):P/O 比值是指物质氧化时,每消耗 1/2 摩尔 O_2(1 摩尔氧原子)所消耗的无机磷的摩尔数(或 ADP 摩尔数),即生成 ATP 的摩尔数。通过测定几种物质氧化时的 P/O 比值,可大致推测出偶联部位。已知 β-羟丁酸的氧化是通过 NADH 呼吸链,测得 P/O 比值接近于 3,琥珀酸氧化时经 FAD 到 CoQ,测得 P/O 比值接近于 2(表6-4)。

表6-4　线粒体离体实验测得的一些底物的 P/O 比值

底物	呼吸链的组成	P/O 比值	生成 ATP 数
β-羟丁酸	$NAD^+ \rightarrow FMN \rightarrow CoQ \rightarrow Cyt \rightarrow O_2$	2.4 ~ 2.8	2.5
琥珀酸	$FAD \rightarrow CoQ \rightarrow Cyt \rightarrow O_2$	1.7	1.5
抗坏血酸	$Cyt\ c \rightarrow Cyt\ aa_3 \rightarrow O_2$	0.88	0.5
细胞色素 C(Fe^{2+})	$Cyt\ aa_3 \rightarrow O_2$	0.61 ~ 0.68	0.5

(2) 计算各阶段所释放的自由能来推测偶联部位(图6-9):在氧化还原反应或电子传递反应中自由能变化($\Delta G^{\circ\prime}$)和电位变化($\Delta E^{\circ\prime}$)之间的关系如下:

$$\Delta G^{\circ\prime} = -nF\ \Delta E^{\circ\prime}$$

n=传递电子数;F 为法拉第常数,F=96.5kJ/(mol. v),现已知每产生 1mol ATP,需要能量 30.5kJ(或 7.3kcal),根据以上公式计算电子传递链有三处较大的自由能变化。部位①在 NADH 和 CoQ 之间:$\Delta E^{\circ\prime} = 0.38V$,相应 $\Delta G^{\circ\prime} = -73.34kJ/mol$,部位②在 CoQ 和 Cyt c 之间: $\Delta E^{\circ\prime} = 0.19V$,相应 $\Delta G^{\circ\prime} = -36.67kJ/mol$,部位③在 Cyt aa_3 和 O_2 之间:$\Delta E^{\circ\prime} = 0.53V$,相应的 $\Delta G^{\circ\prime} = -102.29kJ/mol$。

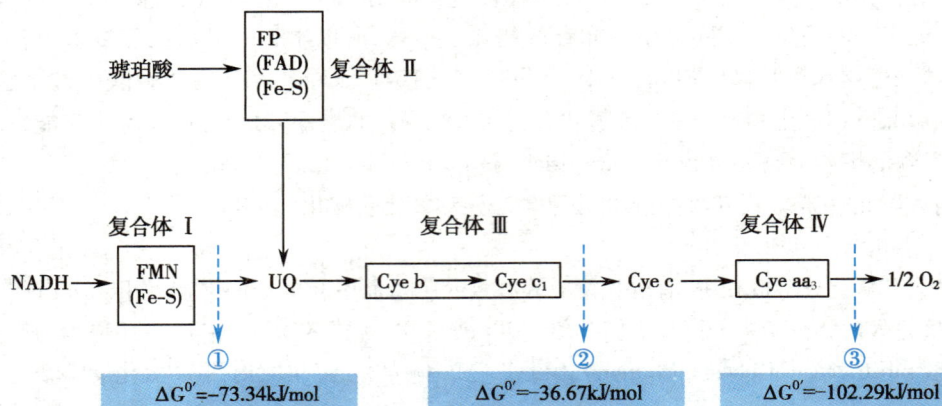

图6-9　氧化磷酸化偶联部位

电子传递链的其他部位释出的能量不足以合成一个 ATP,故以热能形式散发。

2. 氧化磷酸化偶联机制　关于氧化磷酸化的机制有多种假说,目前被普遍接受的是化学渗透学说(chemiosmotic hypothesis),是 1961 年由英国生物化学家 Peter Mitchell 提出的。具体内容是:电子经呼吸链传递时将质子(H^+)从线粒体内膜基质侧转运到胞质侧,而线粒体内膜不允许质子自由回流,因此产生膜内外两侧电化学梯度(H^+浓度梯度和跨膜电位差),当质子顺梯度回流到基质时驱动 ADP 与 H_3PO_4 生成 ATP。传递一对电子,在复合体Ⅰ、Ⅲ、Ⅳ处分别生成 1、1、0.5 个 ATP,而复合体Ⅱ不形成 ATP。因此,NADH 氧化呼吸链每传递 2H 生成 2.5 ATP,$FADH_2$ 氧化呼吸链每传递 2H 生成 1.5 ATP。

3. **ATP 合酶** ATP 合酶(ATP synthase)又称为复合体Ⅴ,线粒体内膜基质面和脊的表面有许多颗粒就是 ATP 合酶,ATP 合酶是一个大的膜蛋白复合体。ATP 合酶主要由疏水的 F_0 部分和亲水的 F_1 部分组成(图 6-10)。F_0 镶嵌在线粒体内膜中,形成跨内膜质子通道;F_1 为线粒体内膜的基质侧颗粒状突起,其功能是催化生成 ATP。当质子顺梯度经 F_0 回流时,F_1 催化 ADP 和 H_3PO_4 磷酸化生成 ATP。

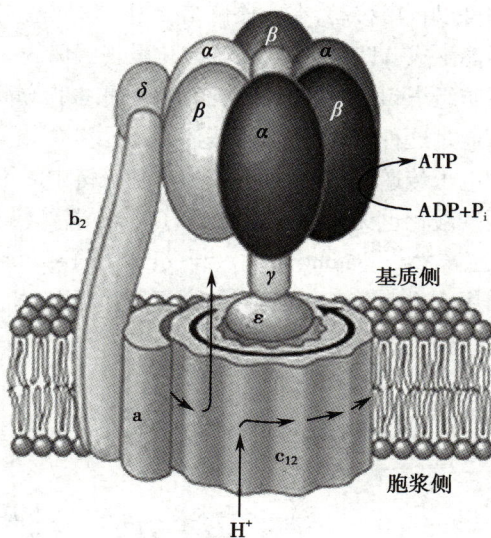

图 6-10　ATP 合酶结构模式图

知识链接

化学渗透理论阐明了氧化磷酸化偶联机制

英国生物化学家米切尔(P. Mitchell)从离子泵出膜外需要消耗 ATP 得到启发,设想水中的氢离子在转移到膜内时,会使钠泵逆转,同时生成 ATP。1961 年,提出了生物体细胞膜的"化学渗透学说",但未被科学界所接受。直到 1972 年,日本科学家从细胞膜上成功地分离了 ATP 合酶,才证实了米切尔的化学渗透理论。该理论阐明了氧化磷酸化偶联机制。使他荣获 1978 年诺贝尔化学奖。

4. **影响氧化磷酸化的因素**

(1) ADP 和 ATP 浓度的调节:氧化磷酸化速度主要受机体对能量需求的影响。当细胞内某些需能过程速度加快,ATP 分解为 ADP 和 H_3PO_4,细胞内能量缺乏时,ADP 增加,ADP/ATP 比值增大,氧化磷酸化速率加快。反之,ATP 增加,ADP 不足,使氧化磷酸化速度减慢。这种调节作用可使 ATP 的生成速度适应生理需要,合理利用并节约能量。正常生理情况下,氧化磷酸化的速率主要受 ADP 的调节,可通过测定离体肝线粒体悬液中氧消耗的速度而观察到。

(2) 激素的调节:甲状腺素可活化许多组织细胞膜上的 Na^+-K^+-ATP 酶,使 ATP 加速分解为 ADP 和 H_3PO_4,ADP 增加促进氧化磷酸化。由于 ATP 的合成和分解速度均增加,另外甲状腺素(T_3)还可使解偶联蛋白基因表达增加,因而引起耗氧和产热均增加。所以甲状腺功能亢进的病人基础代谢率增高。

(3) 氧化磷酸化抑制剂:氧化磷酸化为机体提供生命活动所需的 ATP,抑制氧化磷酸化无疑会对机体造成严重后果。氧化磷酸化抑制剂主要有三类:

解偶联剂(uncoupler):不影响呼吸链的电子传递,只抑制由 ADP 生成 ATP 的磷酸化过程。解偶联剂中最常见的是 2,4-二硝基苯酚(dinitrophenol,DNP)。DNP 是脂溶性物质,在线粒体内

膜中可以自由移动,在胞质侧结合 H⁺,返回基质侧释出 H⁺,从而破坏了内膜两侧的电化学梯度,故不能生成 ATP,导致氧化磷酸化呈现解偶联。氧化磷酸化的解偶联作用可发生于新生儿的棕色脂肪组织,其线粒体内膜上有解偶联蛋白(uncoupling protein),可使氧化磷酸化解偶联,新生儿可通过这种机制产热,维持体温。

电子传递抑制剂:可分别抑制呼吸链中的不同环节,使底物氧化过程(电子传递)受阻,则偶联的磷酸化也无法进行。常见的有:阿米妥(amytal)、鱼藤酮(rotenone)、粉蝶霉素 A(piericidin A)、抗霉素 A(antimycin A)、异戊巴比妥(amobarbital)等。具体抑制部位如下图 6-11。房子装饰材料中含有 N 和 C,遇到火灾高温可形成 HCN,加上燃烧不完全的 CO,会抑制呼吸链电子传递,引起人员迅速死亡。

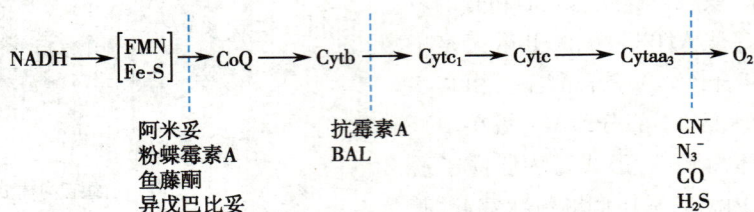

$$NADH \longrightarrow \begin{bmatrix} FMN \\ Fe\text{-}S \end{bmatrix} \longrightarrow CoQ \longrightarrow Cytb \longrightarrow Cytc_1 \longrightarrow Cytc \longrightarrow Cytaa_3 \longrightarrow O_2$$

阿米妥	抗霉素A	CN⁻
粉蝶霉素A	BAL	N₃⁻
鱼藤酮		CO
异戊巴比妥		H₂S

图 6-11　电子传递链抑制剂的作用部位

ATP 合酶抑制剂:对电子传递及 ADP 磷酸化生成 ATP 均有抑制作用。寡霉素(oligomycin)和二环己基碳二亚胺(dicyclohexyl carbodiimide,DCCD)可阻止 H⁺ 从 F₀ 质子通道回流。由于线粒体内膜两侧质子化学梯度增高,影响氧化呼吸链质子泵的功能。继而抑制电子传递及磷酸化过程。

四、能量的储存和利用

糖、脂、蛋白质在分解代谢过程中释放的能量大约有 40% 以化学能的形式储存在 ATP 分子中。ATP 是生物体能量转移的关键物质,它直接参与细胞中各种能量代谢的转移,可接受代谢反应释出的能量,亦可供给代谢需要的能量。ATP 分子中有两个高能磷酸键。在体外 pH 7.0、25℃、标准状态下每摩尔 ATP 水解为 ADP 和 H_3PO_4,$\Delta G^{\circ'}$ 为 -30.5kJ/mol。在生理条件下,受 pH、离子强度、2 价金属离子以及反应物浓度的影响,人体内 ATP 水解时的 $\Delta G^{\circ'}$ 为 51.6kJ/mol(12kcal)。释放的能量供肌肉收缩、生物合成、离子转运、信息传递等生命活动之需。

ATP 是肌肉收缩的直接能源,但其浓度很低,每 kg 肌肉内的含量以 mmol 计,当肌肉急剧收缩时,消耗的 ATP 可高达 6mmol/kg·s,远远超过营养物氧化时生成 ATP 的速度。这时肌肉收缩的能源就依赖于磷酸肌酸(creatine phosphate,CP)。磷酸肌酸是肌肉和脑组织中能量的贮存形式,肌酸在肌酸激酶(creatine kinase,CK)的作用下,由 ATP 提供能量转变成磷酸肌酸,当肌肉收缩时 ATP 不足,磷酸肌酸的 ~P 又可转移给 ADP,使 ADP 重新生成 ATP,供机体需要。

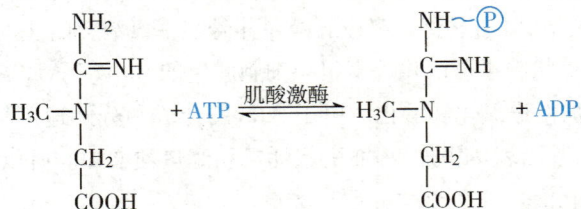

心肌与骨骼肌不同,心肌是持续性节律性收缩与舒张,在细胞结构上,线粒体是丰富的,它几乎占细胞总体积的 1/2,而且能直接利用葡萄糖、游离脂肪酸和酮体为燃料,经氧化磷酸化产生 ATP,供心肌利用。心肌既不能大量贮存脂肪和糖原,也不能贮存很多的磷酸肌酸,因此,一旦心血管受阻导致缺氧,则极易造成心肌坏死,即心肌梗死。

糖、脂、蛋白质的生物合成除需要 ATP 外,还需要其他核苷三磷酸,如糖原合成需 UTP,磷脂合成需要 CTP,蛋白质合成需要 GTP。这些核苷三磷酸的生成和补充,不能从物质氧化过程中直接生成,而主要来源于 ATP。由核苷单磷酸激酶(nucleoside monophosphate kinase)和核苷二磷酸激酶(nucleoside diphosphate kinase)催化磷酸基转移,生成相应核苷三磷酸。参与各种物质代谢,包括用以合成核酸。

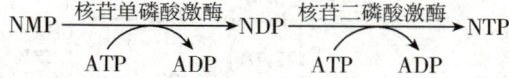

$$\text{NMP} \xrightarrow[\text{ATP} \quad \text{ADP}]{\text{核苷单磷酸激酶}} \text{NDP} \xrightarrow[\text{ATP} \quad \text{ADP}]{\text{核苷二磷酸激酶}} \text{NTP}$$

现将体内能量的转移、储存和利用的关系总结如下(图 6-12):

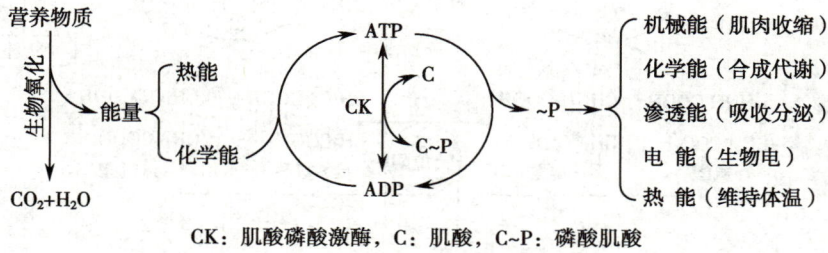

CK:肌酸磷酸激酶, C:肌酸, C~P:磷酸肌酸

图 6-12　ATP 的生成、储存和利用

五、胞质中 NADH 的氧化

线粒体内生成的 NADH 可直接参加氧化磷酸化过程,但胞质中生成的 NADH 不能自由通过线粒体内膜,故线粒体外 NADH 所携带的 2H 必须通过某种转运机制才能进入线粒体进行氧化磷酸化,这种转运机制主要有 α-磷酸甘油穿梭和苹果酸-天冬氨酸穿梭。

1. α-磷酸甘油穿梭　α-磷酸甘油穿梭(glycerol-α-phosphate shuttle)主要存在于脑和骨骼肌中,如图 6-13 所示。线粒体外 NADH+H$^+$ 在胞质中的 α-磷酸甘油脱氢酶催化下,使磷酸二羟丙酮还原成 α-磷酸甘油,后者进入线粒体,再经位于线粒体内膜近胞质侧的 α-磷酸甘油脱氢酶(辅基 FAD)催化下氧化生成磷酸二羟丙酮,FAD 接受氢生成 FADH$_2$。磷酸二羟丙酮可穿出线粒体至胞质,继续进行穿梭作用。FADH$_2$ 则进入 FADH$_2$ 氧化呼吸链,生成 1.5 分子 ATP。

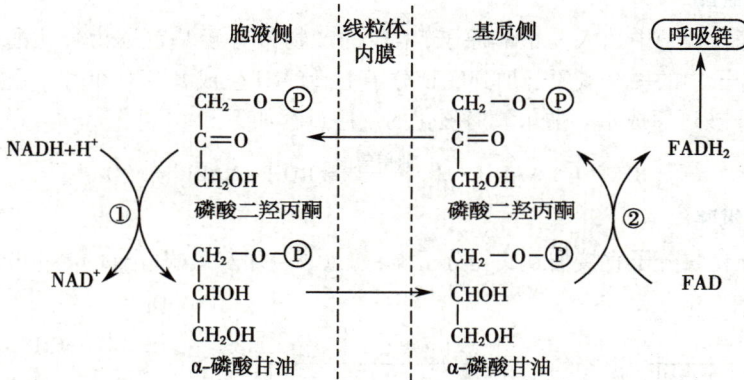

图 6-13　α-磷酸甘油穿梭

①、②皆为甘油磷酸脱氢酶,二者为同工酶,辅酶分别为 NAD$^+$ 和 FAD

2. 苹果酸-天冬氨酸穿梭　苹果酸-天冬氨酸穿梭(malate-aspartate shuttle)主要存在于肝和心肌中。胞质中的 NADH+H$^+$ 在苹果酸脱氢酶催化下使草酰乙酸还原为苹果酸,后者通过线粒体内膜上的转运蛋白进入线粒体,又在线粒体内苹果酸脱氢酶的作用下重新生成草酰乙酸和 NADH+H$^+$。

NADH+H$^+$进入 NADH 氧化呼吸链,生成2.5分子 ATP。草酰乙酸不能穿过线粒体内膜,于是在天冬氨酸氨基转移酶催化下,与谷氨酸进行转氨基作用,生成天冬氨酸和 α-酮戊二酸,由转运蛋白转运至胞质再进行转氨基作用生成草酰乙酸和谷氨酸,继续进行穿梭。如图 6-14 所示。

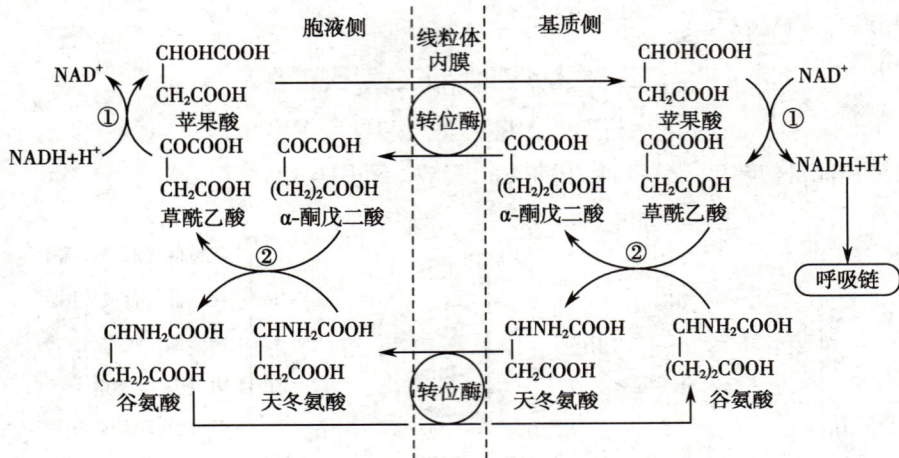

图 6-14　苹果酸-天冬氨酸穿梭
①苹果酸脱氢酶;②天冬氨酸氨基转移酶

第三节　非线粒体氧化体系

除线粒体氧化体系外,还有其他一些氧化体系,如微粒体或过氧化物酶体中的氧化体系,这些氧化体系不伴有 ATP 的生成。

一、微粒体氧化酶系

存在于微粒体(microsome)中催化氧直接转移并结合到底物分子中的酶称为加氧酶(oxygenase),根据向底物分子中加入氧原子数目的不同,又分为加单氧酶(mono-oxygenase)和加双氧酶(dioxygenase)亦称氧转移酶(oxygen transferase)。

(一) 加单氧酶

反应时向底物分子中加入一个氧原子,生成的产物带有羟基也称为羟化酶(hydroxylase)。该酶系可使氧分子中的一个氧原子加到底物分子上,使 RH 生成 R-OH;而另一个氧原子从 NADPH+H$^+$中获得 H 被还原成水。加单氧酶催化的反应过程如下:

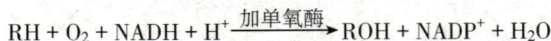

$$RH + O_2 + NADH + H^+ \xrightarrow{\text{加单氧酶}} ROH + NADP^+ + H_2O$$

(二) 加双氧酶

加双氧酶催化氧分子直接加到底物分子上,如色氨酸加双氧酶(tryptophan dioxygenase)等。

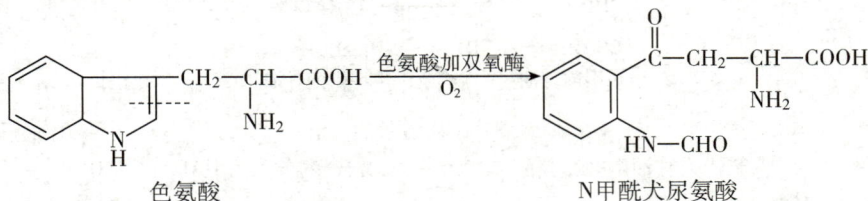

色氨酸　　　　　　　　　　　　　　　　　N甲酰犬尿氨酸

二、过氧化物酶体中的酶类

生物氧化过程中氧必须接受细胞色素氧化酶的四个电子被彻底还原,最后生成 H$_2$O。但是有的时候产生一些部分还原的氧的形式。O_2 得到一个电子生成超氧阴离子（superoxide anion，O_2^{-}），接受两个电子生成过氧化氢（hydrogen peroxide），接受三个电子生成 H_2O_2 和羟自由基（hydroxyl free radical，$\cdot OH$）。O_2^{-}、H_2O_2、$\cdot OH$ 统称为活性氧簇。其中 O_2^{-} 和 $\cdot OH$ 称为自由基。H_2O_2 不是自由基，但是可以转变成羟自由基。

$$H_2O_2 + O_2^{-} \longrightarrow O_2 + OH^{-} + \cdot OH$$

H_2O_2 在体内有一定的生理作用，如中性粒细胞产生的 H_2O_2 可用于杀死吞噬的细菌，甲状腺中产生的 H_2O_2 可使酪氨酸碘化生成甲状腺素。但对于大多数组织来说，活性氧则会对细胞有毒性作用。

（一）过氧化氢酶

过氧化氢酶（catalase）又称触酶，可催化两分子 H_2O_2 反应生成水，并放出 O_2。

$$2H_2O_2 \xrightarrow{\text{过氧化氢酶}} 2H_2O + O_2$$

（二）过氧化物酶

过氧化物酶（peroxidase）能利用 H_2O_2 氧化酚类及胺类等有毒物质，故它对机体有双重保护作用。

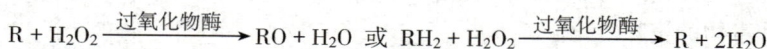

$$R + H_2O_2 \xrightarrow{\text{过氧化物酶}} RO + H_2O \quad \text{或} \quad RH_2 + H_2O_2 \xrightarrow{\text{过氧化物酶}} R + 2H_2O$$

某些组织细胞内还存在一种含硒的谷胱甘肽过氧化物酶（glutathione peroxidase），利用还原型谷胱甘肽（G-SH）使 H_2O_2 或其他过氧化物（ROOH）还原，对组织细胞具有保护作用（图 6-15）。

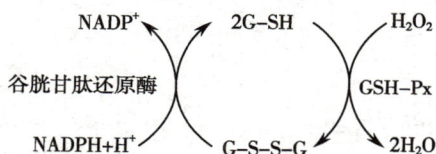

图 6-15　谷胱甘肽过氧化物酶作用机制

三、超氧化物歧化酶

超氧化物歧化酶（superoxide dismutase，SOD）是 1969 年 Fridovich 发现的一种普遍存在于生物体内的酶。它是人体防御内、外环境中超氧离子对人体侵害的重要的酶，催化超氧离子的氧化还原，生成 H_2O_2 与分子氧。

$$2O_2^{-} + 2H^{+} \longrightarrow H_2O_2 + O_2$$

知识链接

超氧化物歧化酶发现与应用

超氧化物歧化酶（Superoxide Dismutase，SOD）是生物体内重要的抗氧化酶，广泛分布于各种生物体内。1938 年，Keilin 首次从牛红血球中分离得到超氧化物歧化酶，但当时他仅认为是一种蛋白质，并命名为血铜蛋白。直到 1969 年，Mccord 和 Fridovich 在研究对黄嘌呤氧化酶时，发现血铜蛋白具有酶的活性，并正式把它命名为 superoxide dismutse，即超氧化物歧化酶。SOD 是生物体内清除自由基的重要物质，在医学、农业、食品工业和化妆品等行业有着广泛的应用。

小结

物质在生物体内进行氧化分解的过程称为生物氧化。即在相关酶的催化下,将物质氧化生成 CO_2 和 H_2O,并逐步释放能量的过程,其中一部分能量使 ADP 磷酸化生成 ATP。ATP 是生物体内能量的转化、储存和利用的中心。CO_2 是有机酸的脱羧基作用生成的。

生物氧化过程中水是将代谢物脱下的氢及电子经呼吸链传递给氧而生成。呼吸链(也称电子传递链)是由位于线粒体内膜上,按一定顺序排列酶和辅酶组成的,发挥递氢体和递电子体的作用。呼吸链由复合体Ⅰ、Ⅱ、UQ、Ⅲ、Cyt c 和Ⅳ组成。

NADH 和 $FADH_2$ 两条氧化呼吸链,是生成 ATP 的主要环节。ATP 生成的方式有底物水平磷酸化和氧化磷酸化两种,以后者为主。通过测定不同底物经呼吸链氧化的 P/O 比值、自由能变化可推测氧化磷酸化的偶联部位。每传递 1 对电子,NADH 氧化呼吸链生成 2.5 分子 ATP,$FADH_2$ 氧化呼吸链生成 1.5 分子 ATP。化学渗透学说是目前被普遍接受的解释氧化磷酸化机制的学说。

除线粒体外,体内还有非线粒体氧化体系,如微粒体,过氧化物酶等,主要参与体内代谢物、药物和毒物的生物转化。

(王海生)

练 习 题

一、单项选择题

1. 有关生物氧化描述错误的是
   A. 生物氧化是在体温下,pH 7.35~7.45 的生理条件下进行的
   B. 生物氧化是一系列酶促催化反应
   C. 生物氧化过程是逐步氧化,逐步释放能量的
   D. 生物氧化过程消耗氧,氧化的终产物 H_2O、CO_2 和能量
   E. 生物氧化过程中产生的能量都以 ATP 的形式储存和利用

2. ATP 生成的主要方式是
   A. 肌酸磷酸化　　　 B. 氧化磷酸化　　　 C. 糖的磷酸化
   D. 底物水平磷酸化　 E. 有机酸脱羧

3. 机体生命活动的能量直接供应者是
   A. 葡萄糖　 B. 蛋白质　　 C. 乙酰辅酶 A　 D. ATP　　 E. 脂肪

4. 关于氰化物作用特点的叙述,正确的是
   A. 呼吸肌麻痹换气困难
   B. 血红蛋白基因突变
   C. 血红蛋白构象改变
   D. 破坏了线粒体结构
   E. 其紧密结合呼吸链的复合体Ⅳ,阻断电子传递,使细胞内呼吸停止,迅速引起死亡

5. P/O 比值是指
   A. 每消耗 1 摩尔氧分子所消耗的无机磷的摩尔数
   B. 每消耗 1 摩尔氧原子所消耗的无机磷的摩尔数

    C. 每消耗 1 摩尔氧分子所消耗的无机磷的克分子数

    D. 每消耗 1 摩尔氧分子所消耗的 ADP 的摩尔数

    E. 每消耗 1 摩尔氧原子所合成的 ADP 的摩尔数

二、名词解释

  1. 生物氧化 2. 电子传递链 3. 氧化磷酸化

三、简答题

  1. 何谓生物氧化？生物氧化与体外氧化有何异同？

  2. 写出体内两条重要呼吸链的排列顺序。

<h2 style="text-align:center;color:#3b8fd4;">选择题参考答案</h2>

1. E 2. B 3. D 4. E 5. B

第七章

脂 类 代 谢

学习目标

1. 掌握:脂类的分类与功能;酮体的代谢;胆固醇的转化与排泄;血脂及血浆脂蛋白的分类。
2. 熟悉:甘油三酯的分解代谢;甘油磷脂的代谢;血浆脂蛋白的组成与功能。
3. 了解:甘油三酯的合成代谢;胆固醇的生物合成;多不饱和脂肪酸的衍生物。

第一节 概 述

脂类(lipids)是一类不溶于水而溶于有机溶剂(如乙醚、氯仿、苯等)的有机化合物,包括脂肪(fat)和类脂(lipoid)两大类。脂肪又称甘油三酯(triglyceride,TG),是由一分子甘油和三分子脂肪酸通过酯键连接构成的。类脂包括磷脂(phospholipids,PL)、糖脂(glycolipid,GL)、胆固醇(cholesterol,Ch)及胆固醇酯(cholesteryl ester,CE)。

一、脂类在体内的分布

(一) 脂肪的分布

脂肪的含量因人而异,成年男性的脂肪含量一般约占体重的10%~20%,女性稍高一些。脂肪主要分布于脂肪组织,以皮下、肠系膜、大网膜和肾周围储存较多,这些部位也称为脂库。由于脂肪具有疏水性,在体内储存时几乎不与水结合,因而所占体积较小,仅为同等重量的糖原所占体积的1/4左右。脂肪的含量受膳食、运动、疾病等多种因素的影响而发生变动,所以称为可变脂。

(二) 类脂的分布

类脂约占体重的5%,广泛分布于全身各组织。类脂是生物膜的基本组成成分,在各器官和组织中含量恒定,基本不受膳食、运动等因素的影响,故称为固定脂或基本脂。

二、脂类的生理功能

(一) 脂肪的功能

1. **储能与供能** 1克脂肪在体内彻底氧化分解时可产生38.9kJ(9.3kcal)的能量,比1克糖或蛋白质氧化所释放的能量(4.1kcal)多1倍以上。一般情况下,人体每天所需能量的20%~30%是由脂肪供给的,空腹饥饿时,脂肪供能将占主导地位,成为人体的主要能源。另外,用脂肪制成的微细颗粒乳剂即脂肪乳,不会引起静脉栓塞,是临床为不能进食患者静脉输入的非蛋白能源之一,能为患者提供能量及不饱和脂肪酸。

2. **维持体温和保护内脏** 皮下脂肪能防止热量散失而维持体温。内脏周围的脂肪能减少脏器间的摩擦,缓冲机械碰撞,具有保护内脏的作用。

3. **提供必需脂肪酸**　必需脂肪酸是维持人体正常生理功能所必需的、体内不能自行合成而必须由食物（主要是植物油）供给的脂肪酸，又称营养必需脂肪酸。包括亚油酸（$18:2\Delta^{9,12}$）、亚麻酸（$18:3\Delta^{9,12,15}$）和花生四烯酸（$20:4\Delta^{5,8,11,14}$），是维持机体生长发育和皮肤正常代谢不可缺少的多不饱和脂肪酸。

4. **促进脂溶性维生素的吸收**　食物中的脂溶性维生素由于不溶于水，需要溶解在肠道内的脂类物质中伴随脂类一起吸收，当人体脂类消化吸收障碍时，会出现脂溶性维生素的缺乏。

知识链接

脂　肪　酸

　　脂肪酸（fatty acids）简称脂酸，脂酸分为饱和脂酸（saturated fatty acid）和不饱和脂酸（unsaturated fatty acid）。含双键的脂酸为不饱和脂酸，含一个双键的脂酸称为单不饱和脂酸；含两个或两个以上双键的脂酸称为多不饱和脂酸。其中单不饱和脂酸主要靠机体自身合成，多不饱和脂酸体内不能合成，需从植物油摄取，也称营养必需脂酸。

（二）类脂的功能

1. **构成生物膜**　类脂是生物膜的基本组成成分，其中的磷脂具有极性头部和疏水尾部，它的疏水尾部互相聚集，自动排列构成生物膜的脂质双分子层的基本骨架。胆固醇也是两性分子，其疏水性的环戊烷多氢菲母核及侧链插入生物膜的脂双层之中，而其极性的羟基分布于膜的亲水界面。

2. **转变成多种重要的活性物质**　胆固醇在体内可转变成胆汁酸、类固醇激素和维生素 D_3 等具有重要功能的物质。

3. **参与血浆脂蛋白的构成**　磷脂、胆固醇及胆固醇酯是各种血浆脂蛋白的组成成分，参与血浆脂蛋白的形成，起运输脂类物质的作用。

4. **作为第二信使参与代谢调节**　细胞膜上的磷脂酰肌醇-4,5-二磷酸（phosphatidylinositol，PIP_2）在激素等刺激下可裂解为甘油二酯（DG）和三磷酸肌醇（IP_3），二者均为胞内传递刺激信号至细胞核的第二信使。

第二节　甘油三酯的代谢

一、甘油三酯的分解代谢

（一）脂肪动员

脂肪动员又称脂肪的水解，是指储存于脂肪细胞中的甘油三酯，在一系列脂肪酶的催化下，逐步水解为游离脂肪酸和甘油并释放入血，通过血液运输至其他组织氧化利用的过程。

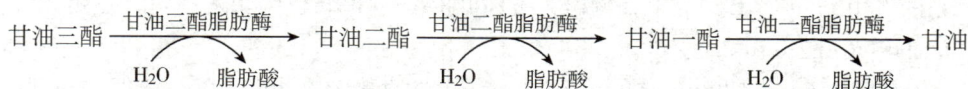

$$甘油三酯 \xrightarrow[\text{脂肪酸}]{\text{甘油三酯脂肪酶}} 甘油二酯 \xrightarrow[\text{脂肪酸}]{\text{甘油二酯脂肪酶}} 甘油一酯 \xrightarrow[\text{脂肪酸}]{\text{甘油一酯脂肪酶}} 甘油$$
$$H_2O \qquad\qquad H_2O \qquad\qquad H_2O$$

在脂肪动员的过程中，甘油三酯脂肪酶是脂肪水解的关键酶。它受多种激素的调控，故称为激素敏感性脂肪酶（hormone-sensitive-triglyceride lipase，HSL）。当饥饿或交感神经兴奋时，肾上腺素、去甲肾上腺素、胰高血糖素等分泌增加，能激活细胞膜上的腺苷酸环化酶，进而激活依赖 cAMP 的蛋白激酶 A，使 HSL 活化，从而促进脂肪的动员。所以这些激素也称脂解激素。胰岛素、前列腺素 E_2 能抑制腺苷酸环化酶的活性，从而抑制 HSL 的活性，使脂肪的动员减慢，故被称

为抗脂解激素。

脂肪动员产生的脂肪酸和甘油被释放入血,甘油分子小,溶于水,可直接由血液运输。但游离脂肪酸难溶于水,必须与血浆清蛋白结合后才能有效地运输。二者被运往体内各组织中氧化分解,为这些组织提供能量。

(二) 甘油的代谢

在肝、肾、肠等组织中的甘油激酶催化下,甘油转变为 α-磷酸甘油,然后脱氢生成磷酸二羟丙酮,磷酸二羟丙酮是糖代谢的中间产物,可以沿糖代谢途径继续氧化分解,释放能量;在肝细胞中还能经糖异生途径转变成葡萄糖或糖原,所以饥饿空腹时,脂肪动员产生的甘油可以作为糖异生的原料,补充血糖。脂肪组织及骨骼肌等组织中甘油激酶活性很低,所以不能很好地利用甘油。

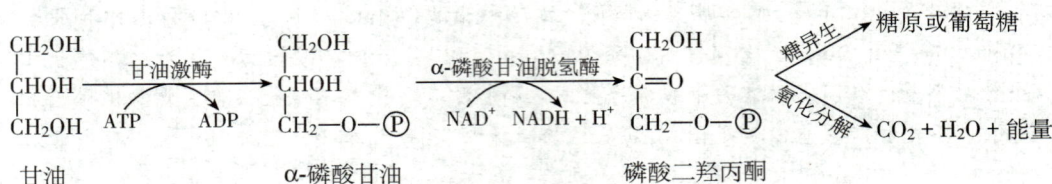

$$\underset{\text{甘油}}{\begin{array}{l}CH_2OH \\ | \\ CHOH \\ | \\ CH_2OH \end{array}} \xrightarrow[\underset{ATP \quad ADP}{}]{\text{甘油激酶}} \underset{\text{α-磷酸甘油}}{\begin{array}{l}CH_2OH \\ | \\ CHOH \\ | \\ CH_2-O-\textcircled{P} \end{array}} \xrightarrow[\underset{NAD^+ \quad NADH+H^+}{}]{\text{α-磷酸甘油脱氢酶}} \underset{\text{磷酸二羟丙酮}}{\begin{array}{l}CH_2OH \\ | \\ C=O \\ | \\ CH_2-O-\textcircled{P} \end{array}} \begin{array}{l} \xrightarrow{\text{糖异生}} \text{糖原或葡萄糖} \\ \xrightarrow{\text{氧化分解}} CO_2+H_2O+能量 \end{array}$$

(三) 脂肪酸的氧化分解

除脑组织和成熟红细胞外,体内大多数组织都能氧化利用脂肪酸,但以肝脏和肌肉组织最为活跃。由于脂肪酸氧化分解后能释放大量能量,所以是机体的重要能源。脂肪酸的氧化分解过程分为以下四个阶段:

1. 脂肪酸的活化 脂肪酸先要经过活化后才能进行分解,活化反应在胞质中完成。在 ATP、HSCoA 和 Mg^{2+} 参与下,脂肪酸在脂酰 CoA 合成酶的催化下,生成脂酰 CoA。

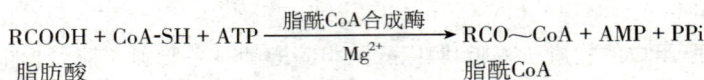

$$\underset{\text{脂肪酸}}{RCOOH} + CoA\text{-}SH + ATP \xrightarrow[Mg^{2+}]{\text{脂酰CoA合成酶}} \underset{\text{脂酰CoA}}{RCO\sim CoA} + AMP + PPi$$

反应过程中生成的焦磷酸(PPi)立即被细胞内的焦磷酸酶水解,所以此反应共消耗了两个高能磷酸键,也阻止了逆向反应的进行。生成的脂酰 CoA 分子中含有高能硫酯键,极性增加,代谢活性提高。

2. 脂酰 CoA 进入线粒体 催化脂酰 CoA 氧化的酶系分布于线粒体的基质中,所以胞质中活化生成的脂酰 CoA 必须进入线粒体内才能进一步分解。实验证明,脂酰 CoA 不能直接透过线粒体内膜,需通过内膜上的载体肉碱(carnitine,即 L-β-羟-γ-三甲氨基丁酸)的转运才能进入线粒体基质。

在线粒体外膜的肉碱脂酰转移酶 I (carnitine acyl transferase I,CAT I)的催化下,脂酰 CoA 将脂酰基转移给线粒体内膜上的载体肉碱生成脂酰肉碱,后者在肉碱-脂酰肉碱转位酶的作用下,通过内膜进入线粒体基质。进入线粒体内的脂酰肉碱在内膜内侧的肉碱脂酰转移酶 II (CAT II)的催化下,与 HSCoA 反应,重新生成脂酰 CoA 并释放肉碱,脂酰 CoA 即可在线粒体基质内酶系的作用下,进行 β-氧化。而肉碱再被肉碱-脂酰肉碱转位酶转运到内膜外侧,继续参与脂酰 CoA 的转运(图 7-1)。

CAT I 是脂酰 CoA 进入线粒体的关键酶,它的活性直接影响脂肪酸氧化分解的速度。当饥饿、高脂低糖膳食和糖尿病时,CAT I 的活性增加,脂肪酸的氧化增强。而饱食后此酶的活性受抑制,使脂肪酸的氧化减弱。

3. 脂酰 CoA 的 β-氧化 脂酰 CoA 进入线粒体基质后,在脂肪酸 β-氧化多酶复合体的催化下,从脂酰基 β-碳原子开始,进行脱氢、加水、再脱氢和硫解四步连续反应,每进行一次 β-氧化,生成一分子乙酰 CoA 和一分子比原来少两个碳原子的脂酰 CoA。由于氧化反应发生在脂酰基

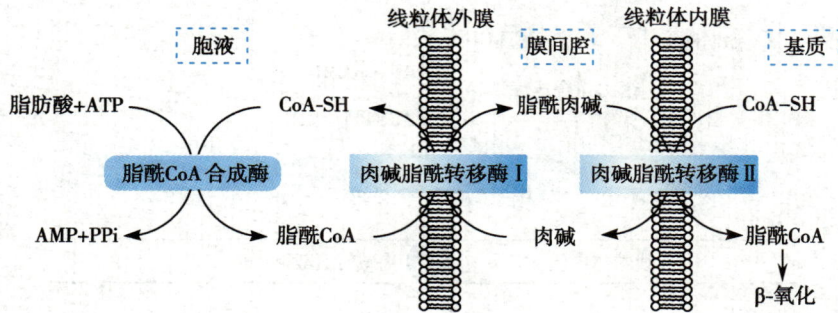

胞液　线粒体外膜　膜间腔　线粒体内膜　基质

脂肪酸+ATP　CoA-SH　脂酰肉碱　CoA–SH

脂酰CoA合成酶　肉碱脂酰转移酶Ⅰ　肉碱脂酰转移酶Ⅱ

AMP+PPi　脂酰CoA　肉碱　脂酰CoA

β-氧化

图 7-1　脂酰 CoA 进入线粒体的机制

的 β-碳原子上,所以称为 β-氧化。

β-氧化反应过程如下:

(1)脱氢:在脂酰 CoA 脱氢酶的催化下,脂酰 CoA 从 α 和 β 碳原子上各脱去一个氢原子,生成反 Δ^2-烯脂酰 CoA,脱下的氢由该酶的辅基 FAD 接受,生成 $FADH_2$。

(2)加水:在反 Δ^2-烯脂酰 CoA 水化酶的催化下,反 Δ^2-烯脂酰 CoA 加水生成 L-β-羟脂酰 CoA。

(3)再脱氢:在 β-羟脂酰 CoA 脱氢酶的催化下,L-β-羟脂酰 CoA 再脱下 2H 生成 β-酮脂酰 CoA,脱下的氢由该酶的辅基 NAD^+ 接受,生成 $NADH+H^+$。

(4)硫解:在 β-酮脂酰 CoA 硫解酶的催化下,β-酮脂酰 CoA 加一分子 HSCoA 使 α 与 β 碳原子之间的化学键断裂,生成一分子乙酰 CoA 和一分子比原来少两个碳原子的脂酰 CoA。

上述生成的比原来少两个碳原子的脂酰 CoA 可反复进行脱氢、加水、再脱氢和硫解反应,最终会使体内偶数碳原子的饱和脂肪酸沿上述第三个阶段反应完全降解为乙酰 CoA(图 7-2)。

4. 乙酰 CoA 的去向

(1)彻底氧化:在体内各组织中,脂肪酸 β-氧化生成的乙酰 CoA 直接在线粒体中进入三羧酸循环彻底氧化分解,生成 CO_2 和 H_2O 并释放能量。

(2)转变成其他中间产物:在肝脏除了上述途径外,还有一部分乙酰 CoA 能在肝细胞线粒体酶的催化下生成酮体,并通过血液循环运往肝外组织氧化利用。

脂肪酸经上述过程彻底氧化分解后能产生大量的能量。以 16 碳的软脂酸为例,先在胞质中活化生成软脂酰 CoA,然后进入线粒体经 7 次 β-氧化,生成 7 分子 $FADH_2$、7 分子 $NADH+H^+$ 和 8 分子乙酰 CoA。1 分子 $FADH_2$ 通过呼吸链氧化产生 1.5 分子 ATP,1 分子 $NADH+H^+$ 氧化产生 2.5 分子 ATP,1 分子乙酰 CoA 通过三羧酸循环氧化产生 10 分子 ATP。因此,1 分子软脂酸彻底氧化共生成(7×1.5)+(7×2.5)+(8×10)= 108 分子 ATP。减去活化时消耗的 2 分子 ATP,净生成 106 分子 ATP。

(四)脂肪酸的其他氧化方式

1. 奇数碳原子脂肪酸的氧化　高等动植物中的脂肪酸多为偶数碳原子的长链脂肪酸,只有少量奇数碳原子的脂肪酸。奇数碳原子脂肪酸氧化分解时经反复 β-氧化后除生成乙酰 CoA 外,还生成一分子丙酰 CoA。丙酰 CoA 经 β-羧化和异构酶的作用,可转变为琥珀酰 CoA 后进入三羧酸循环彻底氧化。

2. 不饱和脂肪酸的氧化　人体内的脂肪酸一半以上是不饱和脂肪酸。不饱和脂肪酸在线粒体中 β-氧化后会生成顺式 Δ^3-烯酰 CoA,β-氧化即不能进行,需经线粒体特异的 Δ^3 顺→Δ^2 反烯酰 CoA 异构酶的催化,将 Δ^3 顺式转变为 Δ^2 反式构型,β-氧化才能继续进行。如果不饱和脂肪酸 β-氧化后生成顺式 Δ^2-烯脂酰 CoA,则水化后生成 D-β-羟脂酰 CoA。后者要在 D-β-羟脂酰 CoA 表构酶催化下,生成 L-β-羟脂酰 CoA 才能进行 β-氧化。

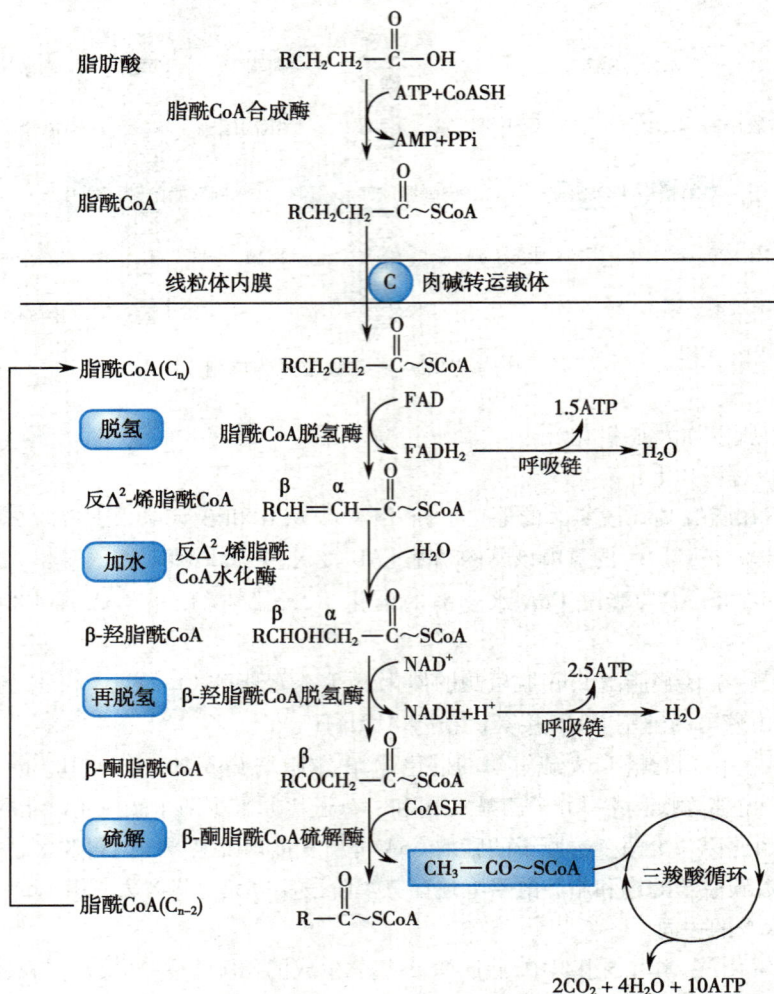

脂肪酸 $RCH_2CH_2-\overset{\overset{\displaystyle O}{\|}}{C}-OH$

脂酰CoA合成酶   ATP+CoASH

AMP+PPi

脂酰CoA $RCH_2CH_2-\overset{\overset{\displaystyle O}{\|}}{C}\sim SCoA$

线粒体内膜   C 肉碱转运载体

脂酰CoA(C_n) $RCH_2CH_2-\overset{\overset{\displaystyle O}{\|}}{C}\sim SCoA$

脱氢   脂酰CoA脱氢酶   FAD   1.5ATP

FADH_2   呼吸链 H_2O

反Δ^2-烯脂酰CoA $RCH\overset{\beta}{=}CH-\overset{\overset{\displaystyle O}{\|}}{C}\sim SCoA$

加水   反Δ^2-烯脂酰 CoA水化酶 H_2O

β-羟脂酰CoA $\underset{}{RCHOHCH_2}-\overset{\overset{\displaystyle O}{\|}}{C}\sim SCoA$

再脱氢   β-羟脂酰CoA脱氢酶 NAD^+ 2.5ATP

$NADH+H^+$ 呼吸链 H_2O

β-酮脂酰CoA $RCOCH_2-\overset{\overset{\displaystyle O}{\|}}{C}\sim SCoA$

硫解   β-酮脂酰CoA硫解酶   CoASH

$CH_3-CO\sim SCoA$ 三羧酸循环

脂酰CoA(C_{n-2}) $R-\overset{\overset{\displaystyle O}{\|}}{C}\sim SCoA$

$2CO_2 + 4H_2O + 10ATP$

图 7-2 脂肪酸的 β-氧化

3. 过氧化酶体脂肪酸的氧化 除线粒体外,过氧化酶体中也存在脂肪酸 β-氧化酶系,主要是催化极长链脂肪酸(>22 碳)氧化成较短链脂肪酸,然后再进入线粒体内氧化分解。

(五)酮体的生成与利用

在心肌和骨骼肌等组织中,脂肪酸经 β-氧化生成的乙酰 CoA 直接进入三羧酸循环彻底氧化,但在肝细胞中乙酰 CoA 除了进入三羧酸循环外,还能转化为乙酰乙酸、β-羟丁酸和丙酮,这三种物质统称为酮体。它们是在肝脏特有酶系催化下生成的,是脂肪酸在肝脏氧化分解时产生的特有中间产物,还要在体内进一步代谢。

1. 酮体的生成 酮体的合成原料是脂肪酸 β-氧化生成的乙酰 CoA,在肝细胞线粒体中含有合成酮体的酶类,直接催化乙酰 CoA 转变为酮体。其过程如下:

(1)乙酰乙酰 CoA 的生成:在乙酰乙酰 CoA 硫解酶的催化下,两分子的乙酰 CoA 缩合成乙酰乙酰 CoA,并释放出一分子 HSCoA。

(2)羟甲基戊二酸单酰 CoA 的生成:乙酰乙酰 CoA 与一分子乙酰 CoA 在羟甲基戊二酸单酰 CoA(β-hydroxy-β-methyl glutaryl CoA,HMG CoA)合酶的催化下,缩合生成 HMG-CoA,并释放出一分子 HSCoA。

(3)酮体的生成:在 HMG-CoA 裂解酶的催化下,HMG-CoA 裂解生成乙酰乙酸和乙酰 CoA。乙酰乙酸在 β-羟丁酸脱氢酶的催化下,被还原成 β-羟丁酸。另外,少量的乙酰乙酸在乙酰乙酸脱羧酶的催化下脱羧或自动脱羧生成丙酮(图 7-3)。

$$2CH_3COCoA \qquad 乙酰CoA$$

乙酰乙酰CoA硫解酶 $\searrow$ CoASH

$$CH_3COCH_2COCoA \qquad 乙酰乙酰CoA$$

HMGCoA合酶 $\searrow$ CH_3COCoA

$\searrow$ CoASH

OH
$$HOOCH_2C-\overset{|}{\underset{|}{C}}-CH_2COCoA \qquad β-羟-β-甲基戊二酸单酰CoA$$
$$CH_3 \qquad\qquad (HMGCoA)$$

HMGCoA裂解酶 $\searrow$ CH_3COCoA

$$CH_3COCH_2COOH$$
乙酰乙酸 $\qquad\searrow CO_2$

β-羟丁酸
脱氢酶 $\quad\overset{NADH+H^+}{\underset{NAD^+}{\rightleftarrows}}$

$$CH_3CHOHCH_2COOH \qquad CH_3COCH_3$$
β-羟丁酸 $\qquad\qquad$ 丙酮

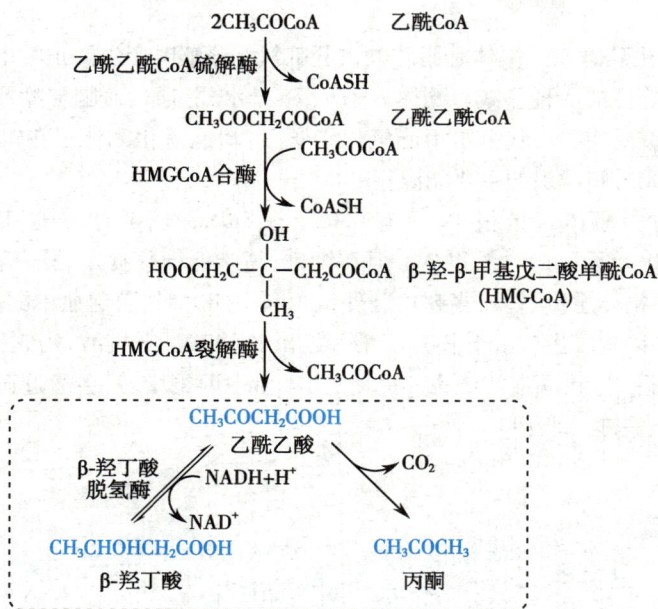

图 7-3 酮体的生成

HMG-CoA 合酶是合成酮体关键酶。

肝脏具有较强的合成酮体的酶系,但却缺乏分解利用酮体的酶类,所以肝中生成的酮体,需透过细胞膜进入血液运输到肝外组织进一步氧化分解,这也是酮体代谢的特点。

2. 酮体的利用 肝外许多组织如心肌、骨骼肌、肾、脑等组织中具有活性很强的利用酮体的酶(图 7-4)。

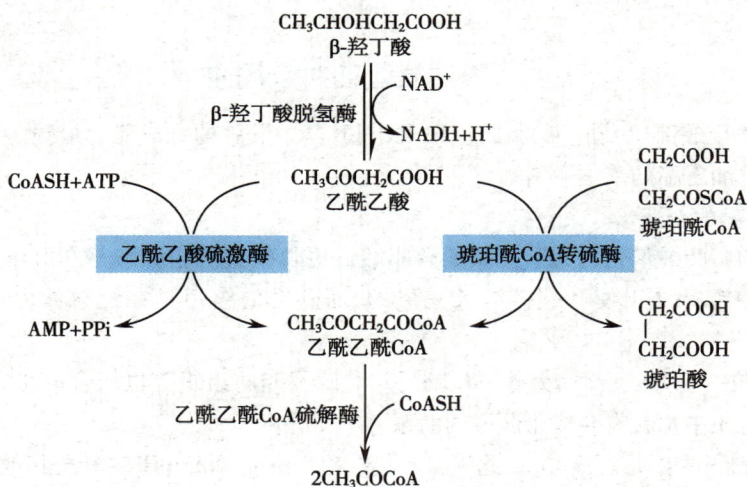

$$CH_3CHOHCH_2COOH$$
β-羟丁酸

β-羟丁酸脱氢酶 $\quad\overset{NAD^+}{\underset{NADH+H^+}{\rightleftarrows}}$

$$CoASH+ATP \qquad CH_3COCH_2COOH \qquad\qquad \begin{array}{l}CH_2COOH\\ |\\ CH_2COSCoA\end{array}$$
乙酰乙酸 $\qquad\qquad$ 琥珀酰CoA

乙酰乙酸硫激酶 $\qquad$ 琥珀酰CoA转硫酶

$$AMP+PPi \qquad CH_3COCH_2COCoA \qquad\qquad \begin{array}{l}CH_2COOH\\ |\\ CH_2COOH\end{array}$$
乙酰乙酰CoA $\qquad\qquad$ 琥珀酸

乙酰乙酰CoA硫解酶 $\searrow$ CoASH

$$2CH_3COCoA$$

图 7-4 酮体的利用

(1) 乙酰乙酸硫激酶:催化乙酰乙酸生成乙酰乙酰 CoA。

(2) 琥珀酰 CoA 转硫酶:催化琥珀酰 CoA 中的 HSCoA 转移给乙酰乙酸,生成乙酰乙酰 CoA。

(3) 乙酰乙酰 CoA 硫解酶:以上各种组织中生成的乙酰乙酰 CoA 在乙酰乙酰 CoA 硫解酶的催化下,生成 2 分子乙酰 CoA,乙酰 CoA 可进入三羧酸循环彻底氧化分解,并释放能量。

酮体中的 β-羟丁酸可在 β-羟丁酸脱氢酶的催化下,脱氢生成乙酰乙酸,然后再沿上述途径被氧化分解。而丙酮含量很少,可随尿排出。当血液中酮体升高时,丙酮也可以通过肺部

呼吸排出。

3. 酮体生成的生理意义　酮体是脂肪酸在肝脏氧化分解时产生的正常中间代谢产物,是肝脏为肝外组织输出能源的一种形式。酮体分子小,溶于水,能通过血脑屏障及肌肉毛细血管壁,是脑和肌肉组织的重要能源。脑组织不能氧化脂肪酸,却能氧化酮体。在饥饿和糖尿病时,酮体可以代替葡萄糖成为脑组织的主要能源。

正常情况下,血中酮体含量很少,只有 0.03~0.5mmol/L,其中 β-羟丁酸占酮体总量的 70%,乙酰乙酸占 30%,丙酮的含量很少。但在饥饿、高脂低糖膳食及糖尿病时,会使体内脂肪动员增强,导致肝中酮体生成过多,当超过肝外组织利用能力时,引起血中酮体升高,称酮血症,同时尿中出现酮体,称酮尿症。由于 β-羟丁酸和乙酰乙酸都是有机酸,当它们在血中浓度升高时,可使血液 pH 下降,导致酮症酸中毒。此时,由于血中丙酮增多,会通过血液循环从肺呼出,患者的呼吸中有烂苹果味,即酮味。

知识链接

糖尿病与酮症酸中毒

酮症酸中毒(diabetes mellitus ketoacidosis,DKA)是严重糖尿病患者的并发症之一,诱发 DKA 的主要原因为感染、饮食或治疗不当及各种应激因素(如严重外伤、麻醉、手术、妊娠、分娩、精神刺激等),按其程度可分为轻度、中度及重度三种情况。轻度是指单纯酮症,并无酸中毒;有轻、中度酸中毒者可列为中度;重度则是指酮症酸中毒伴有昏迷者,或虽无昏迷但二氧化碳结合力低于 10mmol/L,后者很容易进入昏迷状态。此类患者应及时住院并进行相关的血液检查(如血糖、血酮体、pH、电解质等)及尿液检查(如尿糖、尿酮体、尿蛋白等),以免发生危险。

二、甘油三酯的合成代谢

甘油三酯的合成部位是肝脏、脂肪组织及小肠,其中肝脏的合成能力最强。脂肪酸和 α-磷酸甘油是合成甘油三酯的基本原料。

(一)脂肪酸的合成

体内合成的脂肪酸最初均为十六碳的软脂酸。更长碳链的脂肪酸是在肝细胞的线粒体或内质网对软脂酸进行加工使其碳链延长完成的,而碳链的缩短是在线粒体内通过 β-氧化进行的。

1. 合成部位　主要是肝脏,另外,肾、脑、肺、乳腺及脂肪组织等也能合成脂肪酸,因为在这些组织细胞的胞质中都含有合成脂肪酸的酶系。

2. 合成原料　主要是乙酰 CoA,此外,还需要 ATP 供能、NADPH 供氢及其他因子。其中乙酰 CoA 主要来自糖代谢,NADPH 来自磷酸戊糖途径。

由于细胞内的乙酰 CoA 全部在线粒体内产生,而脂肪酸的合成却在胞质。因此,必须把线粒体中的乙酰 CoA 转移进入胞质液才能用于脂肪酸的合成。但乙酰 CoA 不能自由透过线粒体内膜,必须通过柠檬酸-丙酮酸循环机制才能实现。其反应过程如下:线粒体中的乙酰 CoA 先与草酰乙酸缩合生成柠檬酸,然后通过线粒体内膜上的载体转运进入胞质,由胞质中的柠檬酸裂解酶催化裂解生成乙酰 CoA 和草酰乙酸,乙酰 CoA 即可用于脂肪酸的合成,而草酰乙酸则在苹果酸脱氢酶的作用下,还原成苹果酸,苹果酸也可在苹果酸酶的作用下分解为丙酮酸,以上生成的苹果酸和丙酮酸经载体转运进入线粒体,最终均可转变成草酰乙酸,再参与转运乙酰 CoA(图 7-5)。

① 柠檬酸载体；② 丙酮酸载体

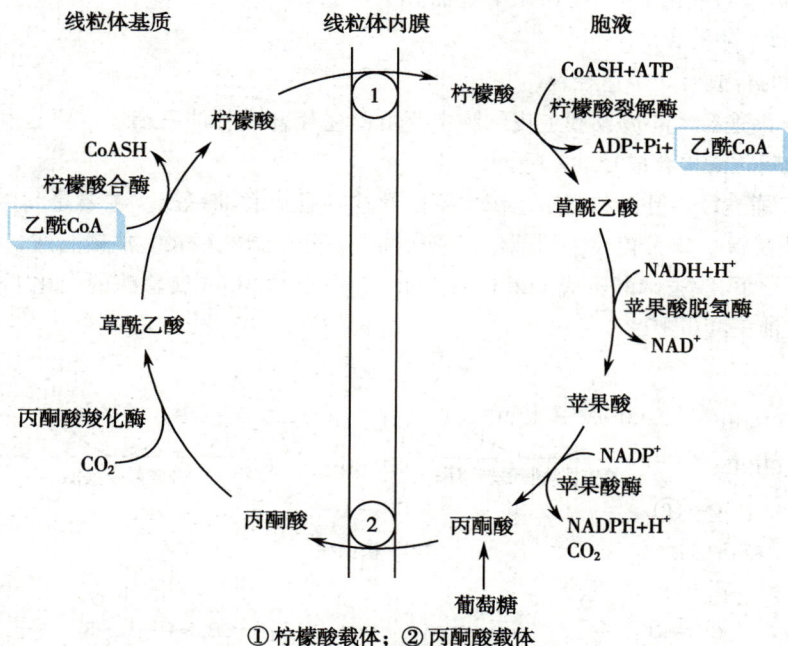

图7-5 柠檬酸-丙酮酸循环

3. 合成过程

（1）丙二酰 CoA 的合成：在乙酰 CoA 羧化酶的催化下，乙酰 CoA 羧化生成丙二酰 CoA，此酶是脂肪酸合成的关键酶，其辅基是生物素，Mn^{2+} 为激活剂，反应式如下：

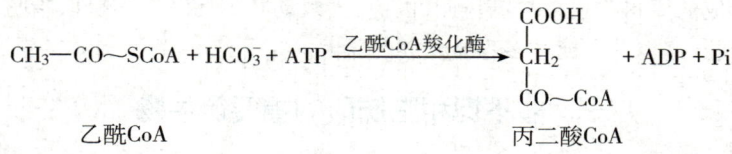

$$CH_3-CO\sim SCoA + HCO_3^- + ATP \xrightarrow{\text{乙酰CoA羧化酶}} \begin{array}{c} COOH \\ | \\ CH_2 \\ | \\ CO\sim CoA \end{array} + ADP + Pi$$

乙酰CoA   丙二酸CoA

（2）软脂酸的合成：在脂肪酸合成酶系的催化下，1 分子乙酰 CoA 与 7 分子丙二酰 CoA 经过连续的加成反应，包括缩合、加氢、脱水和再加氢等反应，每次延长 2 个碳原子，7 次循环之后，最终先合成 16 碳的软脂酸。

原核生物的脂肪酸合成酶系由 7 种酶蛋白聚合而成，上面还有一个酰基载体蛋白（acyl carrier protein，ACP），脂肪酸的合成就是在这个载体上进行的。而真核生物的脂肪酸合成酶系是由两个完全相同的多肽链首尾相连构成，7 种酶活性均分布在每条多肽链上，属于多功能酶，每条多肽链上也都有一个酰基载体蛋白，作为脂肪酸合成的载体。软脂酸合成的总反应式为：

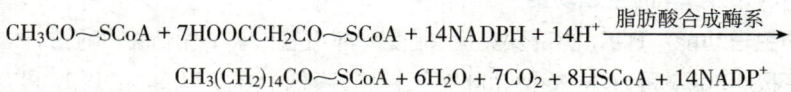

$$CH_3CO\sim SCoA + 7HOOCCH_2CO\sim SCoA + 14NADPH + 14H^+ \xrightarrow{\text{脂肪酸合成酶系}}$$

$$CH_3(CH_2)_{14}CO\sim SCoA + 6H_2O + 7CO_2 + 8HSCoA + 14NADP^+$$

体内的不饱和脂肪酸软油酸（$16:1,\Delta^9$）和油酸（$18:1,\Delta^9$）是在 Δ^9 去饱和酶催化下，分别由软脂酸和硬脂酸转变而来的。而亚油酸、亚麻酸和花生四烯酸属于多不饱和脂肪酸，在体内不能合成，必须由食物供给。因为人体内缺乏 Δ^9 以上的去饱和酶，只有植物体内才含有这些酶。

（二）α-磷酸甘油的生成

α-磷酸甘油主要来自糖代谢，糖代谢的中间产物磷酸二羟丙酮在 α-磷酸甘油脱氢酶的催化下，被还原生成 α-磷酸甘油。此外，食物消化吸收的甘油及体内脂肪动员释放的甘油也能在甘油激酶(肝、肾等)的催化下,生成 α-磷酸甘油。

(三) 甘油三酯的合成

甘油三酯的合成有两个途径:

1. 甘油一酯途径　小肠黏膜上皮细胞主要由此途径合成甘油三酯。主要是利用消化吸收的甘油一酯及脂肪酸再合成甘油三酯。

2. 甘油二酯途径　肝脏和脂肪组织主要由此途径合成甘油三酯。主要是利用糖代谢生成的 α-磷酸甘油在脂酰 CoA 转移酶的催化下依次加上 2 分子脂酰 CoA 生成磷脂酸,磷脂酸在磷脂酸磷酸酶的作用下,脱去磷酸生成 1,2-甘油二酯,最后在脂酰 CoA 转移酶的催化下,加上 1 分子脂酰基生成甘油三酯(图 7-6)。

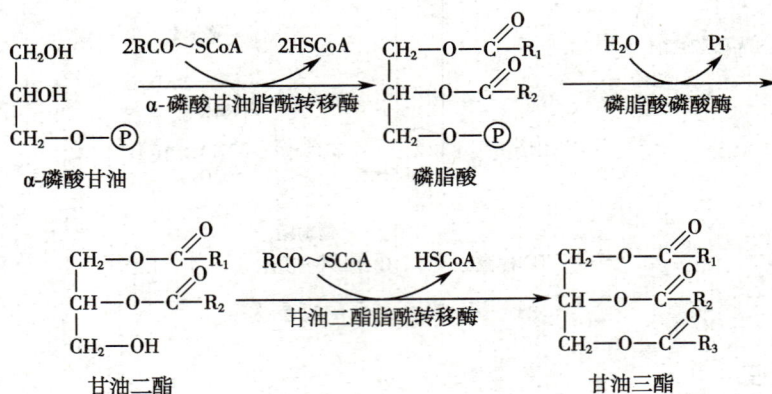

图 7-6　甘油三酯的合成

由于脂肪合成的原料主要来自糖代谢,因此,人及动物即使完全不摄取脂肪,在体内也可由糖大量转变成脂肪,这也是食糖过多容易发胖的原因。

三、多不饱和脂肪酸的重要衍生物

体内多不饱和脂肪酸的衍生物是由花生四烯酸衍变而来的,包括前列腺素(prostaglandin, PG)、血栓素(thromboxane,TX)和白三烯(leukotrienes,LT),它们在细胞内含量很低,但有很强的生理活性,能调节细胞代谢,并与炎症、过敏、免疫等很多生理过程有关。

(一) PG、TX 及 LT 的合成

除红细胞外,全身组织细胞都能合成 PG;TX 是由血小板合成的;LT 主要在白细胞内合成。当细胞在各种刺激因素如血管紧张素 II、缓激肽、肾上腺素、凝血酶及某些抗原抗体复合物等作用下,细胞膜上的磷脂酶 A_2 被激活,使膜磷脂水解释放花生四烯酸,后者在一系列酶的作用下,转变为 PG、TX 及 LT(图 7-7)。

(二) PG、TX 及 LT 的生理功能

1. PG 的生理功能　PGE_2 能诱发炎症,促使局部血管扩张,毛细血管通透性增加,引起红、肿、热、痛等症状。PGE_2 和 PGA_2 能使动脉血管扩张,降低血压。PGE_2 和 PGI_2 具有抑制胃酸分泌,促进胃肠平滑肌蠕动的作用。PGF 可促进卵巢排卵,引起子宫收缩加强,促进分娩。PGI_2 能舒张血管及抗血小板聚集,抑制凝血及血栓形成。

2. TX 的生理功能　TXA_2 能引起血小板聚集和血管收缩,促进凝血及血栓形成,与 PGI_2 的作用相对抗。

3. LT 的生理功能　是引起过敏反应的慢反应物质,能使支气管平滑肌收缩。另外,还能促进炎症及过敏反应的发展。

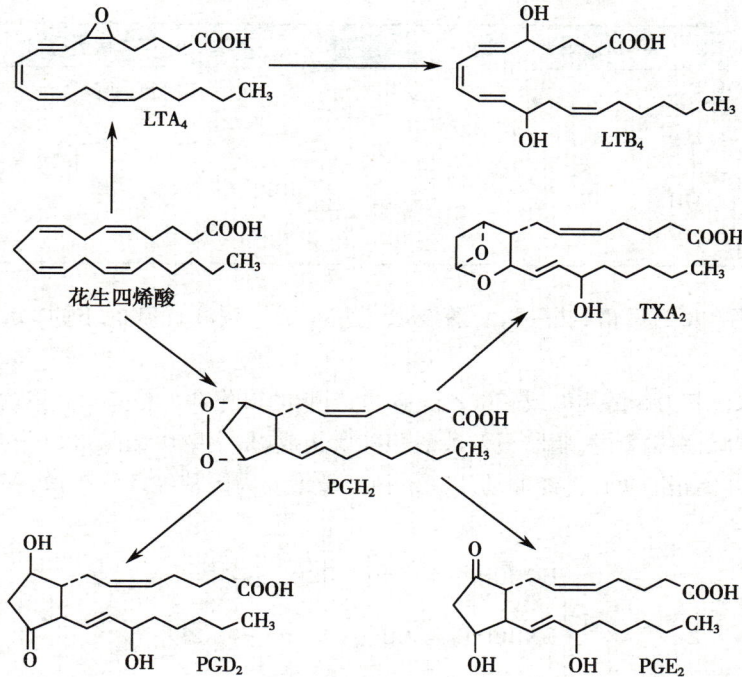

图 7-7 PG、TX 及 LT 的合成

第三节 类 脂 代 谢

一、磷 脂 代 谢

磷脂是含有磷酸的脂类。分为甘油磷脂与鞘磷脂两大类,由甘油构成的磷脂称为甘油磷脂,由鞘氨醇或二氢鞘氨醇构成的磷脂称为鞘磷脂。体内甘油磷脂含量较多。

甘油磷脂由甘油、脂肪酸、磷酸和含氮化合物组成,根据含氮化合物的不同分为不同类型的甘油磷脂(表 7-1)。

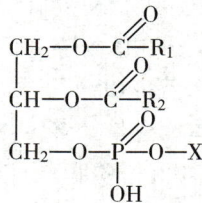

(X=胆碱、水、乙醇胺、丝氨酸、甘油、肌醇、甘油二酯等)

表 7-1 体内几种重要的甘油磷脂

X 取代基	磷脂名称
—$CH_2CH_2N^+(CH_3)_3$	磷脂酰胆碱(卵磷脂)
—$CH_2CH_2NH_2$	磷脂酰乙醇胺(脑磷脂)
—CH_2CHNH_2COOH	磷脂酰丝氨酸
—$CH_2CHOHCH_2$—O—P—O—CH_2 其中 CH_2OCOR、$CHOCOR_2$	二磷脂酰甘油(心磷脂)

X 取代基	磷脂名称
	磷脂酰肌醇

鞘脂由鞘氨醇或二氢鞘氨醇、脂肪酸及取代基组成。按取代基的不同,分为鞘磷脂和鞘糖脂。

鞘磷脂的取代基为磷酸胆碱或磷酸乙醇胺;鞘糖脂的取代基为糖基。人体内含量最多的鞘磷脂是神经鞘磷脂,由鞘氨醇、脂肪酸及磷酸胆碱所构成,是生物膜的组成成分,也是神经髓鞘的重要成分,神经髓鞘能防止神经冲动从一条神经纤维向周围神经纤维扩散,保证神经冲动的定向传导。

磷脂在体内还有其他重要的生理功能,如促进脂类的消化吸收;参与构成血浆脂蛋白及细胞信号的传导等。另外,磷脂中的二软脂酰磷脂酰胆碱是肺泡表面活性物质,能降低肺泡的表面张力,有利于肺泡的伸张,早产儿因为这种磷脂的合成缺陷,易诱发呼吸困难综合征。

(一) 甘油磷脂的代谢

1. 甘油磷脂的合成代谢 全身各组织细胞内质网均有合成甘油磷脂的酶系,因此都能合成甘油磷脂,但以肝、肾及肠等组织最活跃。

合成原料包括甘油、脂肪酸、磷酸盐及各种含氮化合物(胆碱、乙醇胺、丝氨酸、肌醇等)及供能物质 ATP、CTP。其中的甘油与脂肪酸主要由体内糖代谢转变而来,但必需脂肪酸要由食物供给,胆碱和乙醇胺也可来自食物或由丝氨酸在体内转变而来。

合成途径主要有两条:即甘油二酯途径和 CDP 甘油二酯途径。前者是磷脂酰乙醇胺和磷脂酰胆碱的主要合成途径,这两类磷脂在体内含量最多,占组织及血液磷脂的 75% 以上。后者是磷脂酰丝氨酸、磷脂酰肌醇和二磷脂酰甘油(心磷脂)的合成途径。甘油二酯合成途径如下:

(1) CDP-胆碱和 CDP-乙醇胺合成:在乙醇胺激酶作用下,乙醇胺与 ATP 反应,乙醇胺被磷酸化成磷酸乙醇胺,磷酸乙醇胺与 CTP 反应,生成 CDP-乙醇胺。同样,在胆碱激酶催化下,胆碱与 ATP 反应,胆碱被磷酸化成磷酸胆碱,磷酸胆碱与 CTP 反应,生成 CDP-胆碱(图 7-8)。

(2) 甘油二酯的合成:在磷酸甘油转酰基酶作用下,1 分子脂酰 CoA 的脂酰基转移到 3-磷酸甘油的第 1 位碳上,生成溶血磷脂酸;溶血磷脂酸在溶血磷脂酸转酰基酶作用下,1 分子脂酰 CoA 的脂酰基转移到 3-磷酸甘油的第 2 位碳上,生成 3-磷酸甘油二酯,3-磷酸甘油二酯又称磷脂酸;在磷脂酸磷酸酶作用下,磷脂酸水解脱去磷酸生成甘油二酯(图 7-9)。

(3) 脑磷脂与卵磷脂的合成:甘油二酯分别与 CDP-胆碱和 CDP-乙醇胺作用,生成磷脂酰胆碱(卵磷脂)和磷脂酰乙醇胺(脑磷脂)。另外,磷脂酰胆碱也可以由磷脂酰乙醇胺甲基化生成(图 7-10)。

甘油磷脂与脂肪肝:肝内合成的磷脂能与肝内合成的脂肪、胆固醇及载脂蛋白结合而构成

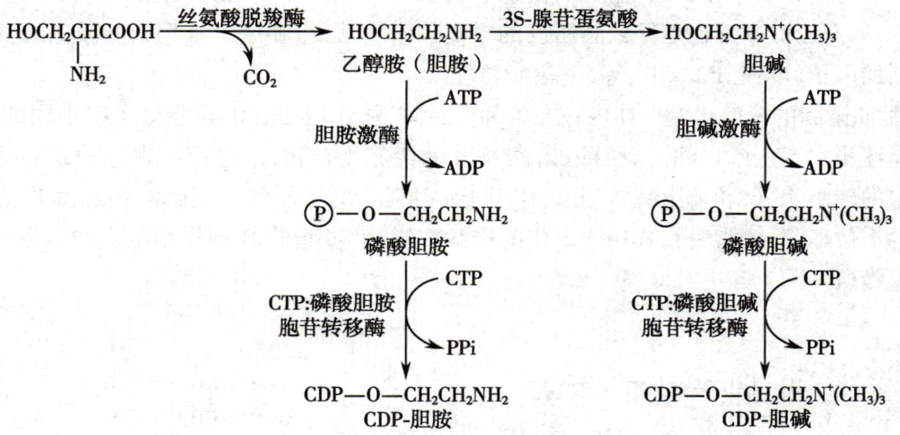
HOCH2CHCOOH
NH2
丝氨酸脱羧酶
CO2
HOCH2CH2NH2
乙醇胺（胆胺）
3S-腺苷蛋氨酸
HOCH2CH2N+(CH3)3
胆碱
ATP
胆胺激酶
ADP
胆碱激酶
P—O—CH2CH2NH2
磷酸胆胺
P—O—CH2CH2N+(CH3)3
磷酸胆碱
CTP
CTP:磷酸胆胺
胞苷转移酶
CTP:磷酸胆碱
胞苷转移酶
PPi
CDP—O—CH2CH2NH2
CDP-胆胺
CDP—O—CH2CH2N+(CH3)3
CDP-胆碱

图 7-8　CDP-胆碱和 CDP-乙醇胺的合成

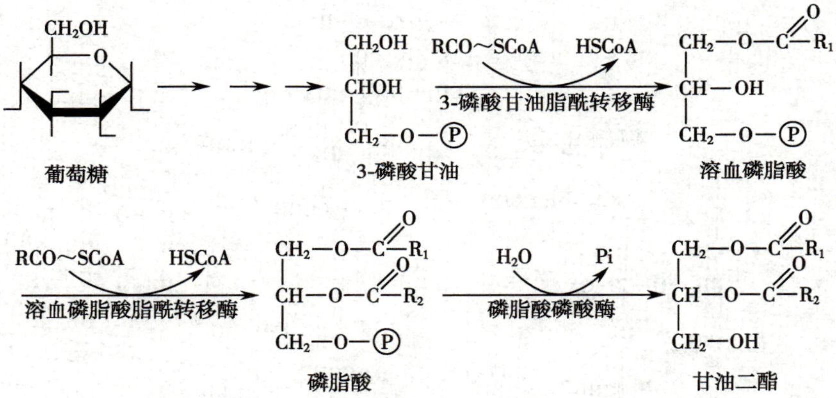
CH2OH
葡萄糖
CHOH
3-磷酸甘油
RCO~SCoA
HSCoA
3-磷酸甘油脂酰转移酶
CH—OH
溶血磷脂酸
溶血磷脂酸脂酰转移酶
磷脂酸
H2O
Pi
磷脂酸磷酸酶
CH2—OH
甘油二酯

图 7-9　甘油二酯的合成

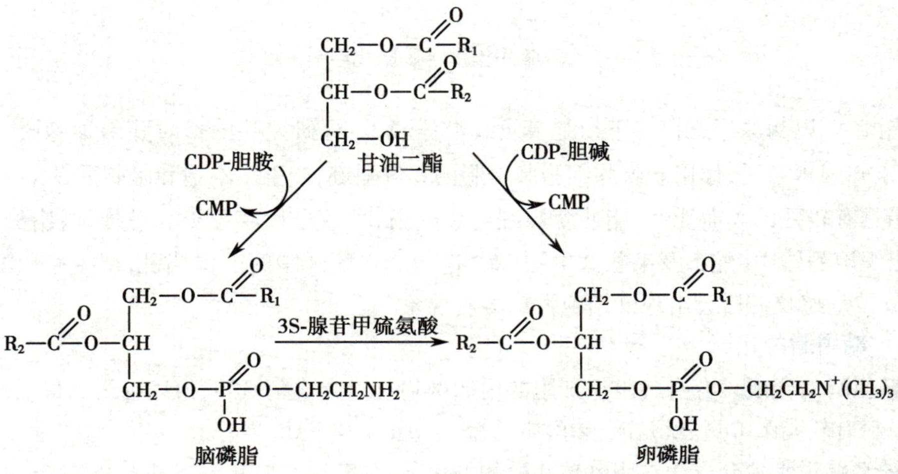
甘油二酯
CDP-胆胺
CMP
CDP-胆碱
3S-腺苷甲硫氨酸
OH
脑磷脂
卵磷脂

图 7-10　脑磷脂与卵磷脂的合成

极低密度脂蛋白(very low density lipoprotein,VLDL),通过这种形式将肝内合成的脂肪转运至血浆代谢,当体内磷脂合成不足,如胆碱、甲硫氨酸、必需脂肪酸等缺乏,会引起 VLDL 合成障碍,致使肝内脂肪不能运出而在肝细胞积累,出现脂肪肝。另外,长期高脂高糖饮食使肝内甘油三酯来源过多,以及乙醇中毒也是导致脂肪肝的重要因素。因此,临床上常用磷脂及其合成原料和有关的辅助因子(叶酸、B_{12}、CTP 等)防治脂肪肝。

2. 甘油磷脂的分解代谢 体内存在各种磷脂酶,能作用于甘油磷脂分子中不同的酯键,使甘油磷脂逐步水解生成甘油、脂肪酸、磷酸及各种含氮化合物,这些产物在体内还要进一步代谢。其中的磷脂酶 A_1 和磷脂酶 A_2 分别作用于甘油磷脂的 1 位和 2 位酯键,磷脂酶 B_1 作用于溶血磷脂的 1 位酯键,磷脂酶 C 作用于 3 位的磷酸酯键,而磷脂酶 D 则作用于磷酸与含氮化合物之间的酯键(图 7-11)。

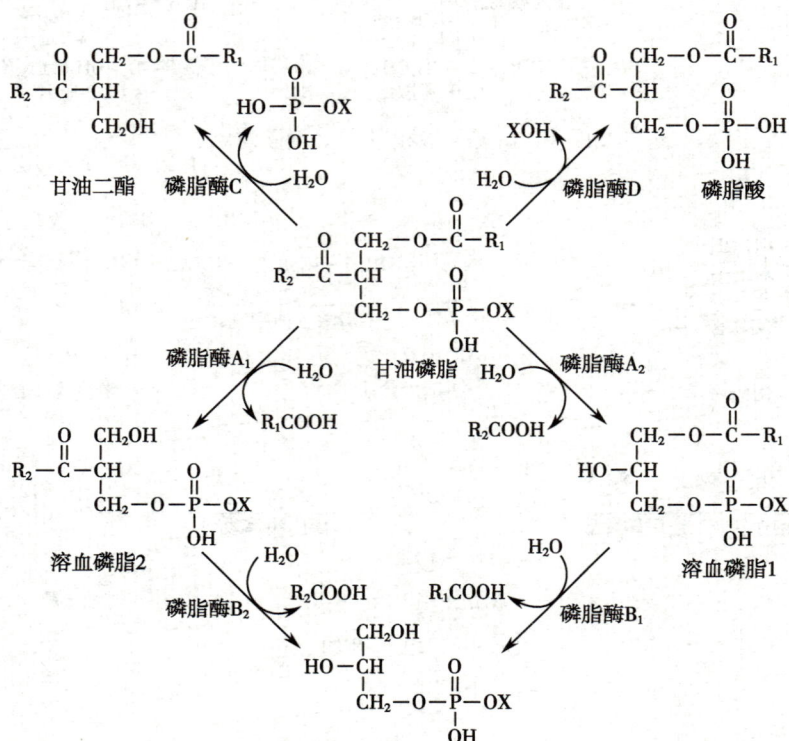

图 7-11 磷脂酶作用于磷脂化学键的部位

磷脂酶 A_2 以酶原形式存在于细胞膜及线粒体膜上,据研究胰腺炎时胰腺细胞膜上的磷脂酶 A_2 被未知因素激活,作用于胰腺细胞膜磷脂的 2 位酯键,产生多不饱和脂肪酸及溶血磷脂1。溶血磷脂具有较强的表面活性,能使胰腺细胞膜受损,导致急性胰腺炎。另外,磷脂酶 A_1 存在于动物组织溶酶体中(蛇毒及某些微生物亦含有),能水解磷脂的 1 位酯键,产生脂肪酸及溶血磷脂2,故被毒蛇咬伤后会出现红细胞大量溶血现象。

(二) 鞘磷脂的代谢

1. 鞘氨醇的合成 全身各组织细胞的内质网均可以合成鞘氨醇,但以脑组织最活跃。合成所需的原料有软脂酰 CoA、丝氨酸、磷酸吡哆醛、NADPH 及 FAD 等。

2. 神经鞘磷脂的合成 在脂酰转移酶的催化下,鞘氨醇的氨基与脂酰 CoA 缩合,生成 N-脂酰鞘氨醇,后者由 CDP-胆碱供给磷酸胆碱生成神经鞘磷脂。

3. 神经鞘磷脂的分解 在脑、肝、脾、肾等细胞的溶酶体中,有神经鞘磷脂酶,使磷酸酯键水解,生成 N-脂酰鞘氨醇和磷酸胆碱。先天缺乏此酶的人,体内神经鞘磷脂不能降解而在细胞内积存,引起肝、脾大及痴呆,称鞘磷脂累积病。

二、胆固醇代谢

胆固醇最初是从动物的胆石中分离出来的,它的结构不同于脂肪和磷脂,具有环戊烷多氢菲烃核和一个 8 碳侧链,其 3 位上的羟基具有弱极性。如果 3 位的羟基与脂肪酸结合就形成了胆固醇酯,未与脂肪酸结合的称为游离胆固醇,体内的胆固醇以这两种形式存在。由于胆固醇的疏水性强,所以不溶于水而溶于有机溶剂。

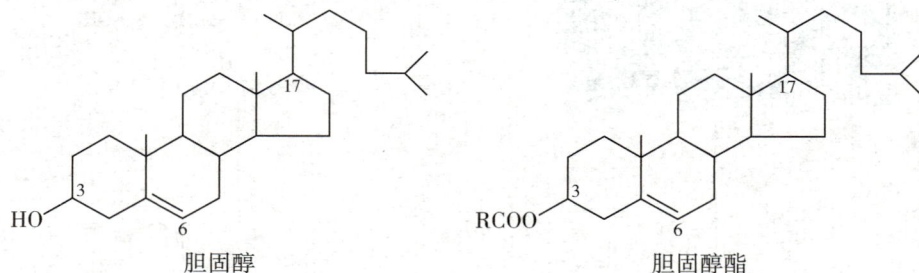

胆固醇   胆固醇酯

人体约含 140 克胆固醇,广泛分布于全身各组织,其中约 1/4 分布于脑和神经组织,其次是肝、肾、肠等内脏及皮肤、脂肪组织,另外,肾上腺、性腺等合成类固醇激素的内分泌腺中胆固醇含量也较高。

胆固醇在组织细胞膜中一般以非酯化的游离状态存在,但在肾上腺(90%)、血浆(70%)及肝(50%)中,大多与脂肪酸结合形成胆固醇酯,以胆固醇油酸酯居多,亦有少量亚油酸酯及花生四烯酸酯。

胆固醇的酯化反应发生在血浆及组织细胞中,由不同的酶催化下完成的。其在血浆中的酯化是由卵磷脂胆固醇脂酰基转移酶(lecithin cholesterol acyl transferase,LCAT)催化的,此酶由肝实质细胞合成并分泌入血,当肝实质细胞病变时,此酶活性降低,会导致血浆胆固醇酯含量下降。

(一) 胆固醇的合成

1. 合成部位 除脑组织及成熟红细胞外,几乎全身各组织均可合成胆固醇,每天约合成 $1 \sim 1.5g$,主要合成器官是肝脏,占合成总量的 70% ~ 80%,其次是小肠,合成量约占 10%。胆固醇的合成是在这些组织细胞的胞质及内质网中进行的。

2. 合成原料 胆固醇合成的主要原料是乙酰 CoA,此外还需要 ATP 供能和 $NADPH+H^+$ 供氢。乙酰 CoA 和 ATP 主要来自糖的有氧氧化,而 NADPH 来自磷酸戊糖途径。由于乙酰 CoA 是在线粒体中生成的,需要转移进入胞质才能参与胆固醇的合成,所以要通过柠檬酸-丙酮酸循环转运机制实现(图 7-5)。每合成 1 分子胆固醇需要 18 分子乙酰 CoA、36 分子 ATP 及 16 分子 $NADPH+H^+$。

3. 合成过程 胆固醇合成过程非常复杂,包括约 30 步化学反应,分为三个阶段。

(1) 甲羟戊酸的生成:在胞质中,2 分子乙酰 CoA 在乙酰乙酰 CoA 硫解酶的催化下缩合生成乙酰乙酰 CoA;然后在 HMG CoA 合酶的催化下,再与 1 分子乙酰 CoA 缩合生成 HMG-CoA;HMG-CoA 由 HMG-CoA 还原酶催化,NADPH 供氢,还原生成甲羟戊酸(mevalonic acid,MVA)。其中的 HMG-CoA 还原酶是胆固醇合成的关键酶。

(2) 鲨烯的生成:MVA 在一系列酶的催化下,由 ATP 供能,先磷酸化、脱羧等反应生成活泼的 5 碳焦磷酸化合物。然后 3 分子焦磷酸化合物缩合生成 15 碳的焦磷酸法尼酯,2 分子焦磷酸法尼酯再缩合、还原即生成 30 碳的鲨烯。

(3) 胆固醇的生成:鲨烯与胆固醇结构相似,再经加单氧酶、环化酶等催化下生成羊毛固醇,最后经氧化、脱羧、还原等反应,脱去 3 分子 CO_2 生成 27 碳的胆固醇(图 7-12)。

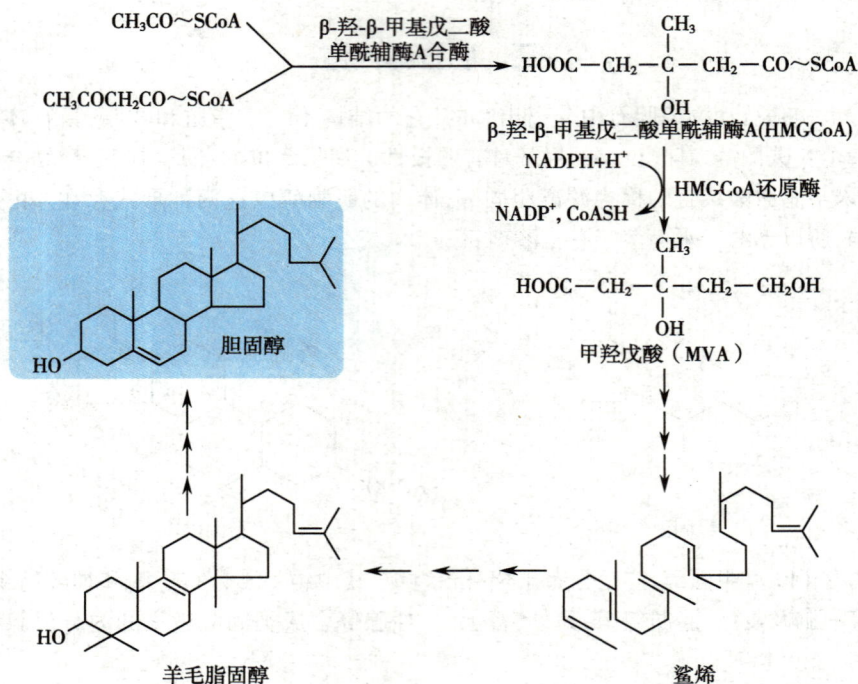

图 7-12 胆固醇的合成

4. 胆固醇合成的调节 HMG-CoA 还原酶是胆固醇合成的限速酶。胆固醇合成的调节主要是通过对此酶活性的影响来实现的。

（1）反馈调节：胆固醇能反馈抑制 HMG-CoA 还原酶的合成，从而抑制胆固醇的合成。当降低食物中胆固醇的含量时，对此酶合成的抑制解除，胆固醇合成会增加。

（2）饥饿与饱食：饥饿时 HMG-CoA 还原酶活性降低，使胆固醇的合成减少。相反，高糖、高饱和脂肪膳食后，HMG-CoA 还原酶活性增强，胆固醇的合成增多。

（3）激素的调节：胰岛素及甲状腺素能诱导 HMG-CoA 还原酶的合成，而增加胆固醇的合成。胰高血糖素和糖皮质激素能抑制 HMG-CoA 还原酶的合成，而降低胆固醇的合成。另外，甲状腺素除能促进 HMG-CoA 还原酶的合成外，还能促进胆固醇在肝脏转变成胆汁酸，并且后者的作用大于前者，所以甲状腺功能亢进的患者会出现血清胆固醇下降，而甲状腺功能减退患者血清胆固醇反而升高。

（二）胆固醇的转化与排泄

胆固醇在体内不能氧化分解为人体提供能量，但能转化成某些具有重要生理活性物质参与代谢调节或排出体外。

1. 转变成胆汁酸 胆固醇的主要代谢去路是在肝脏转化成胆汁酸。胆汁酸随胆汁进入肠道，在肠道中协助食物脂类的消化与吸收。

2. 转变成类固醇激素 在肾上腺皮质球状带、束状带及网状带细胞以胆固醇为原料分别合成醛固酮、皮质醇及少量性激素。在卵巢的卵泡内膜细胞及黄体能以胆固醇为原料合成雌二醇和孕酮。在睾丸间质细胞以胆固醇为原料能合成睾酮。这些类固醇激素在体内有重要的调节功能。

3. 转变成维生素 D_3 胆固醇在肝、小肠黏膜和皮肤等处，可脱氢生成 7-脱氢胆固醇。贮存于皮下的 7-脱氢胆固醇经紫外线照射，能转变成维生素 D_3，所以胆固醇是维生素 D 的前体。维生素 D 具有调节体内钙、磷代谢的作用。

4. 胆固醇的排泄 转变成胆汁酸随胆汁进入肠道是胆固醇的主要排泄方式。另外，有少量胆固醇直接溶解于胆汁中随胆汁进入肠道,并有一部分可被肠道细菌还原成粪固醇随粪便排出体外(图 7-13)。当胆汁的成分及含量发生异常变化或胆汁中胆固醇过多时,这部分胆固醇不能有效地溶解于胆汁中,会析出形成结晶,即胆石。

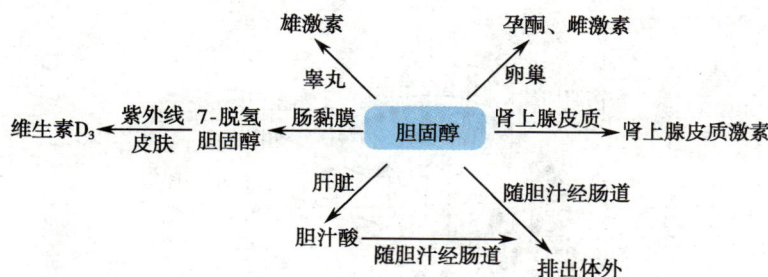

图 7-13 胆固醇的转化与排泄

第四节 血脂与血浆脂蛋白

一、血 脂

血浆所含的脂类统称为血脂,其组成包括甘油三酯、磷脂、胆固醇、胆固醇酯及游离脂肪酸(free fatty acid,FFA)等。血脂的含量可反映体内脂类的代谢情况,但受膳食、性别、年龄、职业及运动等多种因素的影响,其波动范围较大。正常成人空腹血脂的组成及含量见表 7-2。

表 7-2 正常成人空腹血脂的主要成分和含量

成　分	含量(mg/dl 血浆)	含量(mmol/L 血浆)
脂类总量	400 ~ 700	6.7 ~ 12.2
甘油三酯	10 ~ 160	0.11 ~ 1.69
磷脂	150 ~ 250	1.94 ~ 3.23
总胆固醇	100 ~ 250	2.59 ~ 6.47
胆固醇酯	70 ~ 200	1.81 ~ 5.17
游离胆固醇	40 ~ 70	1.03 ~ 1.81
游离脂肪酸	5 ~ 20	0.5 ~ 0.7

血脂的来源分外源性和内源性两部分,外源来自食物中的脂类的消化吸收;内源即体内肝脏、脂肪组织等合成的及脂库动员释放入血的。血液中的脂类由血液循环运至全身各组织利用。其去路有:在各组织中氧化分解;构成生物膜;进入脂库储存及转变成其他物质。

二、血浆脂蛋白

血浆中的脂类物质不溶于水,但正常人血浆中虽然有较多的脂类却仍然是清澈透明的,说明脂类在血浆中不是游离存在的。原来,血脂成分与载脂蛋白(apolipoprotein,Apo)相结合构成了血浆脂蛋白(lipoprotein,LP)而溶解于血浆之中。但脂肪动员释放入血的游离脂肪酸,也不溶于水,常与血浆中的清蛋白结合而运输,不被列入血浆脂蛋白之内。

(一)血浆脂蛋白的结构

各种血浆脂蛋白的结构基本相似,具有微团结构(图 7-14)。不溶于水的甘油三酯和胆固醇酯分布于脂蛋白微团的内核中央,而具有极性及非极性基团的载脂蛋白、磷脂和胆固醇将其极性基团朝外,伸向微团的表面并突入周围的水相,而将其非极性基团伸向微团内部,与内部的疏水链相连。这样,整个脂蛋白微团呈球形,具有较强的水溶性,能有效地溶解于血浆中。

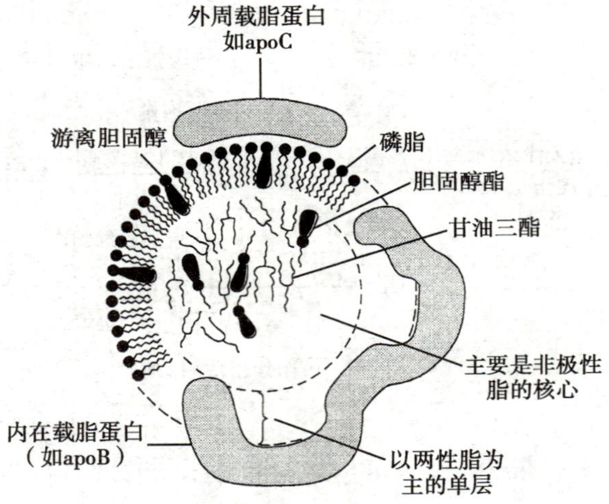

图 7-14 血浆脂蛋白结构示意图

(二) 血浆脂蛋白的分类

各种血浆脂蛋白因所含的脂类及蛋白质数量不同,其密度、表面电荷、颗粒大小等均有所不同。用电泳法及密度法能将其分为四种类型。

1. **电泳法** 这种方法依据各种血浆脂蛋白的颗粒大小及表面电荷不同,在电场中迁移率不同加以分离的。电泳常用的支持物有滤纸、醋酸纤维素薄膜、琼脂糖凝胶或聚丙烯酰胺凝胶,都能将血浆脂蛋白分为四条区带,按照在电场中移动的快慢分别为:α-脂蛋白(α-LP)、前 β-脂蛋白(前 β-LP)、β-脂蛋白(β-LP)和乳糜微粒(chylomicron,CM)(图 7-15)。

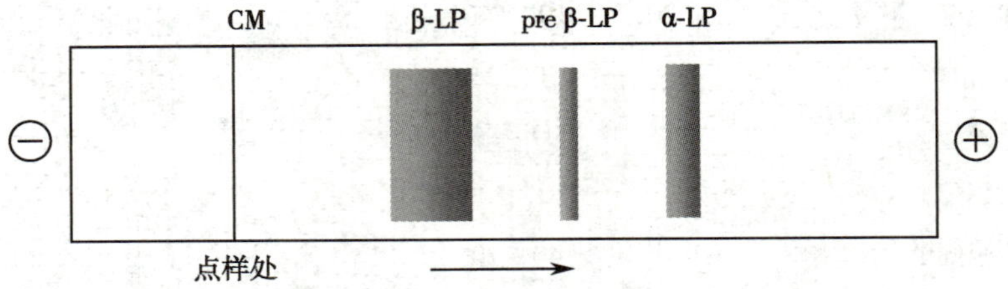

图 7-15 血浆脂蛋白琼脂糖凝胶电泳图谱

2. **密度法** 这种方法依据各种血浆脂蛋白含脂类和蛋白质数量各不相同,因而密度不同加以分离的。离心时需要一定密度的盐溶液作为介质,血浆样品在超速离心时由于其中的各种脂蛋白密度大小不同,会在离心管介质的不同部位沉降。按密度由小到大分别是乳糜微粒(CM)、极低密度脂蛋白(VLDL)、低密度脂蛋白(low density lipoprotein,LDL)和高密度脂蛋白(high density lipoprotein,HDL)。

除上述四种脂蛋白外,还有一种中间密度脂蛋白(intermediate density lipoprotein,IDL),其密度介于 VLDL 与 LDL 之间,是由 VLDL 在血浆中代谢产生的。

(三) 血浆脂蛋白的组成

各种血浆脂蛋白都是由载脂蛋白、甘油三酯、磷脂、胆固醇及胆固醇酯组成的,但是各种成分所占的比例却大不相同(表 7-3)。乳糜微粒的主要成分是甘油三酯,占总量的 80% ~ 95%。VLDL 也以甘油三酯为主,占 50% ~ 70%。LDL 的主要成分是胆固醇及胆固醇酯,占总量的45% ~ 50%。HDL 的蛋白质含量最多,高达 50%(表 7-3)。

表7-3 各种血浆脂蛋白的性质、组成和功能

分类	密度法	CM	VLDL	LDL	HDL
	电泳法	CM	前 β-LP	β-LP	α-LP
性质	密度(g/ml)	<0.95	0.95~1.006	1.006~1.063	1.063~1.210
	漂浮系数(S_f)	>400	20~400	0~20	沉降
	颗粒直径(nm)	80~500	25~70	19~23	4~10
组成(%)	蛋白质	0.5~2	5~10	20~25	50
	脂 类	98~99	90~95	75~80	50
	甘油三酯	80~95	50~70	10	5
	磷 脂	5~7	15	20	25
	总胆固醇	1~4	15~19	45~50	20
	游离胆固醇	1~2	5~7	8	5
	胆固醇酯	3	10~12	40~42	15~17
主要载脂蛋白		AI,B_{48},CI,CII,CIII	B_{100},CI,CII,CIII,E	B_{100}	AI,AII,D
合成部位		小肠黏膜细胞	肝细胞	血浆	肝、小肠、血浆
功能		转运外源性甘油三酯	转运内源性甘油三酯	转运胆固醇到肝外	转运肝外胆固醇入肝

(四) 载脂蛋白

血浆脂蛋白中的蛋白质部分称为载脂蛋白。目前已发现了二十多种载脂蛋白,分为 Apo A、Apo B、Apo C、Apo D、Apo E 五大类。每一类又分为不同的亚类,如 Apo A 分为 AI、AII、AIV 及 AV;Apo B 分为 B_{100}、B_{48};Apo C 分为 CI、CII、CIII 及 CIV。不同的脂蛋白含不同的载脂蛋白,如 CM 含 Apo B_{48} 而不含 Apo B_{100};VLDL 除含 Apo B_{100} 外,还有 Apo CI、Apo CII、Apo CIII 及 Apo E;LDL 几乎只含 Apo B_{100};而 HDL 主要含 Apo AI 及 Apo AII。

载脂蛋白具有以下功能:作为载体运输血浆脂类物质;稳定脂蛋白的结构;调节脂蛋白代谢关键酶的活性;参与脂蛋白受体的识别。

(五) 血浆脂蛋白的代谢

参与脂蛋白代谢的主要酶类有脂蛋白脂肪酶(LPL)及肝脂肪酶(HL)和卵磷脂胆固醇脂酰基转移酶(LCAT)。前两种脂肪酶的功能是作用于脂蛋白颗粒中甘油三酯,使其水解为甘油与脂肪酸,从而促进脂蛋白的代谢。LCAT 的作用是催化胆固醇进行酯化。

血浆脂蛋白的受体是一类位于细胞膜上的糖蛋白,能识别相应的脂蛋白并与之结合,从而介导细胞对脂蛋白摄取与代谢。主要类型有:VLDL 受体、LDL 受体、HDL 受体及清道夫受体。前三者在体内各组织分布广泛,主要作用是分别与血浆中的 VLDL、LDL 及 HDL 结合,使它们进入细胞内代谢,而清道夫受体主要存在于巨噬细胞及血管内皮细胞表面,能摄取血浆中被修饰的 LDL(如氧化型 LDL),并与动脉粥样硬化(atherosclerosis,AS)的形成有关。

1. 乳糜微粒 CM 是小肠黏膜细胞利用食物中消化吸收的脂类合成的脂蛋白,形成后经淋巴循环进入血液。它的主要成分是甘油三酯,主要功能是转运外源性脂肪及胆固醇。当进食大量脂肪后,CM 入血增多,血浆出现乳浊样外观,但由于 CM 在血浆中代谢迅速,半衰期只有 5~15 分钟,所以几小时后血浆便澄清了,这种现象称为脂肪的廓清。正常人空腹 12~14 小时后血浆中不再含有 CM。

2. 极低密度脂蛋白　VLDL 主要由肝脏合成,合成后进入血液代谢,它的主要成分也是甘油三酯。其功能是转运内源性脂肪至全身各组织利用。VLDL 在血浆中的半衰期为 6～12 小时,所以正常成人空腹时血浆中的含量也很少。

3. 低密度脂蛋白　LDL 是由血浆中的 VLDL 转变而来的,主要成分是胆固醇及胆固醇酯,它的功能是从肝脏转运胆固醇至全身组织细胞。LDL 的半衰期为 2～4 天,是正常成人空腹时血浆中的主要脂蛋白,约占血浆脂蛋白总量的 2/3。血浆 LDL 增高的人,容易患动脉粥样硬化,称之为动脉粥样硬化因子。

4. 高密度脂蛋白　HDL 主要由肝脏合成,小肠黏膜细胞也能合成。它的主要成分是蛋白质,运输的脂类以磷脂和胆固醇为主。HDL 的生理功能是将肝外组织的胆固醇转运至肝脏进行代谢,称之为胆固醇的逆向转运,有利于降低血胆固醇。HDL 的半衰期为 3～5 天,正常人空腹时血浆中的 HDL 约占脂蛋白质总量的 1/3。血浆 HDL 增高的人,不容易患动脉粥样硬化,称之为抗动脉粥样硬化因子。

三、血浆脂蛋白代谢异常

案例分析

患者男,40 岁,公司职员,工作忙,饮食偏荤,基本不从事体育锻炼,肥胖,吸烟,饮酒。

体检:甘油三酯(TG):4.8mmol/L,总胆固醇(TC):6.25mmol/L,血压:110/170mmHg,高密度脂蛋白胆固醇(HDL-C):1.17mmol/L,低密度脂蛋白胆固醇(LDL-C):4.01mmol/L,血尿酸(UA):464.5μmol/L,空腹血糖:5.6mmol/L。

思考:1. 该患者可能的诊断是什么?

2. 除药物治疗外,该患者平时应注意哪些问题?

血浆中甘油三酯或胆固醇含量升高称为高脂血症。由于脂类物质在血浆中是以脂蛋白形式运输的,因此高脂血症也称高脂蛋白血症。一般成人空腹时 12～14 小时血甘油三酯超过 2.26mmol/L(200mg/dl)、胆固醇超过 6.21mmol/L(240mg/dl),儿童胆固醇超过 4.14mmol/L(160mg/dl)时,都称为高脂血症。

1970 年世界卫生组织建议将高脂蛋白血症分为五型六类(表7-4)。

表 7-4　高脂蛋白血症的分型及特征

类型	脂蛋白变化	血脂变化	发病率
I	CM↑	TG↑↑↑	罕见
IIa	LDL↑	TC↑↑	常见
IIb	VLDL 及 LDL↑	TC↑,TG↑	常见
III	IDL↑	TC↑,TG↑	罕见
IV	VLDL↑	TG↑↑	常见
V	CM 及 VLDL↑	TG↑↑↑,TC↑	较少

目前临床上将高脂血症简单分为 4 类:高甘油三酯血症、高胆固醇血症、混合型高脂血症低高密度脂蛋白血症。

高脂血症分为原发性和继发性两大类。原发性高脂血症是原因不明的高脂血症,主要与某些遗传性缺陷有关,如参与脂蛋白代谢的关键酶、载脂蛋白及脂蛋白受体的先天缺陷。继发性高脂血症是继发于其他疾病如糖尿病、肾病和甲状腺功能减退等,致使体内脂代谢紊乱所导致。

知识链接

脂蛋白代谢紊乱与动脉粥样硬化

动脉粥样硬化(AS)是指动脉内膜的脂质、血液成分的沉积,平滑肌细胞及胶原纤维增生,伴有坏死及钙化等不同程度病变的一类慢性进行性病理过程。AS 主要损伤动脉内膜,严重时累及中膜,最常受累的是主动脉、脑动脉、肾动脉及周围动脉等,AS 是心脑血管系统最常见的疾病之一,严重危害人类健康。

AS 的发生、发展与血浆脂蛋白代谢紊乱密切相关,据研究证明:若一种或几种脂蛋白的结构和代谢发生异常,都可能引起 AS。

小结

脂类分为脂肪和类脂两大类。类脂包括磷脂、糖脂、胆固醇及胆固醇酯。

脂肪分解时先在脂肪酶作用下水解,又称脂肪动员。脂肪水解后释放甘油与脂肪酸,脂肪酸在肝脏及肌肉等组织代谢,先在胞质中活化后,进入线粒体进行反复的 β-氧化降解成乙酰 CoA,最后通过三羧酸循环彻底氧化分解,同时产生大量能量,成为空腹时人体的主要能源。

脂肪酸在肝脏氧化分解生成的乙酰 CoA 还能在肝脏特有酶系的催化下生成酮体,包括乙酰乙酸、β-羟丁酸和丙酮。这些成分要通过血液循环运往肝外组织进行氧化分解,为肝外组织提供能量,而肝脏本身不能利用酮体成分。在饥饿、高脂低糖膳食及糖尿病时会因为体内脂肪动员增强,导致酮体生成过多而出现酮血症、酮尿症及酮症酸中毒。

脂肪的合成主要在肝脏和脂肪组织,原料是脂肪酸和 α-磷酸甘油。前者以乙酰 CoA 为原料合成,后者主要来自糖代谢。

由花生四烯酸转变而来的前列腺素、血栓素和白三烯属于多不饱和脂肪酸衍生物,在体内具有重要的生理功能。

磷脂是含磷酸的脂类,分为甘油磷脂与鞘磷脂,其中甘油磷脂含量居多,主要有卵磷脂和脑磷脂。体内多数组织都能合成甘油磷脂,而磷脂的分解是在磷脂酶的作用下完成的。

胆固醇在体内有两种存在形式,即游离胆固醇与胆固醇酯。合成胆固醇的主要器官是肝脏,其次是小肠。胆固醇在体内能转化成具有重生理活性物质,如胆汁酸、类固醇激素及维生素 D_3。

血脂是血浆中脂类物质的总称。血脂在血浆中以脂蛋白的形式运输,电泳法及密度分类法都能将血浆脂蛋白分成四种成分。血脂含量超过正常值称为高脂血症,也称为高脂蛋白血症,是动脉粥样硬化的危险因素。

(张丽杰)

练 习 题

一、单项选择题

1. 人类必需脂肪酸是
   A. 硬脂酸　　　B. 软脂酸　　　C. 亚油酸　　　D. 油酸　　　E. 软油酸

2. 生成酮体的主要器官是
   A. 肝　　　　　B. 肾　　　　　C. 小肠　　　　D. 皮肤　　　E. 脑

3. 正常成人空腹时血浆中的主要脂蛋白是
   A. VLDL　　　　B. CM　　　　　C. LDL　　　　D. HDL　　　E. IDL

4. 长期饥饿时,尿中增多的是
   A. 葡萄糖　　　B. 乳酸　　　　C. 甘油　　　　D. β-羟丁酸　　E. 二氧化碳

5. 以胆固醇为前体的是
   A. 维生素 A　　B. 维生素 D　　C. 维生素 E　　D. HSCoA　　E. 维生素 K

6. 脂酰 CoA 发生一次 β-氧化由脱氢生成的 ATP 数为
   A. 2.5　　　　　B. 1.5　　　　　C. 5　　　　　　D. 4　　　　E. 10

二、名词解释

1. 必需脂肪酸　2. 脂肪动员　3. 酮体

三、简答题

1. 简述脂肪酸氧化分解的过程。
2. 简述酮体生成的生理意义。
3. 说明血浆脂蛋白的分类及其生理功能。

选择题参考答案

1. C　2. A　3. C　4. D　5. B　6. D

第八章

蛋白质的分解代谢

学习目标

1. 掌握:氨基酸的脱氨基方式;氨的代谢;α-酮酸的代谢;一碳单位代谢及其意义。
2. 熟悉:熟悉氮平衡;蛋白质的营养价值;食物蛋白质的互补作用;个别氨基酸代谢。
3. 了解:蛋白质生理需要量、营养重要性;氮平衡实验和检测血清转氨酶的临床意义。

体内蛋白质的来源有两个,食物供给和有机体生物合成。机体合成的蛋白质是生物遗传信息表达的产物,是体现生命特征最重要的物质基础。氨基酸是蛋白质合成的原料,同时还是体内许多重要含氮化合物的来源。体内蛋白质的分解代谢过程是首先分解为氨基酸,然后再进行转化反应或氧化供能。本章重点介绍生物体内氨基酸的分解及转化过程,蛋白质的生物合成过程将在第十二章专门介绍。

第一节 蛋白质的营养作用

一、蛋白质的生理功能

蛋白质是体现生命特征最重要的物质基础,在体内有以下重要的生理功能。

1. **维持组织细胞的生长、更新和修复** 蛋白质是组织细胞的主要组成成分,参与构成各种组织细胞是蛋白质最重要的功能。因此机体必须不断地从膳食中摄取足够量的优质蛋白质,才能满足组织细胞的生长发育、更新和修复的需要。

2. **参与机体各种生理活动** 机体的各种生理活动如催化作用、运输物质、免疫防御、代谢调节、基因调控、凝血与抗凝血等等,都需要蛋白质的直接或间接参与。此外,蛋白质分解产生的氨基酸,可进一步代谢生成胺类、神经递质及激素等生理活性物质,也可作为血红素、活性肽类、嘌呤和嘧啶等重要化合物的合成原料。

3. **氧化供能** 蛋白质还可作为能源物质氧化供能,每克蛋白质在体内彻底氧化分解可释放约 17.19kJ(4.1kcal)的能量。一般情况下,成人每日约有 18% 的能量来自蛋白质,但供能不是蛋白质的主要功能,这种功能可由糖或脂肪代替。

二、蛋白质的需要量和营养价值

(一)蛋白质的需要量

体内蛋白质的合成与分解经常处于动态平衡状态。正常成人的组织蛋白质每日约有 1% ~ 2% 被更新,组织蛋白质降解产生的氨基酸有 3/4 可再利用合成蛋白质,其余的 1/4 被氧化分解,因此每日需要从外界摄入一定量的蛋白质以补充消耗。蛋白质代谢的平衡状态通常用氮平衡进行评价。

1. **氮平衡**　氮平衡(nitrogen balance)是指机体每日摄入氮量与排出氮量的比较。食物中的含氮物质主要是蛋白质,机体排出的含氮物质主要来自蛋白质的分解代谢,因此氮平衡可间接反映体内蛋白质代谢的一般状况。氮平衡有三种情况:

(1) 氮的总平衡:摄入氮量与排出氮量相等,表明机体蛋白质的合成与分解处于动态平衡状态,见于正常成人的蛋白质代谢情况。

(2) 氮的正平衡:即指摄入氮量大于排出氮量,表明体内蛋白质的合成大于分解,见于儿童、青少年、孕妇及疾病恢复期患者等。

(3) 氮的负平衡:摄入氮量小于排出氮量,表明体内蛋白质的合成小于分解,见于长期饥饿、营养不良、消耗性疾病、严重烧伤、大量失血等。

2. **生理需要量**　根据氮平衡实验测算,60kg 体重的健康成人每日最低分解约20g 蛋白质。由于食物蛋白质与人体蛋白质在氨基酸组成上的差异性,食物蛋白质分解的氨基酸不可能全部被人体利用,所以成人每日蛋白质的最低生理需要量应大于 30g。2000 年我国营养学会推荐成人每日蛋白质需要量为 80g 左右。

(二) 蛋白质的营养价值

1. **必需氨基酸**　机体需要但体内不能合成,必须由食物供给的氨基酸被称为营养必需氨基酸(nutritionally essential amino acid)。构成蛋白质的氨基酸有 20 种,氮平衡实验证明,其中的 8 种为人体必需氨基酸,它们是:赖氨酸、色氨酸、苯丙氨酸、甲硫氨酸、苏氨酸、缬氨酸、异亮氨酸、亮氨酸。组氨酸和精氨酸虽能在体内合成,但合成量较少,若长期缺乏也会造成氮的负平衡,因此有将这两种氨基酸也归类为必需氨基酸;酪氨酸和半胱氨酸在体内分别由苯丙氨酸和甲硫氨酸转变而来,食物中这两种氨基酸的量充足时,机体可减少对苯丙氨酸和甲硫氨酸的消耗,故称其为半必需氨基酸。

2. **蛋白质的营养价值**　食物蛋白质在机体内的利用率称为蛋白质的营养价值,食物蛋白质的利用率愈高,其营养价值也愈高。蛋白质的营养价值主要取决于其必需氨基酸的种类、数量和比例。一般来说,蛋白质的必需氨基酸种类齐全、含量高、比例接近人体的需要,其营养价值高;反之则营养价值低。与植物性蛋白质比较,动物性蛋白质所含必需氨基酸的种类和比例更接近人体的需要,故其营养价值较高。若将营养价值较低的蛋白质混合食用,其必需氨基酸在种类和数量上可以得到互相补充,从而使蛋白质的营养价值提高,此称为食物蛋白质的互补作用。例如谷类蛋白质含色氨酸较丰富而赖氨酸较少,有些豆类蛋白质含赖氨酸较多但色氨酸较少,将这两种蛋白质混合食用时,二者所含的必需氨基酸恰好互相补充,可明显提高其营养价值。

🎓 **课堂讨论**

1. 给家人做一顿营养早餐粥,下列两种粥的配方:①大米、小米和玉米;②大米、小米和大豆,你认为哪种营养更丰富? 为什么?

2. 现在流行素食风,这样的饮食合理吗? 为什么?

三、蛋白质在肠道的腐败作用

在正常的食物蛋白质的消化吸收过程中,食物蛋白质约 95% 被消化吸收,仅有一小部分不被消化或消化不完全,也有小部分消化产物未被吸收,进入大肠后会受到细菌的代谢作用。肠道细菌对未消化的蛋白质及其未吸收的消化产物的代谢作用称为蛋白质的腐败作用(putrefaction)。腐败作用的产物大多数对人体有害,例如胺类、酚类、氨、吲哚及硫化氢。只有少数对机体有一定的营养作用,例如维生素(维生素 K、B₆、B₁₂、叶酸、生物素)和脂肪酸等。

(一) 胺类的生成

肠道细菌的蛋白酶分解蛋白质为氨基酸。氨基酸在细菌的氨基酸脱羧酶作用下,脱去羧基生成胺类。例如酪氨酸、苯丙氨酸、组氨酸、色氨酸及赖氨酸脱羧基分别生成酪胺、苯乙胺、组胺、色胺及尸胺。这些胺类大多对人体有毒性,如组胺和尸胺有降低血压的作用,酪胺具有升高血压的作用。正常情况下,这些胺类物质主要在肝内经生物转化作用转变为无毒性物质排出体外。当肝功能受损时,酪胺和苯乙胺不能在肝内及时转化,易进入脑组织分别被羟化酶羟化形成 β-羟酪胺和苯乙醇胺,其结构类似于神经递质儿茶酚胺,称为假神经递质(false neurotransmitter),可竞争性地干扰正常神经递质儿茶酚胺的作用,阻碍神经冲动传递,使大脑发生异常抑制,这是肝性脑病发生的原因之一。

知识链接

氨基酸吸收机制

γ-谷氨酰基循环最早由 Meister 提出,故又称为 Meister 循环。γ-谷氨酰基转移酶(γ-glutamyl transferase)是该循环的关键酶,位于细胞膜上,其余的酶均存在于胞液中。此循环对氨基酸的转运是主动耗能过程,其过程是:在 γ-谷氨酰基转移酶催化下,肠道的氨基酸与谷胱甘肽反应生成 γ-谷氨酰氨基酸。γ-谷氨酰氨基酸在 γ-谷氨酸环化转移酶的作用下,将氨基酸释放到细胞内而被吸收。同时生成的 5-氧脯氨酸再经过一系列反应生的成谷胱甘肽,又去参与转运肠道的氨基酸。

(二) 氨的生成

氨基酸在肠道细菌的作用下脱氨基生成氨。另外,血液中的尿素渗入肠道,经肠道细菌尿素酶的水解也可生成氨。这些氨均可被吸收入血,在肝中合成尿素从尿排出。肠道吸收的氨是体内氨的重要来源之一。降低肠道 pH 值,可减少氨的吸收。

(三) 其他有害物质的生成

腐败作用还可产生苯酚、吲哚、甲基吲哚及硫化氢等有害物质。正常情况下,上述有害物质大部分随粪便排出,只有小部分被吸收,在肝内生物转化后,经尿液排出体外。

第二节　氨基酸的一般代谢

一、氨基酸代谢概况

体内氨基酸的来源有食物蛋白质的消化吸收、组织蛋白质的降解和非必需氨基酸的合成。这三部分氨基酸混合在一起,不分彼此,分布于体内各组织细胞内和体液中,通过血液循环在各组织之间转运,共同参与分解代谢与合成代谢,构成氨基酸代谢库(metabolic pool)。氨基酸代谢库一般是以游离氨基酸总量来计算的。氨基酸在体内各组织中的分布很不均匀,肌肉中的氨基酸占总代谢库的 50% 以上,肝约占 10%,肾约占 4%,血浆占 1% ~6%。由于肝、肾体积较小,实际上它们所含游离氨基酸的浓度很高,氨基酸的代谢也很旺盛。正常情况下,氨基酸代谢库中氨基酸的来源和去路维持动态平衡,如图 8-1。氨基酸在细胞内的主要功能是合成蛋白质和多肽;还有少量氨基酸可用于合成胺类和其他含氮化合物,如嘌呤、嘧啶、肌酸等;此外,有一部分氨基酸可转变为糖和脂类物质或氧化供能。氨基酸的分解代谢主要是通过脱氨基作用生成 α-酮酸,然后再进行氧化分解(图 8-1)。

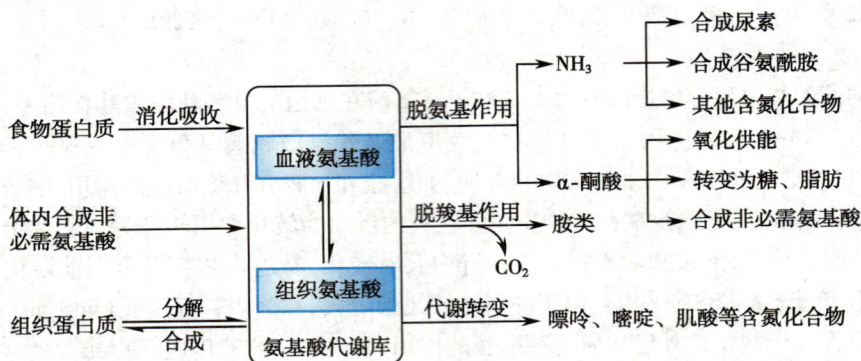

图 8-1　氨基酸代谢概况

由于各种氨基酸具有共同的结构特点,因此他们在代谢上也有相同的规律。多数氨基酸分解代谢的第一步是脱氨基作用,由此生成的氨和 α-酮酸再分别进行代谢,此即氨基酸的一般代谢。

二、氨基酸的脱氨基作用

氨基酸脱去 α-氨基生成 α-酮酸的反应过程称为氨基酸脱氨基作用。脱氨基作用主要包括氧化脱氨基作用、转氨基作用、联合脱氨基作用和嘌呤核苷酸循环等方式,联合脱氨基作用是体内主要脱氨基方式。

(一) 氧化脱氨基作用

在酶的催化下,氨基酸经氧化脱去氨基生成 α-酮酸的反应过程,称为氧化脱氨基作用。体内催化氨基酸氧化脱氨基反应的重要酶是 L-谷氨酸脱氢酶(L-glutamate dehydrogenase),它是以 NAD^+ 或 $NADP^+$ 为辅酶的不需氧脱氢酶,能特异地催化 L-谷氨酸脱氢氧化脱去氨基,生成 α-酮戊二酸和 NH_3,反应是可逆的。

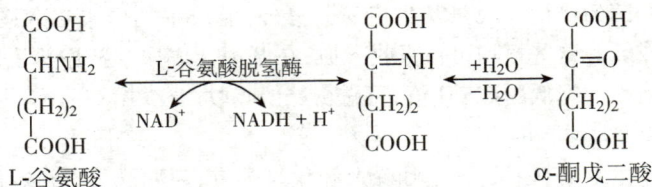

L-谷氨酸脱氢酶是一种由 6 个相同的亚基聚合而成的别构酶,每个亚基的分子量为 56kDa。其变构抑制剂是 ATP 和 GTP,变构激活剂是 ADP 和 GDP。因此,当体内能量不足时能加速氨基酸的氧化,对体内能量代谢起到一定调节作用。L-谷氨酸脱氢酶广泛存在于肝、肾和脑等组织中,其活性很高,在体内氨基酸脱氨基作用中具有重要意义。

(二) 转氨基作用

1. **转氨基作用与转氨酶**　在转氨酶的催化下,氨基酸的 α-氨基可逆地转移到 α-酮酸的酮基上,生成相应的 α-氨基酸,原来的氨基酸则转变成相应的 α-酮酸,此反应过程称为转氨基作用(transamination)。这是体内氨基酸脱氨基作用的一种重要方式。

转氨基反应是可逆反应。转氨酶(transaminase)又称氨基转移酶(aminotransferase),以磷酸吡哆醛或磷酸吡多胺为辅酶,广泛分布于体内各组织细胞中。体内除赖氨酸、苏氨酸、脯氨酸及羟脯氨酸外,大多数氨基酸均能进行转氨基反应,不同氨基酸只能由专一的转氨酶催化。多数转氨酶是以 α-酮戊二酸为氨基的接受体,催化特异氨基酸与之进行转氨基反应,例如丙氨酸转氨酶(alanine transaminase,ALT)和天冬氨酸转氨酶(aspartate transaminase,AST)。

$$
\begin{array}{ccccccc}
\text{COOH} & & \text{COOH} & & \text{COOH} & & \text{COOH} \\
| & & | & & | & & | \\
(\text{CH}_2)_2 & & \text{CH}_3 & & (\text{CH}_2)_2 & & \text{CH}_3 \\
| & + & | & \xrightleftharpoons{\text{ALT}} & | & + & | \\
\text{CHNH}_2 & & \text{C}{=}\text{O} & & \text{C}{=}\text{O} & & \text{CHNH}_2 \\
| & & | & & | & & | \\
\text{COOH} & & \text{COOH} & & \text{COOH} & & \text{COOH}
\end{array}
$$

谷氨酸　　　丙酮酸　　　　α-酮戊二酸　　丙氨酸

$$
\begin{array}{ccccccc}
\text{COOH} & & \text{COOH} & & \text{COOH} & & \text{COOH} \\
| & & | & & | & & | \\
(\text{CH}_2)_2 & & \text{CH}_2 & & (\text{CH}_2)_2 & & \text{CH}_3 \\
| & + & | & \xrightleftharpoons{\text{ALT}} & | & + & | \\
\text{CHNH}_2 & & \text{C}{=}\text{O} & & \text{C}{=}\text{O} & & \text{CHNH}_2 \\
| & & | & & | & & | \\
\text{COOH} & & \text{COOH} & & \text{COOH} & & \text{COOH}
\end{array}
$$

谷氨酸　　　草酰乙酸　　　　α-酮戊二酸　　天冬氨酸

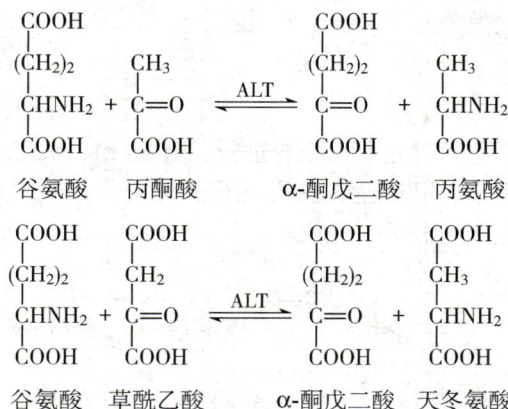

ALT 又称谷丙转氨酶(glutamic pyruvic transaminase, GPT), AST 又称谷草转氨酶(glutamic oxaloacetic transaminase, GOT), 这两种酶是体内分布很广、活性较高的转氨酶。

转氨基作用不只限于氨基酸的 α-氨基, 例如鸟氨酸的 δ-氨基也能与 α-酮戊二酸转氨基生成谷氨酸和谷氨酸-γ-半醛。

2. 转氨酶的作用机制　转氨酶的辅酶磷酸吡哆醛以共价键连接于酶分子活性中心赖氨酸残基的 ε-氨基上。在转氨基过程中, 磷酸吡哆醛先从氨基酸分子中接受氨基转变成磷酸吡哆胺, 氨基酸脱去氨基则生成相应的 α-酮酸。磷酸吡哆胺进一步将氨基转移给另一种 α-酮酸而生成相应的氨基酸, 磷酸吡哆胺又转变成磷酸吡哆醛。因此, 在转氨基反应过程中, 磷酸吡哆醛与磷酸吡哆胺两种形式的互变, 起到了传递氨基的作用(图 8-2)。

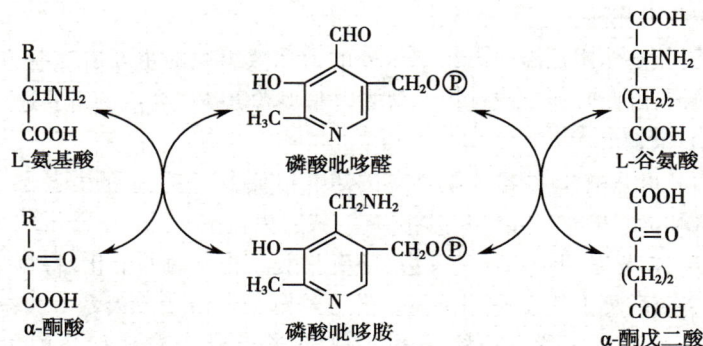

图 8-2　转氨基作用

3. 转氨酶的临床意义　转氨酶属于细胞内酶, 正常情况下, 只有少量的酶逸出细胞进入血液, 故在血清中的活性很低。当某种原因导致组织细胞受损或细胞膜通透性增高时, 转氨酶可大量释放入血, 造成血清中转氨酶活性显著升高。根据各组织细胞中转氨酶活性的差异性(表 8-1), 血清特定的转氨酶活性测定值可作为某种疾病诊断和观察预后的参考指标, 例如急性肝炎患者血清中 ALT 活性明显升高, 心肌梗死患者血清中 AST 活性显著上升。

表 8-1　正常人组织中 ALT 和 AST 的活性(单位/每克湿组织)

组织	ALT	AST	组织	ALT	AST
心脏	7100	156 000	胰腺	2000	28 000
肝	44 000	142 000	脾	1200	14 000
骨骼肌	4800	99 000	肺	700	10 000
肾脏	19 000	91 000	血液	16	20

转氨基作用只是把氨基酸分子中的氨基转移给了α-酮戊二酸或其他α-酮酸,并没有达到脱去氨基的目的。

(三) 联合脱氨基作用

转氨基作用与谷氨酸氧化脱氨基作用联合进行,即转氨酶与L-谷氨酸脱氢酶联合作用,使氨基酸脱去氨基的反应过程,称为联合脱氨基作用(图8-3)。

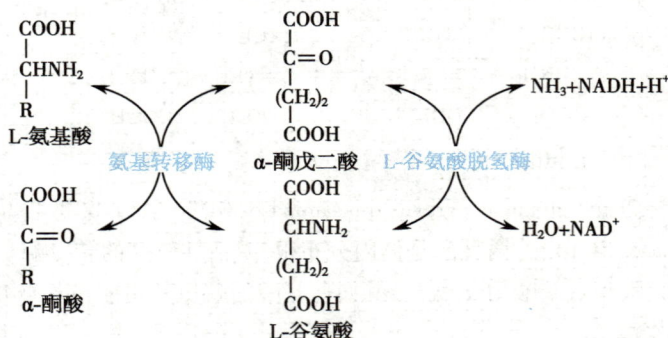

图8-3　联合脱氨基作用

转氨酶在体内分布广、种类多、活性高,但它只是将氨基酸的氨基转移到α-酮酸上生成了新的氨基酸,并没有将氨基脱掉;L-谷氨酸脱氢酶的分布也很广、活性非常高(肌肉组织除外),但它的特异性很强,只能催化L-谷氨酸氧化脱氨基,不能催化其他氨基酸氧化脱去氨基。而且,体内转氨酶多数是催化特异氨基酸与α-酮戊二酸之间进行转氨基反应的。因此,这两种酶的联合可使大多数氨基酸脱去氨基。

意义:①联合脱氨基作用是除肌肉组织以外的大多数组织的主要脱氨基方式;②联合脱氨基反应过程是可逆的,因此其逆反应过程也是体内非必需氨基酸合成的重要途径。

(四) 嘌呤核苷酸循环

在骨骼肌和心肌组织中,L-谷氨酸脱氢酶的活性很低,这些组织的氨基酸难以经上述联合脱氨基作用脱去氨基,而是通过嘌呤核苷酸循环方式脱去氨基。

此种脱氨基方式首先是两步转氨基反应,即氨基酸经转氨酶的催化,将氨基转移给α-酮戊二酸生成谷氨酸,谷氨酸再由AST作用将氨基转移给草酰乙酸生成天冬氨酸;然后是嘌呤核苷酸循环反应,即天冬氨酸与次黄嘌呤核苷酸(IMP)缩合生成腺苷酸代琥珀酸,后者裂解生成AMP和延胡索酸,AMP在腺苷酸脱氨酶的催化下脱去氨基重新生成IMP,并释放出氨。由此可见,这种脱氨基方式也可以看作是另一种联合脱氨基方式(图8-4)。

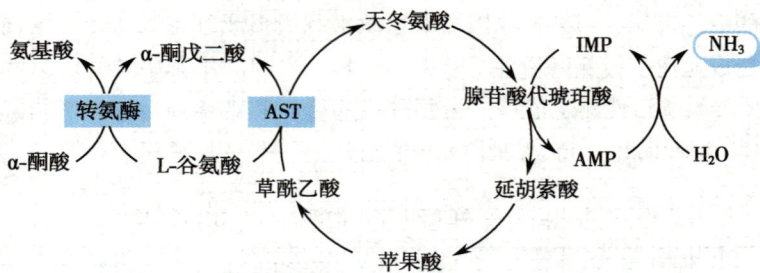

图8-4　嘌呤核苷酸循环

三、氨 的 代 谢

机体内代谢产生的氨及消化道吸收的氨进入血液,形成血氨。正常生理状态下,血氨浓度为47~65μmol/L。氨是有毒物质,特别是脑组织对氨极为敏感,血氨过高可引起中枢神经系统功能紊乱,造成氨中毒。

(一) 体内氨的来源与去路

1. 氨的来源　体内氨的来源包括体内代谢产生、消化道吸收和肾小管细胞重吸收。

(1) 体内代谢产生的氨:组织细胞中氨基酸经脱氨基作用产生的氨是体内氨的主要来源。此外,胺类、嘌呤、嘧啶等含氮化合物的分解代谢亦可产生少量氨。

(2) 肠道吸收的氨:肠道吸收的氨主要有两个来源,包括氨基酸在肠道细菌的作用下脱氨基生成的氨,以及血液中尿素渗入肠道经肠道细菌尿素酶水解生成的氨。肠道产氨量较多,每日约4g,主要在结肠被吸收入血。肠道中吸收氨的速度与肠道的 pH 密切相关。当肠道 pH 值偏低时,NH_3 与 H^+ 结合形成 NH_4^+ 并随粪便排出;肠道 pH 值偏高时,NH_4^+ 易于转变成 NH_3,NH_3 比 NH_4^+ 易于透过细胞膜而被吸收入血。临床上给高血氨患者做结肠透析采用弱酸性透析液,就是为了减少氨的吸收、促进氨的排泄。

(3) 肾小管上皮细胞产生的氨:肾小管上皮细胞中的谷氨酰胺在谷氨酰胺酶催化下,水解生成谷氨酸和氨。这部分氨的去向决定于原尿的 pH 值。若原尿的 pH 值偏酸,这部分氨易于分泌到肾小管管腔中,与原尿中的 H^+ 结合成 NH_4^+,并以铵盐的形式随尿排出体外,这对调节机体的酸碱平衡起着重要作用。如果原尿偏碱性,则妨碍肾小管上皮细胞中氨的分泌,此时氨易被吸收入血,成为血氨的另一个来源。因此,临床上对因肝硬化产生腹水的患者,不宜使用碱性利尿药,以防氨的吸收增加而引起血氨升高。

2. 氨的去路

(1) 合成尿素:大部分氨在肝细胞中合成尿素,然后经血液运输至肾随尿排出体外。这是体内氨的主要去路,正常成人尿素可占排氮总量的80% ~90%。

(2) 合成非必需氨基酸。

(3) 参与合成嘌呤核苷酸和嘧啶核苷酸等含氮化合物。

(4) 少部分氨在肾小管与 H^+ 结合,以铵盐形式随尿排出。

可见,氨虽然是剧毒物质,但也有一定生理功用。

(二) 氨的转运

体内各组织产生的有毒性的氨必须以无毒的形式经血液运输到肝脏合成尿素解毒,或运至肾脏以铵盐形式随尿排出。氨在血液中主要以丙氨酸和谷氨酰胺两种形式运输。

1. 丙氨酸-葡萄糖循环　丙氨酸的运氨作用是通过丙氨酸-葡萄糖循环实现的。肌肉中的氨基酸经过连续转氨基作用,最终将氨基转移至丙酮酸生成丙氨酸。丙氨酸通过血液运送到肝,在肝中,丙氨酸经联合脱氨基作用又转变成丙酮酸并释放出氨。氨用于合成尿素,丙酮酸则经糖异生作用转化为葡萄糖。葡萄糖由血液运输至肌肉,并循糖酵解途径又分解生成丙酮酸,后者可再次接受氨基生成丙氨酸。通过丙氨酸与葡萄糖的反复互变,从而将氨从肌肉中不断地转运到肝脏去合成尿素,因此,将这一途径称为丙氨酸-葡萄糖循环(alanine-glucose cycle)(图 8-5)。通过这一循环,不仅将肌肉中的氨以无毒的丙氨酸形式运输到肝脏,同时肝脏又为肌肉提供了能生成丙酮酸的葡萄糖。

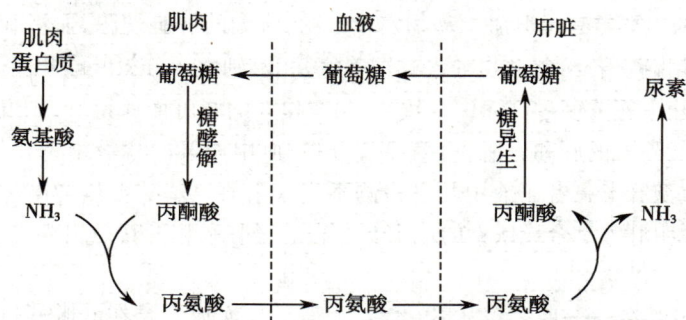

图 8-5　丙氨酸-葡萄糖循环

2. 谷氨酰胺的生成与分解 脑和肌肉(约占 1/3)等组织可通过谷氨酰胺形式向肝或肾运送氨。这些组织中的氨与谷氨酸在谷氨酰胺合成酶的催化下合成谷氨酰胺,由血液运输到肝或肾,再经谷氨酰胺酶催化水解为谷氨酸和氨。谷氨酰胺的合成与分解是由不同的酶催化的不可逆反应。

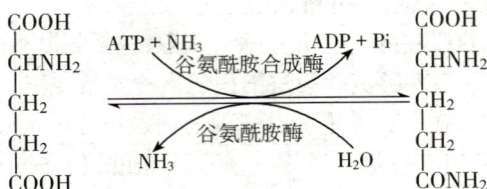

$$
\begin{array}{l}
\text{COOH} \\
|\\
\text{CHNH}_2 \\
|\\
\text{CH}_2 \\
|\\
\text{CH}_2 \\
|\\
\text{COOH}
\end{array}
\quad
\xrightarrow[\text{谷氨酰胺酶}]{\text{ATP}+\text{NH}_3 \quad\text{谷氨酰胺合成酶}\quad \text{ADP}+\text{Pi}}
\quad
\begin{array}{l}
\text{COOH} \\
|\\
\text{CHNH}_2 \\
|\\
\text{CH}_2 \\
|\\
\text{CH}_2 \\
|\\
\text{CONH}_2
\end{array}
$$

$\text{NH}_3 \quad\quad \text{H}_2\text{O}$

谷氨酰胺在脑组织细胞固定和转运氨的过程中起着主要作用,成为脑组织氨解毒的重要方式,临床上氨中毒所致的肝性脑病患者可服用或输入谷氨酸盐以降低血氨浓度。此外,谷氨酰胺还能为体内嘌呤和嘧啶等含氮化合物的合成提供氨基。因此,谷氨酰胺既是氨的解毒产物,也是氨的利用、贮存和运输形式。

谷氨酰胺还可以为天冬氨酸提供氨基使其转变成天冬酰胺。这样在正常细胞能合成足量的天冬酰胺以供蛋白质合成的需要。但白细胞不能或很少能合成天冬酰胺,必须由血液从其他组织器官运输而来。由此临床上在治疗白血病时,可应用天冬酰胺酶催化天冬酰胺水解成天冬氨酸,从而减少血液中的天冬酰胺,使白细胞合成蛋白质原料不足,达到治疗白血病的目的。

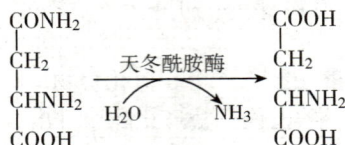

$$
\begin{array}{l}
\text{CONH}_2 \\
|\\
\text{CH}_2 \\
|\\
\text{CHNH}_2 \\
|\\
\text{COOH}
\end{array}
\quad
\xrightarrow[\text{H}_2\text{O}\quad\quad\text{NH}_3]{\text{天冬酰胺酶}}
\quad
\begin{array}{l}
\text{COOH} \\
|\\
\text{CH}_2 \\
|\\
\text{CHNH}_2 \\
|\\
\text{COOH}
\end{array}
$$

知识链接

鸟氨酸循环的提出和证实

1932 年 Krebs 等人利用大鼠肝切片作体外实验,发现在供能的条件下,可由 CO_2 和氨合成尿素。若在反应体系中加入少量的精氨酸、鸟氨酸或瓜氨酸可加速尿素的合成,而这种氨基酸的含量并不减少。为此,Krebs 等人提出了鸟氨酸循环学说。主要实验依据有:①大鼠肝切片与 NH_4^+ 保温数小时,$NH_4^+\downarrow$,尿素↑;②加入鸟氨酸、瓜氨酸和精氨酸后,尿素↑;③上述三种氨基酸结构上彼此相关;④早已证实肝中有精氨酸酶。

(三) 尿素的合成

1. 合成尿素的主要器官是肝脏 动物实验证明,将犬的肝脏切除,血液和尿中尿素的含量会明显降低,血氨增高。若给此动物输入或饲养氨基酸,则大部分氨基酸积存于血液中,有一部分随尿排出,因血液中氨浓度过高而中毒致死;若切除犬的肾脏而保留肝,则发现血中尿素浓度明显升高;若同时切除犬的肝和肾脏,血氨显著升高,血中尿素的含量维持在较低水平。此外,临床上可见急性重型肝炎患者血液中几乎检测不到尿素而氨基酸含量增高。这些动物实验和临床观察都充分说明肝脏是合成尿素的最主要器官。肾脏和脑等其他组织也能合成尿素,但合成量极少。

2. 尿素的合成途径——鸟氨酸循环 大量的研究证实尿素是在肝脏通过鸟氨酸循环途径合成的。鸟氨酸循环的详细过程可分为以下四步:

（1）氨基甲酰磷酸的合成：尿素循环启动的第一步是合成氨基甲酰磷酸。在肝细胞线粒体内氨基甲酰磷酸合成酶Ⅰ（carbamoyl phosphate synthetase Ⅰ，CPS-Ⅰ）的催化下，氨及二氧化碳缩合成氨基甲酰磷酸，反应需要 Mg^{2+}、ATP 及 N-乙酰谷氨酸（N-acetyl glutamic acid，AGA）等辅助因子的参与。氨基甲酰磷酸含有高能键，属高能化合物，性质活泼，在酶的催化下很容易与下一步的鸟氨酸反应生成瓜氨酸。

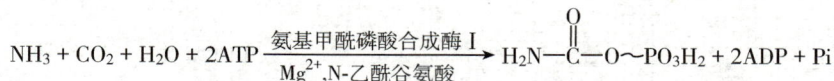

$$NH_3 + CO_2 + H_2O + 2ATP \xrightarrow[Mg^{2+},\text{N-乙酰谷氨酸}]{\text{氨基甲酰磷酸合成酶}\ I} H_2N-\overset{\overset{O}{\|}}{C}-O\sim PO_3H_2 + 2ADP + Pi$$

此反应需要消耗 2 分子 ATP，为酰胺键和酸酐键的合成提供能量；CPS-Ⅰ是鸟氨酸循环启动的关键酶，催化不可逆反应，N-乙酰谷氨酸是此酶的必需激活剂。N-乙酰谷氨酸是由乙酰 CoA 和谷氨酸在 N-乙酰谷氨酸合成酶的催化下缩合而成，它可诱导 CPS-Ⅰ的构象发生改变，进而增加酶对 ATP 的亲和力。AGA 和 CPS-Ⅰ都存在于肝细胞线粒体中。

（2）瓜氨酸的生成：在线粒体内鸟氨酸氨基甲酰转移酶（ornithine carbamoyl transferase，OCT）的催化下，将氨基甲酰磷酸的氨基甲酰基转移至鸟氨酸上生成瓜氨酸和磷酸。此反应不可逆。瓜氨酸合成后经线粒体内膜上的载体蛋白转运至胞质进行下一步反应。

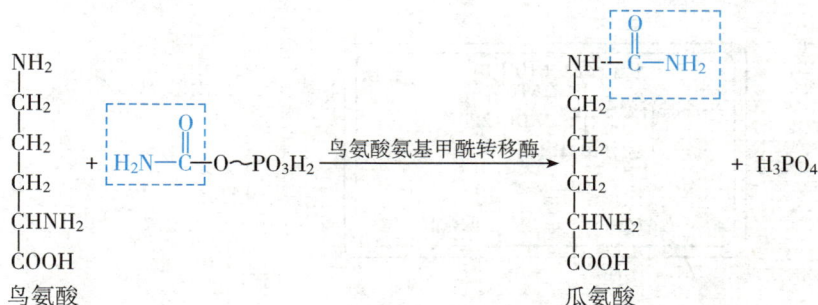

（3）精氨酸的合成：此反应在胞质中完成，分两步进行。首先在精氨酸代琥珀酸合成酶（argininosuccinate synthetase）的催化下，由 ATP 供能，瓜氨酸与天冬氨酸反应，合成精氨酸代琥珀酸。然后在精氨酸代琥珀酸裂解酶的作用下，精氨酸代琥珀酸裂解为精氨酸和延胡索酸。

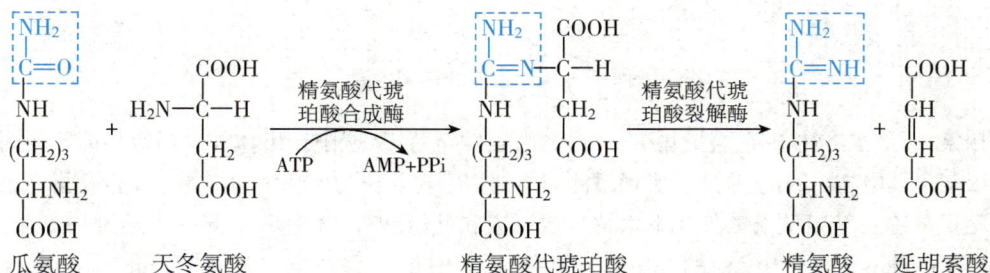

在上述反应过程中，天冬氨酸的氨基为尿素分子的合成提供了第二个氮原子。反应产物精氨酸分子中保留了来自游离的 NH_3 和天冬氨酸分子的氮。

由此生成的延胡索酸可经三羧酸循环的反应步骤加水、脱氢转变成草酰乙酸，后者与谷氨酸经转氨基作用又可生成天冬氨酸继续参与尿素循环。而谷氨酸的氨基可通过转氨基作用来自体内多种氨基酸，使体内多种氨基酸的氨基均可以天冬氨酸的形式参与尿素的生物合成，从而减少了有毒的游离 NH_3 的生成。这样，通过延胡索酸和天冬氨酸将三羧酸循环与尿素循环联系了起来。

（4）精氨酸水解生成尿素：在精氨酸酶的催化下，胞质中的精氨酸水解生成尿素和鸟氨酸。鸟氨酸经线粒体内膜上载体的转运再进入线粒体,参与瓜氨酸的合成,进入下一轮循环。

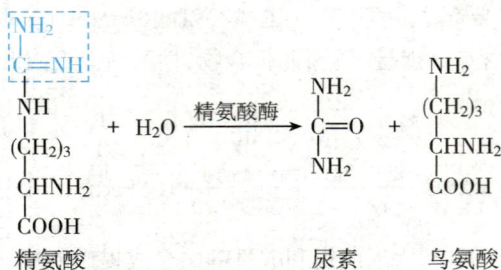

尿素合成的总反应式可总结为:

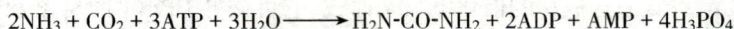

$$2NH_3 + CO_2 + 3ATP + 3H_2O \longrightarrow H_2N\text{-}CO\text{-}NH_2 + 2ADP + AMP + 4H_3PO_4$$

综上所述,合成尿素的两个氮原子,一个来自于各种氨基酸脱氨基作用产生的游离氨,另一个由天冬氨酸提供,而天冬氨酸又可由草酰乙酸通过连续转氨基作用从多种氨基酸获得氨基而生成。因此尿素分子中的两个氮原子都是直接或间接来源于多种氨基酸的氨基。此外,尿素的合成是一个不可逆的耗能过程,每合成1分子尿素需消耗4个高能磷酸键(图8-6)。

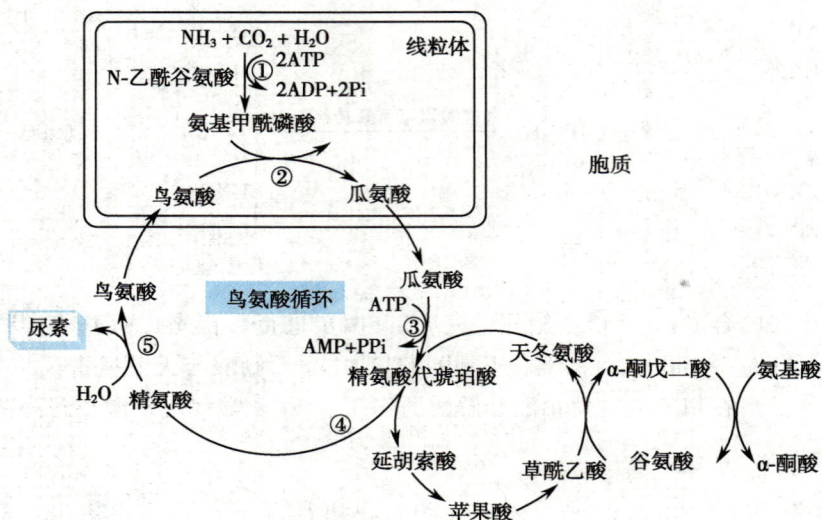

图8-6　尿素合成的中间代谢

尿素无毒、水溶性很强,合成后被分泌入血,运输至肾,从尿中排出体外。当肾功能障碍时,血液中尿素含量增高。因此,临床上常通过测定血清尿素含量作为反映肾功能的重要生化指标之一。

精氨酸除在精氨酸酶的催化下水解生成尿素和鸟氨酸外,还有一小部分可通过一氧化氮合酶(nitric oxide synthase,NOS)的作用直接氧化成瓜氨酸,并释放出一氧化氮(nitric oxide,NO)。一氧化氮是细胞信号转导途径中的重要信息分子,对心血管、消化道等平滑肌的松弛、感觉传入、学习记忆以及抑制肿瘤细胞增殖等方面有重要作用。

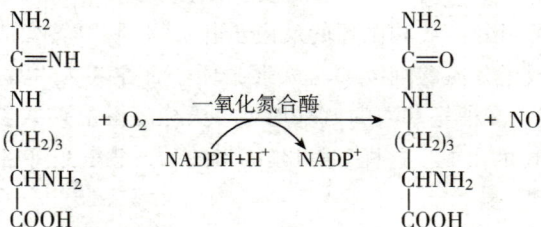

（四）尿素合成的调节

1. 膳食的影响 高蛋白质膳食或长期饥饿情况下，蛋白质分解增多，尿素合成速度加快。反之，低蛋白质膳食或高糖膳食时，尿素合成速度减慢。

2. N-乙酰谷氨酸的调节 N-乙酰谷氨酸是 CPS-I 的别构激活剂，而精氨酸又是 N-乙酰谷氨酸合成酶的激活剂。因此，肝中精氨酸浓度增高时，N-乙酰谷氨酸的生成加速，尿素合成亦加速。故临床上可利用精氨酸来治疗高血氨症。

3. 精氨酸代琥珀酸合成酶的影响 在尿素合成的酶系中，精氨酸代琥珀酸合成酶的活性最低，是尿素合成的关键酶，该酶活性的高低可调节尿素的合成速度。

（五）高血氨症与氨中毒

正常生理情况下，血氨的来源和去路保持着动态平衡状态，肝通过合成尿素在维持这种平衡中起着关键作用，使血氨浓度处于较低水平。当肝功能严重损伤时，可导致尿素合成发生障碍，血氨浓度增高，形成高血氨症（hyperammonemia）。此外，尿素合成相关酶的遗传缺陷也可导致高血氨症。高血氨症可引起脑功能障碍，如呕吐、厌食、间歇性共济失调、嗜睡甚至昏迷等，称为氨中毒。氨中毒的作用机制尚不完全清楚。一般认为，氨可通过血脑屏障进入脑组织，与脑中的 α-酮戊二酸结合生成谷氨酸，氨也可与谷氨酸进一步反应生成谷氨酰胺。高血氨时脑中的氨增加，细胞代偿使以上反应加强以便解氨毒，使脑中 α-酮戊二酸含量减少，结果使三羧酸循环和氧化磷酸化作用均减弱，脑细胞中 ATP 生成减少，大脑能量供应不足。此外，脑中谷氨酸、谷氨酰胺增多，晶体渗透压增大引起脑水肿。

肝性脑病（又称肝性昏迷）是严重肝病引起的中枢神经系统功能紊乱。肝性昏迷机制有氨中毒学说和假性神经递质学说。肝性昏迷常见诱因有上消化道出血、大量排钾利尿、放腹水、高蛋白饮食等。治疗时应减少血氨的来源，例如人工合成的二糖（半乳糖苷果糖）不被肠液中酶水解，而在结肠中可被细菌分解成乳酸及少量的乙酸、甲酸，可降低结肠的 pH 值，从而减少氨的吸收。限制或禁止蛋白质饮食、给予酸性液体灌肠等措施同样可减少氨的吸收。同时也可给予谷氨酸钠等氨基酸溶液从而增加血氨的去路。

四、α-酮酸的代谢

氨基酸经脱氨基后生成的 α-酮酸，可进一步代谢，主要有以下三方面的代谢途径。

（一）氧化供能

各种氨基酸脱氨基生成的 α-酮酸都可通过不同的途径进入三羧酸循环及氧化磷酸化过程彻底氧化分解成 CO_2 和 H_2O，同时释放能量供机体利用。如图 8-4 所示，氨基酸分解代谢可通过三类中间产物进入三羧酸循环，一是丙酮酸，在线粒体内氧化为乙酰 CoA 进入三羧酸循环；二是酮体，直接转变为乙酰 CoA 进入三羧酸循环；三是三羧酸循环的中间产物，这些化合物可先通过苹果酸转运出线粒体，在胞质中经草酰乙酸和磷酸烯醇式丙酮酸转变为丙酮酸，然后再进入线粒体氧化为乙酰 CoA 进入三羧酸循环（图 8-7）。

（二）转变为糖或脂类

各种氨基酸脱氨基后生成的 α-酮酸可转变成糖和脂类。根据其转变途径和产物的不同，可将氨基酸分为三类：生糖氨基酸（glucogenic amino acid），即指可经糖异生途径转变为葡萄糖或糖原的氨基酸；生酮氨基酸（ketogenic amino acid），即指可沿脂肪酸分解代谢途径生成酮体的氨基酸；生糖兼生酮氨基酸（glucogenic and ketogenic amino acid），即能转变为糖又能转变为酮体的氨基酸（表 8-2）。

（三）再氨基化为非必需氨基酸

氨基酸脱氨基生成的 α-酮酸并不一定全部要进入分解代谢或转变为糖和脂类物质，有一部分可再氨基化为原来的氨基酸，或经一定代谢后再氨基化成为某种氨基酸。

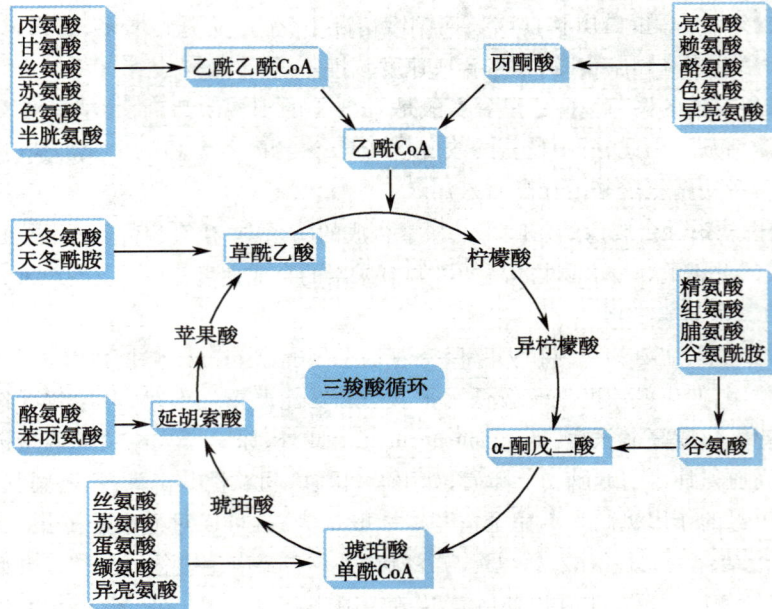

图 8-7 氨基酸进入三羧酸循环的途径

表 8-2 氨基酸按生糖及生酮性质分类

类 别	氨 基 酸
生糖氨基酸	丙氨酸、精氨酸、天冬氨酸、半胱氨酸、谷氨酸、甘氨酸、脯氨酸、甲硫氨酸、丝氨酸、缬氨酸、组氨酸、天冬酰胺、谷氨酰胺
生酮氨基酸	亮氨酸、赖氨酸
生糖兼生酮氨基酸	异亮氨酸、苯丙氨酸、酪氨酸、色氨酸、苏氨酸

糖类等物质代谢产生的 α-酮酸可直接或经转氨基作用氨基化为相应的 α-氨基酸,这是体内合成非必需氨基酸的主要途径。

第三节 个别氨基酸代谢

各种氨基酸的侧链 R 基团互不相同,在体内的代谢过程也各有其特点。某些氨基酸在代谢过程中还可形成具有重要功能的生理活性物质。本节仅叙述几种重要的氨基酸代谢途径。

一、氨基酸的脱羧基作用

氨基酸在氨基酸脱羧酶的催化下,脱去羧基生成胺类的过程称为氨基酸的脱羧基作用。氨基酸脱羧酶的辅酶均为磷酸吡哆醛。生成的胺类物质在体内虽然含量不高,但具有重要的生理功能。胺类物质可在单胺氧化酶(monoamine oxidase,MAO)催化下迅速氧化成醛类、NH_3 和 H_2O,醛进一步氧化成羧酸,羧酸可彻底氧化成 CO_2 和 H_2O 或从尿中直接排出。胺氧化酶类在肝中活性最高,属于黄素酶类。

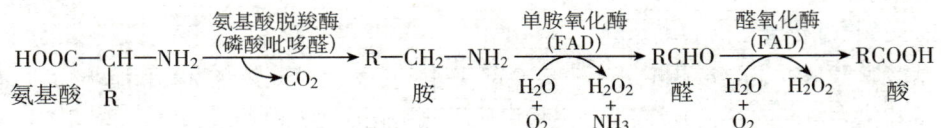

（一）γ-氨基丁酸

在 L-谷氨酸脱羧酶的催化下,谷氨酸脱羧基生成 γ-氨基丁酸（γ-aminobutyric acid,GABA）。谷氨酸脱羧酶在脑和肾组织中活性很高。GABA 是一种抑制性中枢神经递质。

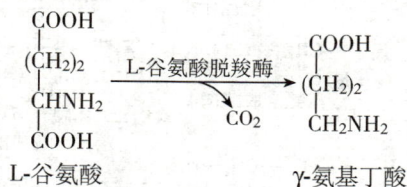

$$
\begin{array}{c}
COOH \\
| \\
(CH_2)_2 \\
| \\
CHNH_2 \\
| \\
COOH
\end{array}
\xrightarrow[\quad CO_2\quad]{\text{L-谷氨酸脱羧酶}}
\begin{array}{c}
COOH \\
| \\
(CH_2)_2 \\
| \\
CH_2NH_2
\end{array}
$$

L-谷氨酸 　　　　　　　　　　 γ-氨基丁酸

（二）5-羟色胺

色氨酸首先由色氨酸羟化酶催化生成 5-羟色氨酸,后者再经 5-羟色氨酸脱羧酶的作用脱羧生成 5-羟色胺（5-hydroxytryptamine,5-HT）。

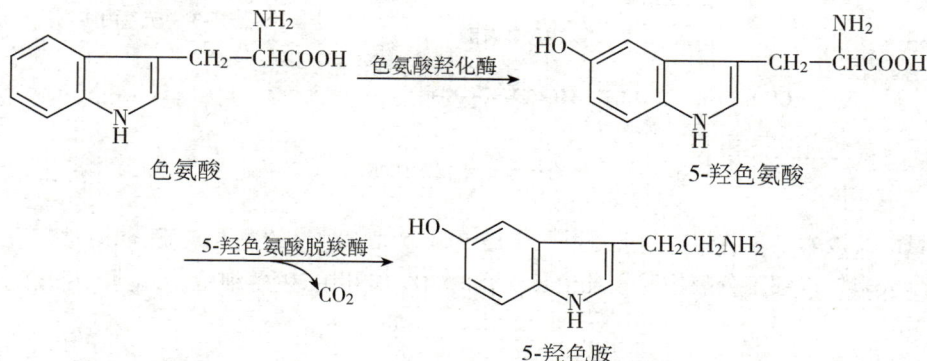

色氨酸 $\xrightarrow{\text{色氨酸羟化酶}}$ 5-羟色氨酸

$\xrightarrow[CO_2]{\text{5-羟色氨酸脱羧酶}}$ 5-羟色胺

5-HT 广泛分布于体内各种组织,如神经组织、胃肠道、血小板及乳腺细胞中。脑组织中的 5-HT 是一种抑制性神经递质。在外周组织中,5-HT 具有很强的血管收缩作用。

（三）组胺

组胺（histamine）由组氨酸脱羧酶催化组氨酸脱羧生成。组胺广泛分布于体内各组织中,在肺、肝、胃黏膜、肌肉、乳腺及神经等组织中含量很高,主要由肥大细胞产生和释放。

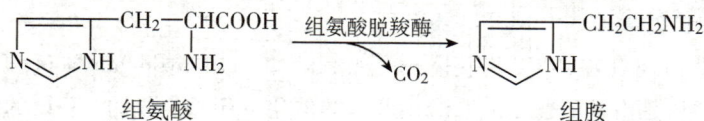

组氨酸 $\xrightarrow[CO_2]{\text{组氨酸脱羧酶}}$ 组胺

组胺具有强烈的血管舒张作用,并能使毛细血管的通透性增加。浓度过高可引起血压下降甚至休克;组胺还可使平滑肌收缩,引起支气管痉挛。创伤性休克、炎症病变部位及过敏反应时,肥大细胞常释放大量组胺,可引起血管扩张、血压下降、水肿及支气管痉挛等临床表现。组胺还能刺激胃黏膜细胞分泌胃蛋白酶及胃酸。

（四）牛磺酸

半胱氨酸先氧化成磺基丙氨酸,再由磺基丙氨酸脱羧酶催化脱去羧基,生成牛磺酸。牛磺酸是结合胆汁酸的组成成分之一。现已发现脑组织中亦含有较多的牛磺酸,表明它对脑组织可能具有重要的生理功能。

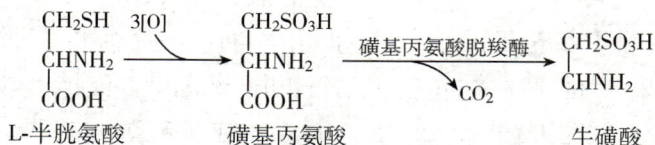

$$
\begin{array}{c}
CH_2SH \\
| \\
CHNH_2 \\
| \\
COOH
\end{array}
\xrightarrow{3[O]}
\begin{array}{c}
CH_2SO_3H \\
| \\
CHNH_2 \\
| \\
COOH
\end{array}
\xrightarrow[CO_2]{\text{磺基丙氨酸脱羧酶}}
\begin{array}{c}
CH_2SO_3H \\
| \\
CHNH_2
\end{array}
$$

L-半胱氨酸 　　　　 磺基丙氨酸 　　　　　　　　 牛磺酸

（五）多胺

某些氨基酸的脱羧基作用可以产生多胺类物质。例如,鸟氨酸在鸟氨酸脱羧酶的作用下可

生成腐胺（putrescine）。然后转变为精脒（spermidine）和精胺（spermine）（图8-8）。精脒和精胺的分子中含有多个氨基，因此统称为多胺（polyamine）。

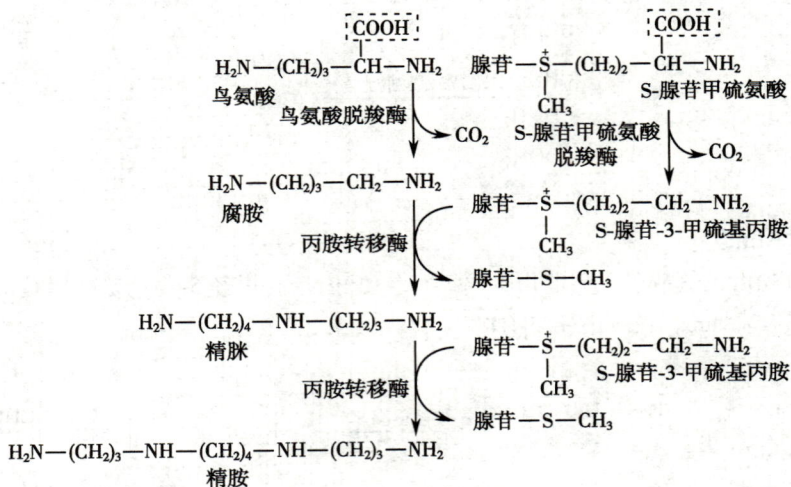

图8-8　多胺的生成

鸟氨酸脱羧酶是多胺合成的关键酶。多胺是调节细胞生长的重要物质，能通过促进核酸和蛋白质合成来促进细胞分裂增殖。凡生长旺盛的组织如胚胎、生殖细胞、再生肝、癌瘤组织等多胺的含量较高。

二、一碳单位代谢

（一）一碳单位的概念

体内某些氨基酸在分解代谢过程中产生的含有一个碳原子的有机基团，称为一碳单位（one carbon unit）。一碳单位包括甲基（—CH_3）、甲烯基或亚甲基（—CH_2—）、甲炔基或次甲基（＝CH—）、甲酰基（—CHO）及亚氨甲基（—CH ＝NH）等。

（二）一碳单位的载体——四氢叶酸

一碳单位不能游离存在，需要与载体——四氢叶酸（tetra-hydrofolic acid，FH_4）结合才能转运和参与代谢。FH_4 是由叶酸在二氢叶酸还原酶的催化下还原生成的。FH_4 的结构及其生成过程如下：

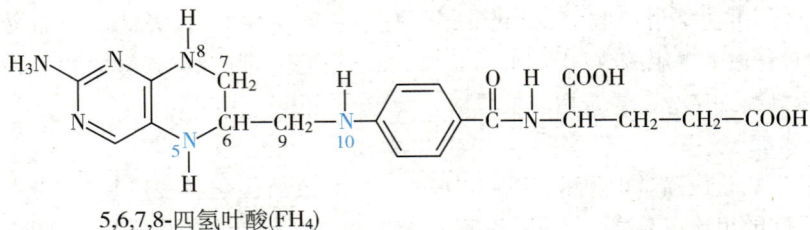

5,6,7,8-四氢叶酸(FH_4)

FH_4 的 N^5 和（或）N^{10} 位可与一碳单位以共价键相连形成四氢叶酸衍生物，以此来携带一碳单位，主要有：N^5-甲基四氢叶酸（N^5—CH_3—FH_4），N^5-亚胺甲基四氢叶酸（N^5—CH ＝NH—FH_4），N^5,N^{10}-甲烯基四氢叶酸（N^5,N^{10}—CH_2—FH_4），N^5,N^{10}-甲炔基四氢叶酸（N^5,N^{10}＝CH—FH_4），N^{10}-甲酰基四氢叶酸（N^{10}—CHO—FH_4）。

（三）一碳单位的生成

一碳单位主要来源于丝氨酸、甘氨酸、组氨酸和色氨酸的分解代谢。一碳单位在生成的同时即结合在四氢叶酸的 N^5，N^{10} 位上。例如：

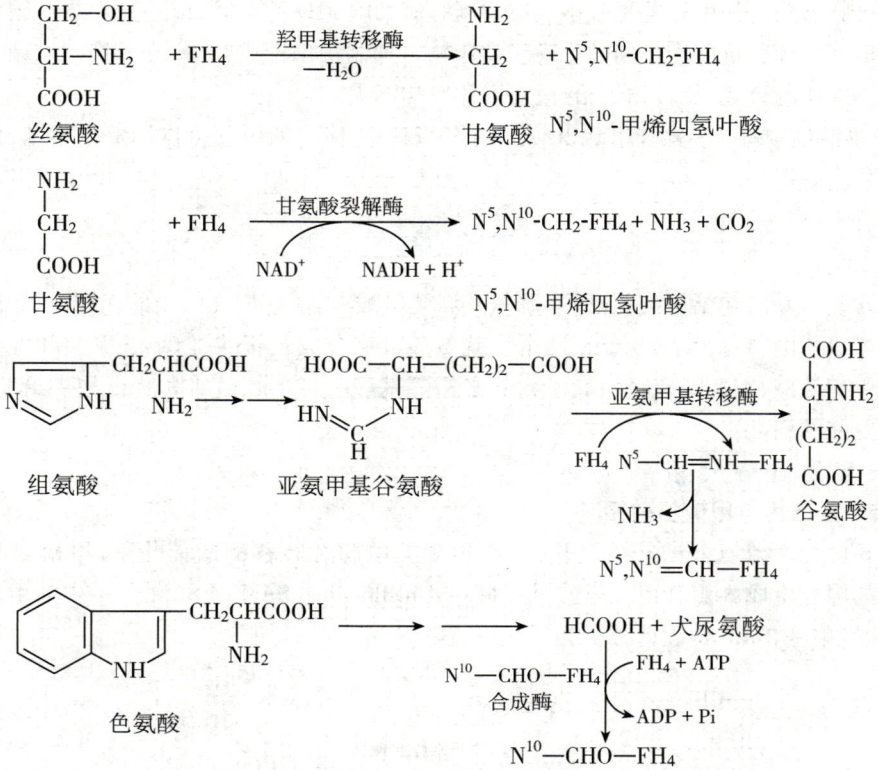

丝氨酸 + FH₄ →（羟甲基转移酶，$-H_2O$）→ 甘氨酸 + N^5,N^{10}-CH_2-FH₄
N^5,N^{10}-甲烯四氢叶酸

甘氨酸 + FH₄ →（甘氨酸裂解酶，NAD^+ → $NADH + H^+$）→ N^5,N^{10}-CH_2-FH₄ + NH_3 + CO_2
N^5,N^{10}-甲烯四氢叶酸

组氨酸 → 亚氨甲基谷氨酸 →（亚氨甲基转移酶）FH_4 N^5—CH=NH—FH_4 → 谷氨酸
NH_3 → N^5,N^{10}=CH—FH_4

色氨酸 → → $HCOOH$ + 犬尿氨酸
N^{10}—CHO—FH_4 合成酶（$FH_4 + ATP$ → $ADP + Pi$）→ N^{10}—CHO—FH_4

（四）一碳单位的相互转变

除 N^5—CH_3—FH_4 外，其他不同形式的一碳单位之间可以在酶的催化下通过氧化还原反应而互相转变（图 8-9）。N^5—CH_3—FH_4 不能由氨基酸代谢直接生成，它是在 N^5,N^{10} 甲烯四氢叶酸还原酶的催化下，由 N^5,N^{10}—CH_2—FH_4 还原生成，此反应不可逆。

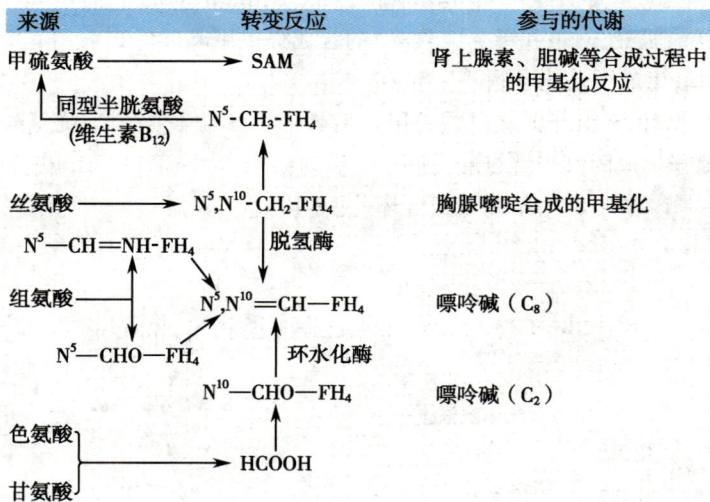

来源	转变反应	参与的代谢
甲硫氨酸 → SAM		肾上腺素、胆碱等合成过程中的甲基化反应
同型半胱氨酸（维生素B₁₂）→ N^5-CH_3-FH_4		
丝氨酸 → N^5,N^{10}-CH_2-FH_4	脱氢酶	胸腺嘧啶合成的甲基化
N^5—CH=NH-FH_4		
组氨酸	N^5,N^{10}=CH—FH_4	嘌呤碱（C₈）
N^5—CHO—FH_4	环水化酶	
	N^{10}—CHO—FH_4	嘌呤碱（C₂）
色氨酸 / 甘氨酸 → $HCOOH$		

图 8-9 一碳单位的互变

（五）一碳单位的生理功能

1. 参与嘌呤和嘧啶核苷酸的合成 例如 N^5,N^{10}-CH_2-FH_4 为脱氧胸苷酸（dTMP）的合成提

供 5 位的甲基;N^{10}—CHO—FH_4 和 N^5,N^{10}≡CH—FH_4 分别参与嘌呤环中 C_2、C_8 的生成。一碳单位代谢障碍或游离 FH_4 不足时,嘌呤核苷酸和嘧啶核苷酸合成障碍,核酸的生物合成受到影响,导致细胞增殖、分化和成熟受阻,影响最显著的是红细胞的发育成熟,可引起巨幼红细胞性贫血。某些抗肿瘤药物如甲氨蝶呤就是能够抑制肿瘤细胞 FH_4 的合成,进一步影响一碳单位代谢和核酸合成而发挥其抗肿瘤作用的。磺胺类药物可抑制细菌合成叶酸,进而抑制细菌生长。因人体叶酸不在体内合成,靠食物供给,故对人体影响不大。

2. 提供活性甲基 S-腺苷甲硫氨酸,N^5-CH_3-FH_4 为体内的甲基化作用提供甲基,详见含硫氨基酸的代谢。

三、含硫氨基酸代谢

体内含硫氨基酸包括甲硫氨酸、半胱氨酸和胱氨酸三种,它们在体内的代谢是相互联系的。甲硫氨酸可以代谢转化为半胱氨酸,两个半胱氨酸可缩合成胱氨酸,但半胱氨酸和胱氨酸都不能转变成甲硫氨酸,因此甲硫氨酸属于营养必需氨基酸。当半胱氨酸和胱氨酸供给充足时,可减少甲硫氨酸的消耗。

(一) 甲硫氨酸的代谢

1. 转甲基作用与甲硫氨酸循环

(1) S-腺苷甲硫氨酸的转甲基作用:在甲硫氨酸腺苷转移酶的催化下,甲硫氨酸接受由 ATP 提供的腺苷生成 S-腺苷甲硫氨酸(S-adenosyl methionine,SAM)。SAM 分子中的甲基活性很高,称为活性甲基,SAM 也因此被称为活性甲硫氨酸。

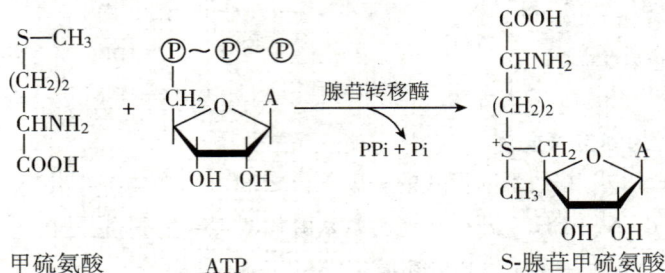

SAM 是体内甲基的主要供体,在甲基转移酶(methyl transferase)的催化下,可为许多重要生物活性物质(如胆碱、肌酸、肉碱和肾上腺素等)的合成提供甲基。体内大约有 50 多种物质可接受 SAM 提供的甲基,生成甲基化合物。

(2) 甲硫氨酸循环:S-腺苷甲硫氨酸转甲基后转变为 S-腺苷同型半胱氨酸,后者在裂解酶作用下水解脱去腺苷生成同型半胱氨酸。同型半胱氨酸从 N^5—CH_3—FH_4 获得甲基重新生成甲硫氨酸,由此形成一个循环,称为甲硫氨酸循环(图 8-10)。

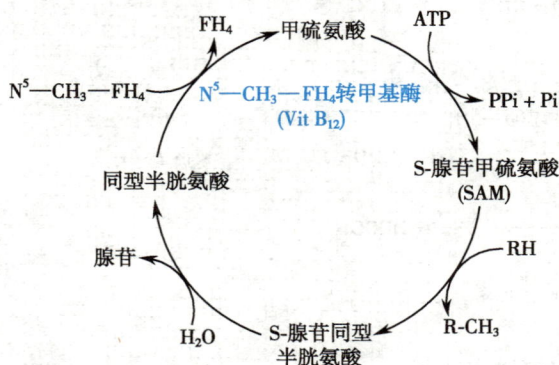

图 8-10 甲硫氨酸循环

甲硫氨酸循环的生理意义在于由 N^5—CH_3—FH_4 提供甲基合成甲硫氨酸,后者通过此循环进一步活化生成 SAM,为体内进行广泛存在的甲基化反应提供甲基。因此,SAM 是体内甲基的直接供体,N^5—CH_3—FH_4 则可看作是体内甲基的间接供体。

在甲硫氨酸循环过程中,同型半胱氨酸接受甲基后生成甲硫氨酸,但体内并不能合成同型半胱氨酸,它只能由甲硫氨酸通过循环转变而来。所以甲硫氨酸不能在体内合成,必须由食物供给,是营养必需氨基酸。

N^5-甲基四氢叶酸转甲基酶,催化由 N^5—CH_3—FH_4 提供甲基使同型半胱氨酸转变成甲硫氨酸的反应,又称甲硫氨酸合成酶,其辅酶为维生素 B_{12}。此酶催化的反应是目前已知体内能利用 N^5—CH_3—FH_4 的唯一反应。当体内缺乏维生素 B_{12} 时,N^5—CH_3—FH_4 的甲基不能正常转移,这不仅影响甲硫氨酸的生成,而且也不利于四氢叶酸的再生,使组织中游离四氢叶酸的含量减少,从而影响其他一碳单位的转运和代谢,导致核酸合成障碍,影响细胞分裂,可引起巨幼红细胞性贫血。同时造成同型半胱氨酸在体内堆积,同型半胱氨酸在血液中浓度增高,可能是动脉粥样硬化和冠心病的独立危险因素。

2. 为肌酸合成提供甲基　肌酸是以甘氨酸为骨架,由 SAM 提供甲基、精氨酸提供脒基而合成,合成肌酸的主要器官是肝。肌酸由肌酸激酶(CK)催化,接受 ATP 的高能磷酸基团生成磷酸肌酸(图 8-11)。

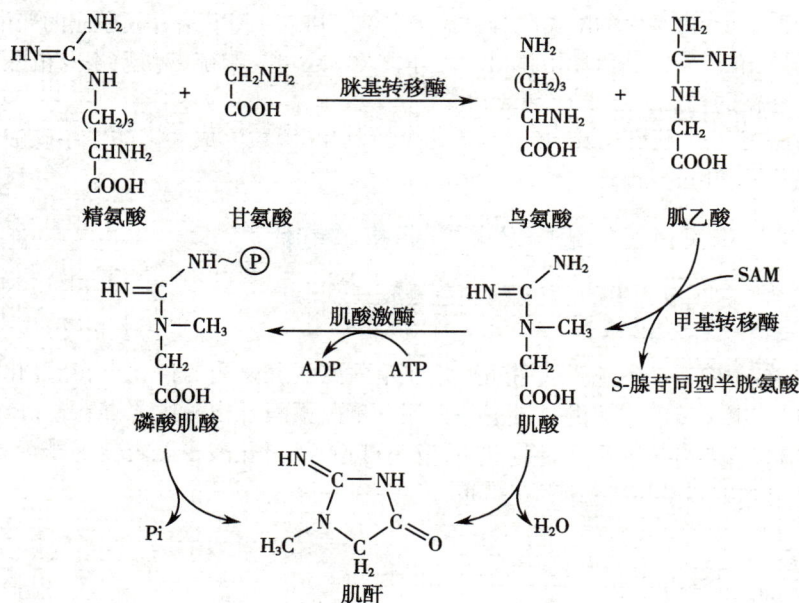

图 8-11　肌酸代谢

肌酸的代谢终产物是肌酐(creatinine)。肌酐主要在肌肉中通过肌酸的非酶促反应生成,随尿排出体外。正常人每日尿中的肌酸酐排出量是恒定的。当肾功能不全时,肌酸酐排出受阻,使血中肌酸酐浓度升高,因此测定血中肌酸酐的含量有助于肾功能不全的诊断。

(二) 半胱氨酸和胱氨酸的代谢

1. 半胱氨酸与胱氨酸的互变　半胱氨酸分子中含有巯基(—SH),胱氨酸分子中含有二硫键(—S—S—),二者可相互转变。

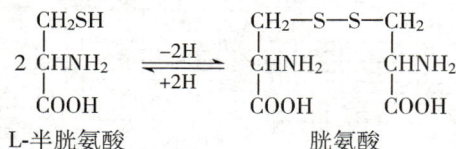

151

在蛋白质分子中，由两个半胱氨酸残基间氧化脱氢形成的二硫键对维持蛋白质空间构象的稳定性起着重要作用。例如胰岛素的 A 链和 B 链之间是通过 2 个二硫键连接起来的，若二硫键断裂，胰岛素的空间结构就被破坏，即失去其生物学活性。此外，半胱氨酸侧链上的巯基还是许多重要酶蛋白的活性基团，如琥珀酸脱氢酶、乳酸脱氢酶等，故这些酶也被称为巯基酶。某些有毒物可以与这些酶分子中的巯基结合，从而抑制酶的活性，如芥子气、重金属盐等。体内的还原型谷胱甘肽能使酶分子的巯基维持在还原状态，从而保护巯基酶的活性，这具有重要的生理作用。

2. 半胱氨酸可生成活性硫酸根　体内含硫氨基酸经过氧化分解均能产生硫酸根，但硫酸根的主要来源是半胱氨酸。半胱氨酸可直接脱去巯基和氨基，生成丙酮酸、氨和 H_2S。H_2S 经过氧化生成 H_2SO_4。体内大部分的硫酸根以硫酸盐的形式随尿排出，其余则由 ATP 活化生成"活性硫酸根"，即 3′-磷酸腺苷-5′-磷酸硫酸（3′-phospho-adenosine-5′-phospho-sulfate，PAPS）。

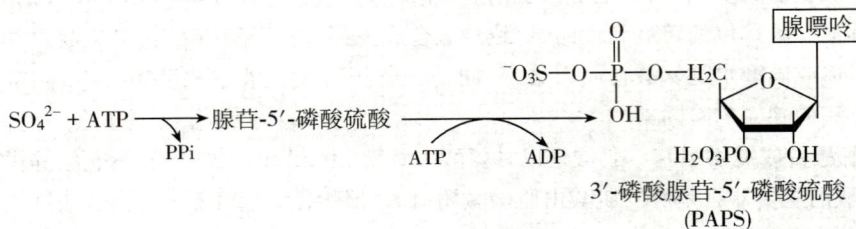

$$SO_4^{2-} + ATP \xrightarrow{PPi} 腺苷-5′-磷酸硫酸 \xrightarrow[ATP\quad ADP]{} 3′-磷酸腺苷-5′-磷酸硫酸 (PAPS)$$

PAPS 化学性质活泼，可参与肝脏的生物转化作用，将硫酸根直接供给某些物质生成硫酸酯。例如类固醇激素、外源性的酚类化合物等均可在肝脏与 PAPS 结合成相应的硫酸酯而灭活，或增加其水溶性，有利于它们从尿中排出。此外，PAPS 还可参与硫酸角质素及硫酸软骨素等分子中硫酸化氨基糖的合成。

3. 牛磺酸的生成　前已述及，半胱氨酸还可经氧化、脱羧生成牛磺酸。牛磺酸不仅参与结合型胆汁酸的代谢，还可以促进大脑的发育。

四、芳香族氨基酸的代谢

芳香族氨基酸包括苯丙氨酸、酪氨酸和色氨酸三种。

（一）苯丙氨酸的代谢

正常情况下，苯丙氨酸的主要代谢途径是在苯丙氨酸羟化酶的催化下，经羟化作用生成酪氨酸，然后再沿着酪氨酸的代谢途径进一步代谢。苯丙氨酸羟化酶主要存在于肝组织中，是一种单加氧酶，辅酶是四氢生物蝶呤，催化的反应不可逆，故酪氨酸不能转变为苯丙氨酸。此外，少量苯丙氨酸可经转氨基作用生成苯丙酮酸。

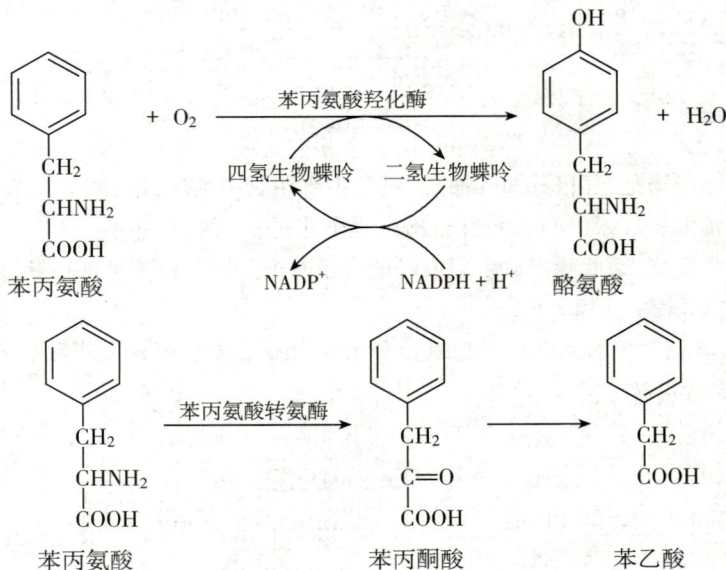

如果苯丙氨酸羟化酶先天性缺陷，苯丙氨酸不能正常通过羟化作用生成酪氨酸，苯丙氨酸在体内蓄积，继而经转氨基作用生成大量苯丙酮酸，后者可进一步代谢生成苯乙酸等衍生物。此时，尿中排出大量苯丙酮酸及其部分代谢产物（苯乙酸和苯乳酸等），称为苯丙酮酸尿症。苯丙酮酸等物质在血液中堆积对中枢神经系统会产生毒性，影响大脑的发育，造成患者智力低下。若在早期发现患者，并限制食入含有苯丙氨酸的饮食，可以防止发生智力迟钝。

（二）酪氨酸的代谢

1. 转变为儿茶酚胺　酪氨酸在肾上腺髓质和神经组织中经酪氨酸羟化酶催化作用，生成3,4-二羟苯丙氨酸（3,4-dihyroxyphenylalanine，DOPA）。酪氨酸羟化酶与苯丙氨酸羟化酶相似，也是以四氢生物蝶呤为辅酶的单加氧酶。经多巴脱羧酶的催化，多巴进一步脱羧基生成多巴胺。多巴胺是一种神经递质，帕金森病患者多巴胺的生成是减少的。在肾上腺髓质中，多巴胺侧链上的β-碳原子可再被羟化，即可生成去甲肾上腺素；后者接受 SAM 提供的甲基就转变为肾上腺素。多巴胺、去甲肾上腺素和肾上腺素统称为儿茶酚胺。酪氨酸羟化酶是合成儿茶酚胺的限速酶，受到代谢终产物的反馈调节。

2. 合成黑色素　酪氨酸代谢的另一条途径是合成黑色素。在黑色素细胞中，酪氨酸经酪氨酸酶的催化作用，羟化生成为多巴。后者经过氧化生成多巴醌，再经环化、脱羧等一系列反应转变为吲哚醌，吲哚醌再聚合成为黑色素。酪氨酸酶先天性缺乏的病人，可导致黑色素合成障碍，患者的皮肤毛发等呈现白色，称为白化病。

3. 酪氨酸的氧化分解代谢　酪氨酸还可以在酪氨酸转氨酶的催化下，脱去氨基生成对-羟苯丙酮酸，再经氧化转变成尿黑酸。尿黑酸进一步在尿黑酸氧化酶及异构酶等的作用下，逐步转变为延胡索酸和乙酰乙酸，二者可分别沿糖代谢和脂肪酸代谢途径进行分解代谢，所以苯丙氨酸和酪氨酸都是生糖兼生酮氨基酸。体内尿黑酸氧化酶先天缺陷时，尿黑酸氧化分解受阻，尿中出现大量尿黑酸，称为尿黑酸尿症。尿黑酸在碱性条件下暴露于空气中即被氧化并聚合成为类似黑色素的物质，从而使尿液显黑色。此外，患者的骨、结缔组织等亦有不正常的色素沉着。

酪氨酸在体内的代谢过程总结于图 8-12。

知识链接

多巴胺与神经信号传送

阿尔维德·卡尔森（Arvid Carlsson），瑞典科学家。1957年，卡尔森提出多巴胺不仅是去甲肾上腺素的前体，也是一种位于脑部的神经递质。他的研究成果使人们认识到帕金森症和精神分裂症的起因是由于病人的脑部缺乏多巴胺，并据此可以研制出治疗这种疾病的有效药物。这一成果使他荣获 2000 年的诺贝尔生理学或医学奖。

（三）色氨酸的代谢

色氨酸除脱去羧基生成 5-羟色胺外，还可在肝中经色氨酸加氧酶的催化，生成一碳单位。色氨酸分解可生成丙酮酸和乙酰乙酰 CoA，故色氨酸是生糖兼生酮氨基酸。此外，少部分色氨酸分解还可产生烟酸，但其合成量极少，不能满足机体的生理需要。

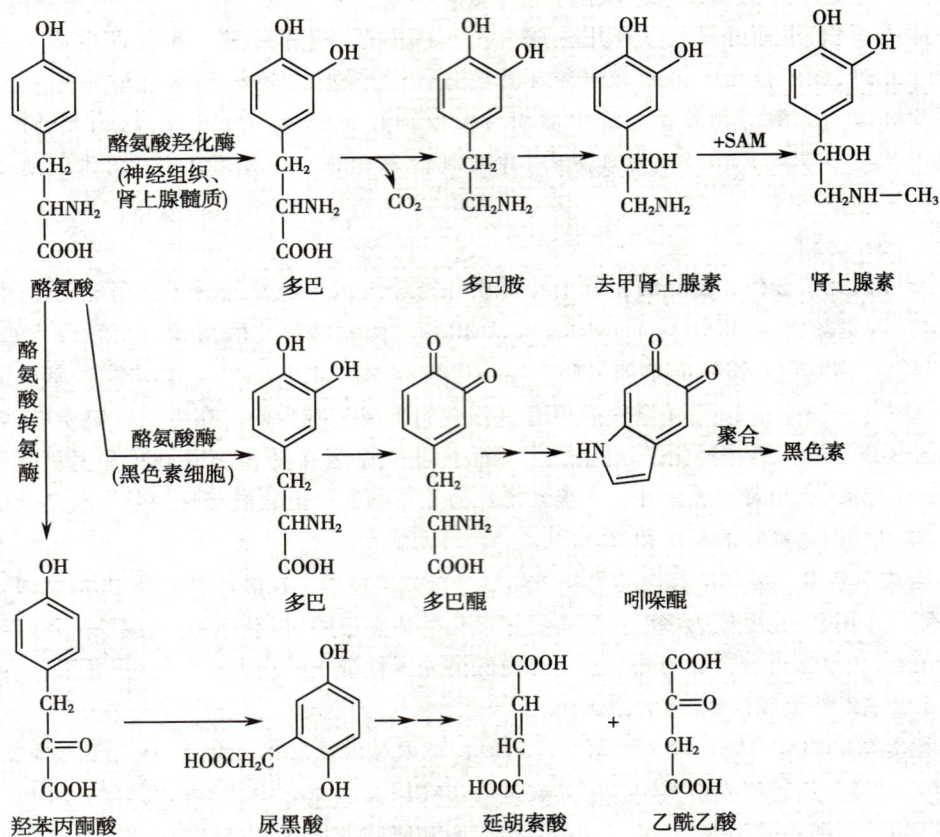

图 8-12　酪氨酸的代谢

第四节　营养物质代谢之间的联系

一、营养物质在能量代谢上的联系

（一）营养物质的能量生成和利用都以 ATP 为中心

营养物质糖、脂肪和蛋白质在体内分解氧化时释放的能量，除一部分以热能形式散发之外，大约40%的能量以高能磷酸键的形式储存于高能化合物 ATP 分子中。ATP 分子中的能量可直接利用于与生命活动有关的各种物质代谢反应和生理活动中，如生物分子的合成、肌肉收缩、神经冲动的传导和细胞渗透压及形态的维持。由此可见，ATP 作为能量载体，使产能的营养物质分解代谢与耗能的合成代谢相互偶联。ATP 是生物体内能量的"通用货币"，是生命活动能量的直接供应者。

（二）营养物质分解代谢途径产能的主要方式是氧化磷酸化

营养物质糖、脂肪和蛋白质在体内分解代谢途径产生的 $NADH+H^+$ 和 $FADH_2$ 提供的氢，经氧化呼吸链组分的电子传递，最后与 O_2 结合生成 H_2O，同时 ADP 磷酸化为 ATP。这种氧化磷酸化过程是营养物质释放能量并生成 ATP 的主要方式，底物水平的磷酸化是次要方式。

（三）营养物质糖、脂肪和蛋白质都可为机体提供能量

糖、脂肪和蛋白质都是能源分子，通过氧化分解代谢都能为机体提供能量。三大营养物质在体内分解氧化的代谢途径虽然各不相同，但乙酰辅酶 A 是其共同的中间产物，三羧酸循环和氧化磷酸化是其最后分解的共同代谢途径，释放出的能量均需要转化为 ATP 的化学能。因此，

在为机体供应能量方面,三大营养物可以互相代替,并互相制约。一般情况下,机体利用能源分子的顺序是糖、脂肪和蛋白质,所以,机体供能是以糖和脂肪为主,尽量节约蛋白质。从我国人的膳食结构来看,食物中以糖类为主,占总热量的50%~70%,脂肪摄入量虽不多,但变动范围在10%~40%,又是机体储能的主要方式,脂肪储藏量可达20%或更多(肥胖者可达30%~40%)。而体内的蛋白质是构成组织细胞的重要成分,通常没有多余储存。但是,在长期饥饿或只食入蛋白质的情况下,为维持血糖恒定以满足脑组织对葡萄糖的需要,在机体代谢调节作用下,蛋白质分解加强,可成为特殊情况下主要的供能物质。

二、营养物质在物质代谢上的联系

(一)三大营养物质的代谢相互联系又相互制约

作为能源物质,糖、脂肪和蛋白质的分解代谢有共同的最终代谢途径,机体对三大营养物质的利用可以互相代替,并相互抑制,任一供能物质的分解代谢占优势,常能通过代谢调节来抑制其他供能物质的分解,这样可以节约供能物质。ATP是能量代谢的中心,在能量物质代谢过程中也起着重要的调节作用,ATP浓度是细胞能量状态的指标,是能量物质代谢调节的重要别构效应物。例如脂肪分解增强,ATP生成增多,ATP/ADP比值增高,可别构抑制糖分解代谢中的限速酶6-磷酸果糖激酶-1的活性,从而抑制糖分解代谢。相反,如果供能物质不足,体内ATP减少,ADP积累增多,ATP/ADP比值降低,则可别构激活6-磷酸果糖激酶-1,加速体内糖的分解代谢,为机体提供能量ATP。

(二)糖、脂类和蛋白质的代谢通过中间代谢物相互联系

1. 糖代谢与脂代谢的相互联系 糖可以转变为脂肪。糖有氧氧化的中间代谢物乙酰CoA经羧化生成丙二酸单酰CoA,进而合成脂肪酸;糖酵解生成的磷酸二羟丙酮可以转变成甘油;甘油和脂肪酸即可合成脂肪。

脂肪水解生成甘油和脂肪酸,甘油可以异生成糖,而脂肪酸氧化生成的乙酰CoA不能逆转为丙酮酸,从而不可以转变为糖。

2. 糖代谢与氨基酸代谢的相互联系 糖可以转变为非必需氨基酸的碳链,后者经氨基化可生成相应的非必需氨基酸。例如,糖在分解代谢中产生丙酮酸、α-酮戊二酸和草酰乙酸,这三种α-酮酸均可氨基化分别形成丙氨酸、谷氨酸和天冬氨酸。特别指出,必需氨基酸的碳链不能由糖转变生成。

除生酮氨基酸外,其余的氨基酸均可通过脱氨基作用生成相应的α-酮酸,后者可经糖异生转变成糖。例如,丙氨酸脱去氨基生成丙酮酸,丙酮酸可经糖异生过程异生成糖。

(三)脂代谢与氨基酸代谢的相互联系

脂肪水解生成甘油和脂肪酸,甘油可以转变成磷酸二羟丙酮,进一步生成丙酮酸,经氨基化生成相应的非必需氨基酸,而脂肪酸氧化生成的乙酰CoA不能逆转为丙酮酸,从而不可能生成氨基酸。

氨基酸分解过程中能生成乙酰CoA,后者是合成脂肪酸及胆固醇的原料。此外,丝氨酸可作为磷脂合成的原料。可见,蛋白质可以转变成各种脂类物质。

糖、脂肪、蛋白质在代谢过程中彼此影响、相互转变和相互制约。三羧酸循环不仅是各类物质分解代谢的共同途径,而且也是联系各类物质代谢的中心枢纽。糖、脂肪和蛋白质分解生成的氨基酸在代谢过程中可以通过磷酸二羟丙酮、丙酮酸、乙酰CoA、α-酮戊二酸、草酰乙酸等这些重要的中间代谢产物相互转变。糖、脂肪、蛋白质任何一种物质代谢异常,都必然会影响到其他物质的代谢(图8-13)。

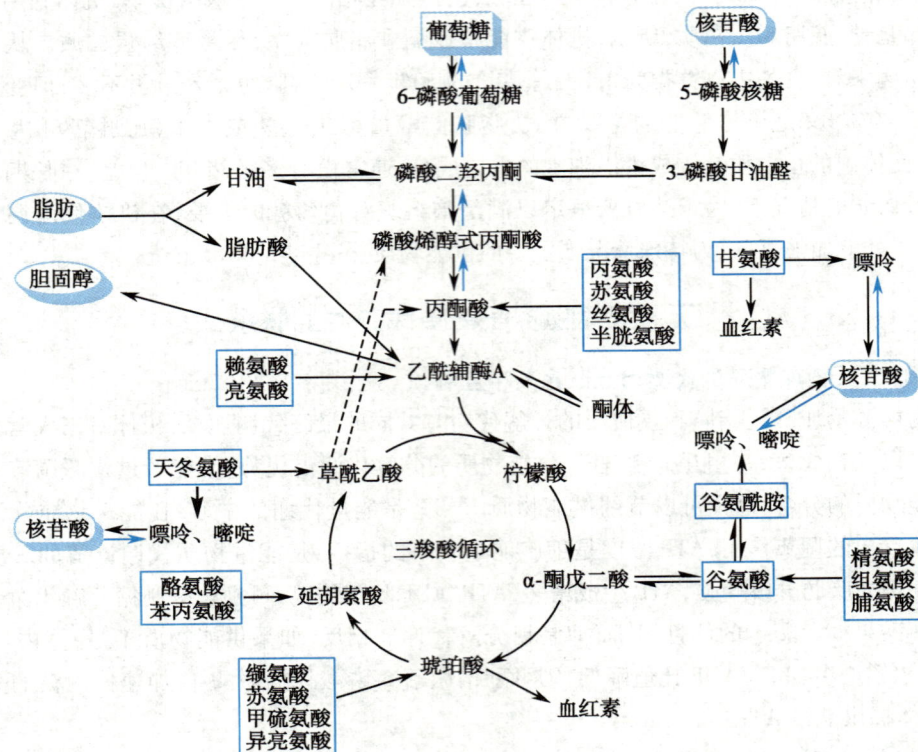

图 8-13　糖、脂类、蛋白质和核苷酸代谢间的相互关系

小结

蛋白质的营养作用:蛋白质的主要生理功能是维持组织细胞的生长、更新和修复,参与机体各种生理活动,氧化供能。氮平衡包括氮的总平衡、正平衡和负平衡三种。必需氨基酸有八种。食物蛋白质的互补可提高蛋白质的营养价值。

氨基酸的一般代谢:主要是氨基酸的脱氨基作用。氨基酸脱氨基作用的方式有:L-谷氨酸氧化脱氨基作用、转氨基作用、联合脱氨基作用和嘌呤核苷酸循环。主要的酶有 L-谷氨酸脱氢酶和转氨酶,主要的脱氨基方式是联合脱氨基作用。血清转氨酶活性测定可作为某种疾病诊断和观察预后的参考指标。

氨基酸脱去 α-氨基生成 α-酮酸和氨。α-酮酸的去向有:转变为糖和脂类物质,氧化供能,再合成氨基酸。氨的代谢主要包括氨的来源、运输和去路。氨的来源有:氨基酸脱氨基作用和胺的分解代谢、肠道吸收、肾中产生和其他含氮物质分解。氨的运输方式有:丙氨酸-葡萄糖循环和谷氨酰胺。氨的去路主要是合成尿素:合成部位是肝细胞的线粒体和胞质,合成途径是鸟氨酸循环。

个别氨基酸代谢:氨基酸脱羧基后的产物是胺类;某些氨基酸在代谢中产生一碳单位,其载体是 FH_4,是嘌呤核苷酸和嘧啶核苷酸的合成原料之一。SAM 是活性甲基的供体,为多种物质的甲基化反应提供甲基。半胱氨酸可转变为牛磺酸,后者是结合胆汁酸盐的组成成分。半胱氨酸分解代谢产生并提供活性硫酸根(PAPS)。苯丙氨酸羟化酶缺乏可引起苯丙酮酸尿症,酪氨酸酶缺乏引起白化病。

(郭改娥)

练　习　题

一、单项选择题

1. 生物体内氨基酸脱氨基的主要方式是

　A. 氧化脱氨基　　　　　　　B. 还原脱氨基　　　　　　　C. 联合脱氨基

　D. 转氨基　　　　　　　　　E. 以上都不是

2. 转氨酶的辅酶是

　A. 维生素 B_1 的磷酸酯　　　　　　　　B. 维生素 B_2 的磷酸酯

　C. 维生素 B_{12} 的磷酸酯　　　　　　　D. 维生素 B_6 的磷酸酯

　E. 维生素 PP 的磷酸酯

3. 下列氨基酸经过转氨基作用可生成草酰乙酸的是

　A. 谷氨酸　　B. 丙氨酸　　　C. 苏氨酸　　　D. 天冬氨酸　　　E. 丝氨酸

4. 下列营养必需氨基酸是

　A. Leu　　　B. Ser　　　C. Pro　　　D. Glu　　　E. Gln

5. 苯丙酮酸尿症患者缺乏

　A. 酪氨酸转氨酶　　　　　　B. 苯丙氨酸羟化酶　　　　　C. 酪氨酸酶

　D. 酪氨酸羟化酶　　　　　　E. 苯丙氨酸转氨酶

二、名词解释

1. 联合脱氨基作用　2. 鸟氨酸循环　3. 营养必需氨基酸　4. 一碳单位
5. 蛋白质的互补作用

三、问答题

1. 检测血清中丙氨酸转氨酶和天冬氨酸转氨酶各有何临床意义？
2. 简述 1 分子谷氨酸在体内彻底氧化为 CO_2 和 H_2O（包括生成尿素）的主要代谢过程。
3. 简述血氨的来源与主要代谢去路。

选择题参考答案

1. C　2. D　3. D　4. A　5. B

核苷酸代谢

▶ **学习目标**

1. 掌握：嘌呤核苷酸、嘧啶核苷酸从头合成的原料及特点。
2. 熟悉：尿酸与痛风症的关系。
3. 了解：核苷酸代谢的基本途径。

核苷酸是组成核酸的基本结构单位，是生物遗传信息的物质基础，它在体内分布广泛，机体内的核苷酸主要以5′-核苷酸的形式存在，其中又以5′-ATP的含量最多。

食物中核酸大部分以核蛋白的形式存在，在胃酸作用下，分解成核酸与蛋白质。核酸的消化主要在小肠中进行。在胰液和肠液中各种水解酶的作用下，核酸被逐步被水解（图9-1）。生成的各种单核苷酸及其水解产物均可被肠黏膜细胞吸收，它们绝大部分在肠黏膜细胞内被进一步水解，其分解产物磷酸和戊糖可以被机体利用，参与体内代谢，而嘌呤和嘧啶碱主要经相应反应途径降解为代谢终产物而排出体外，很少被重新利用。因此，食物提供的核苷酸不是人体健康所必需的营养物质。体内核苷酸主要由机体细胞自身合成。

核苷酸代谢障碍已被证实与很多遗传、代谢性疾病有关。而核苷酸组成成分的类似物作为抗代谢药物已被临床广泛应用。

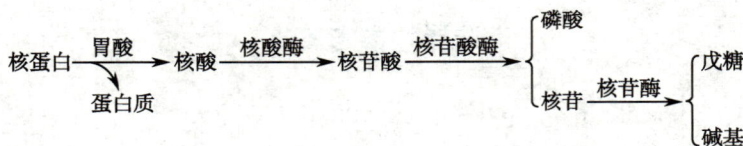

核蛋白 --胃酸--> 核酸 --核酸酶--> 核苷酸 --核苷酸酶--> { 磷酸 / 核苷 --核苷酶--> { 戊糖 / 碱基 }
（核蛋白 --胃酸--> 蛋白质）

图 9-1　食物核酸的消化

第一节　嘌呤核苷酸代谢

一、嘌呤核苷酸合成代谢

体内嘌呤核苷酸的合成代谢有两种形式：从头合成途径（de novo synthesis）和补救合成途径（salvage pathway）。从头合成途径是指利用磷酸核糖、氨基酸、一碳单位及 CO_2 等简单物质为原料，经过一系列酶促反应合成核苷酸的过程；补救合成途径是指利用体内游离的碱基或核苷，经过简单的反应合成核苷酸的过程。两者的重要性因组织不同而异，一般情况下，从头合成途径是体内大多数组织核苷酸合成的主要途径。

（一）嘌呤核苷酸的从头合成

1. 原料　嘌呤核苷酸从头合成途径的基本原料包括：5-磷酸核糖、谷氨酰胺、甘氨酸、天冬氨酸、一碳单位和 CO_2。经同位素示踪实验证明的嘌呤环 C、N 来源见图9-2。

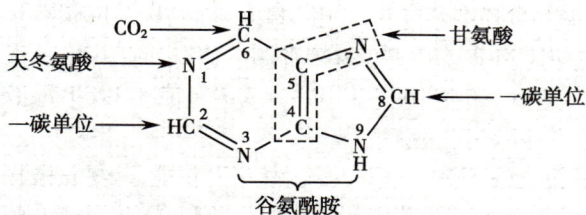

图 9-2　嘌呤碱的各元素来源

2. 合成过程　除某些细菌外,几乎所有生物体都能合成嘌呤碱。嘌呤核苷酸的从头合成在胞质中进行。反应步骤比较复杂,可分为两个阶段:首先合成次黄嘌呤核苷酸(inosine monophosphate, IMP),然后 IMP 转变成 AMP 与 GMP。

（1）IMP 的生成:IMP 是嘌呤核苷酸合成的重要中间产物,其合成需经过 11 步反应完成。首先,5-磷酸核糖在磷酸核糖焦磷酸合成酶(PRPP 合成酶)的催化下被活化生成磷酸核糖焦磷酸(phosphoribosyl pyrophosphate, PRPP), PRPP 是 5-磷酸核糖参与体内各种核苷酸合成的活化形式;然后,在磷酸核糖酰胺转移酶(PRPP 酰胺转移酶)的催化下, PRPP 上的焦磷酸被谷氨酰胺的酰氨基取代生成 5-磷酸核糖胺(PRA)。以上两个步骤是 IMP 合成的关键步骤,催化它们的酶——PRPP 合成酶和 PRPP 酰胺转移酶是 IMP 合成的关键酶。在 PRA 的基础上,再经过八步连续的酶促反应,依次将甘氨酸、N^5,N^{10}-甲炔四氢叶酸、谷氨酰胺的酰胺氮、CO_2、天冬氨酸、N^{10}-甲酰四氢叶酸等基团连接上去,最终生成 IMP。具体过程见图 9-3。

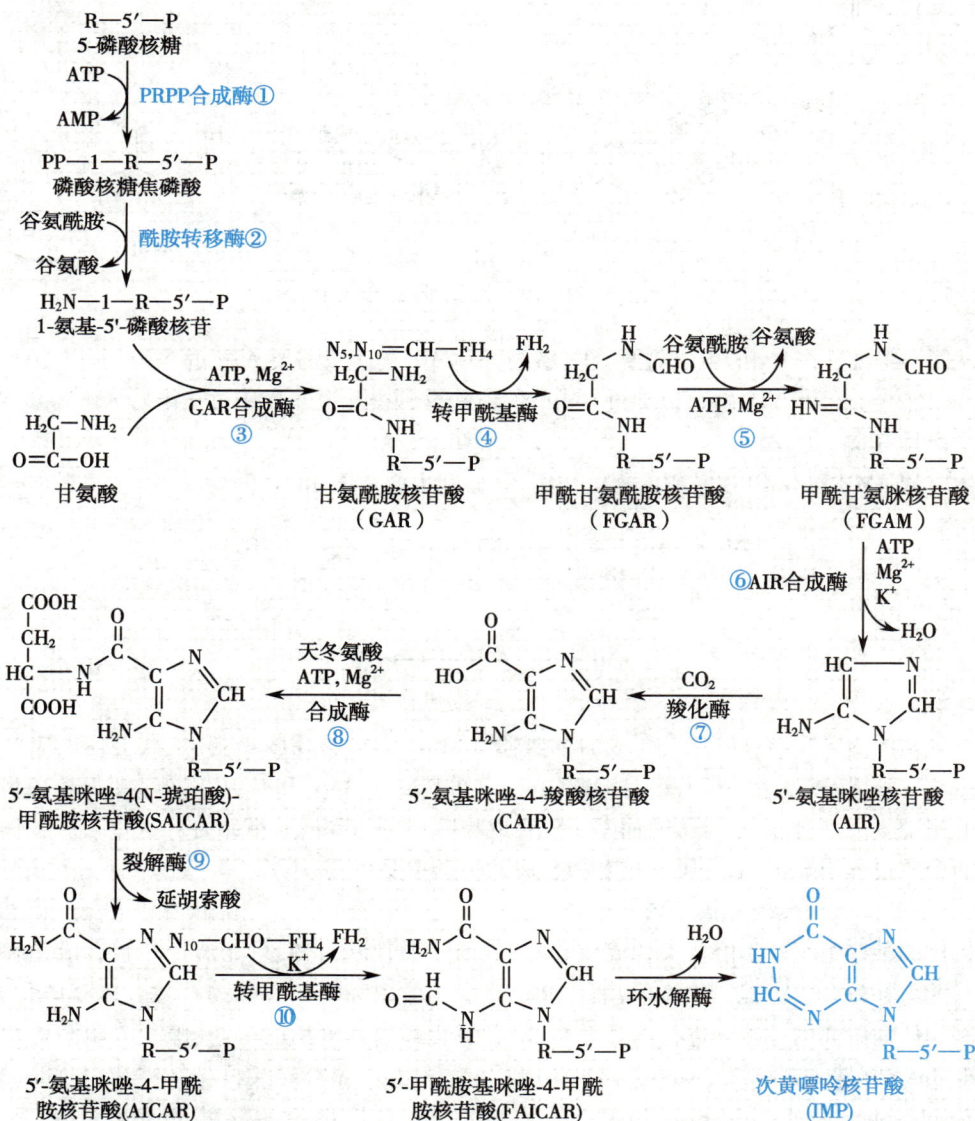

图 9-3　次黄嘌呤核苷酸的合成

嘌呤核苷酸从头合成的酶在胞质中多以酶复合体形式存在,PRPP合成酶和PRPP酰胺转移酶的活性可受反馈机制调节,如IMP、AMP及GMP等合成产物可反馈抑制其活性,而PRPP可促进PRPP酰胺转移酶的活性。在嘌呤核苷酸从头合成的调节中,PRPP合成酶可能比PRPP酰胺转移酶起更大的作用。

(2) AMP和GMP的生成:经IMP再分别转化成AMP和GMP。①由GTP供能,天冬氨酸提供氨基,使IMP生成腺苷酸代琥珀酸,后者在裂解酶的催化下裂解为延胡索酸和AMP;②IMP脱氢氧化生成黄嘌呤核苷酸(xanthine monophosphate,XMP),然后由ATP供能,谷氨酰胺提供氨基,XMP被氨基化成GMP(图9-4)。

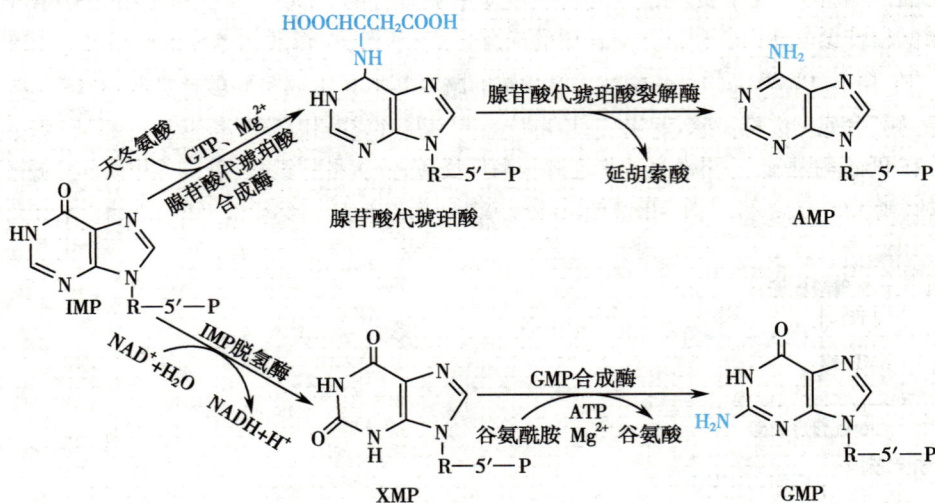

图9-4　AMP和GMP的合成

从图9-4可见,AMP的生成需要GTP参与,而GMP的生成需要ATP的参与,所以GTP可以促进AMP的生成,而ATP也可以促进GMP的生成,这种交叉调节作用对于维持AMP和GMP浓度的平衡具有重要意义。

生成的AMP和GMP在激酶的连续作用下,分别生成ATP和GTP。

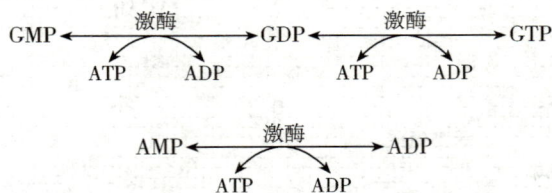

肝脏是体内嘌呤核苷酸从头合成的主要器官,其次为小肠黏膜和胸腺;从上述反应过程可以清楚地看到,最先生成的核苷酸是IMP,由IMP再转变成AMP和GMP。同时细胞是在5-磷酸核糖的基础上逐渐合成嘌呤环的,而不是先合成嘌呤环再与磷酸核糖结合。这点与后叙嘧啶核苷酸的合成过程明显不同,是嘌呤核苷酸合成的一个重要特点。

(二) 嘌呤核苷酸的补救合成

机体的某些组织并不能从头合成核苷酸,例如脑和骨髓,它们只能通过补救合成途径来合成核苷酸。补救合成过程比较简单,消耗能量也少。体内嘌呤核苷酸的补救合成有两种方式:一是利用体内游离的嘌呤碱进行的补救合成,此过程需要两种酶的参与:腺嘌呤磷酸核糖转移酶(adenine phosphoribosyl transferase,APRT)和次黄嘌呤-鸟嘌呤磷酸核糖转移酶(hypoxanthine-guanine phosphoribosyl transferase,HGPRT),它们在PRPP提供磷酸核糖的基础上,分别催化AMP、GMP和IMP的补救合成;二是利用体内游离的嘌呤核苷进行的补救合成,主要是腺嘌呤核苷在腺苷激酶的催化下被磷酸化成腺苷酸。

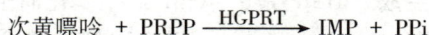

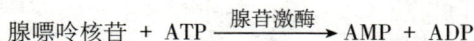

$$腺嘌呤 + PRPP \xrightarrow{APRT} AMP + PPi$$

$$次黄嘌呤 + PRPP \xrightarrow{HGPRT} IMP + PPi$$

$$鸟嘌呤 + PRPP \xrightarrow{HGPRT} GMP + PPi$$

$$腺嘌呤核苷 + ATP \xrightarrow{腺苷激酶} AMP + ADP$$

APRT 受 AMP 的反馈抑制,HGPRT 受 IMP 和 GMP 的反馈抑制。

嘌呤核苷酸补救合成的生理意义在于两方面:一方面节省了从头合成的能量和一些氨基酸的消耗;另一方面补救合成对体内某些组织来说有重要意义,例如脑和骨髓等,由于缺乏从头合成的酶系,只能进行嘌呤核苷酸的补救合成。因此,对这些组织器官来说补救合成途径就显得尤为重要。

临床上的 Lesch-Nyhan 综合征(或称自毁容貌症)是一种罕见的嘌呤代谢遗传病,1964 年首先由 Lesch M 和 Nyhan W L 报道。该病是由于 X-连锁隐性遗传的先天性基因缺陷导致 HGPRT 缺失所引起的一种遗传代谢性疾病,以男婴居多,2 岁前发病,大多死于儿童时代,很少存活。

知识链接

自毁容貌症

自毁容貌症是一种 X 染色体隐性连锁遗传缺陷,多见于男性。患者表现为尿酸增高及神经异常,如脑发育不全、智力低下、攻击和破坏性行为。1 岁后可出现手足抽动,继而发展为肌肉强迫性痉挛,四肢麻木,发生自残行为,常咬伤自己的嘴唇、手和足趾。该病的发病机制是由于 HGPRT 缺乏,使得分解产生的 PRPP 不能被利用而堆积,PRPP 促进嘌呤的从头合成,从而使嘌呤分解产物——尿酸增高。而神经系统症状的机制尚不清楚。

(三)脱氧核苷酸的合成

1. **脱氧核苷二磷酸的合成** 现已证明,除 dTMP 外,体内的脱氧核糖核苷酸均是由相应的核糖核苷酸直接还原而来的,这种还原作用是在核苷二磷酸的水平上进行的,催化反应进行的酶是核糖核苷酸还原酶,其总反应式如下:

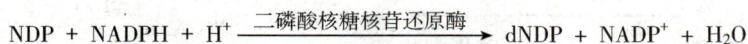

$$NDP + NADPH + H^+ \xrightarrow{二磷酸核糖核苷还原酶} dNDP + NADP^+ + H_2O$$

核糖核苷酸的还原是一个复杂的过程,需硫氧化还原蛋白、NADPH 和硫氧化还原蛋白还原酶等共同参与(图 9-5)。

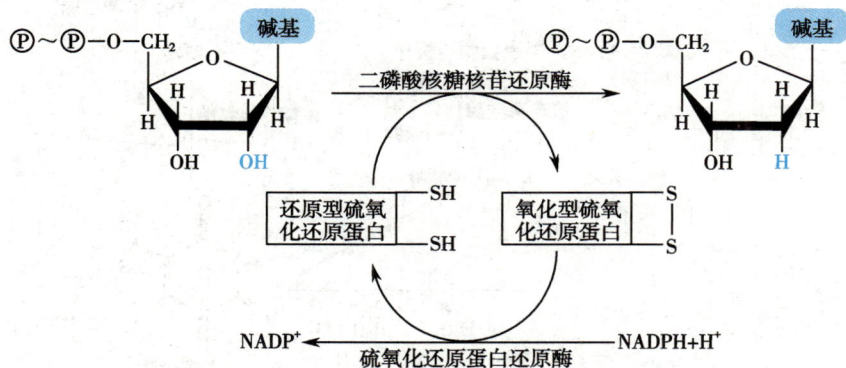

图 9-5 脱氧核糖核苷酸的生成

上述生成的脱氧核苷二磷酸（dNDP），经激酶的作用再被磷酸化成脱氧核苷三磷酸（dNTP），参与 DNA 的生物合成。

2. 脱氧胸腺嘧啶核苷酸的生成　dTMP 是由 dUMP 经甲基化而生成。该反应由胸苷酸合酶催化，N^5,N^{10}-甲烯四氢叶酸提供甲基。dUMP 可由 dUDP 水解生成，也可由 dCMP 脱氨生成，以后者生成为主（图 9-6）。

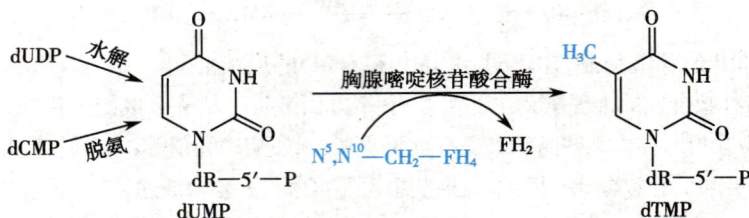

图 9-6　dTMP 的生成

N^5,N^{10}-甲烯四氢叶酸提供甲基后生成二氢叶酸，生成的二氢叶酸又可在二氢叶酸还原酶的作用下，重新生成四氢叶酸。

二、嘌呤核苷酸的分解代谢

嘌呤核苷酸的分解代谢主要是在肝脏、小肠等器官中进行。其过程与食物中核苷酸的消化过程相类似。细胞中的嘌呤核苷酸在核苷酸酶的作用下水解为嘌呤核苷，嘌呤核苷经核苷磷酸化酶的作用，分解为游离的嘌呤碱和 1-磷酸核糖，1-磷酸核糖在磷酸核糖变位酶的催化下转变为 5-磷酸核糖，5-磷酸核糖既可以参与磷酸戊糖途径，也可作为核苷酸合成原料继续参与新核苷酸的合成；嘌呤碱则最终被分解为尿酸，并随尿排出体外，所以尿酸是人体嘌呤分解代谢的终产物（图 9-7）。

AMP 分解产生次黄嘌呤，后者在黄嘌呤氧化酶的作用下氧化成黄嘌呤，最终生成尿酸。

GMP 分解产生鸟嘌呤后，鸟嘌呤在鸟嘌呤脱氨酶的催化下转变成黄嘌呤，后者在黄嘌呤氧化酶的催化下生成尿酸。

黄嘌呤氧化酶是尿酸生成的关键酶，遗传性缺陷或严重的肝脏损伤可导致该酶的缺乏。临

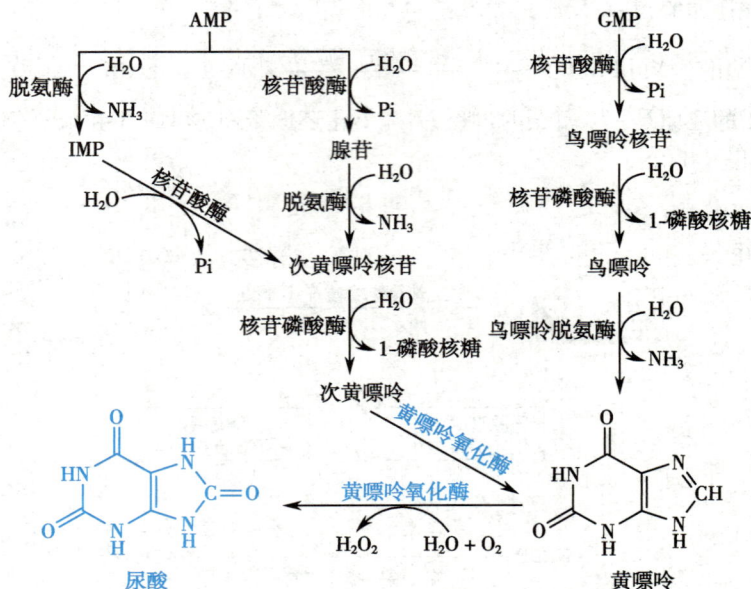

图 9-7　嘌呤核苷酸的分解代谢

床上,黄嘌呤氧化酶缺陷的患者可表现为黄嘌呤尿、黄嘌呤肾结石、低尿酸血症等症状。

正常人血浆中尿酸含量为 $0.12\sim0.36mmol/L(2\sim6mg/dl)$,男性略高于女性。尿酸的水溶性较差,临床上的痛风症患者血中尿酸含量升高,当超过 $0.48mmol/L(8mg/dl)$ 时,尿酸盐结晶沉积于关节、软组织、软骨和肾等处,最终导致痛风性关节炎,尿路结石及肾脏疾病,尿酸盐结晶沉积引起的疼痛症状临床上称为痛风。痛风症男性多于女性,按高尿酸血症的形成原因可分为原发性痛风和继发性痛风两类。原发性痛风症是体内嘌呤代谢发生紊乱,出现尿酸的合成增加而造成高尿酸血症。除少数由于遗传原因导致体内某些酶缺陷外,大都病因未明,目前已知有两种酶活性异常可导致痛风症。继发于其他疾病后导致血中尿酸升高而产生的痛风则属于继发性痛风症,如肾功能障碍引起尿酸排出减少、进食高嘌呤饮食、体内核酸大量分解(如白血病,恶性肿瘤等)等。

临床上常用于治疗痛风症的别嘌呤醇是一种抑制尿酸生成的药物,其结构与次黄嘌呤类似,它可竞争性抑制黄嘌呤氧化酶,从而抑制尿酸的生成。

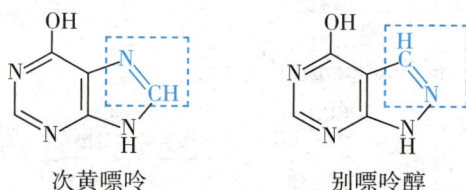

次黄嘌呤　　　　别嘌呤醇

别嘌呤醇还可以与 PRPP 反应生成别嘌呤醇核苷酸,既消耗了核苷酸合成所必需的 PRPP,又可反馈抑制嘌呤核苷酸的从头合成。

由于尿酸在体内生成后主要经肾脏排泄,因此在临床生物化学检验中通常也通过体内尿酸的含量高低来评价肾脏功能。

知识链接

现代文明病——痛风症

痛风是一种因嘌呤代谢障碍,使尿酸累积而引起的疾病,属于关节炎的一种,又称代谢性关节炎。发病人群从性别上看,痛风"重男轻女",女性仅占5%,主要是绝经后女性,因为雌激素对尿酸的形成有抑制作用;从职业上看,痛风"重脑力轻体力",多见运动少,长期伏案工作的人;从嗜好上看。痛风"重荤轻素",喜肉好酒的人易发病。痛风古称"帝王病"、"富贵病",因为,此症好发在达官贵人的身上。由于尿酸在人体血液中浓度过高,在软组织如关节膜或肌腱里形成针状结晶,导致身体免疫系统过度反应而造成痛苦的炎症。一般发作部位为大蹬趾关节、踝关节、膝关节等。

第二节　嘧啶核苷酸的代谢

一、嘧啶核苷酸的合成

与嘌呤核苷酸的合成一样,嘧啶核苷酸的合成代谢也有从头合成和补救合成两条途径。

(一) 嘧啶核苷酸的从头合成

1. **原料**　嘧啶核苷酸的从头合成所需的原料较少,主要包括:谷氨酰胺、CO_2、天冬氨酸和5-磷酸核糖。经同位素示踪实验证明嘧啶碱的各元素来源见图9-8。

2. **过程**　嘧啶核苷酸从头合成比嘌呤核苷酸从头合成简单。嘧啶核苷酸从头合成与嘌呤

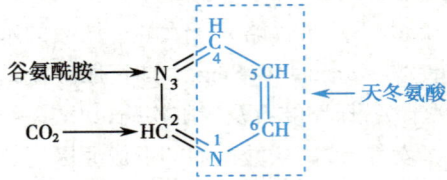

图 9-8 嘧啶碱的各元素来源

核苷酸从头合成最主要的区别点是:嘧啶核苷酸从头合成先合成嘧啶环,再与磷酸核糖相连;首先生成的核苷酸是尿嘧啶核苷酸,之后尿苷酸在核苷三磷酸的水平上被甲基化成胞苷酸。具体过程如下。

(1) UMP 的合成:嘧啶环的合成开始于氨基甲酰磷酸的生成。首先谷氨酰胺、CO_2 和 ATP 在氨基甲酰磷酸合成酶Ⅱ的催化下生成氨基甲酰磷酸;氨基甲酰磷酸与天冬氨酸在天冬氨酸氨基甲酰转移酶的催化下,合成氨甲酰天冬氨酸;后者在二氢乳清酸酶的催化下脱水生成二氢乳清酸,至此嘧啶环形成;二氢乳清酸脱氢生成乳清酸,后者在乳清酸磷酸核糖转移酶的催化下与 PRPP 结合,生成乳清酸核苷酸;乳清酸核苷酸脱羧生成 UMP,此过程有 6 步反应(图 9-9)。

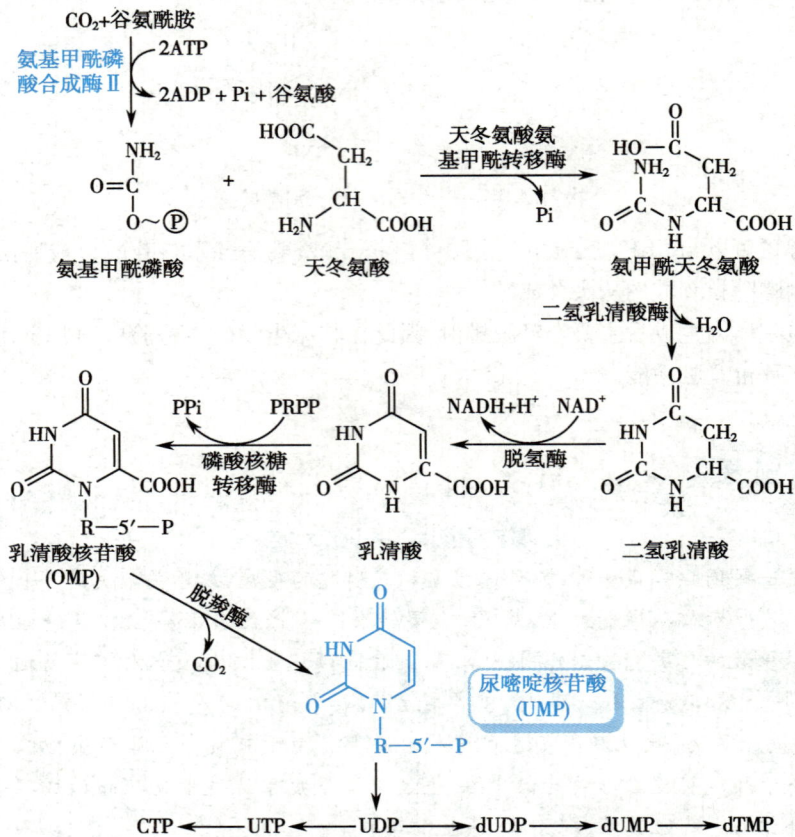

图 9-9 嘧啶核苷酸的从头合成

需要区分的是,哺乳类动物中嘧啶和尿素的合成都以氨基甲酰磷酸的生成为起点,但两个过程中的氨基甲酰磷酸的来源不同:嘧啶合成中的氨基甲酰磷酸是在胞质中以谷氨酰胺为氮源,在氨基甲酰磷酸合成酶Ⅱ的催化下完成的;而尿素合成所需的氨基甲酰磷酸是在肝的线粒体中以氨为氮源,在氨基甲酰磷酸合成酶Ⅰ的催化下完成的,这两种合成酶的性质是不同的。氨基甲酰磷酸合成酶Ⅱ是嘧啶核苷酸从头合成的主要调节酶,受 UMP 的反馈抑制。

此外,在真核细胞中,嘧啶核苷酸合成的前三个酶,即氨基甲酰磷酸合成酶Ⅱ、天冬氨酸氨基甲酰转移酶和二氢乳清酸酶,位于同一多肽链上,是一种多功能酶;后两个酶也是位于同一多肽链上的多功能酶,这样更有利于它们以均匀的速度参与嘧啶核苷酸的合成。

(2) CTP 的合成:UMP 在激酶的连续作用下生成 UTP,UTP 在 CTP 合成酶的催化下,由谷氨酰胺提供氨基,消耗 1 分子 ATP,UTP 被氨基化成 CTP。

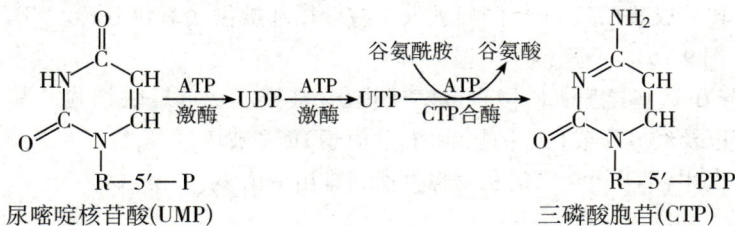

$$尿嘧啶核苷酸(UMP) \xrightarrow[激酶]{ATP} UDP \xrightarrow[激酶]{ATP} UTP \xrightarrow[CTP合酶]{ATP} 三磷酸胞苷(CTP)$$

（二）嘧啶核苷酸的补救合成

嘧啶核苷酸的补救合成与嘌呤核苷酸的补救合成类似,嘧啶磷酸核糖转移酶是其补救合成的主要酶,它能利用尿嘧啶、胸腺嘧啶及乳清酸作为底物,催化生成相应的嘧啶核苷酸,但对胞嘧啶不起作用。实际上,此酶和前述的乳清酸磷酸核糖转移酶是同一种酶。尿苷激酶可催化尿苷生成尿苷酸。脱氧胸苷可通过胸苷激酶催化生成 dTMP,该酶在正常肝中活性很低,但在恶性肿瘤中明显升高。

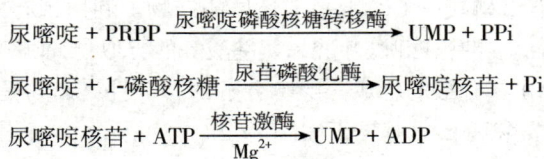

$$尿嘧啶 + PRPP \xrightarrow{尿嘧啶磷酸核糖转移酶} UMP + PPi$$

$$尿嘧啶 + 1\text{-}磷酸核糖 \xrightarrow{尿苷磷酸化酶} 尿嘧啶核苷 + Pi$$

$$尿嘧啶核苷 + ATP \xrightarrow[Mg^{2+}]{核苷激酶} UMP + ADP$$

（三）核苷酸的抗代谢物

核苷酸的抗代谢物是一些碱基、氨基酸及叶酸的类似物,其抗代谢作用机制主要是竞争性抑制核苷酸合成的某些步骤,从而阻止核酸与蛋白质的生物合成。肿瘤细胞的核酸及蛋白质合成十分旺盛,因此这些抗代谢物具有抗肿瘤的作用。常见的核苷酸抗代谢物主要包括:①碱基类似物如:6-巯基嘌呤、8-氮杂鸟嘌呤、5-氟尿嘧啶等;②叶酸类似物,如:氨蝶呤、甲氨蝶呤等;③氨基酸类似物,如:氮杂丝氨酸及 6-重氮-5-氧正亮氨酸等。

二、嘧啶核苷酸的分解代谢

嘧啶核苷酸的分解代谢主要在肝中进行,首先通过核苷酸酶及核苷磷酸化酶的作用,脱去磷酸和核糖,产生嘧啶碱,再进一步分解。胞嘧啶脱氨转化为尿嘧啶,后者再还原成二氢尿嘧啶,并水解开环,最终生成 NH_3、CO_2 和 β-丙氨酸;β-丙氨酸可转变成乙酰 CoA,然后进入三羧酸

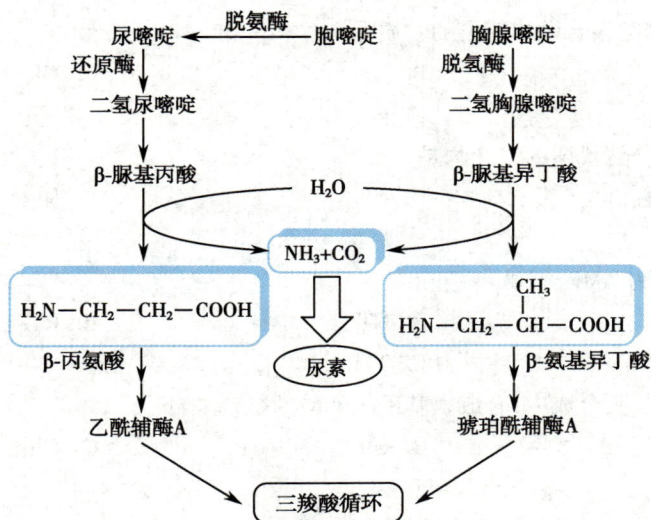

图 9-10　嘧啶核苷酸的分解代谢

循环被彻底氧化分解。胸腺嘧啶降解生成 NH_3、CO_2 和 β-氨基异丁酸（β-aminoisobutyric acid）；β-氨基异丁酸可转变成琥珀酰 CoA，同样进入三羧酸循环被彻底氧化分解。NH_3 和 CO_2 可合成尿素，排出体外（图 9-10）。

此外，一部分 β-氨基异丁酸还可直接随尿排出，其排泄量可反映细胞及其 DNA 的破坏程度。白血病患者以及经放疗或化疗的癌症病人，由于 DNA 破坏过多，往往导致尿中 β-氨基异丁酸的排泄增加。食用含 DNA 丰富的食物也可使其排出量增多。

小结

体内核苷酸的合成代谢可分为从头合成途径和补救途径。嘌呤核苷酸从头合成以二氧化碳、天冬氨酸、一碳单位、谷氨酰胺、甘氨酸和 5-磷酸核糖为原料，首先合成 IMP，然后分别转变为 AMP 和 GMP。嘧啶核苷酸的从头合成以氨基甲酰磷酸（谷氨酰胺、二氧化碳）、天冬氨酸和 5-磷酸核糖为原料，首先合成 UMP，然后再由 UMP 转变为其他嘧啶核苷酸。脱氧核苷酸是核苷二磷酸（NDP）水平上还原的产物。利用现有的碱基合成核苷酸的途径称为补救合成途径。嘌呤、嘧啶、叶酸和氨基酸等的类似物，能降低核苷酸合成中的一些酶的活性，从而抑制了核苷酸的合成。嘌呤分解的特征性终产物是尿酸，而嘧啶分解的特征性终产物是 β-丙氨酸和 β-氨基异丁酸。

（闫 波）

练 习 题

一、单项选择题

1. 嘌呤核苷酸从头合成首先生成的是
   A. AMP　　B. GMP　　C. IMP
   D. UMP　　E. XMP
2. 人体内核苷酸从头合成的主要器官是
   A. 肝　　B. 骨髓　　C. 小肠黏膜
   D. 胸腺　　E. 脑
3. 合成嘌呤、嘧啶核苷酸均需要的物质是
   A. Asn　　B. Gln　　C. Glu
   D. R-1-P　　E. Gly
4. 嘌呤核苷酸分解代谢的终产物是
   A. β-丙氨酸　　B. NH_3　　C. 尿素
   D. CO_2　　E. 尿酸
5. 由 IMP 转变为 AMP，需要
   A. ATP　　B. GTP　　C. CTP
   D. UTP　　E. TTP
6. 嘧啶核苷酸从头合成中，合成氨基甲酰磷酸的氨基来自
   A. Asn　　B. Glu　　C. Gln
   D. NH_3　　E. Asp
7. 只能进行嘌呤核苷酸补救合成的器官是
   A. 脑和骨髓　　B. 肝脏　　C. 肾脏

D. 小肠黏膜　　　　　　E. 胸腺

8. 在嘧啶核苷酸从头合成中,合成氨基甲酰磷酸的部位是

A. 线粒体　　　　　　B. 细胞质　　　　　　C. 细胞核

D. 溶酶体　　　　　　E. 微粒体

二、名词解释

1. 从头合成途径　　2. 补救合成途径

三、简答题

1. 嘌呤核苷酸从头合成途径(请写出原料,关键酶,重要的中间产物及终产物)。

2. 试比较嘌呤核苷酸和嘧啶核苷酸从头合成的异同点。

选择题参考答案

1. C　2. A　3. B　4. E　5. B　6. C　7. A　8. B

第十章

DNA 的生物合成

学习目标

1. 掌握 DNA 复制、半保留复制的概念；DNA 复制的基本规律；逆转录概念。

2. 熟悉参与 DNA 复制的重要成分、DNA 复制的基本反应过程；DNA 突变的含义和类型；逆转录酶及逆转录的意义。

3. 了解 DNA 损伤修复的方式。

DNA 是生物体内遗传信息的携带者，它通过特定的方式指导了蛋白质的生物合成。但 DNA 是细胞核内的物质，而蛋白质却在细胞质中，DNA 是不可随意穿越核膜进入细胞质的，那细胞核内的遗传密码又是如何被带入到细胞质去的呢？1957 年，F. Crick 提出了揭示遗传信息传递规律的"中心法则"（图 10-1），即 DNA 上的遗传信息先转录成 mRNA，在 rRNA 和 tRNA 的参与下，将信息再翻译成蛋白质。随着研究的深入，20 世纪 70 年代 Temin 和 Baltimore 发现某些 RNA 病毒能以 RNA 为模板反转录成单链的 DNA，然后再以单链的 DNA 为模板生成双链 DNA，称逆转录。中心法则是现代生物学中最重要最基本的规律之一，在探索生命现象的本质及普遍规律方面起了巨大的作用，极大地推动了现代生物化学的发展，在科学发展过程中占有重要地位。

图 10-1　遗传信息传递的中心法则

知识链接

中心法则

1957 年 9 月，F. Crick 发表题为"论蛋白质合成"的论文，这篇论文被评价为"遗传学领域最有启发性、思想最解放的论著之一"。在论文中，F. Crick 正式提出遗传信息流的传递方向是 DNA→RNA→蛋白质，后来被称为"中心法则"。生物遗传中心法则是 J. Watson 提出的，用以表示生命遗传信息的流动方向或传递规律。那个时候中心法则带有一定的假设性质。随着生物遗传规律的进一步探索，中心法则也逐步得到完善和证实。1962 年 F. Crick 和 J. Watson 共同获得诺贝尔奖。

第一节　DNA 的半保留复制

DNA 的生物合成方式主要有复制和逆转录。复制是 DNA 生物合成的主要方式，自然界中绝大部分生物都是通过复制将亲代的遗传信息传递给子代,从而保证了物种的连续性。

一、半保留复制的概念

大多数生物体的遗传信息储存于 DNA 分子的核苷酸序列中。以亲代 DNA 为模板合成子代 DNA 的过程,称为 DNA 复制(replication)。

DNA 复制基本特征包括:半保留复制、半不连续复制、固定的起始点、双向复制和高保真性复制。

(一)半保留复制

1953 年,Watson 和 Crick 根据 DNA 的双螺旋模型提出的 DNA 复制方式,即 DNA 复制时亲代 DNA 的两条链解开,每条链作为新链的模板,从而形成两个子代 DNA 分子,每一个子代 DNA 分子包含一条亲代链和一条新合成的链,这种复制方式称为半保留复制。

1958 年 Meselson 和 Stahl 利用氮的同位素 ^{15}N 标记大肠杆菌 DNA,首先证明了 DNA 的半保留复制(图 10-2)。他们将大肠杆菌在 $^{15}NH_4Cl$ 作为唯一氮源的培养基中培养数代,使所有 DNA 分子都标记上 ^{15}N。掺入 ^{15}N 的 DNA 的密度比普通的 ^{14}N-DNA 密度大,在密度梯度离心时,两种密度不同的 DNA 分布在不同的区带。在全部由 ^{15}N 标记的培养基中得到的 ^{15}N-DNA 显示为一条重密度带位于离心管的管底。当转入 ^{14}N 标记的培养基中繁殖后第一代,得到了一条中密度带,这是 ^{14}N-DNA 和 ^{15}N-DNA 杂交分子。培养出第二代时,杂合 DNA 与 ^{14}N-DNA 的含量相等,离心管中出现两条区带。随后在 ^{14}N 培养基中培养代数的增加,低密度带增强,而中密度带逐渐减弱。当把 ^{14}N-^{15}N 杂合 DNA 加热时,它们分开成 ^{15}N-DNA 单链和 ^{14}N-DNA 单链。该实验结果证实了 DNA 半保留复制模式。半保留复制的意义是将 DNA 中储存的遗传信息准确无误的传递给子代,体现了遗传的保守性,是物种稳定的分子基础。

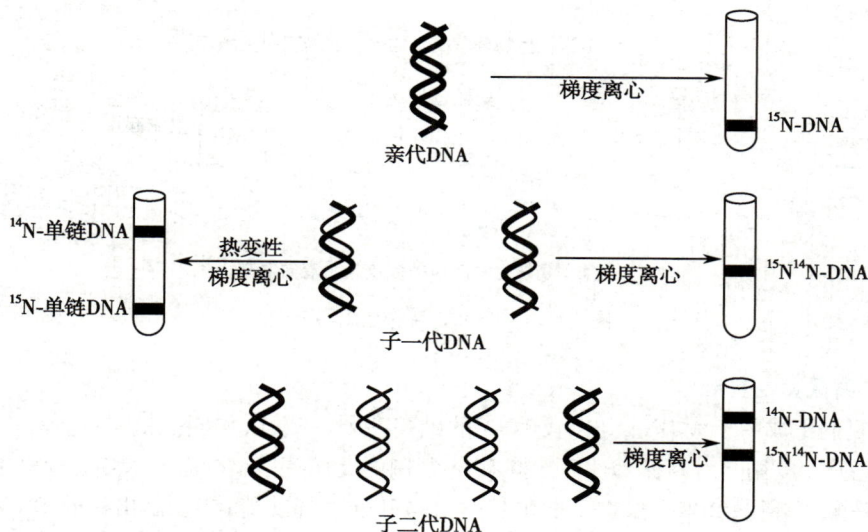

图 10-2　半保留复制的实验

(二)半不连续复制

DNA 复制时,与复制叉方向一致,称为前导链;另一条的合成链走向与复制叉移动的方向相反,称为后随链,其合成是不连续的,先形成许多不连续的片段(冈崎片段),最后连成一条完整的 DNA 链(图 10-3)。

(三)固定起始点

DNA 复制总是从序列特异的部位开始,这些具有特异碱基序列的部位称为复制起始点。在原核生物通常只有一个复制起始点,而在真核生物中则有多个。

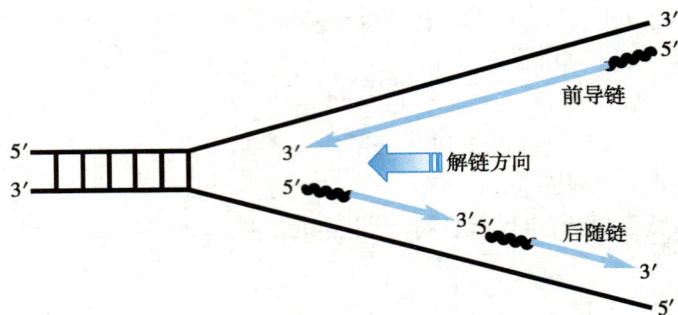

图 10-3　半不连续复制

（四）双向复制

DNA 合成时从复制起点开始，形成两个复制叉，然后相背而行，这种复制方式称为双向复制。DNA 双向复制是从各复制起始点起始后产生两个复制叉与相邻复制起始点起始产生的复制叉相遇时完成复制，形成两条双链 DNA 分子。从一个 DNA 复制起始点起始的 DNA 复制区域称为复制子，它是一个独立复制单位，包括复制起始点和终止点。真核生物 DNA 复制是多复制子的复制（图 10-4）。

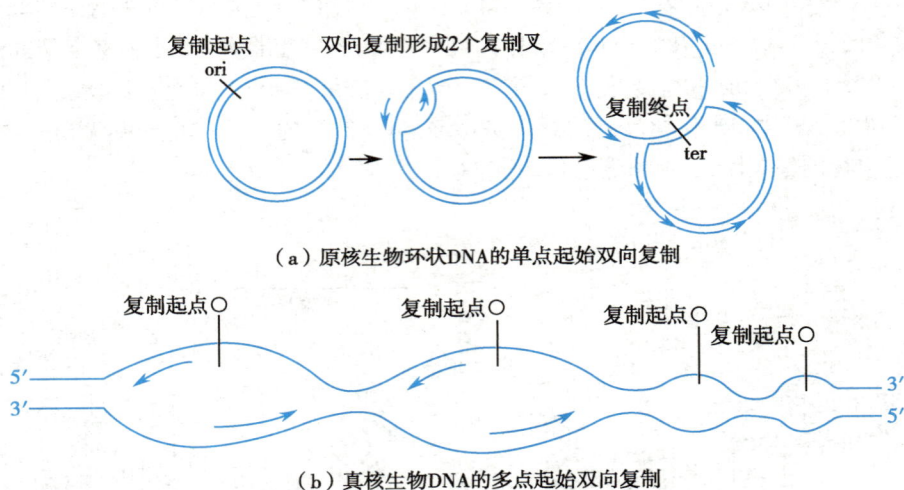

（a）原核生物环状DNA的单点起始双向复制

（b）真核生物DNA的多点起始双向复制

图 10-4　DNA 复制的起点和方向

（五）高保真性复制

DNA 复制生成的子代 DNA 与亲代 DNA 的碱基序列一致性，如同拉链一样，是一个对着一个的，所以 DNA 复制具有高保真性。维持 DNA 复制的高保真性至少需要依赖 3 种机制：①遵守严格的碱基配对规律；②聚合酶在复制延长时对碱基的选择功能；③复制出错时 DNA-pol 的及时校读功能。

二、参与 DNA 复制的重要成分

DNA 复制是一个非常复杂的生物学过程，需要原料 dNTP、模板 DNA、引物、DNA 聚合酶和特异的蛋白因子构成的 DNA 复制体系共同完成。

（一）原料

DNA 合成的原料（底物）包括四种脱氧核苷三磷酸，即 dATP、dTTP、dCTP、dGTP，简称 dNTP。DNA 的基本构成单位为脱氧核苷一磷酸（dNMP），DNA 复制过程为耗能过程，每聚合一分子核苷酸需水解一分子的焦磷酸。

（二）模板

DNA 合成有严格的模板依赖性,需以亲代双链 DNA 解开的 DNA 单链为模板,指导底物 dNTP 严格按照碱基配对的原则逐一在新链中掺入 dNMP。

（三）引物

DNA 聚合酶的 5′→3′聚合酶活性不能催化两个游离的 dNTP 直接进行聚合,因此第一个 dNTP 需添加到已有的小分子 RNA 的 3′-OH 末端上,然后再继续延长。为 DNA 聚合酶聚合 dNMP 提供 3′-OH 末端的小分子寡核苷酸称为引物(primer)。

（四）酶和蛋白因子

1. DNA 聚合酶　DNA 聚合酶是催化底物 dNTP 以 dNMP 方式聚合为新生 DNA 的酶,聚合时需要 DNA 为模板,故称为依赖于 DNA 的 DNA 聚合酶(DDDP 或 DNA-pol)。在原核细胞有 DNA 聚合酶Ⅰ、Ⅱ、Ⅲ。真核生物中有 DNA 聚合酶 α、β、γ、δ、ε 五种,其中 δ 为主要的聚合酶,γ 存在于线粒体中。

DNA 聚合酶的共同性质:①以脱氧核苷三磷酸(dNTP)为前体催化合成 DNA;②需要模板和引物的存在;③不能起始合成新的 DNA 链;④催化 dNTP 加到生长中的 DNA 链的 3′-OH 末端;⑤催化 DNA 合成的方向是 5′→3′。

DNA 聚合酶的功能:①聚合作用:在引物 RNA 3′-OH 末端,以 dNTP 为底物,按模板 DNA 上的指令由 DNA pol 逐个将核苷酸加上去,这是 DNA pol 的聚合作用;②3′→5′外切酶活性:从 3′→5′方向识别和切除不配对的 DNA 链末端的核苷酸(图 10-5);③5′→3′外切酶活性——切除修复作用:可用于切除引物、切除突变的 DNA 片段,对于 DNA 的损伤修复具有重要作用(表 10-1)。

表 10-1　大肠杆菌 *E. coli* 中的三种 DNA 聚合酶

分类	DNA 聚合酶Ⅰ	DNA 聚合酶Ⅱ	DNA 聚合酶Ⅲ
5′→3′聚合酶活性	+	+	+
3′→5′外切酶活性	+	+	+
5′→3′外切酶活性	+	−	−
生物学功能	切除引物 延长冈崎片段 校读作用 DNA 损伤修复	DNA 损伤修复	催化 DNA 聚合 校读作用

3′→5′外切酶活性:能辨认错配的碱基对,并将其水解。5′→3′外切酶活性:能切除引物和突变的 DNA 片段

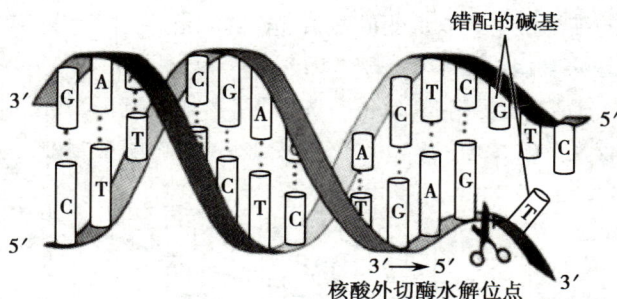

图 10-5　核酸外切酶活性

真核生物的 DNA 聚合酶有 5 种:DNA 聚合酶 α、β、γ、δ 和 ε。DNA 聚合酶 α 具有引物酶活性,能催化引物 RNA 和 DNA 的合成。DNA 聚合酶 β 与 DNA 损伤的修复有关。DNA 聚合酶 γ 是线粒体中 DNA 复制的酶。DNA 聚合酶 δ 的主要作用是催化子链延长,此外还具有解螺旋酶的活性。DNA 聚合酶 ε 主要参与校读和填补引物空隙。

2. 解螺旋酶　解螺旋酶的功能是利用 ATP 供能将 DNA 双螺旋间的氢键解开,使 DNA 局部形成两条单链。*E. coli* 的解螺旋酶是 *dnaB* 基因编码的六聚体蛋白 DnaB,可以利用 ATP 水解释放的能量沿着 DNA 单链迅速运动,从而将双螺旋 DNA 的两条链分开。

3. 单链 DNA 结合蛋白　单链 DNA 结合蛋白(SSB)是 DNA 复制过程中,在 DNA 分叉处与单链 DNA 结合的蛋白质。单链 DNA 结合蛋白主要是防止已解链的双链还原、退火,使复制得以顺利进行。

4. DNA 拓扑异构酶　拓扑是指物体或图像作弹性位移而又保持物体不变的性质。DNA 在解链过程中,DNA 分子会因过度拧紧出现打结、缠绕、连环等现象,DNA 拓扑异构酶改变 DNA 这种超螺旋状态。拓扑异构酶分为Ⅰ型和Ⅱ型。拓扑异构酶Ⅰ在不消耗 ATP 的情况下,切断 DNA 双链中的一股链,使 DNA 解链旋转中不致打结,适当时候又把切口封闭,使 DNA 变为负超螺旋。拓扑异构酶Ⅱ能切断 DNA 双链,并使 DNA 分子中其余部分通过缺口,然后利用 ATP 提供的能量封闭双链缺口。

5. 引物酶　引物酶是复制起始时催化生成小分子 RNA 引物的酶。引物酶在模板的复制起始部位催化与模板碱基互补的游离核苷酸的聚合,形成短片段的 RNA 或 DNA,提供 3′-OH 末端供 dNTP 加入和延伸。在复制的起始过程中,引物酶还需与其他的蛋白因子形成复合物,才能完成引物的合成。

6. DNA 连接酶　DNA 连接酶是催化两条 DNA 双链上相邻的 5′磷酸基和 3′羟基之间形成磷酸二酯键,从而使两个 DNA 片段连接起来(图 10-6)。可接双链 DNA 的平末端、相容黏末端及其中的单链切口,是基因工程中常用的工具酶之一。

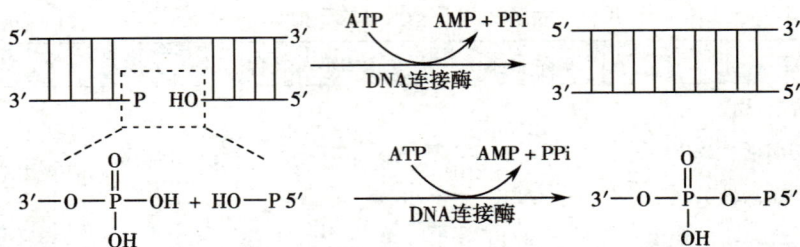

图 10-6　DNA 连接酶的作用

三、复制的过程

真核生物与原核生物的 DNA 复制过程都分为起始、延长和终止 3 个阶段,但是各个阶段都有一定的差别。复制的结果是一条双链变成两条一样的双链,每条双链都与原来的双链一样。

(一) 原核生物 DNA 复制过程

1. 复制起始过程　DNA 在复制时,双链首先解开,形成复制叉,而复制叉的形成则是由多种蛋白质及酶参与的较复杂的过程(表 10-2)。首先 DNA 螺旋酶在复制起点处将双链 DNA 解

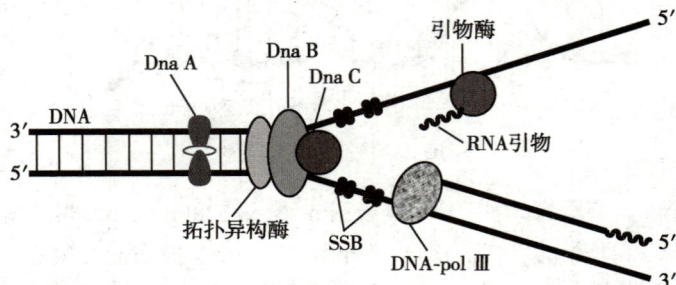

图 10-7　DNA 解链形成复制叉与引物的合成

表 10-2　原核生物复制起始相关酶和蛋白因子的功能

蛋白质(基因)	通用名	功能
DnaA(dnaA)		辨认起始点
DnaB(dnaB)	解螺旋酶	解开 DNA 双链
DnaC(dnaC)		运送和协同 DnaB
DnaG(dnaG)	引物酶	催化 RNA 引物合成
SSB	单链 DNA 结合蛋白	稳定已解开的单链
拓扑异构酶		理顺 DNA 链

开,然后单链 DNA 结合蛋白质结合在被解开的链上,保证局部不会恢复成双链。此时,引物酶参与进来,引物酶(DnaG 蛋白)与 DnaB 蛋白、DnaC 蛋白及单链 DNA 模板结合,形成的复合结构称为引发体,在前导链上由引物酶催化合成一段 RNA 引物,然后,引发体在后随链上沿 5′→3′方向移动,在一定距离上反复合成 RNA 引物供 DNA 聚合酶Ⅲ合成冈崎片段使用,在复制起始部位形成复制叉,复制进入延长阶段(图 10-7)。

2. 复制延长过程　在复制叉附近,形成 DNA 复制体,复制体在 DNA 前导链模板和后随链模板上移动时便合成了连续的 DNA 前导链和由许多冈崎片段组成的后随链。在 DNA 聚合酶Ⅲ的作用下,新合成的 DNA 链不断延长。大肠杆菌的冈崎片段长度为 1000～2000 个核苷酸,即前导链合成 1000～2000 个核苷酸后,后随链便开始合成。在延长过程中,由于拓扑异构酶的作用,避免了在复制叉前方的 DNA 打结(图 10-8)。

3. 复制终止过程　复制终止的主要任务是 RNA 酶切除引物并填补空隙,DNA 连接酶连接缺口生成子代 DNA。当复制延长到具有特定碱基序列的复制终止区时,在 DNA 聚合酶Ⅰ的作用下,切除前导链和后随链的最后一个 RNA 引物,并以 5′→3′方向延长 DNA 以填补引物水解留下的空隙。前一个冈崎片段和后一个冈崎片段之间的缺口由 DNA 连接酶将其接起来,形成完整的 DNA 后随链,完成 DNA 的复制。

(二) 真核生物 DNA 复制过程

真核生物 DNA 复制在细胞周期的 S 期进行,也可分为起始、延长和终止三个阶段,每个阶段的基本过程与原核生物 DNA 复制相似,但存在不少差异。

1. 起始阶段的主要差别　真核生物 DNA 复制起始点很多,是多复制子复制,但各个复制子的起始并不同步,以分组激活方式进行;复制起始点的起始序列较短;参与起始的蛋白质较多,除需 DNA 聚合酶 α、δ 外,另有许多蛋白质如增殖细胞核抗原(PCNA)、拓扑酶、复制因子(RF)和细胞周期蛋白依赖性蛋白激酶等的参与;引物主要是 RNA,还有几个寡聚脱氧核苷酸(DNA),是由聚合酶 α 来催化合成;聚合酶 δ 有解螺旋酶活性。

2. 延长阶段的主要差别　真核生物的聚合酶 δ 催化子链的延长,并有校正功能。后随链上多次合成的 RNA 引物包括 DNA 片段;引物和冈崎片段(约 200bp)都比较短;因为引物频发率高,延伸时必须发生 DNA 聚合

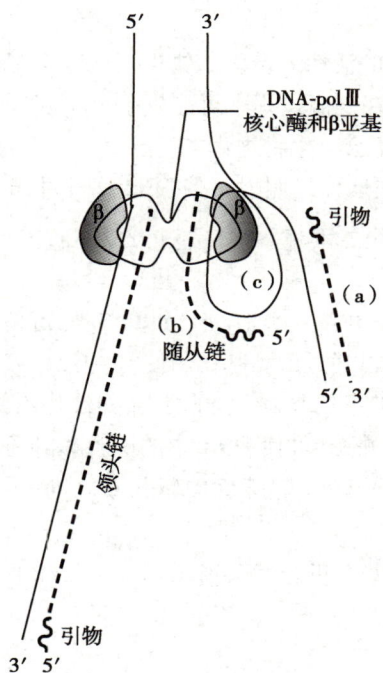

图 10-8　同一复制叉上领头链和随从链由相同的 DNA-pol 催化延长 (a)已复制的随从链片段;(b)正在复制的随从链片段;(c)尚未复制的随从链片段

酶 α/δ 的转换,而且需 PCNA 的协同;单个复制起始点复制的速度较慢,但多复制子复制,复制起始点多,总复制速度并不慢。

3. 终止阶段的主要差别　真核生物是线性 DNA,除相邻的两个复制叉相遇并汇合外,需端粒酶参与端粒中 DNA 模板链 3′-OH 的延伸;引物切除需核糖核酸酶和核酸外切酶;由 DNA 聚合酶 ε 填补引物空隙;复制中不仅有冈崎片段的连接,还有复制子之间的连接,DNA 连接酶催化 DNA 双链中单链缺口的连接时,需消耗 ATP;复制完成后随即与组蛋白组装成染色体从细胞周期的 G_2 期过渡到 M 期。

真核生物染色体 DNA 是线状的,DNA 复制完成后两个末端的 5′-端引物被切除,留下的缺口无法被 DNA 聚合酶催化的反应填补,因为 DNA 聚合酶只能催化以 5′→3′方向延长 DNA。在正常体细胞中普遍存在着染色体酶复制一次端粒就短一次的现象。端粒酶(telomere)是在细胞中负责端粒的延长的一种逆转录酶,由 RNA 和蛋白质组成,RNA 组分中含有一段短的模板序列与端粒 DNA 的重复序列互补,而其蛋白质组分具有逆转录酶活性,以 RNA 为模板催化端粒 DNA 的合成,将其加到端粒的 3′-端,以维持端粒长度及功能。

第二节　DNA 的损伤与修复

DNA 分子中碱基序列和结构的改变称为 DNA 损伤(damage)或 DNA 突变(mutation)。理化因素和外源 DNA 整合导致的 DNA 突变称为诱发突变。DNA 复制过程中发生错误或一些不明原因导致的 DNA 突变称为自发突变。在多种酶的作用下,生物细胞内的 DNA 分子受到损伤以后恢复结构的现象,称为 DNA 损伤的修复。

一、DNA 的损伤

(一)引发 DNA 损伤的因素

1. 自发因素　包括 DNA 自身的不稳定性、代谢中产生的活性氧及复制错误。DNA 复制的半保留性,保证了遗传的稳定性。但由于复制速度非常快,在复制过程中可能发生 10^{-10} 频率的突变。遗传的稳定性和变异性是对立统一的。没有变异就不会有生物进化。

2. 物理因素　常见的是紫外线(UV)、电离辐射等。如紫外线照射可使 DNA 分子中同一条链两相邻的碱基之间形成二聚体,最常见的是胸腺嘧啶二聚体($\overline{TT}$),也可产生 $\overline{CC}$、$\overline{CT}$ 二聚体。

3. 化学因素　通常为化学诱变剂或致癌剂,主要有以下几类:①烷化剂,如氮芥类,可使碱基、核糖或磷酸基被烷基化;②脱氨剂,如亚硝酸盐、亚硝胺类,通过脱氨基作用使 C→U,A→I,G→X;③碱基类似物,如 5-FU、6-MP,可取代正常碱基,干扰 DNA 的复制;④吖啶类,如溴化乙锭,可嵌入 DNA 的双链中,产生移码突变;⑤DNA 加合剂,如苯并芘,可使 DNA 中的嘌呤碱共价交联;⑥抗生素及其类似物,如放线菌素 D、阿霉素等,可嵌入 DNA 双螺旋的碱基对之间,干扰 DNA 的复制及转录。

4. 生物因素　如逆转录病毒感染过程中产生的双链 cDNA 可整合在宿主细胞染色体 DNA 中导致宿主细胞 DNA 碱基序列改变。

(二)DNA 突变的生物学意义及类型

1. DNA 突变的生物学意义　DNA 突变在生物界普遍存在,大部分突变对生物是有积极意义的,只有少数突变对生物有害,其后果分为四种类型:

(1)是生物进化的分子基础:没有突变,就没有细胞的分化与生物的进化。基因突变在环境有利于机体新特性表达的情况下,被选择地保留下来,成为分化与进化的分子基础。

(2)构成基因多态性:只有基因型改变而表型没有改变的突变导致个体之间基因型的差

别,称为基因多态性。基因多态性是个体识别、亲子鉴定、器官移植配型的分子基础。

（3）致病:突变发生在功能性蛋白质的基因上,使生物体某些功能改变或者丧失,这是导致基因病的分子基础。基因病分为三类:单基因病如单基因遗传病;多基因病如心血管疾病、肿瘤;获得性基因病如病毒感染。

（4）致死:突变发生在对生命至关重要的基因上,可导致细胞或个体的死亡,这是人类消灭有害病原体的分子基础。

2. DNA 损伤的类型

（1）点突变:即 DNA 分子中的某一碱基被另一碱基所取代,也称为碱基错配。自发突变和许多化学诱变都能引起 DNA 分子中某一碱基的置换,如亚硝酸盐可使 C→U,这样使得原有的C-G 配对变为 U-G,DNA 分子中有 U,经复制后,C-G 最后变为 A-T 配对。点突变如果发生在基因的编码区,可导致蛋白质中氨基酸的改变。如镰刀形红细胞性贫血就是点突变的一个典型例子。

（2）插入:在 DNA 分子中插入一个原来不存在的核苷酸或一段核苷酸链。如病毒 RNA 通过反转录生成 DNA,可整合于宿主细胞 DNA 分子中,并随宿主基因一起复制和表达。

（3）缺失:DNA 分子中一个核苷酸或一段核苷酸链丢失,如烷化剂可使鸟嘌呤 N-7 甲基化及核苷酸脱落而导致缺失。插入和缺失都可造成移码突变（也称框移突变）,移码突变是指三联体密码的阅读方式改变,造成翻译出的蛋白质氨基酸完全不同。

（4）重组或重排:DNA 分子中较大片段的交换称为重组或重排。由于编码两条不同肽链的基因在减数分裂时发生了错误联会和不等交换,形成了两种不同的基因,各自融合了对方基因中的部分序列,而缺失了自身的一部分序列。

（5）DNA 链的断裂:代谢过程产生的活性氧（超氧阴离子、过氧化氢等）等因素可引起 DNA单链断裂等损伤。DNA 双链中一条链断裂称单链断裂,DNA 双链在同一处或相近处断裂称为双链断裂。每个哺乳类细胞每天 DNA 单链断裂发生的频率约为 5 万次。电离辐射引起的断链数随照射剂量而增加,射线的直接和间接作用都可能使脱氧核糖破坏或磷酸二酯键断开而致DNA 链断裂。单链断裂发生频率为双链断裂的 10 ~ 20 倍,但较容易修复,而双链断裂对单倍体细胞来说（如细菌）就是一次致死事件。

（6）链内、链间发生交联　包括 DNA 链交联和 DNA-蛋白质交联。双功能基烷化剂,如氮芥、硫芥等,一些抗癌药物（如环磷酰胺、苯丁酸氮芥、丝裂霉素等）,其两个功能基可同时使两处烷基化,结果就能造成 DNA 链内、链间以及 DNA 与蛋白质间的交联（图 10-9）。如紫外线能使DNA 分子中同一条链相邻嘧啶碱基之间形成二聚体（最易形成的是 $\overline{TT}$,其次是 $\overline{CT}$、$\overline{CC}$ 二聚体）（图 10-10）。

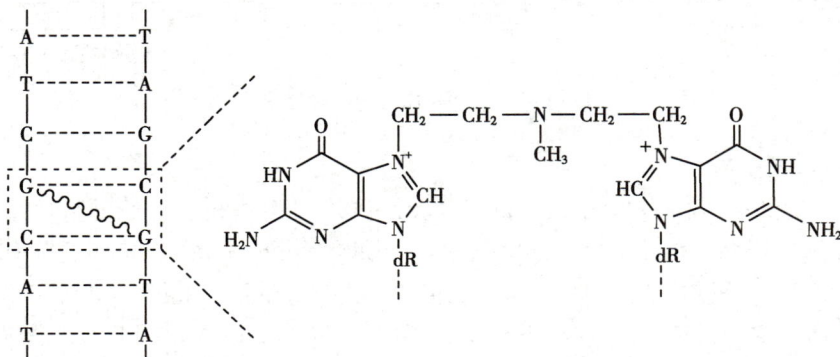

图 10-9　氮芥引起 DNA 分子两条链在鸟嘌呤上的交联

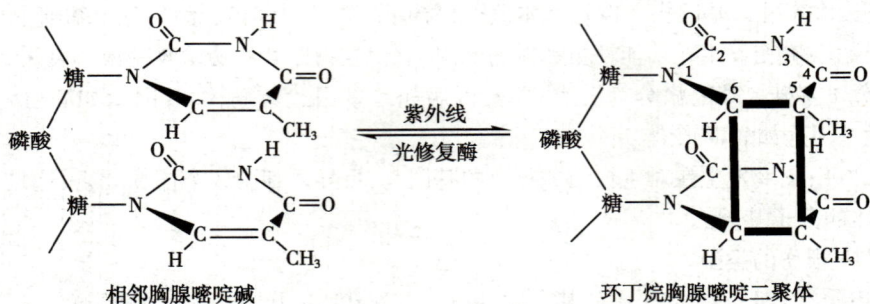

图 10-10　胸腺嘧啶二聚体的形成与解聚

二、DNA 损伤的修复

根据损伤后 DNA 修复的机制不同,将 DNA 损伤的修复分为错配修复、直接修复、切除修复、重组修复和 SOS 修复等。

(一) 错配修复

错配修复机制有两种:①在复制过程中,DNA 聚合酶利用核酸外切酶和聚合酶两种活性辨认切除错配碱基并加以校正的过程,即 DNA 聚合酶的即时校读功能;②复制后产生的错配,其修复机制同切除修复。

(二) 直接修复

直接修复是一种不涉及磷酸二酯键的水解与再形成的修复机制。光修复是直接修复的一种。光复活又称光逆转。这在可见光照射下由光复活酶识别并作用于二聚体,利用光所提供的能量使环丁酰环打开而完成的修复过程。这种修复功能虽然普遍存在,但主要是低等生物的一种修复方式,随着生物的进化,它所起的作用也随之削弱。

(三) 切除修复

切除修复又称切补修复。最初在大肠杆菌中发现,包括一系列复杂的酶促 DNA 修补复制过程,主要有以下几个阶段:核酸内切酶识别 DNA 损伤部位,并在 5′-端作一切口,再在外切酶的作用下从 5′-端到 3′-端方向切除损伤,然后在 DNA 聚合酶的作用下以损伤处相对应的互补链为模板合成新的 DNA 单链片段以填补切除后留下的空隙,最后再在连接酶的作用下将新合成的单链片段与原有的单链以磷酸二酯键相接而完成修复过程(图 10-11)。

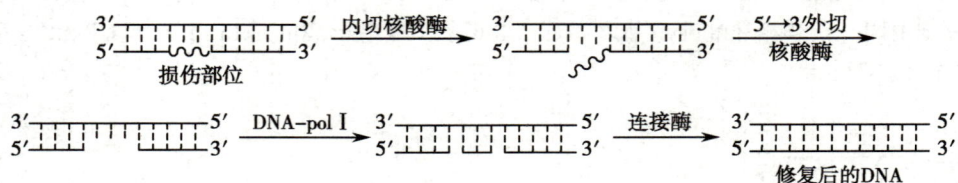

图 10-11　DNA 损伤的切除修复

(四) 重组修复

又称复制后修复,当 DNA 分子损伤范围较大,尚未完全修复即已开始复制时,由于损伤部位不能起到模版作用,于是复制的新键 DNA 出现空缺。在大肠杆菌中已证实这一 DNA 损伤诱导产生了重组蛋白,在重组蛋白的作用下亲代链和子代链发生重组,重组后原来亲代链中的缺口可以通过 DNA 聚合酶的作用,以对侧子代链为模板合成单链 DNA 片段来填补,最后在连接酶的作用下以磷酸二酯键形式连接新旧链完成修复过程(图 10-12)。

(五) SOS 修复

SOS 修复是 DNA 受到损伤或脱氧核糖核酸的复制受阻时的一种诱导反应。当 DNA 受到广

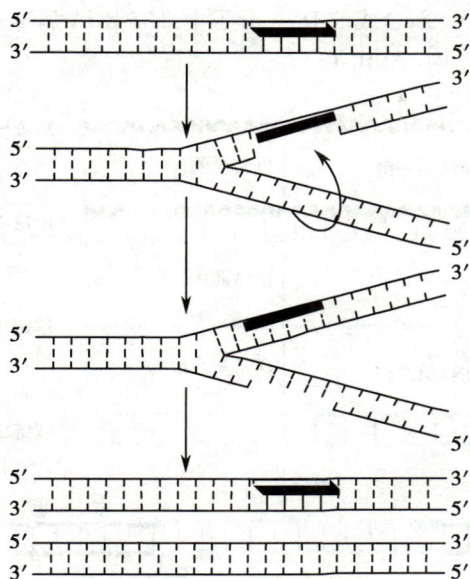

图 10-12　DNA 损伤的重组修复

泛损伤,危及细胞生存时,诱导合成许多参与 DNA 损伤修复的复制酶和蛋白因子。这些复制酶对碱基识别能力差,但可以催化损伤部位碱基的聚合。可见通过 SOS 修复,使复制得以进行,细胞能够生存,但付出的代价是产生广泛的突变。

第三节　逆转录现象与逆转录酶

一、逆转录现象

双链 DNA 是大多数生物的遗传物质,但有些病毒的遗传物质是 RNA 而不是 DNA。这些病毒称为 RNA 病毒,它们能以自身的遗传物质 RNA 为模板合成 DNA。这种信息流动方向(RNA→DNA)与转录过程(DNA→RNA)相反,故称为逆转录。

二、逆 转 录 酶

1970 年,Temin 和 Baltimore 分别从病毒中各发现了一种能催化以 RNA 为模板合成双链 DNA 的酶,将此酶称为逆转录酶(reverse transcriptase)。全称是 RNA 指导的 DNA 聚合酶(RNA-dependent DNA polymerase,RDDP)。

逆转录酶是多功能酶,具有三种活性:①RNA 指导的 DNA 聚合酶活性。以 dNTP 为底物,以 RNA 为模板,合成一条与 RNA 模板互补的 DNA 单链,这条 DNA 单链叫做互补 DNA(complementary DNA,cDNA),它与 RNA 模板形成 RNA-DNA 杂交体;②能特异性水解 RNA-DNA 杂交体上的 RNA;③具有 DNA 指导的 DNA 聚合酶活性,以逆转录合成的单链 DNA 为模板合成互补 DNA 链。由于逆转录酶没有 3′→5′外切酶的活性,因此没有校对功能,逆转录作用的错误率相对较高,这可能也是致病病毒较快出现新毒株的原因之一。

RNA 病毒的遗传信息储存在单链 RNA 上,在宿主细胞中需转变为 DNA,才能进行基因表达和基因组复制。逆转录病毒颗粒与宿主细胞膜上特异性受体结合后进入宿主细胞,在细胞中脱去外壳,接着逆转录酶以病毒 RNA 为模板,以 dNTP 为原料,催化 DNA 链的合成,合成的 DNA 链称互补 DNA 链(cDNA),cDNA 链与 RNA 模板链通过碱基配对形成 RNA-DNA 杂化双链。在逆转录酶的作用下,杂化双链中 RNA 被水解,然后再以 cDNA 为模板催化合成另一与其互补的

DNA 链,形成双链 DNA 分子。新合成的 DNA 分子中带有 RNA 病毒基因组的遗传信息,并可整合到宿主细胞的染色体 DNA 中(图 10-13)。

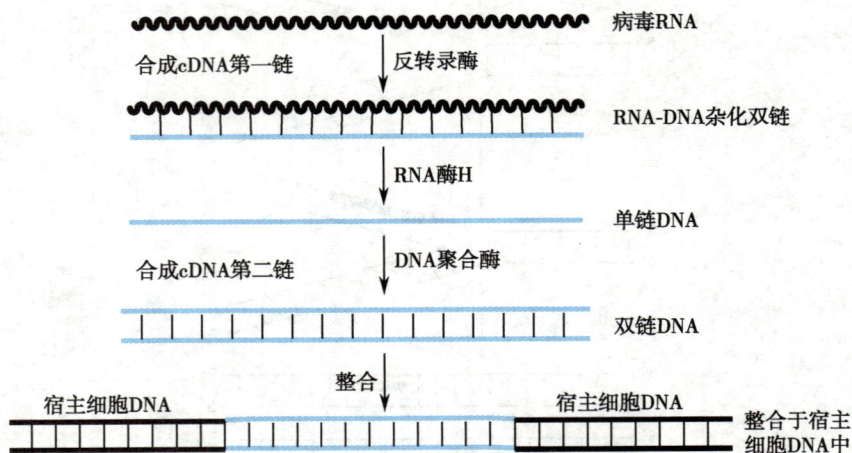

图 10-13 逆转录过程

逆转录酶和逆转录现象,是分子生物学研究中重大发现。中心法则认为,DNA 的功能兼有遗传信息传代和表达。逆转录现象说明,至少在某些生物,RNA 同样兼有遗传信息传代和表达的功能。逆转录扩大和发展了中心法则,使人们对遗传信息的流向有了新的认识。

对于逆转录病毒的研究,拓宽了 20 世纪初人们对病毒致癌的理论,癌基因最初是在以 Rous 肉瘤(RSV)为代表的一些逆转录病毒中发现的,利用病毒癌基因作为核酸探针,可以检测人和哺乳类等脊椎动物基因组存在的与病毒癌基因同源的序列,提出了原癌基因的理论。

逆转录及逆转录酶已广泛地应用在疾病的诊断、治疗、药物的生产等诸多领域。如 DNA 序列测定是基因突变检测的最直接、最准确的诊断方法;利用逆转录病毒载体,进行基因治疗;通过 DNA 重组技术大量生产某些在正常细胞代谢产量很低的多肽,如激素、抗生素、酶类及抗体等。

知识链接

HIV 病毒

人类免疫缺陷病毒(human immunodeficiency virus,HIV)是一种感染人类免疫系统细胞的慢病毒,属逆转录病毒的一种。人类免疫缺陷病毒的感染导致艾滋病。艾滋病主要通过血液、性接触和母婴传播。在世界范围内导致了近 1200 万人的死亡,超过 3000 万人受到感染。在感染后会整合入宿主细胞的基因组中,而目前的抗病毒治疗并不能将病毒根除。

小结

DNA 复制的基本方式是半保留复制,它充分保证了 DNA 代谢的稳定性与复制忠实性,经过许多代的复制,DNA 分子上的遗传信息仍可准确地传给后代。DNA 的复制过程极为复杂,由许多酶与蛋白质参与复制过程:DNA 聚合酶主要作用是催化 dNTP 通过与模板碱基互补配对,依次聚合,合成新的 DNA 链;引物酶以复制起始部位的 DNA 链为模板,合成短片段的 RNA 引物;解链酶、DNA 拓扑异构酶、单链 DNA 结合蛋白是参与 DNA 解旋、解链的酶与蛋白质;DNA 连接酶是使随从链上的 DNA 片段,通过磷酸二酯键连接起来。真核生物与原核生物的 DNA 复制过程都分为起始、延长和终止 3 个阶段。DNA 复制过程中可能发生 DNA 组成和结构的改变,引起生物体的变异,突变引起的 DNA 损伤可以由一系列酶完成修复,DNA 损伤修复有多种方式:切除修复、重组修复、SOS 修复。DNA 的生物合成除 DNA 复制外,某些情况下还可以 RNA 为模板合成 DNA,称为逆转录过程,催化此反应的酶是逆转录酶。目前从逆转录病毒中发现了多种病毒癌基因,即可使细胞癌变的基因。

（卢　杰）

复 习 题

一、单项选择题

1. DNA 复制中的引物是
   A. 由 DNA 为模板合成的 DNA 片段　　　B. 由 RNA 为模板合成的 DNA 片段
   C. 由 DNA 为模板合成的 RNA 片段　　　D. 由 RNA 为模板合成的 RNA 片段
   E. 引物仍存在于复制完成的 DNA 链中

2. DNA 复制时,辨认复制起点主要靠
   A. DNA 聚合酶　　　　　　B. 解链酶　　　　　　C. DNA 拓扑异构酶
   D. Dna A　　　　　　　　E. DNA 连接酶

3. 冈崎片段是指
   A. DNA 模板上的 DNA 片段　　　　　B. 引物酶催化合成的 RNA 片段
   C. 随从链上合成的 DNA 片段　　　　D. 前导链上合成的 DNA 片段
   E. 由 DNA 连接酶合成的 DNA 片段

4. DNA 连接酶的作用是
   A. 使 DNA 形成超螺旋结构　　　　　B. 使双链 DNA 中的单链缺口连接
   C. 合成 RNA 引物　　　　　　　　　D. 将双螺旋解链
   E. 去除引物

5. 复制的过程中不需要
   A. 亲代 DNA　　B. dNTP　　C. RNA 引物　　D. RNA 聚合酶　　E. 解链酶

二、名词解释

1. DNA 复制　2. 冈崎片段　3. 逆转录

三、简答题

1. 简述参与 DNA 复制的酶与蛋白因子,以及它们在复制中的作用。
2. DNA 复制的方式是什么?

选择题参考答案

1. C　2. D　3. C　4. B　5. D

第十一章

RNA 的生物合成

学习目标

1. 掌握：RNA 转录的概念与特点；不对称转录的含义。
2. 熟悉：RNA 转录的各自反应体系及作用。
3. 了解：RNA 转录终止方式、RNA 转录的基本反应过程、RNA 转录后的加工修饰。

生物体以 DNA 为模板合成 RNA 的过程称为转录（transcription）。此过程以一段 DNA 单链为模板，4 种 NTP 为原料，按碱基配对的原则，在依赖 DNA 的 RNA 聚合酶（DNA directed RNA polymerase，DDRP）的催化下合成相应的 RNA，从而将 DNA 携带的遗传信息传递给 RNA。转录生成的初级产物绝大多数都是不成熟的 RNA（原核 mRNA 例外），而是各类 RNA 的前体，这些前体必须经过加工，变成具有生物活性的成熟 RNA 后，才能进入胞质发挥功能。此外，生物体也可以通过 RNA 复制机制合成 RNA，主要在 RNA 病毒中进行。

转录与 DNA 复制相比，有很多相同或相似之处，如基本化学反应、核苷酸链的合成方向、模板、碱基配对的原则、核苷酸之间的连接方式等。但它们之间又有区别（表 11-1）。

表 11-1　复制和转录的区别

	复　　制	转　　录
模板	两条链都复制	模板链转录（不对称转录）
原料	dNTP	NTP
酶	DNA 聚合酶	RNA 聚合酶
配对	A-T，G-C	A-U，T-A，G-C
产物	子代双链 DNA	RNA

第一节　转　录　体　系

一、转录的模板

（一）不对称转录

转录的模板是 DNA 双链中的一股链。生物体内转录是有选择性的，在细胞的不同发育时期，按生存条件和需要进行转录。在 DNA 链上，不是任何区段都可以转录，能转录出 RNA 的 DNA 区段称为结构基因。结构基因与转录起始部位、终止部位的特殊序列共同组成转录单位。在原核生物中，一个转录单位可以含有一个、几个或十几个结构基因。

DNA 为双链分子，在转录进行时，DNA 双链中有一条链指导 RNA 的合成，起模板作用，称为模板链,与之相对的另一条链为编码链。新合成的 RNA 链和编码链都能与模板链互补,其区别在于 RNA 链上的碱基为 U 代替了 T。在转录过程中双链 DNA 只有一条单链用作模板,并且同一单链上可以交错出现模板链和编码链,转录的这种选择性称不对称转录(图 11-1)。

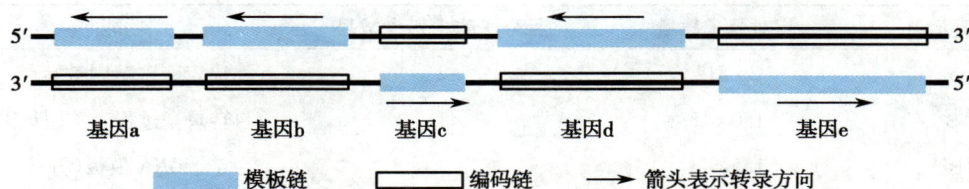

图 11-1 不对称转录示意图

(二)原料

RNA 生物合成是以 4 种核糖核苷酸(ATP、GTP、UTP 和 CTP)为原料,还需要 Mg^{2+}、Mn^{2+}。四种核苷酸通过 3′,5′-磷酸二酯键连续聚合成 RNA 长链。

(三)蛋白因子

RNA 转录时除需以上物质外,还需要一些蛋白因子参与。如:原核生物中有一些 RNA 转录终止阶段需要依赖控制转录终止的 ρ 因子,使转录过程终止。真核生物聚合酶Ⅱ启动转录时,需要一些称为转录因子的蛋白质,才能形成具有活性的转录起始复合物,从而启动转录。

(四)转录的特点

1. 转录的不对称性 对于某一特定基因来说,只能以 DNA 双链中的一条链为模板进行转录。

2. 转录方向的单向性 RNA 转录合成时,是以 DNA 分子双链中的一条链为模板进行的,因此只能向一个方向进行聚合,RNA 链的合成方向与解链方向一致,而模板 DNA 链的方向为 3′→5′。

3. 转录不需要引物 RNA 聚合酶和 DNA 的特殊序列——启动子结合,不需要引物就能直接启动 RNA 的合成,且从起始位点开始转录直到终止位点为止,连续合成 RNA 链。

4. 转录过程有特定起始和终止点 无论原核细胞或真核细胞,RNA 转录时只是基因组中的一个基因转录,只利用一段 DNA 分子单链为模板,故存在特定的起始点和特定的终止点。

二、RNA 聚合酶

(一)原核生物的 RNA 聚合酶

原核生物中只有一种 RNA 聚合酶,可催化不同 RNA 产物生成。大肠杆菌(*E. coli*)中的 RNA 聚合酶分子量为 480kDa,由 4 种亚基 α、β、β′、σ 组成五聚体($\alpha_2\beta\beta'\sigma$)蛋白质,$\alpha_2\beta\beta'$ 亚基组成核心酶,核心酶加上 σ 亚基称为全酶(图 11-2)。细胞转录开始需要全酶,但转录进行到延长阶段则仅需要核心酶。σ 亚基能识别模板上的启动子,因而保证转录能从固定的正确位置开始,σ 亚基在转录延长时(首个磷酸二酯键形成后)脱落,所以与转录延长无关,σ 亚基可以反复

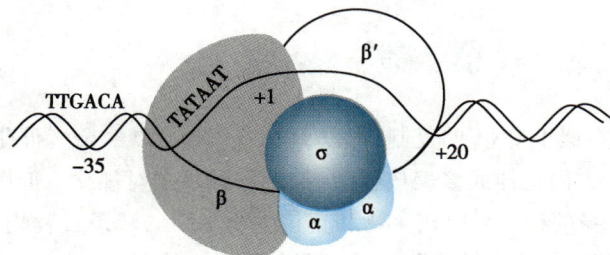

图 11-2 原核生物的 RNA 聚合酶

使用。β 和 β′亚基参与和 DNA 链的结合。不同种类细菌中,α、β 和 β′亚基的大小比较恒定,但 σ 亚基的大小变化较大。各亚基的功能见表 11-2。

表 11-2　原核生物 RNA 聚合酶各亚基的功能

亚基	相对分子质量	每分子酶中所含数目	功能
α	36 512	2	决定哪些基因被转录
β	150 618	1	与转录全过程有关(催化)
β′	155 613	1	结合 DNA 模板(开链)
σ	70 263	1	辨认起始点

原核生物 RNA 聚合酶的功能主要有:①以全酶形式从 DNA 分子中识别转录的起始部位;②促使与酶结合的 DNA 双链分子打开约 17 个碱基对;③催化与模板碱基互补的 NTP 逐一以 3′,5′-磷酸二酯键相连,从而完成 RNA 的转录;④识别转录终止信号;⑤参与转录水平的调控。

RNA 聚合酶缺乏 3′→5′外切酶的活性,没有校对功能,所以 RNA 合成的错误率较 DNA 合成的错误率高得多。但这不涉及细胞中永久性遗传物质,故对细胞的存活不会造成多大危害。利福霉素及利福平能与 β 亚基结合而抑制原核生物 RNA 聚合酶的活性,使 RNA 聚合酶全酶及核心酶的活性丧失,结束细菌的转录作用及 RNA 的合成停止。故临床上常利用它们作为抗结核药物。

(二) 真核生物 RNA 聚合酶

在真核生物中已发现三种 RNA 聚合酶,分别称为 RNA 聚合酶Ⅰ、Ⅱ、Ⅲ,它们选择性地转录不同的基因,产生不同的产物。这些酶均受 α-鹅膏蕈碱的特异性抑制,但其反应性有所不同(表 11-3)。

RNA 聚合酶Ⅰ分布于核仁中,催化 45S rRNA 前体的合成,经剪接修饰生成除 5S rRNA 外的各种 rRNA。

RNA 聚合酶Ⅱ分布于核质中,催化 hnRNA 的合成,经加工成生成 mRNA 并输送给胞质的蛋白质合成体系,功能上起着衔接 DNA 和蛋白质两种大分子的作用。mRNA 在各种 RNA 中寿命最短,最不稳定,需经常合成,故 RNA 聚合酶Ⅱ是真核生物最活跃的 RNA 聚合酶。

RNA 聚合酶Ⅲ也分布于核质中,催化 tRNA 前体、5S rRNA 和 snRNA 的合成。

表 11-3　真核生物的 RNA 聚合酶功能

种类	I	Ⅱ	Ⅲ
转录产物	45S rRNA	hnRNA	5S rRNA,tRNA,snRNA
对 α-鹅膏蕈碱的反应	耐受	极敏感	中度敏感

第二节　转录过程

RNA 的转录合成类似于 DNA 的复制,都以 DNA 为模板,以聚合酶催化核苷酸之间生成磷酸二酯键,都从 5′至 3′方向延伸成多聚核苷酸,都遵从碱基配对规律。但由于复制与转录的目的不同,转录又具有自身的特点。原核生物和真核生物基因的转录过程均包括转录起始、延长和终止三个阶段。但真核生物的转录除延长过程与原核生物相似外,起始、终止都与原核生物有较多的不同,还需要多种蛋白因子参与。

一、原核生物 RNA 转录过程

（一）转录的起始

1. 操纵子 原核生物每一个转录区段可视为一个转录单位，称为操纵子。操纵子包括若干个结构基因及其上游的调控序列。调控序列中的启动子是 RNA 聚合酶结合模板 DNA 的部位，也是控制转录的关键部位。

2. 启动子 指 RNA 聚合酶识别、结合并开始转录的一段 DNA 序列。原核生物启动子序列按功能的不同可分为三个部位，即起始部位、结合部位、识别部位。①起始部位：指 DNA 分子上开始转录的作用位点，该位点有与转录生成 RNA 链的第一个核苷酸互补的碱基；②结合部位：是 DNA 分子上与 RNA 聚合酶的核心酶结合的部位，碱基序列具有高度保守性，富含 TATAAT 序列，故称之为 TATA 盒，该序列中富含 AT 碱基，维持双链结合的氢键相对较弱，导致该处双链 DNA 易发生解链，有利于 RNA 聚合酶的结合；③识别部位：识别并结合的 DNA 区段。多种启动子共有序列为 5′-TTGACA（图 11-3）。

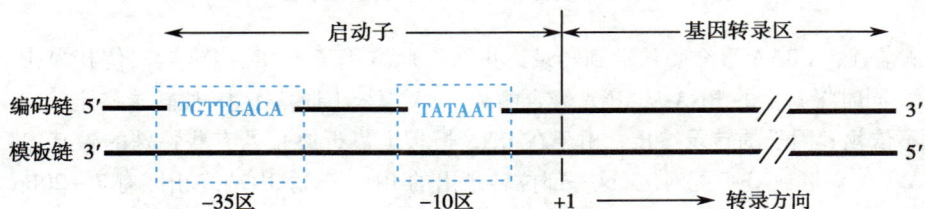

图 11-3　原核生物启动子的保守序列

3. 转录起始反应 RNA 聚合酶的 σ 亚基首先辨认 DNA 模板的启动子，并以全酶形式与启动子紧密结合，随后 RNA 聚合酶发挥其解螺旋酶的功能，使 DNA 局部构象变化而解链，双链打开约 17bp，形成转录起始复合物，使 DNA 模板链暴露。当 RNA 聚合酶进入起始位点后，就可催化四种核苷三磷酸分别结合到模板链上，按碱基配对原则互相配对（A-U、C-G、T-A、G-C）。不论原核细胞或真核细胞，一般新合成的第一个核苷酸往往是鸟嘌呤核苷酸，当第二个核苷酸进入 DNA 模板时，与第一个 3′-OH 端形成 3′,5′-磷酸二酯键，并释出焦磷酸。RNA 链开始延长，σ 亚基脱离复合物，并与新的核心酶结合，循环地参与启动子的辨认作用。

（二）转录的延长

转录起始复合物形成后，σ 亚基脱落。由于 σ 亚基的离去，使复合体中核心酶的构象发生改变，与 DNA 模板的结合变得松散，有利于该酶在 DNA 模板上沿 3′→5′ 方向以屈伸交替状移行，每移行一步都与一分子核苷三磷酸生成一个新的磷酸二酯键，使合成的 RNA 链按 5′→3′ 方向不断延伸。在转录延伸过程中，要求 DNA 双螺旋小片段解链，暴露长度约为 17bp 的单链模板由 RNA 聚合酶核心酶、DNA 模板和转录产物 RNA 三者结合成转录空泡，也称为转录复合物。合成的 RNA 暂时与 DNA 模板链形成 DNA-RNA 杂交双链，但此杂交双链不如 DNA 双链相互结合那样牢固稳定，因此，分开的 DNA 双链趋于重新组合成原来的双螺旋形式，并使新生的 RNA 链从 5′ 末端开始逐步从 DNA 模板上游离出来（图 11-4）。

（三）转录的终止

当核心酶沿模板链 3′→5′ 方向滑行到转录终止部位时，停止滑动，转录产物 RNA 链停止延长并从转录复合物上脱落下来，转录终止。原核生物的转录终止有两种形式，一种是依赖 ρ 因子的终止，一种是不依赖 ρ 因子的终止。

1. 依赖 ρ 因子转录终止 1969 年，Roberts 在大肠杆菌中发现了能控制转录终止的蛋白质，命名为 ρ 因子，它由 6 个相同的亚基组成，分子量约为 300kDa。ρ 因子在与单链 RNA 结合时具

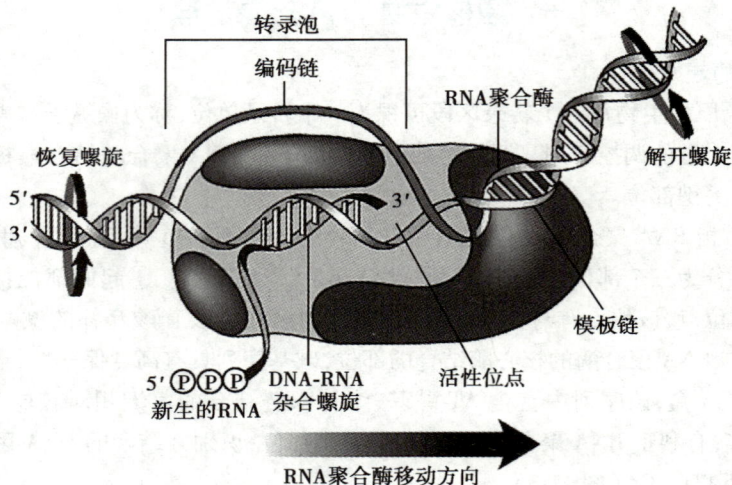

图 11-4　RNA 聚合酶沿 DNA 模板链移动合成 RNA

有 ATP 酶活性,当 RNA 聚合酶移动到转录终止部位时,ρ 因子与 RNA 链结合,使 RNA-DNA 的杂化链解离,同时将新生的 RNA 从 RNA 聚合酶和 DNA 模板上脱落下来,使转录终止。

2. 不依赖 ρ 因子的转录终止　由于在 DNA 模板上靠近终止处有些特殊的碱基序列,为较密集的 A-T 配对区或 G-C 配对区,这一部位转录出的 RNA 产物 3′-端终止区有 7～20bp 的反向重复序列,能形成具有茎和环的发夹结构,发夹结构的 3′-端 7～9bp 后有 4～6 个连续的 U。当新生成的 RNA 链 3′-端出现发夹样结构时,RNA 聚合酶就会停止作用,这可能是此结构改变了 RNA 聚合酶的构象,使酶不再向下游移动,磷酸二酯键停止形成,RNA 合成终止(图 11-5)。

3. 转录终止的两种形式的区别　①两种转录终止机制的共同特征,都是通过识别新生的 RNA 链上存在的终止信号而终止转录。RNA 转录完成后,释放的核心酶可与 σ 亚基结合,形成 RNA 聚合酶全酶,模板 DNA 也可用于下一次转录。②两类终止子有共同的序列特征:在转录终止点前有一段回文序列。回文序列的两个重复部分(每个 7～20bp)由几个不重复的 bp 节段隔开。回文序列的对称轴一般距转录终止点 16～24bp。③两类终止因子的不同点是:不依赖 ρ 因子的终止子的回文序列中富含 GC

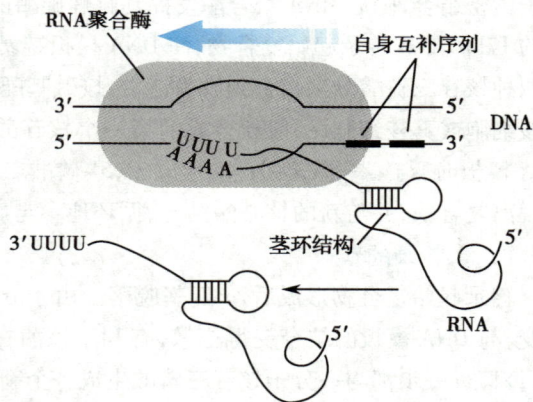

图 11-5　不依赖 ρ 因子的转录终止

碱基对,在回文序列的下游方向又常有 6～8 个 AT 碱基对(在模板链上为 A、在 mRNA 上为 U);而依赖 ρ 因子终止子中回文序列的 GC 对含量较少。在回文序列下游方向的序列没有固定特征,其 AT 对含量比前一种终止子低。

二、真核生物 RNA 转录过程

真核生物的转录过程与原核生物的转录过程主要区别是:①真核生物的 RNA 聚合酶主要有三种:Ⅰ、Ⅱ、Ⅲ,分别催化合成 rRNA 前体、hnRNA、tRNA 及小分子 RNA;②RNA 聚合酶不直接结合模板,识别转录起始部位的是一类称为转录因子的蛋白质;③转录起始上游区段比原核生物多样化,需要启动子、增强子等的参与;④转录终止与转录后修饰密切相关。

知识链接

真核生物转录过程的阐明

2001 年美国生物学家罗杰·科恩伯格（Roger Kornberg）在《科学》杂志上发表第一张 RNA 聚合酶的全动态晶体图片，他利用 X 射线衍射和计算机技术测算解析了 RNA 聚合酶的三维结构，阐明了真核生物转录过程。因在真核生物转录的分子基础研究领域所做出的贡献而独自获得 2006 年诺贝尔化学奖。

（一）转录起始

真核基因转录起始上游也有保守性的共有序列，需要 RNA 聚合酶对这些启始序列作辨认和结合，启动转录生成转录起始复合物。对 RNA 聚合酶 Ⅱ 转录相关的共有序列包括在 $-25 \sim -30$ bp 区附近有 TATA 序列，称为 TATA 盒，主要决定转录起点。在上游 $-40 \sim -100$ bp 左右还有 CAAT 序列，称为 CAAT 盒及 GC 盒等短序列，这些与转录调节相关的 DNA 特异序列统称为顺式作用元件。不同物种、不同细胞或不同的基因，可以有不同的上游 DNA 序列（图 11-6）。

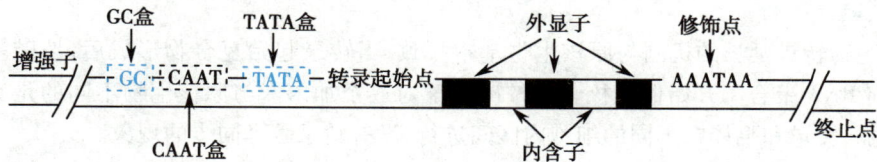

图 11-6　真核生物 RNA 聚合酶 Ⅱ 转录的基因及其转录起始上游序列

真核生物转录起始十分复杂，往往需要多种蛋白因子参与，这些因子称为转录因子（TF）。它们与 RNA 聚合酶一起共同参与转录起始的过程。相应于 RNA 聚合酶 Ⅰ、Ⅱ、Ⅲ 的 TF，分别称为 TF Ⅰ、TF Ⅱ、TF Ⅲ。其中最为重要的是与 RNA 聚合酶 Ⅱ 相关的 TF Ⅱ 类转录因子。TF Ⅱ 又分为几种亚型，分别是 TF Ⅱ A、TF Ⅱ B、TF Ⅱ D 等，其功能各不相同（表 11-4）。

表 11-4　参与 RNA 聚合酶 Ⅱ 转录的 TF Ⅱ

转录因子	亚基组成和（或）分子量	功　　能
TF Ⅱ A	12,19,35	稳定 TF Ⅱ D-DNA 复合物
TF Ⅱ B	33	促进 RNA 聚合酶 Ⅱ 结合
TF Ⅱ D	TBP 38	结合 TATA 盒
	TAF	辅助 TBP-DNA 结合
TF Ⅱ E	34（β）57（α）	ATPase
TF Ⅱ F	30,74	解螺旋酶
TF Ⅱ H		蛋白激酶活性，使 CTD 磷酸化

真核生物 RNA 聚合酶不能直接与 DNA 结合，在转录之前，必须靠 TF 之间的互相结合和促进，然后 RNA 聚合酶 Ⅱ 再加入，形成起始前复合物，再开始进行转录（图 11-7）。

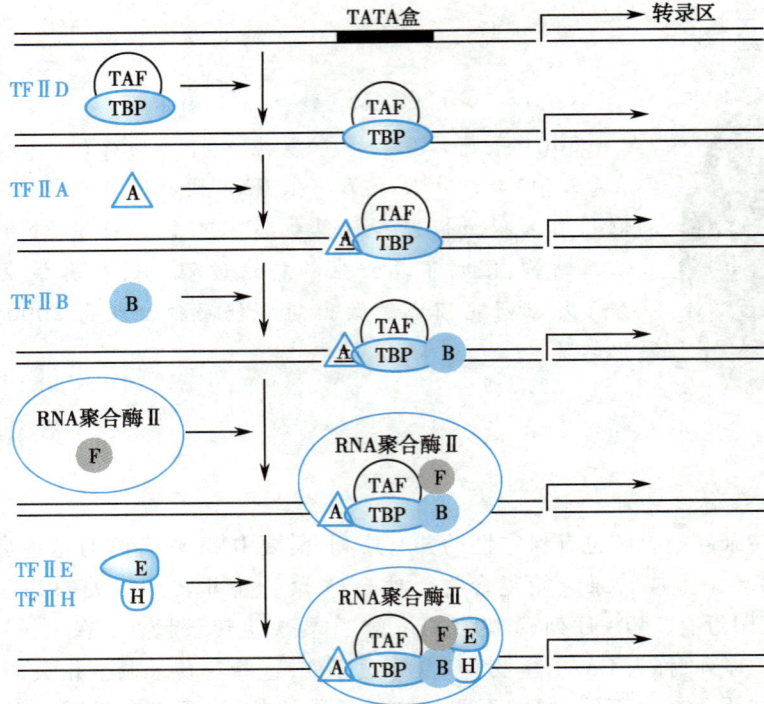

图 11-7 真核生物 RNA 聚合酶 Ⅱ 的转录起始

(二) 转录延长

真核生物转录延长的机制与原核生物基本一致,当转录起始复合物形成后,按碱基序列从 5′→3′方向 RNA 聚合酶开始催化核苷酸按碱基配对逐个加入。与原核生物不同的是真核生物有核膜相隔,转录和翻译在不同的细胞内区间进行,没有转录翻译同步的现象。

(三) 转录终止

真核生物的转录终止,是和这类转录后修饰密切相关的。真核 mRNA 3′-端在转录后发生修饰,加上多聚腺苷酸(polyA)的尾巴结构。大多数真核生物基因末端有一段 AATAAA 共同序列,在下游还有一段富含 GT 序列,这些序列称为转录终止的修饰点。转录越过修饰点,在特异的内切核酸酶作用下从修饰点处切除 mRNA,随即加入 3′-端 polyA 尾巴及 5′-端帽子结构。下游的 RNA 虽然继续转录,但很快被 RNA 酶降解。

第三节　真核生物转录后的加工

真核生物转录生成的 RNA 是初级转录产物,是不具备生物活性及独立功能的前体 RNA,必须经过适当的加工处理,才能变为成熟的、有活性的 RNA。加工过程主要在细胞核中进行,加工后成熟 RNA 通过核孔运输到胞质中。

一、mRNA 转录后的加工

真核生物 DNA 转录生成的原始转录产物 mRNA 前体是核不均一 RNA(hnRNA),即 mRNA 初级产物中含有不编码任何氨基酸的插入序列,该序列由内含子编码,这种内含子将编码序列外显子隔开,所以前体 mRNA 分子一般比成熟 mRNA 大 4 ~ 10 倍,必须经过加工修饰才能作为蛋白质翻译的模板。其加工修饰主要包括 5′-端加"帽"和甲基化修饰、3′-端加 polyA"尾"和剪去内含子拼接外显子等。

1. **5′-端帽子结构的形成**　转录产物第一个核苷酸往往是 5′-pppG。mRNA 成熟过程中先由磷酸酶催化水解,释放出 5′-端的 pi 或 ppi,然后在鸟苷酸转移酶作用下连接另一分子 GTP,生成双鸟苷三磷酸(GpppGp-),再在甲基转移酶催化下进行甲基修饰,形成 5′-m^7 GpppGp- 的帽子结构。帽子结构是前体 mRNA 在细胞核内的稳定因素,也是 mRNA 在细胞质内的稳定因素,没有帽子结构,转录产物很快被核酸酶水解,帽子结构可以促进蛋白质生物合成起始复合物的生成。

2. **3′-端多聚腺苷酸的加入**　真核生物的成熟的 mRNA 3′-端通常都有 100~200 个腺苷酸残基,构成多聚腺苷酸(polyA)尾巴,加尾过程是在核内进行的,加工过程先由核酸外切酶切去 3′-端一些过剩的核苷酸,然后由多聚腺苷酸酶催化,以 ATP 为底物,在 mRNA 3′-端逐个加入腺苷酸,形成 polyA。polyA 是 mRNA 由细胞核进入细胞质所必需的形式,它极大提高了 mRNA 在细胞质中的稳定性。

3. **hnRNA 的剪接**　剪接核内出现的转录初级产物,分子量往往比在胞质内出现的成熟 mRNA 大几倍,甚至数十倍,核内的初级 mRNA 称为 hnRNA。真核生物的结构基因往往是断裂基因,断裂基因由若干个编码序列被若干个非编码序列分隔,连续镶嵌为一体,为一个由连续氨基酸组成的完整蛋白质编码,其中不编码的序列为内含子,编码序列为外显子。在转录时,外显子和内含子均转录到同一 hnRNA 中,转录后把内含子除去,把外显子连接起来,这就是 RNA 的剪接作用。这一过程必须依赖细胞核中的小核糖体蛋白(snRNP)协助完成。Klessing 提出了剪接的套索模式,即在剪接过程中,hnRNA 分子中的非编码区(内含子)先弯成套索状,称为套索 RNA,从而使各编码区(外显子)相互接近,由特定的 RNA 酶切断编码区与非编码区之间的磷酸二酯键后,再使编码区相互连接,生成成熟的 mRNA(图 11-8)。

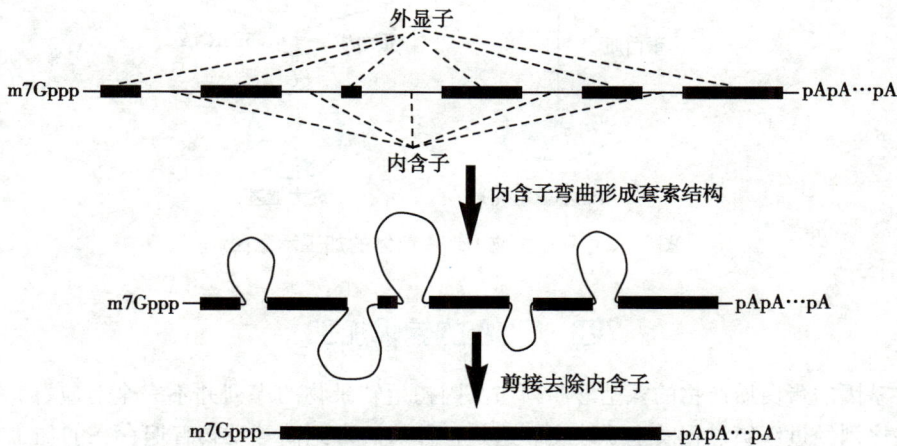

图 11-8　断裂基因及其转录、转录后修饰

二、tRNA 转录后的加工

真核 tRNA 前体由 RNA pol Ⅲ 催化生成,其加工包括 5′-端及 3′-端处切除多余的核苷酸,去除内含子进行剪接作用,3′-端加 CCA 以及碱基的修饰。

1. **剪切作用**　tRNA 的剪接是酶促反应的切除过程。在 RNA 酶的作用下,在 tRNA 前体的 5′-端切除多余的核苷酸。通过核酸内切酶催化切除 tRNA 前体中包含的内含子,再通过连接酶将外显子部分连接起来。

2. **CCA-OH 的 3′-端形成**　在核苷酸转移酶的催化下,以 CTP、ATP 为供体,在 tRNA 前体的 3′末端加上 CCA-OH 结构,使 tRNA 具有携带氨基酸的能力。

3. **稀有碱基的生成**　①甲基化反应:在 tRNA 甲基转移酶催化下,使某些嘌呤生成甲基嘌

吟,如 A→ᵐA,G→ᵐG;②还原反应:某些尿嘧啶还原为双氢尿嘧啶(DHU);③脱氢反应:某些腺苷酸脱氢成为次黄嘌呤核苷酸;④碱基转位反应:尿嘧啶核苷酸转化为假尿嘧啶核苷酸。

三、rRNA 的转录后加工

rRNA 的转录和加工与核糖体的形成是同时进行的,即一边转录一边有蛋白质结合到 rRNA 上形成核蛋白。原核生物的 rRNA 前体为 30S,在各种核酸内切酶的作用下切除 28% 左右的核苷酸,最终生成成熟的 16S rRNA、23S rRNA 和 5S rRNA,此外还有碱基和核糖的甲基化。

真核生物的 rRNA 前体为 45S,首先剪掉 5′-端序列,形成 41S 的中间体,然后将 41S RNA 裂解成 32S 和 20S 两段,最后,32S 经裂解和修饰后生成 28S rRNA、5.8S rRNA,20S 经修剪生成 18S rRNA。此外还需要甲基化反应及尿嘧啶转化为假尿嘧啶。rRNA 成熟后,就在核仁上装配,28S rRNA、5.8S rRNA 与由 RNA 聚合酶Ⅲ催化生成的 5S rRNA 以及多种蛋白质分子一起组装成为核糖体大亚基,而 18S rRNA 与相关蛋白质一起,装配成核糖体的小亚基,然后,通过核孔转移到细胞质,作为蛋白质生物合成的场所(图 11-9)。

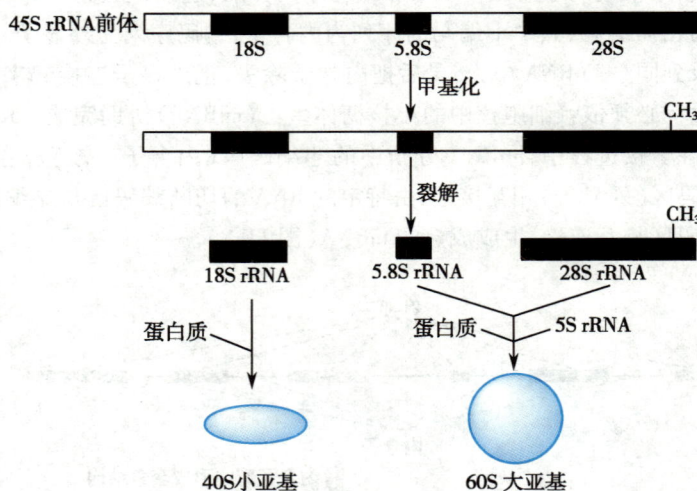

图 11-9 真核生物 rRNA 前体的加工示意图

四、RNA 的编辑加工

有些基因的蛋白质产物的氨基酸序列与基因初生转录物的序列并不完全对应,因为 mRNA 上的一些序列经过编辑过程发生了改变。这是一种从病毒到高等动物普遍存在的加工方式,经 RNA 编辑扩展了原基因编码 mRNA 的能力,使同一基因能产生不同的 mRNA 并指导多种多肽链的合成。

知识链接

RNA 干扰

1998 年美国人 Andrew Fire 和 Craig C Mello 在《自然》上发表的一项研究成果:首次将双链 RNA 导入线虫基因中,并发现双链 RNA 较单链 RNA 能更高效地特异性阻断相应基因的表达,这种现象为 RNA 干扰。RNA 干扰机制的发现使得人类对各种生物的了解变得更加丰富、更加多样,并且能更好地说明生命的复杂性和多样性。

> **小结**
>
>   RNA 的生物合成包括 RNA 转录以及转录后的成熟加工。转录是以四种 NTP 为原料,在 RNA 聚合酶催化下合成 RNA 的过程。转录的方式是不对称转录。RNA 的转录体系需要多种成分参与。RNA 的转录过程大体可分为三个阶段:起始、延长及终止。与 DNA 复制不同,RNA 的转录起始不需要引物;相同的是,RNA 链的合成也是有方向性的,即新链生成的方向是 5′→3′。此外,转录过程也遵循碱基配对原则,只不过是 U 代替了 T。无论是真核生物还是原核生物,转录过程中生成的是 RNA 的前体,通常还需要经过一系列加工修饰过程,才能最终成为具有功能的成熟 RNA 分子,这个过程也称为 RNA 的转录后加工。虽然各自的具体加工过程都不相同,但不外乎链的剪接、末端添加核苷酸以及碱基修饰等几种基本方式。

(卢　杰)

练 习 题

一、单项选择题

1. 原核生物的 RNA 聚合酶由数个亚基组成,其核心酶的组成是

   A. $\alpha_2\beta\beta'$　　B. $\alpha_2\beta\beta'\sigma$　　C. $\alpha_2\beta'$　　D. $\alpha_2\beta$　　E. $\alpha\beta\beta'$

2. 原核生物的 RNA 聚合酶中识别转录起始点的是

   A. ρ 因子　　　　　　　　B. 核心酶　　　　　　　　C. RNA 聚合酶的 σ 因子

   D. RNA 聚合酶的 α 亚基　　E. RNA 聚合酶的 β 亚基

3. DNA 分子中直接指导 RNA 生成的链称为

   A. 无意义链　　　　　　　B. 模板链　　　　　　　　C. 编码链

   D. 互补链　　　　　　　　E. 多肽链

4. 对于转录的描述正确的是

   A. 以 DNA 为模板合成 RNA 的过程　　B. 以 DNA 为模板合成 DNA 的过程

   C. 以 RNA 为模板合成 RNA 的过程　　D. 以 RNA 为模板合成 DNA 的过程

   E. 以 mRNA 为模板合成蛋白质的过程

5. 转录所需要的原料是

   A. 4 种三磷酸核糖核苷　　　　　　B. 4 种三磷酸脱氧核糖核苷

   C. 12 种非必需氨基酸　　　　　　　D. 8 种必需氨基酸

   E. 5 种一碳单位

二、名词解释

1. 转录　2. 不对称转录

三、简答题

1. 何为转录? 转录与复制的异同点有哪些?

2. 双链 DNA 分子中的其中一条链 3′-ACATTGGCTAAG-5′试写出:

(1) 复制后生成的 DNA 单链碱基顺序

(2) 转录后生成的 mRNA 链的碱基顺序

选择题参考答案

1. A　2. C　3. B　4. A　5. A

第十二章

蛋白质的生物合成

1. 掌握:蛋白质生物合成的体系和过程;基因表达调控的概念。

2. 熟悉:蛋白质生物合成与医学的关系;原核生物基因表达调控;癌基因、抑癌基因的概念。

3. 了解:翻译后的加工和靶向运输;真核生物基因表达调控;癌基因、抑癌基因与肿瘤的发生。

蛋白质的生物合成(protein biosynthesis)是基因表达的重要步骤之一。生物体内蛋白质是以 mRNA 为模板,在核糖体、tRNA、酶及一系列因子参与下,以活化的氨基酸为原料合成的。这种以 mRNA 为模板合成蛋白质的过程称为翻译(translation)。其本质是将 mRNA 分子中 4 种核苷酸序列编码的遗传信息,解读为蛋白质一级结构中 20 种氨基酸的排列顺序。蛋白质生物合成是一个涉及数百种分子参与的复杂的过程,很多药物正是通过干扰或抑制病菌的翻译过程而发挥作用的。

第一节 蛋白质合成体系

蛋白质的生物合成是细胞最为复杂的活动之一。参与细胞内蛋白质生物合成的物质,除需要 20 种编码氨基酸作为原料外,还需 mRNA、tRNA 和核糖体分别作为蛋白质生物合成的模板、氨基酸"搬运工具"和"装配场所"。此外,有关的酶、蛋白质因子、供能物质和某些无机离子也是蛋白质生物合成不可缺少的。

一、三种 RNA

(一) mRNA 与遗传密码

mRNA 是蛋白质生物合成的直接模板。mRNA 分子中每三个相邻的核苷酸组成一组,形成三联体,在蛋白质生物合成时,代表一种氨基酸的信息,称为遗传密码(genetic codon)或密码子(codon)。mRNA 以三联体遗传密码的方式,决定了蛋白质分子中氨基酸的排列顺序和基本结构。生物体内共有 64 个密码子,其中 61 个分别代表 20 种不同的氨基酸(表 12-1)。AUG 除编码甲硫氨酸外,还可作为多肽链合成的起始信号,称为起始密码子(initiation codon),而 UAG、UAA、UGA 则代表多肽链合成的终止信号,称为终止密码子(termination codon)。

遗传密码具有以下的特点:

1. **连续性** 指两个相邻的密码子之间没有任何特殊的符号加以分隔,翻译时必须从 5'-端的起始密码 AUG 开始,连续地一个密码子挨着一个密码子"阅读"下去,直到终止密码子为止。mRNA 上碱基的插入或缺失都会造成密码子的阅读框架改变,使翻译出的氨基酸序列异常,产生框移突变(frameshift mutation)。

表 12-1 遗传密码表

第一个核苷酸 (5′端)	第二个核苷酸				第三个核苷酸 (3′端)
	U	C	A	G	
U	苯丙氨酸	丝氨酸	酪氨酸	半胱氨酸	U
	苯丙氨酸	丝氨酸	酪氨酸	半胱氨酸	C
	亮氨酸	丝氨酸	终止密码	终止密码	A
	亮氨酸	丝氨酸	终止密码	色氨酸	G
C	亮氨酸	脯氨酸	组氨酸	精氨酸	U
	亮氨酸	脯氨酸	组氨酸	精氨酸	C
	亮氨酸	脯氨酸	谷氨酰胺	精氨酸	A
	亮氨酸	脯氨酸	谷氨酰胺	精氨酸	G
A	异亮氨酸	苏氨酸	天冬酰胺	丝氨酸	U
	异亮氨酸	苏氨酸	天冬酰胺	丝氨酸	C
	异亮氨酸	苏氨酸	赖氨酸	精氨酸	A
	甲硫氨酸	苏氨酸	赖氨酸	精氨酸	G
G	缬氨酸	丙氨酸	天冬氨酸	甘氨酸	U
	缬氨酸	丙氨酸	天冬氨酸	甘氨酸	C
	缬氨酸	丙氨酸	谷氨酸	甘氨酸	A
	缬氨酸	丙氨酸	谷氨酸	甘氨酸	G

2. **简并性** 20 种编码氨基酸中,一种氨基酸具有 2 个或 2 个以上密码子的现象,称为遗传密码的简并性(degeneracy)。同一氨基酸的不同密码子互称为简并密码子或同义密码子。遗传密码的简并性主要表现在密码子的前 2 个碱基相同,第 3 个碱基不同,即密码子的专一性主要由前 2 个碱基决定,第 3 个碱基的突变不会造成翻译时氨基酸序列的改变。遗传密码的简并性对于减少有害突变,保证遗传的稳定性具有一定的意义。

3. **方向性** mRNA 中密码子的排列有一定的方向性。起始密码子位于 mRNA 链的 5′-端,终止密码子位于 3′-端,翻译时从起始密码子开始,沿 5′→3′方向进行,直到终止密码子为止。因此,mRNA 阅读框架中从 5′-端到 3′-端排列的核苷酸序列决定了肽链中从 N-端到 C-端的氨基酸序列。

4. **通用性** 从最简单的病毒、细菌到人类都使用同一套遗传密码表,这称为遗传密码的通用性。这表明地球上的生物是由同一起源分化而来的,同时也使我们有可能利用细菌等生物合成人类蛋白质。但近些年的研究也表明,在动物细胞的线粒体及植物细胞的叶绿体中的遗传密码与通用遗传密码存在差异,如线粒体起始密码是 AUA。

5. **摆动性** 密码子的翻译通过与 tRNA 的反密码子的配对而实现。但这种配对有时并不完全遵守碱基配对原则,这一现象称为遗传密码的摆动性(wobble)。如 tRNA 的反密码子第 1 位碱基为次黄核苷(I)时,可分别与密码子第 3 位 U、C、A 配对。可见密码子的特异性主要是由前两个核苷酸决定的("三中读二")。由此可见,摆动配对能使一种 tRNA 识别 mRNA 序列中的多种简并性密码子,也意味着密码子第三位碱基的突变不影响氨基酸的翻译,从而使合成的蛋白质氨基酸序列不变。

(二) rRNA 与核糖体

rRNA 与多种蛋白质共同构成超分子复合体——核糖体。核糖体是多肽链合成的场所,是蛋白质生物合成的"装配机"。参加蛋白质生物合成的各种成分,最终均需结合于核糖体上,再将氨基酸按特定的顺序聚合成多肽链。

核糖体由大、小两个亚基组成。原核生物核糖体为 70S,包括 30S 小亚基和 50S 大亚基两部分(图 12-1);小亚基是由 16S rRNA 和 21 种蛋白质构成的,大亚基由 5S rRNA、23S rRNA 和 36

种蛋白质构成。核糖体在蛋白质生物合成中具有以下功能：

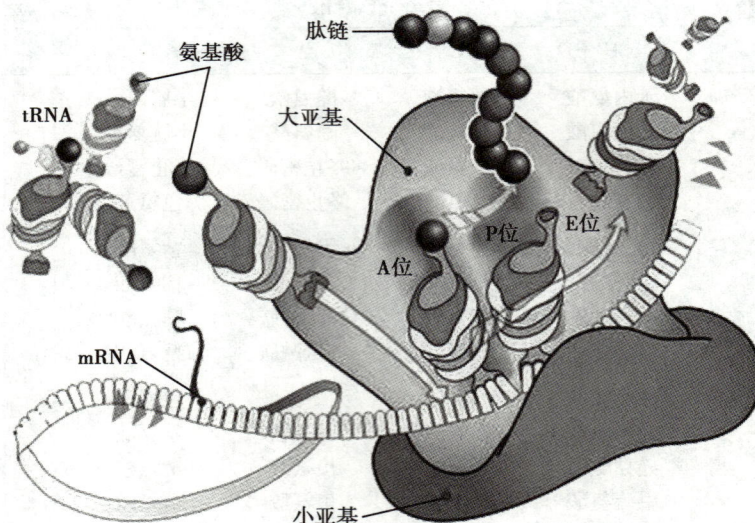

图 12-1　原核生物核糖体的模式图

小亚基有容纳 mRNA 的通道,可结合模板 mRNA,当大、小亚基聚合成核糖体时,大、小亚基之间具有容纳 mRNA 的部位,核糖体能沿 mRNA 向 3'-端方向移动,使遗传密码被逐个地翻译成氨基酸。原核生物核糖体大亚基有三个 tRNA 的结合位点。第一个称为受位(acceptor site)或氨基酰位(aminoacyl site),简称 A 位,是氨基酰-tRNA 进入核糖体后占据的位置;第二个称为给位(donor site)或肽酰位(peptidyl site),简称 P 位,是肽酰-tRNA 占据的位置;第三个称为出位(exit site),简称 E 位,是空载 tRNA 占据的位置。真核生物的核糖体上没有 E 位,空载的 tRNA 直接从 P 位脱落。大亚基具有转肽酶活性,催化肽键的形成。大亚基有与蛋白质合成有关的蛋白因子(如起始因子、延长因子、释放因子等)的结合位点。

核糖体分为两类,一类附着于粗面内质网,参与清蛋白、胰岛素等分泌性蛋白质的合成;另一类游离于细胞质,参与细胞内固有蛋白质的合成。

（三）　tRNA 与氨基酸活化

胞质中的氨基酸需要 tRNA 搬运到核糖体上才能合成多肽链,所以,tRNA 起着"搬运工"的作用。除了充当"搬运工"的角色外,tRNA 还起"适配器"的作用,即 mRNA 中密码子的排列顺序通过 tRNA"改写"成多肽链中氨基酸的排列顺序。

tRNA 分子中有两个重要的功能部位,一个是氨基酸结合部位;另一个是 mRNA 结合部位。氨基酸结合部位是 tRNA 氨基酸臂的 3'-CCA-OH。在翻译开始之前的准备阶段,各种氨基酸在相应的氨基酰-tRNA 合成酶催化下分别加载到各自的 tRNA 上,形成氨基酰-tRNA,这一过程称为氨基酸的活化与转运。活化反应是在氨基酸的羧基上进行,需 ATP 供能,每活化一分子氨基酸需要消耗 2 个高能磷酸键。

$$氨基酸+tRNA+ATP \xrightarrow{\text{氨基酰–tRNA 合成酶}} 氨基酰–tRNA+AMP+PPi$$

tRNA 与 mRNA 的结合部位是 tRNA 的反密码子。tRNA 的反密码子能与 mRNA 中相应的密码子配对结合,于是 tRNA 所携带的氨基酸就准确地在核糖体上与 mRNA 上相应的密码子"对号入座"。但由于密码子的摆动性,使得一种 tRNA 所携带的一种氨基酸可结合在几种同义密码子上,如酵母丙氨酸 tRNA 的反密码子为 5'-IGC-3',可识别 mRNA 上的 3 个同义密码子 5'-GCU-3'、5'-GCC-3'、5'-GCA-3'。每种氨基酸可由 2～6 种特异的 tRNA 转运,但每一种 tRNA 只能特异地转运某一种氨基酸。

二、酶和蛋白因子

蛋白质生物合成是由氨基酸通过肽键结合而形成多肽链,这也是一个酶促反应过程。参与蛋白质生物合成的酶和蛋白因子主要有:

1. 氨基酰-tRNA 合成酶　该酶在 ATP 的存在下,能催化氨基酸的活化以及与对应 tRNA 结合的反应。氨基酰-tRNA 合成酶位于胞质,具有绝对专一性,对氨基酸及 tRNA 都能高度特异地识别。该酶的绝对专一性是保障翻译准确性的关键因素。

2. 转肽酶　存在于核糖体大亚基上,能催化"P 位"的肽酰基转移至"A 位"的氨基酰-tRNA 的氨基酸上,使酰基和氨基缩合形成肽键。此外,该酶受释放因子作用后可发生变构,表现出酯酶的水解活性,使 P 位上的肽链与 tRNA 分离。

3. 蛋白因子　蛋白质的生物合成还需要众多蛋白质因子的参与,包括起始因子(initiation factor,IF),延长因子(elongation factor,EF)和释放因子(releasing factor,RF)。各种蛋白因子的生物学功能见表 12-2。

4. 能量物质及离子　在蛋白质生物合成的过程中,需 ATP、GTP 等提供能源,并需 Mg^{2+}、K^+ 等无机离子参与。

表 12-2　原核生物肽链合成所需要的蛋白质因子

蛋白因子	种类	生物学功能
起始因子	IF-1	占据 A 位,防止结合其他 tRNA
	IF-2	促进 fMet-tRNA^{fMet} 与小亚基结合
	IF-3	促进大、小亚基分离;提高 P 位对结合 fMet-tRNA^{fMet} 的敏感性
延长因子	EF-Tu	促进氨基酰-tRNA 进入 A 位,结合并分解 GTP
	EF-Ts	调节亚基
	EF-G	有转位酶活性,促进 mRNA-肽酰-tRNA 由 A 位移至 P 位,促进 tRNA 卸载与释放
终止因子	RF-1	识别 UAA、UAG;诱导转肽酶变为酯酶
	RF-2	识别 UAA、UGA;诱导转肽酶变为酯酶
	RF-3	有 GTP 酶活性,能介导 RF-1 及 RF-2 与核糖体的相互作用

第二节　蛋白质的生物合成过程

蛋白质生物合成过程是从 mRNA 的起始密码子 AUG 开始,按 5′→3′方向逐一阅读密码,直至终止密码子。合成中的肽链从起始甲硫氨酸开始,从 N-端向 C-端延长。整个翻译过程可分为起始(initiation)、延长(elongation)、终止(termination)三个阶段。

一、翻译的过程

原核生物和真核生物的肽链合成过程基本相似。活化的氨基酸由 tRNA 携带至核糖体上,以 mRNA 为模板合成多肽链的过程称为广义的核糖体循环(ribosome cycle)。它包括肽链合成的起始、延长、终止三个阶段,是蛋白质生物合成的中心环节。

(一) 起始

肽链合成的起始阶段是指由核糖体大、小亚基,模板 mRNA 和起始 tRNA 组装形成起始复合物(initiation complex)的过程,需 GTP、三种 IF 及 Mg^{2+} 的参与(图 12-2)。

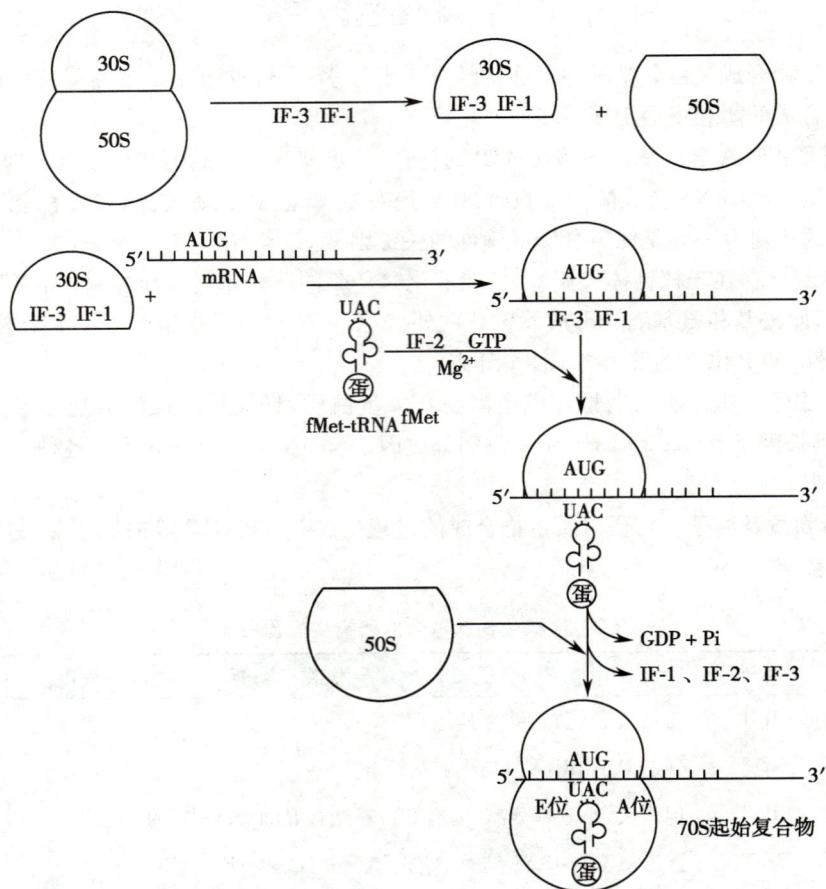

图 12-2 原核生物翻译的起始阶段

1. 核糖体大、小亚基的分离 肽链的合成是一个连续的过程,上一轮合成终止后,完整的核糖体大、小亚基须分离,此过程需要 IF-1、IF-3 参与。IF-1、IF-3 与核糖体小亚基结合,促进大、小亚基分离,防止大小亚基重新聚合。

2. mRNA 与小亚基定位结合 原核生物 mRNA 5′-端起始密码子的上游约 8~13 个核苷酸部位有一段富含嘌呤的特殊序列,称为 SD 序列,可被核糖体小亚基 16S rRNA 3′-端的特异序列辨认结合。然后,核糖体小亚基沿 mRNA 模板向 3′-端滑动并准确地定位于起始密码子 AUG 的部位。

3. fMet-tRNA^{fMet} 的结合 fMet-tRNA^{fMet}、IF-2 和 GTP 结合形成复合体,然后与核糖体小亚基结合,并使 fMet-tRNA^{fMet} 定位于起始密码子 AUG 的相应位置。

4. 核糖体大亚基结合 mRNA、fMet-tRNA^{fMet} 与小亚基结合后,大亚基进入结合到小亚基上,形成起始复合物。同时结合于 IF-2 的 GTP 被水解,释放能量促使 IF-1、IF-2 和 IF-3 相继脱落。此时,tRNA^{fMet} 的反密码子与 mRNA 上的起始密码子互补结合,fMet-tRNA^{fMet} 占据在核糖体的 P 位,而 A 位空缺,且对应 mRNA 上 AUG 后的下一组三联体密码(triplet code),为肽链延长的进位做准备。

(二)延长

在起始复合物的基础上,各种氨基酰-tRNA 按 mRNA 上密码子的顺序在核糖体上一一对号入座,其携带的氨基酸依次以肽键缩合形成新生的多肽链。这是一个在核糖体上重复进行的进位、成肽和移位的循环过程,每循环一次,肽链延长一个氨基酸残基,称为狭义的核糖体循环。延长阶段需延长因子的参与。

1. **进位**　又称注册,是指一个氨基酰-tRNA 按 mRNA 模板的指引进入并结合于核糖体 A 位的过程。在起始复合物形成后,核糖体的 P 位已被 fMet-tRNA^Met 占据,A 位空缺;相应的氨基酰-tRNA 与 EF-Tu/GTP 构成复合物,并通过其反密码子识别 mRNA 模板上的密码子,进入 A 位。

2. **成肽**　在大亚基上转肽酶的催化下,P 位上起始 tRNA 所携带的甲酰甲硫氨酰基与 A 位上新进入的氨基酸的氨基缩合形成肽键,从而在 A 位上形成二肽酰-tRNA,该反应需 Mg^{2+}、K^+ 的参与。

3. **移位**　EF-G/GTP 复合物与核糖体结合,并水解 GTP 提供能量,促使核糖体沿 mRNA 向 3'-端移动一个密码子的距离,肽酰-tRNA 及其相应的密码子从 A 移到 P 位,空载 tRNA 移至 E 位,A 位空出,mRNA 模板的下一个密码子进入 A 位,为另一个能与之对号入座的氨基酰-tRNA 的进位做好准备。当下一个氨基酰-tRNA 进入 A 位时,位于 E 位上的空载 tRNA 脱落。

反复通过上述过程,使肽链不断延长,肽链每增加一个氨基酸残基需要消耗 2 分子 GTP。核糖体沿 mRNA 模板从 5'→3'方向阅读遗传密码,相应地肽链的合成从 N-端→C-端延伸,直到终止密码子出现在核糖体的 A 位为止(图 12-3)。

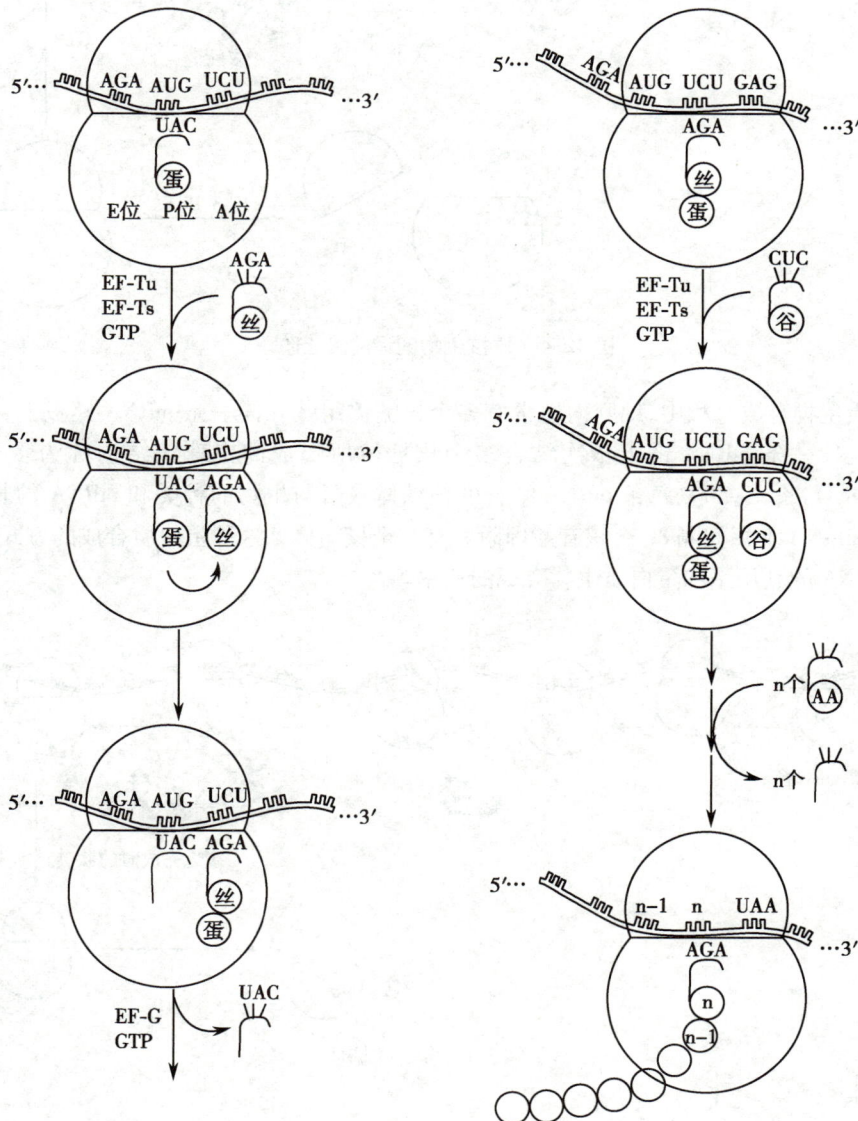

图 12-3　原核生物翻译的延长阶段

（三）终止

肽链合成的终止阶段是指已经合成完毕的多肽链从核糖体上水解释放，以及原来结合在一起的核糖体大、小亚基，mRNA 模板及 tRNA 相互分离的过程。

当多肽链合成至 A 位上出现终止密码子（UAA、UAG、UGA）时，不被任何氨基酰-tRNA 识别结合，只有释放因子（RF）能予以辨认并进入 A 位。RF 的结合可诱导转肽酶的构象改变，从而发挥水解酶活性，使 P 位上的肽链被水解下来；然后由 GTP 提供能量，使 tRNA 及 RF 释出，核糖体与 mRNA 模板分离。最后，在 IF 的作用下，核糖体解聚成大、小亚基并可重新参与多肽链合成的起始（图 12-4）。

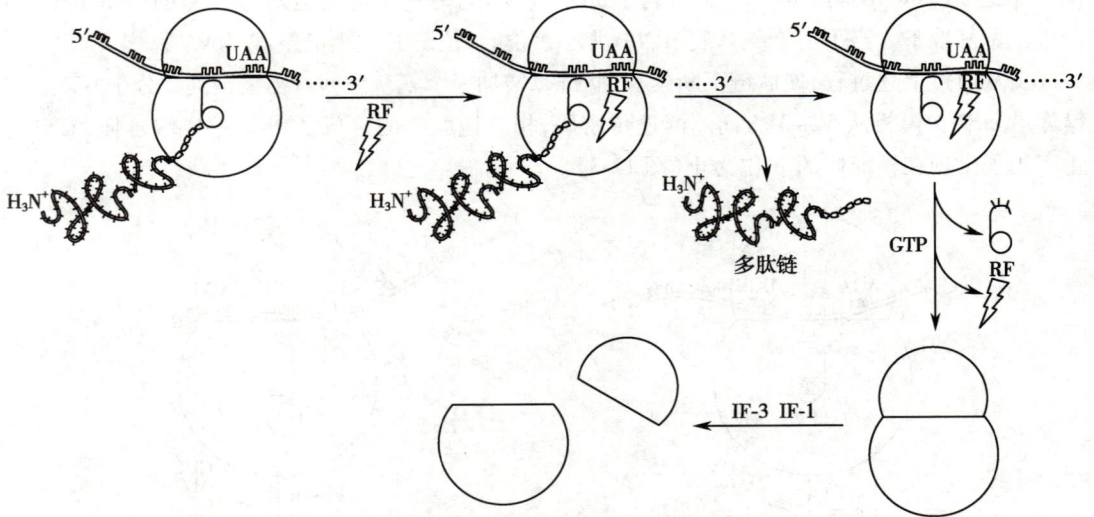

图 12-4　原核生物翻译的终止阶段

蛋白质生物合成过程中，细胞内通常有多个核糖体组装在同一条 mRNA 模板上，进行蛋白质合成。这种一条 mRNA 链上依次结合多个核糖体所形成的串珠状结构称为多聚核糖体（polyribosome）（图 12-5）。每条 mRNA 结合的核糖体数目与生物的种类和 mRNA 的长度有关，一般说来，mRNA 上每间隔 80 个核苷酸即附着有一个核糖体。这种蛋白质合成的方式可以大大地提高 mRNA 的利用率和蛋白质生物合成的速率。

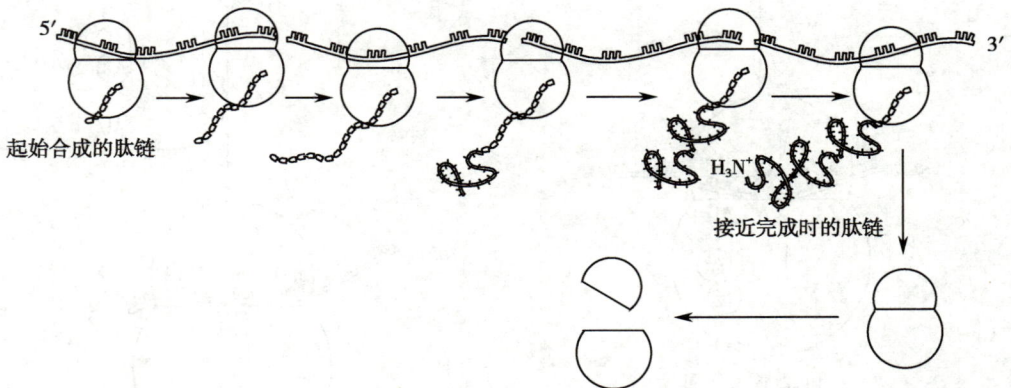

图 12-5　多聚核糖体

二、翻译后的加工和靶向运输

从核糖体上释放出来的多肽链,不具有蛋白质的生物活性,需要经过加工和修饰才能转变成具有一定构象和功能的蛋白质,这一过程称为翻译后加工,常见的加工方式有以下几种。

(一) 多肽链的折叠

新合成的多肽链经过折叠形成特定的空间结构才能有生物活性。细胞中大多数天然蛋白质的折叠都不是自发完成的,其折叠过程需要其他蛋白质或酶的辅助,参与辅助蛋白质折叠的蛋白质称为分子伴侣(molecular chaperon),包括触发因子、热休克蛋白、伴侣蛋白等。催化蛋白质构象形成所需要的酶称为折叠酶(foldase),包括蛋白质二硫键异构酶和脯氨酸顺反异构酶。

(二) 一级结构的修饰

1. N-端甲酰甲硫氨酸或甲硫氨酸的切除　新合成多肽链的第一个氨基酸残基为甲硫氨酸或甲酰甲硫氨酸,而绝大多数天然蛋白质的 N-端第一位是其他的氨基酸残基,故甲硫氨酸或甲酰甲硫氨酸残基需在肽链合成完成后,或在肽链合成的延伸过程中,由氨基肽酶或脱甲酰基酶催化水解去除。

2. 氨基酸残基侧链的修饰　包括二硫键的形成;赖氨酸、脯氨酸的羟基化;丝氨酸、苏氨酸的磷酸化;组氨酸的甲基化;谷氨酸的羧基化等。

3. 水解去除部分肽段　一些多肽链合成后,需要在特异的蛋白水解酶的作用下,去除某些肽段或氨基酸残基,才能生成有活性的多肽。如酶原的激活、信号肽的切除等。

(三) 空间结构的修饰

1. 辅基的连接　结合蛋白质的合成过程中,多肽链合成后还需进一步与辅基连接起来,才具有生物活性。

2. 亚基的聚合　具有 2 个或 2 个以上亚基构成的蛋白质,如血红蛋白,在各条肽链合成后,还需通过非共价键将亚基聚合成多聚体,形成蛋白质的四级结构,才具有生物活性。

(四) 翻译后的靶向运输

在细胞质合成的蛋白质定向地被输送到其最终执行功能的部位称为靶向运输。分泌型蛋白质,其肽链的 N-端有一段特异氨基酸序列,能引导蛋白质定向转移,这一特异氨基酸序列称为信号肽(signal peptide)。信号肽由 10 ~ 40 个氨基酸残基组成,富含高度疏水性氨基酸,可被信号肽酶识别并裂解。

蛋白质的靶向运输,是依靠信号肽与细胞质中的信号肽识别粒子(signal recognition particle, SRP)特异结合,再与内质网膜上的 SRP 对接蛋白(docking protein, DP)结合进入内质网,在内质网中信号肽被信号肽酶切除,并折叠形成最终构象,随内质网膜"出芽"形成囊泡转移至高尔基复合体,最后在高尔基复合体中被包装成分泌小泡,转运细胞膜,再分泌到细胞外。

三、蛋白质生物合成与医学的关系

(一) 分子病

由于基因突变导致蛋白质一级结构的改变,进而引起生物体某些结构和功能的异常而导致的疾病称为分子病(molecular disease)。分子病最典型的代表为镰刀型红细胞贫血病,该病患者体内血红蛋白 β-链的基因发生点突变,导致合成的 β-链 N-端第 6 位氨基酸残基由亲水的谷氨酸被疏水的缬氨酸取代,使原来水溶性的血红蛋白分子中形成黏性小区,容易相互黏着,聚集成丝,附着在红细胞膜上,导致红细胞变形成为镰刀状,在氧分压降低的情况下极易破裂,产生溶血性贫血。

(二) 抗生素对蛋白质合成的影响

1. 抗生素　多种抗生素可作用于从 DNA 复制到蛋白质生物合成的遗传信息传递的各个环节,抑制细菌或肿瘤细胞的蛋白质合成,从而发挥药理作用。如丝裂霉素、放线菌素等可抑制 DNA 的模板活性;利福霉素可抑制细菌 RNA 聚合酶的活性,通过影响转录来抑制蛋白质的合

成。另一些抗生素则主要影响翻译过程,如四环素能与细菌核糖体的小亚基结合使其变构,从而抑制氨基酰-tRNA 的进位;链霉素也能与细菌核糖体的小亚基结合而抑制细菌蛋白质合成的起始阶段,并引起密码错读而干扰蛋白质的合成;氯霉素能与细菌核糖体的大亚基结合,抑制转肽酶活性;红霉素也能与细菌核糖体的大亚基结合,阻止新生肽链从核糖体大亚基中排出,从而阻止肽链的进一步生成等。

2. 干扰素　干扰素(interferon,IFN)是真核细胞被病毒感染后分泌的一种具有抗病毒作用的蛋白质,可抑制病毒的繁殖。

干扰素抑制病毒的机制有两个方面:一方面干扰素在某些病毒双链 RNA 存在时,能诱导特异的蛋白激酶活化,该活化的蛋白激酶使 eIF-2 磷酸化而失活,从而抑制病毒蛋白质的合成。另一方面干扰素还可间接活化一种核酸内切酶 RNase L,使病毒 mRNA 发生降解,阻断病毒蛋白质合成。实验证明,干扰素的上述两方面作用各自独立,没有相互依赖关系。此外,干扰素还具有调节细胞生长分化、激活免疫系统等功能,故广泛应用于临床。

第三节　基因表达调控与癌基因

基因表达调控是指生物体内控制细胞基因表达的分子机制。1961 年 F. Jacob 和 J. Monod 提出了基因表达调控的操纵子学说,开创了基因表达调控研究的新纪元。通过对基因表达调控的研究不仅能使人们认识一个受精卵是如何发育成一个完整个体的;也使人们了解具有相同遗传信息的不同组织细胞为什么可以产生各自特有的蛋白质产物。因此,对基因表达调控的研究是目前分子生物学领域最重要的研究内容之一。

细胞的生长和增殖是细胞最基本而又重要的行为,它同时也是一个受多种因素精细调控的复杂过程。癌基因和抑癌基因作为细胞生长和增殖的调控基因,在功能上相互拮抗、相互协调,当两类基因中任何一种或它们共同变化时,都可引起细胞增殖失去控制而导致肿瘤发生。

一、基因表达调控的基本概念

(一)基本概念

1. 基因表达　基因表达(gene expression)是指在一定调节因素的作用下,DNA 分子上特定的基因被激活并转录生成 RNA,或由此引起蛋白质合成的过程。即基因转录及翻译过程。

不同生物的基因组含有不同数量的基因。细菌的基因组约含 4000 个基因。人类基因组含约 2 万~2.5 万个基因。在某一特定时期或生长阶段,基因组中只有小部分基因处于表达状态。例如,大肠杆菌通常只有约 5% 的基因处于高水平转录活性状态,其余大多数基因不表达,或表达水平极低。随着组织细胞及个体发育阶段的不同,或内环境的变化不同,处于转录激活状态基因的种类和数目以及基因表达的模式也会发生相应的改变。因此,基因的表达是可以调控的。

2. 基因表达调控　基因表达调控(regulation of gene expression)是指在基因表达的不同阶段控制基因表达速率和产量的过程。如转录时可通过控制 mRNA 的拷贝数来调节基因表达产物的量。基因表达调控可见于从基因激活到蛋白质生物合成的各个阶段,包括转录水平(基因激活及转录起始)、转录后水平(加工及转运)、翻译水平及翻译后水平的调控,但以转录水平的基因表达调控最重要。

(二)基因表达的特点

基因表达具有两个基本特点:时间特异性和空间特异性

1. 基因表达的时间特异性　按功能需要,某一特定基因的表达严格按特定的时间顺序发生,称为基因表达的时间特异性(temporal specificity)。如在生物体的不同发育阶段,都会有不同的基因严格按照自己特定的时间顺序开启或关闭,表现为与分化和发育相一致的时间特异性。因此,多细胞生物基因表达的时间特异性又称为阶段特异性(stage specificity)。

基因表达的时间特异性可以成为判断生物体是否异常的标志。例如:编码甲胎蛋白(alpha fetal protein,AFP)的基因在胎儿肝细胞中活跃表达,合成大量的甲胎蛋白;但成年后这一基因就很少或不表达,几乎检测不到 AFP。但是,当肝细胞转化为肝癌细胞时,编码 AFP 的基因又重新被激活,大量的 AFP 被合成。因此,血浆中 AFP 的水平可作为肝癌早期诊断的一个重要指标。

2. 基因表达的空间特异性 在个体生长全过程中,某种基因产物在个体不同组织空间出现,称为基因表达空间特异性(spatial specificity)。使不同的组织细胞发挥不同的生理功能。

基因表达的空间特异性可作为判断机体组织或器官是否异常的标志。例如:编码心肌肌钙蛋白 I(cardiac troponin I,cTnI)的基因主要在心肌细胞中表达,在骨骼肌细胞中不表达,当心肌损伤时,存在于心肌细胞中的 cTnI 随细胞的坏死释放入血,使血浆中 cTnI 含量增高。因此,临床上将 cTnI 作为诊断心肌梗死的标志物。

课堂讨论

男性到一定年龄后会长胡须和喉结,而不是一生下来就有,什么时间开始长? 这说明什么问题?

(三) 基因表达的基本方式

基因表达的基本方式有两种:组成性表达和适应性表达。

1. 组成性表达 组成性表达(constitutive expression)是指生物体内一些不受环境变化影响的一类基因表达。这些基因表达产物是细胞或生物体整个生命过程中都持续需要而必不可少的,这类基因可称为管家基因(housekeeping gene),这些基因在生物体各个生长阶段的大多数甚至所有细胞中都是持续表达的,可以看成是细胞基本的基因表达。基本的基因表达水平并非绝对一成不变的,其表达强弱也受一定机制调控。

2. 适应性表达 适应性表达(adaptive expression)是指生物体内一些易受环境影响的一类基因表达。适应环境条件变化基因表达水平增高的现象称为诱导性表达(inducible expression),这类基因被称为可诱导基因(inducible gene);相反,随环境条件变化而基因表达水平降低的现象称为阻遏性表达(repressible expression),相应的基因被称为可阻遏基因(repressible gene)。

(四) 基因表达调控的生物学意义

1. 适应环境、维持生长和增殖 生物体处在不断变化的环境中,为了适应各种环境变化,生物体必须通过调整自身状态,对内外环境的变化做出适当的反应。例如:当葡萄糖供应充足时,细菌中与葡萄糖代谢有关的酶编码基因表达增强,而与其他糖类代谢有关的酶基因关闭,当葡萄糖耗尽而有乳糖存在时,与乳糖代谢有关的酶编码基因则表达,此时细菌可利用乳糖作为碳源,维持生长和增殖。

2. 维持细胞分化与个体发育 多细胞生物在生长、发育的不同阶段对蛋白质种类和含量的要求不同,为了适应这种需求,生物体就需要对基因表达谱及表达量做出调整,这也是通过基因表达调控实现的。

二、原核生物基因表达调控

原核生物细胞没有细胞核,亚细胞结构及其基因组也比真核生物简单,因此原核生物基因表达调控有其自身的特点。

(一) 参与原核生物基因表达调控的蛋白因子

1. RNA 聚合酶 基因转录表达的启动过程就是 RNA 聚合酶与特异的启动子相互识别和结合的过程。在原核生物中,由于不同启动子之间存在碱基序列的差异,与 RNA 聚合酶的亲和力也不同,从而导致该酶对不同基因的基础转录水平可相差 1000 倍以上。因此,RNA 聚合酶本

身也直接参与了基因表达的调控过程。

2. σ因子　σ因子主要参与 RNA 聚合酶对特异启动子的识别作用。目前已在原核生物中发现了多种 σ因子,它们能够根据细胞所处环境的变化,选择性地识别并激活不同基因的表达。

3. 阻遏因子　阻遏因子能够与其特异的操纵基因元件识别并结合,阻断基因的表达。操纵基因通常与启动子相邻或部分重叠,一旦该区结合有阻遏因子,则 RNA 聚合酶不能启动转录,从而抑制基因的表达。一些特异的小分子诱导物可与阻遏因子结合并促使其构象改变,与操纵基因解离而启动转录。

4. 激活因子　激活因子能够介导或促进特异基因的表达,常见的是 cAMP 受体蛋白(cAMP receptor protein,CRP)或分解产物基因激活蛋白(catabolite gene activator protein,CAP)。该蛋白因子与 cAMP 结合后被激活,活化的 CRP 与 CRP 结合位点相结合后,可促进 RNA 聚合酶与启动子的结合,增加其对启动子的亲和力,从而显著提高基因转录的速率。

(二) 原核生物基因表达调控模式——操纵子

1961 年,Jacob 和 Monod 在研究大肠杆菌乳糖分解代谢的调控机制时,首次发现并提出了操纵子(operon)的概念。在原核生物中,若干结构基因可串联在一起,其表达受到同一调控系统的调控,这种基因的组织形式称为操纵子,这是原核生物中基因表达调控的主要模式。

1. 操纵子的基本结构　典型的操纵子可分为控制区和信息区两部分。常见的控制区由三种调控元件组成:①调节基因(regulator,R),为阻遏因子或调节蛋白的编码基因;②启动基因(promoter,P),即启动子,为 RNA 聚合酶识别与结合区;③操纵基因(operator,O),为阻遏因子或调节蛋白的结合位点。而信息区则由若干功能相关的结构基因串联在一起构成(图 12-6)。

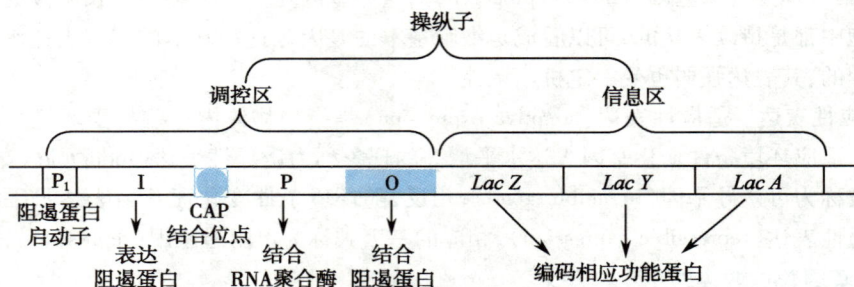

图 12-6　乳糖操纵子的结构与调控机制

2. 乳糖操纵子的调控机制　大肠杆菌乳糖操纵子(Lac operon)参与细菌乳糖分解代谢相关的三个酶基因的表达调控。乳糖操纵子的控制区包括调节基因(R)或抑制基因(inhibitor,I),启动基因(P)和操纵基因(O);其信息区则是由三种与乳糖分解代谢相关的基因:β-半乳糖苷酶基因(lacZ)、透酶基因(lacY)和乙酰基转移酶基因(lacA)串联在一起构成。

(1)阻遏蛋白的负性调节:在没有乳糖存在时,乳糖操纵子处于阻遏状态。此时,I 基因表达的阻遏蛋白与 O 序列结合,阻碍 RNA 聚合酶与 P 序列结合,抑制转录启动。阻遏蛋白的阻遏作用并非绝对,偶有阻遏蛋白与 O 序列解聚。因此,每个细胞可能有极少量的 β-半乳糖苷酶、透酶和乙酰基转移酶的生成。

当有乳糖存在时,乳糖操纵子即可被诱导。乳糖经透酶催化,转运进细胞,再经原有的少量的 β-半乳糖苷酶催化,转变为别乳糖(allolactose)。后者作为一种诱导剂与阻遏蛋白结合,使其变构,导致阻遏蛋白与 O 序列解离而发生转录。

(2)CAP 的正性调节:CAP 是同二聚体,分子中有 DNA 结合区和 cAMP 结合位点。当没有葡萄糖时,细胞内 cAMP 浓度增高,cAMP 与 CAP 结合,使 CAP 活化,活化的 CAP 结合在乳糖操纵子启动序列附近的 CAP 位点,可刺激 RNA 转录活性,使之提高约 50 倍;当有葡萄糖时,cAMP

浓度降低,cAMP与CAP结合受阻,乳糖操纵子表达下降。

由此可见,对乳糖操纵子来说乳糖阻遏蛋白是负性调节因素,CAP是正性调节因素。两种调节机制根据存在的碳源性质及水平协调调节乳糖操纵子的表达。

知识链接

操纵子学说的提出

1961年,法国科学家F,Jacob和J.L.Monod在研究大肠杆菌乳糖代谢的调节机制中发现有些基因不是作为合成蛋白质的模版发挥作用,而只是起到调节或操纵作用,提出了操纵子学说。从此根据基因功能把基因分为结构基因、调节基因和操纵基因。1965年,F.Jacob和J.L.Monod荣获诺贝尔生理医学奖。1969年J.R.Beckwith从大肠杆菌的DNA中分离出乳糖操纵子,证实了F,Jacob和J.L.Monod的模型及理论。

三、真核生物基因表达调控

真核生物基因组结构以及基因表达的调控机制较原核生物复杂得多。就人类染色体DNA而言,就有30亿个碱基对,约2万~2.5万个基因。通常,这些基因中只有2%～15%处于表达状态,并且受遗传背景、内外环境因素的影响。

真核生物基因表达调控是通过特异的蛋白因子与特异的DNA序列相互作用来实现的。这些与基因表达调控有关的特异DNA序列就称为顺式作用元件(cis-acting element);而与基因表达调控有关的蛋白因子则称为反式作用因子(trans-acting factor)。

(一)顺式作用元件的类型与功能

1. 启动子　启动子(promoter)是RNA聚合酶在转录起始时所识别和结合的一段DNA序列。典型的真核生物启动子序列由核心启动子和启动子近端元件两部分组成。核心启动子位于转录起始点上游约-25～-30bp处,通常是一段富含TATA的序列,称为TATA盒。核心启动子为真核RNA聚合酶的识别与结合区,主要控制基因转录起始的准确性。启动子近端元件是位于转录起始点上游约-30～-110bp处一些保守DNA序列,其特征性保守序列为GCCAAT(称CAAT盒)和GGGGCGG(称GC盒),这些序列为反式作用因子的结合位点,控制基因转录的频率和强度。

2. 增强子　增强子(enhancer)是指能促进基因转录增强启动子转录活性的DNA序列。增强子能使结构基因的转录速率大大提高。其作用特点包括:①在转录起始点上游或下游均起作用,有时也可位于受调控基因的内含子中;②作用无方向性,即相对于启动子的任一指向均能发挥作用;③发挥作用与受控基因的远近距离相对无关;④增强子需要有启动子才能发挥作用,没有启动子存在,增强子不能表现活性。

3. 沉默子　沉默子(silencer)是指能够对基因转录起阻遏作用的DNA序列,属于负性调控元件,其作用机制与增强子类似。当其结合特异蛋白因子时,对基因转录起阻遏作用。另有些DNA序列既可作为正性又可为负性调节元件发挥顺式调节作用,这主要取决于细胞内存在的DNA结合因子的性质。

(二)反式作用因子的类型与功能

反式作用因子是指能直接或间接与顺式作用元件相互作用、调控基因转录的蛋白质,又称转录因子(transcription factors,TF)。

1. **转录因子的分类**　转录因子包括基本转录因子和特异转录因子两大类。基本转录因子是 RNA 聚合酶结合启动子所必需的一组蛋白质因子,决定三种 RNA(tRNA、mRNA 及 rRNA)转录的类别。有人将其视为 RNA 聚合酶的组成成分或亚基,故称为基本转录因子。特异转录因子为个别基因转录所必需,决定该基因的时间、空间特异性表达,此类特异因子有的起转录激活作用,有的起转录抑制作用。转录激活因子通常是一些增强子结合蛋白;多数转录抑制因子是沉默子结合蛋白,但也有的抑制因子起作用时不依赖 DNA,而是通过蛋白质-蛋白质相互作用、"中和"转录激活因子,降低它们在细胞内的有效浓度,抑制基因转录。

2. **转录因子的结构**　所有的转录因子至少包括两个不同的结构域:DNA 结合域(DNA binding domain)和转录激活域(activation domain);此外,有的转录因子还包含一个介导蛋白质-蛋白质相互作用的结构域,常见的是二聚化结构域。

(1) DNA 结合结构域:DNA 结合结构域是反式作用因子与 DNA 结合的一段肽链,通常由 60~100 个氨基酸残基组成。最常见的 DNA 结合域结构形式有锌指模体(zinc finger motif)、碱性亮氨酸拉链模体(basic leucine zipper motif)、碱性螺旋-环-螺旋模体(basic helix-loop-helix motif)。

(2) 转录激活结构域:转录激活域是蛋白质-蛋白质相互作用的基础。由 30~100 个氨基酸残基组成。根据氨基酸组成特点,转录激活域又分为酸性激活结构域(acidic activation domain)、谷氨酰胺富含结构域(glutamine-rich domain)及脯氨酸富含结构域(proline-rich domain)。

(3) 二聚化结构域:二聚化结构域是介导蛋白质-蛋白质相互作用最常见的结构域。二聚化作用与碱性亮氨酸拉链和碱性螺旋-环-螺旋结构有关。

四、癌基因与抑癌基因

细胞的增殖、分化是生命过程的重要特征,细胞增殖、分化的异常又是多种疾病发生的重要原因。癌基因与抑癌基因在细胞的增殖、分化的调节中发挥重要作用,当这些基因异常时,可以导致细胞恶性增殖,即形成肿瘤。这些基因大多数是在研究肿瘤的过程中发现的,有的与细胞增殖正调控有关,具有潜在的致癌能力,被称为癌基因;有的与细胞增殖负调控有关,具有抑制肿瘤形成的作用,被称为抑癌基因。肿瘤的发生是一个复杂的多基因改变过程,对癌基因与抑癌基因的研究,为从根本上阐明肿瘤的发生机制及有效的肿瘤治疗奠定重要的基础。

知识链接

癌基因学说的提出

癌基因的研究历经曲折,1911 年,劳斯(FP. Rous)将鸡肉瘤组织匀浆后的无细胞滤液皮下注射于健康鸡,发现可以引起肉瘤,首次提出病毒能引起肿瘤,第一次证明了动物的癌症是可以传染的,但这一发现早期并未被认可。直到 40 多年后,RSV 从鸡肉瘤中得到分离,他的工作才得到承认,并在 87 岁高龄荣获 1966 年诺贝尔生理学或医学奖。

然而,确立癌基因与肿瘤发生相关的分子机制则来自另外两个重要发现。即 1970 年特明(HM Temin)发现劳斯肿瘤病毒中的逆转录酶(1975 年诺贝尔生理学或医学奖),推动了对逆转录病毒的认识。

其后,毕晓普(M. Bishop)和瓦尔默斯(H Varmus)以致癌的劳斯肉瘤病毒作为实验材料,1976 年发现病毒导致肿瘤发生的 SRC 基因来源于宿主正常基因组(1989 年诺贝尔生理学或医学奖),由此提出细胞中的原癌基因活化是肿瘤发生的重要原因的癌基因学说。

（一）癌基因

凡是能编码生长因子、生长因子受体、细胞内信号转导分子以及与生长有关的转录调节因子等的基因,统称为癌基因(oncogene)。它是细胞内控制细胞生长的基因,具有潜在的诱导细胞恶性转化的特性。在癌基因异常表达时,其产物可使细胞过度增生,最终导致肿瘤的发生。癌基因包括病毒癌基因(virus oncogene,v-onc)和细胞癌基因(cellular oncogene,c-onc)。

1. 病毒癌基因　癌基因最初发现于逆转录病毒中,1911 年,F. Rous 从鸡肉瘤中分离到了第一个逆转录病毒,即鸡 Rous 肉瘤病毒(Rous sarcoma virus,RSV)。在深入研究 RSV 的致癌分子机制时,发现有一个特殊的基因 *src*,将这一基因导入正常细胞可使之发生恶性转化,因而将病毒所携带的致转化基因,称为病毒癌基因。到目前为止,已发现 30 多种病毒癌基因,主要是 RNA 病毒。

2. 细胞癌基因　正常细胞内存在与病毒癌基因同源的序列,这类基因在正常细胞基因组中,不仅存在,而且可以表达,故被称为细胞癌基因。这类基因表达产物具有促进正常细胞生长、增殖、分化和发育等生理功能,如果发生突变或异常表达,常和肿瘤的发生有关。为了与被激活后能使细胞恶性转化的癌基因区分开来,而将正常细胞内未激活的癌基因称为原癌基因(proto-oncogene)。目前已发现的细胞原癌基因有近百种,但其中只有部分在病毒基因组中有同源序列。对比已测定出的病毒癌基因和细胞原癌基因的结构,发现细胞原癌基因不仅结构与它们对应的病毒癌基因的结构十分相似,而且两者在序列上存在一定程度的同源性,产物也基本相似。

3. 癌基因的分类与功能　癌基因必须通过其表达产物蛋白质来实现其生物学作用,各种癌基因表达的蛋白质在细胞中分布十分广泛,包括细胞的分泌蛋白,细胞膜、细胞质及细胞核蛋白等。细胞癌基因按照其功能不同分为 4 大类(表 12-3)。

表 12-3　细胞癌基因的分类及功能

类　　别	癌基因	作　　用
生长因子类	*sis*	PDGF-2
	int-2	FGF 同类物,促进细胞增殖
生长因子受体类	*egfr*	EGF 受体,促进细胞增殖
	sam	FGF 受体,促进细胞增殖
	fms	M-CSF 受体,促进细胞增殖
	trk	NGF 受体,促进细胞增殖
	mpl	血小板生成素受体
	mas	血管紧张素受体
信号转导蛋白类	*ras*	MAPK 通路中重要信号分子
	abl、*src*	JAK-STAT 通路中重要信号分子
	raf	MAPK 通路中重要信号分子
核内转录因子类	*myc*、*fos*、*jun*	促进增殖相关基因表达

EGF:表皮生长因子;M-CSF:巨噬细胞集落刺激因子;PDGF:血小板源生长因子;FGF:成纤维细胞生长因子;NGF:神经生长因子;STAT:信号传导及转录激活因子;MAPK:丝裂原活化蛋白激酶

4. 癌基因恶性激活的机制　原癌基因是细胞基因组的正常成分,只有在受到物理、化学和生物等因素的作用后,其结构或表达调控发生改变,使之激活才能具有致癌活性。通常原癌基因的激活途径如下:

（1）点突变:在致癌因素的作用下,原癌基因编码序列上的某一个核苷酸发生改变,称为点

突变(point mutation)。突变可使基因所编码的蛋白质的氨基酸发生改变,而导致表达蛋白质的结构和功能异常。现已发现,多种肿瘤中均有 ras 基因的点突变,突变的 RAS 蛋白其 GTP 酶活性有缺陷,进而使 RAS 蛋白处于持续活化状态,活化的 RAS 蛋白通过细胞的信号传导,最终引起细胞的不断增殖。

（2）获得启动子或增强子:逆转录病毒基因组中有活性较强的启动子或增强子元件,感染细胞时可随机整合到宿主细胞的基因组中。如果这些活性较强的启动子或增强子正好插入到原癌基因附近,这一原癌基因的表达将不再受原有的正常调控,而成为病毒启动子或增强子的控制对象,使该基因过度表达,导致肿瘤的发生。

（3）甲基化程度降低:位于 DNA 转录调控区及启动子上的 GpG 重复序列甲基化(methylation),可使基因组稳定并使基因沉默,甲基化程度降低是基因转录激活的特征之一。如乳腺癌 c-myc 基因甲基化程度降低,使该基因表达产物增加而引起细胞异常增殖。

（4）基因扩增:原癌基因的扩增指基因结构本身正常,但因原癌基因拷贝数增加或表达活性的增强,导致表达过量的蛋白,而导致肿瘤的发生。在许多人体肿瘤中发现有癌基因扩增,如在人视网膜母细胞瘤、某些原发性神经母细胞瘤中都已发现相关癌基因的扩增。

（5）基因易位或重排:原癌基因从所在染色体的正常位置易位至强的启动子或增强子附近而被激活,引起原癌基因的高表达,导致肿瘤的发生。例如,人 Burkitt 淋巴瘤细胞中,位于 8 号染色体上的 c-myc 基因易位至 14 号染色体的免疫球蛋白重链基因的启动子附近,并与这一活性很高的启动子融合,c-myc 基因在免疫球蛋白重链基因的强启动子控制下大量表达。

（二）抑癌基因

1. 抑癌基因的概念　抑癌基因又称肿瘤抑制基因(tumor suppressor gene)或抗癌基因(anti-oncogene),是指存在于正常细胞内的一大类可抑制细胞生长并具有潜在抑癌作用的基因。由于这类基因的缺失或其表达产物功能的丧失会促进细胞恶性生长,这类因功能丧失后引起肿瘤发生的基因被称之为抑癌基因。抑癌基因在调控细胞增殖和分化方面与癌基因同等重要,只是导致细胞发生转化的机制与癌基因相反。

2. 常见的抑癌基因　抑癌基因表达产物主要包括跨膜受体、胞质调节因子或结构蛋白、转录因子和转录调节因子、细胞周期因子、DNA 损伤修复因子以及其他一些功能蛋白。常见的抑癌基因见表 12-4。

表 12-4　常见的抑癌基因

基因名称	染色体定位	相关肿瘤	编码产物及功能
Tp53	17p13.1	多种肿瘤	p53 蛋白(转录因子),参与细胞周期调节、细胞凋亡
Rb	13q14.2	视网膜母细胞瘤、骨肉瘤	p105 Rb 蛋白(转录因子)
Tp16	9p21	乳腺癌、黑色素瘤	p16 蛋白
APC	5q22.2	结肠癌、胃癌等	G 蛋白,参与信号传导
DCC	18q21	结肠癌	表面糖蛋白(细胞黏附分子)
NF1	7q11.2	神经纤维瘤	GTP 酶激活剂
NF2	22 q12.2	神经鞘膜瘤、脑膜瘤	连接膜与细胞骨架
VHL	3 q25.3	小细胞肺癌、宫颈癌、肾癌	转录调节蛋白
WT1	11p13	肾母细胞瘤	锌指蛋白(转录因子)

3. 抑癌基因失活与肿瘤的发生　抑癌基因在细胞分化、调节细胞生长、维持基因稳定性等方面起着非常重要的作用,当抑癌基因表达异常时,可导致肿瘤的发生。由于其机制比较复杂,

下面以 *Rb*、*Tp53* 等抑癌基因为例,说明抑癌基因失活与肿瘤发生的关系。

（1）*Rb* 基因:*Rb* 基因是 1986 年世界上第一个被克隆并完成序列测定的抑癌基因,最初发现于儿童的视网膜母细胞瘤(retinoblastoma),因此称为 *Rb* 基因。它是一个 DNA 结合蛋白,可以调节某些控制增殖基因的转录,从而控制细胞的生长。*Rb* 基因的异常主要表现为基因缺失和基因突变。*Rb* 基因失去正常功能,则细胞不受 *Rb* 基因的负调控,使细胞表型发生变化,细胞周期被破坏,细胞生长失控导致肿瘤发生。

（2）*Tp53* 基因:*Tp53* 基因以其编码 p53 蛋白而得名。*Tp53* 基因是迄今为止发现的与人类肿瘤相关性最高的基因,约 50% 以上的人类肿瘤与 *Tp53* 基因变异有关。p53 蛋白在细胞内有多种功能,如抑制细胞增殖,诱导细胞凋亡等,这些功能在一定程度上依赖于 p53 作为转录因子的作用。*Tp53* 基因正常功能的丧失在一定程度上引起细胞周期的失控,导致细胞无限增殖,形成肿瘤。*Tp53* 基因的突变形式可表现为点突变、缺失突变、移码突变、基因重排等。

小结

蛋白质生物合成也称为翻译,包括氨基酸的活化、肽链的形成和肽链形成后的加工及靶向运输三个阶段的反应过程。蛋白质的生物合成体系包括 20 种编码氨基酸、模板 mRNA、氨基酸的运载工具 tRNA、肽链的装配机核糖体、某些重要的酶类和蛋白质因子、能源物质 GTP 和 ATP 以及无机离子等。蛋白质合成异常可导致某些生理功能障碍引起疾病,某些药物和生物活性物质通过抑制或干扰蛋白质生物合成而发挥作用。基因表达就是基因转录及翻译的过程。基因表达有严格的规律性,即时间、空间的特异性。基因表达在多级水平上进行调控,其中转录起始是基因表达的基本控制点。大多数原核基因表达调控是通过操纵子机制实现的。真核基因表达调控需要顺式作用元件与反式作用因子的相互作用实现。癌基因与抑癌基因是调控机体细胞正常生长与增殖的两大类基因。癌基因是一类控制细胞生长的正调节基因。当癌基因被激活,基因结构发生异常或表达失控,可导致细胞恶变形成肿瘤。抑癌基因是一类控制细胞生长的负调节基因,其缺失或突变失活也可导致细胞恶变形成肿瘤。

（邵世滨）

练 习 题

一、单项选择题

1. 氨基酰-tRNA 合成酶的特点是
   A. 能专一识别氨基酸,但对 tRNA 无专一性
   B. 既能专一识别氨基酸又能专一识别 tRNA
   C. 在细胞中只有 20 种
   D. 催化氨基酸与 tRNA 以氢键连接
   E. 主要存在于线粒体中

2. 能识别 mRNA 中密码子 5'-GCA-3'的反密码子为
   A. 3'-UCC-5'　　　　　B. 5'-CCU-3'　　　　　C. 3'-CGT-5'
   D. 5'-UGC-3'　　　　　E. 5'-TCC-3'

3. 目前认为基因表达调控的主要环节是
   A. 基因激活　　　　　B. 转录起始　　　　　C. 转录后加工

D. 翻译起始　　　　　　　E. 翻译后加工

4. 关于癌基因的叙述,错误的是
   A. 是细胞增殖的正调节基因　　　　　B. 可以诱导细胞凋亡
   C. 能在体外引起细胞转化　　　　　　D. 能在体内诱发肿瘤
   E. 包括病毒癌基因和细胞癌基因

5. 关于抑癌基因的叙述,下列哪一项是正确的
   A. 具有抑制细胞增殖的作用　　　　　B. 与癌基因表达无关
   C. 缺失与细胞的增殖和分化无关　　　D. 不存在于人类正常细胞中
   E. 肿瘤细胞出现时才表达

二、名词解释

1. 翻译　2. 操纵子

三、简答题

1. 简述遗传密码的特点。
2. 何谓核糖体循环? 简述其过程。
3. 简述乳糖操纵子的结构及其调控机制。

选择题参考答案

1. B　2. D　3. B　4. B　5. A

13

第十三章

水和无机盐代谢

▶ **学习目标**

1. 掌握:体液含量、分布和体液电解质组成特点;钙、磷的生理功能及三种激素对钙磷代谢的调节。

2. 熟悉:水、无机盐的生理功用;水平衡、钠、钾动态平衡;钾代谢特点;血钙与血磷;影响铁的吸收因素。

3. 了解:镁、锌、铜等的生理作用。

人体内的各种代谢都是在体液中进行的,体液(body fluid)由水、无机盐、低分子有机物和蛋白质组成,广泛地分布于细胞内外的液体。它们的化学成分、容量及分布的改变,将直接影响细胞的功能,严重时可危及生命。因此,掌握体液平衡的基本理论、水和无机盐的代谢与功能,对于在临床工作中,正确处理水、电解质平衡失调,具有重要指导意义。

第一节 体 液

一、体液的含量与分布

正常成年人体液约占体重的60%,以细胞膜为界,分为细胞内液和细胞外液。细胞外液包括血浆和组织(细胞)间液。其中细胞内液占体重40%,细胞外液占20%,细胞外液中,细胞间液占15%,血浆占5%。细胞间液包括淋巴液、关节滑液、脑脊液和胸、腹膜腔液等。人体体液的分布和含量随年龄、性别和胖瘦的不同而有较大差异(表13-1)。

表 13-1　各年龄的体液含量与分布(占体重%)

年龄	体液总量	细胞内液	细胞外液		
			总量	组织间液	血浆
新生儿	80	35	45	40	5
婴儿	70	40	30	25	5
儿童(2~14岁)	65	40	25	20	5
成年人	60	40	20	15	5
老年人	55	30	25	18	7

随着年龄增长,人体体液总量逐渐减少,如新生儿体液量可达体重的80%,成人体液量占体重60%,而老年人体液量只占体重的55%;由于脂肪疏水,肥胖者的体液量比体重相同的瘦者为少,女性脂肪较多,体液量比男性为少,对失水性疾病的耐受力较差。

课堂讨论

1. 正常男性与女性、运动员与肥胖者相比，谁对失水的耐受性更强？为什么？
2. 试分析婴儿对失水的耐受性如何？请说明原因？

二、体液的电解质含量及分布特点

（一）体液电解质的含量

体液中的溶质分为电解质和非电解质两大类，其中无机盐、蛋白质和有机酸等溶质常以离子的形式存在，属于电解质，而葡萄糖、尿素等不能解离，属于非电解质。体液中电解质的含量与分布见表13-2。

表13-2　体液中电解质的含量与分布（mmol/L）

电解质		血浆		组织间液		细胞内液	
		离子	电荷	离子	电荷	离子	电荷
阳离子	Na^+	145	145	139	139	10	10
	K^+	4.5	4.5	4	4	158	158
	Mg^{2+}	0.8	1.6	0.5	1	15.5	31
	Ca^{2+}	2.5	5	2	4	3	6
	合计	152.8	156	145.5	148	186.5	205
阴离子	Cl^-	103	103	112	112	1	1
	HCO_3^-	27	27	25	25	10	10
	HPO_4^{2-}	1	2	1	2	12	24
	SO_4^{2-}	0.5	1	0.5	1	9.5	19
	蛋白质	2.25	18	0.25	2	8.1	65
	有机酸	5	5	6	6	16	16
	有机磷酸	-	-	-	-	23.3	70
	合计	138.75	156	144.75	148	79.9	205

（二）体液电解质分布的特点

1. **体液呈电中性**　无论细胞外液还是细胞内液，电解质的含量若以摩尔电荷表示，其阴、阳离子总量相等而呈电中性。

2. **细胞内、外液中电解质的含量差异很大**　细胞外液的阳离子以 Na^+ 为主，阴离子以 Cl^- 和 HCO_3^- 为主；细胞内液的阳离子以 K^+ 最主要，其次是 Mg^{2+} 和少量的 Na^+，阴离子以有机磷酸和蛋白质负离子为主。

3. **血浆蛋白质含量大于组织间液**　血浆与组织间液二者的电解质组成及含量比较接近，但血浆中蛋白质的含量远远大于组织间液，这种差别有利于血浆与组织间液之间水的交换。

4. **各种体液渗透压相等**　细胞内液的电解质总量较细胞外液高，但细胞内液与细胞外液的渗透压仍基本相等。这是因为细胞内液含大分子蛋白质和二价离子较多，而这些电解质产生的渗透压较小。

三、体液的交换

人体与外界的物质交换包括营养物质的摄取和代谢废物的排泄。这两个过程是依靠体液在血浆、细胞内液和组织间液三者之间的交换来完成并维持动态平衡的。

（一）血浆和细胞间液的交换

血浆和细胞间液之间以毛细血管壁相隔,毛细血管壁是一种半透膜。水、无机盐和小分子有机物均可自由透过,但大分子蛋白质则不能透过。细胞间液中的蛋白质浓度低于血浆蛋白质,故血浆的胶体渗透压高于细胞间液的胶体渗透压。

血浆与组织间液之间的体液交换的动力是有效滤过压。组织间液的静水压和血浆胶体渗透压是促使体液进入毛细血管的力量,而毛细血管血压与组织间液的胶体渗透压是促使体液进入组织间液的力量。上述四种压力的总和称为有效滤过压。

在毛细血管动脉端的有效滤过压为: $(3.99+1.995)-(3.325+1.33)=1.33(kPa)$,故体液由血浆流入组织间液,各种营养物质也随之流向组织间液。

在毛细血管静脉端的有效滤过压为: $(1.596+1.995)-(3.325+1.33)=-1.064(kPa)$,因此,体液由组织间液流向毛细血管,代谢终产物也随之流向毛细血管。

血浆与组织间液的交换示意图(图13-1)。

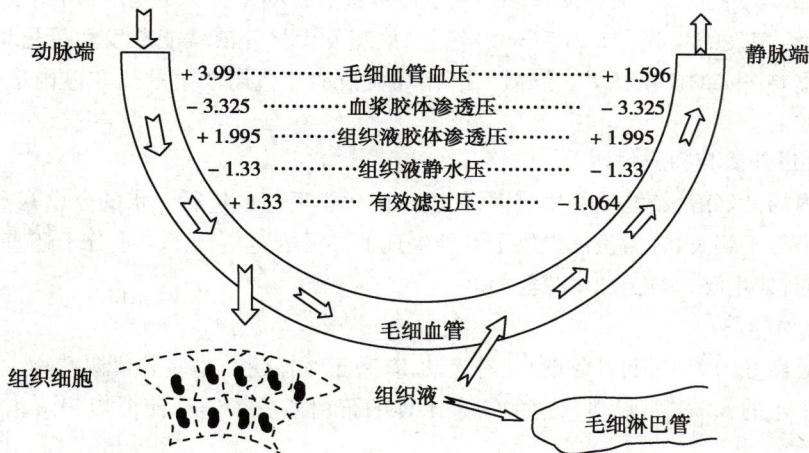

图13-1　血浆与组织间液的交换

（二）细胞间液与细胞内液之间的交换

细胞间液与细胞内液之间以细胞膜相隔。细胞膜是一种结构、功能复杂的半透膜,它对物质的透过有高度的选择性,故物质的交换也很复杂。交换的方式有:

1. 单纯扩散　气体分子,如 CO_2、O_2 等物质,由于水化程度低,较易通过脂质双分子层,脂溶性越大的物质,通过脂质双分子层的速度就越快。

单纯扩散的特点是:①不需要任何特异的膜载体,也不需要耗能;②顺浓度梯度,分子通透速度与浓度梯度成正比;③分子通透速度与它们在油/水两相中的分配系数、电离度及分子大小等因素有关。

2. 易化扩散　易化扩散是在膜转运蛋白的协助下,非脂溶性物质由高浓度向低浓度移动的过程。包括载体转运和通道转运。如葡萄糖载体、氨基酸载体和离子通道等。

易化扩散的特点是:①转运只能由高浓度向低浓度方向进行,不需要与能量代谢相偶联;②有饱和现象,当被转运物质的浓度达到一定程度后,再增加被转运物质浓度,其转运速度不再增加;③对转运物质有高度特异性。

209

3. 主动转运　主动转运与载体蛋白介导的易化扩散相同之处是都需要载体、有特异性,并有饱和现象。但主动转运还具有以下特点:①主动转运必须与能量相偶联,是一种耗能的物质转运过程,通常由 ATP 提供能量;②能逆浓度梯度转运,即可将物质由低浓度向高浓度方向转运,故有累积和浓缩物质的作用;③主动转运过程可被某些抑制剂抑制。

细胞内外 K^+ 与 Na^+ 的分布有显著差异,就是由于细胞膜上的钠泵主动地把 Na^+ 泵出细胞,同时将 K^+ 泵入细胞内。这种主动转运是一个耗能的过程,即需要 ATP 供给能量。每消耗 1 分子 ATP,就有 3 个 Na^+ 泵出细胞外和 2 个 K^+ 泵入细胞内。

第二节　水　平　衡

一、水的生理功能

水是人体含量最多也最重要的物质,水具有很多特殊的理化性质,是维持人体正常代谢活动和生理功能的必需物质之一。

(一) 调节体温

水的比热大,1g 水从 15℃升至 16℃时,需吸收 4.2J(1cal)热量,比等量固体或其他液体所需的热量多,因此,水能吸收或释放较多的热量而本身的温度无明显变化。水的蒸发热大,1g 水在 37℃时,完全蒸发需吸收 2415J(575cal)热量,故蒸发少量汗液就能散发大量热量,这在高温环境时尤为重要。水的流动性大,导热性强,循环血液能使代谢产生的热在体内迅速均匀分布并通过体表散发。

(二) 促进并参与物质代谢

水是体内的良好溶剂,能使物质溶解,促进体内化学反应的进行。水的介电常数高,使溶解于其中的盐类易于解离,这为机体提供了各种生理上必需的重要离子。水分子还直接参与体内物质代谢反应,如水解、水化、加水脱氢等。

(三) 运输作用

水不仅是良好的溶剂,而且黏度小、易流动,有利于运输营养物质和代谢产物。即使是某些难溶或不溶于水的物质(如脂类),也能与亲水性的蛋白质分子结合而分散于水相中通过血液运输。

(四) 润滑作用

泪液可防止眼球干燥,有利于眼球的转动;唾液有利于吞咽及咽部湿润;关节腔的滑液有利于关节的活动;胸腔和腹腔液以及呼吸道和胃肠道黏液有利于呼吸道和消化道的运转功能,减少摩擦,起到良好的润滑作用。

(五) 维持组织的形态与功能

生物体内的水以两种形式存在:自由水和结合水(bound water)。结合水是指与蛋白质、核酸和多糖等物质结合而存在的水。结合水与自由水的性质不同,它参与细胞原生质的构成,赋予细胞一定的形态、硬度和弹性。如血液含水约为 83%,心肌含水约为 79%,两者相差无几,但心肌主要含结合水,可使心脏具有一定坚实的形态,保证心脏有力地推动血液循环,而血液中主要含的是自由水,故能循环流动。

二、水的摄入和排出

(一) 水的摄入

正常成年人在一般情况下,每天所需的水量约为 2500ml,每天摄取水的总量约 2000~2500ml。其来源有:

1. **饮水**　饮水量随个人习惯、气候条件和劳动强度的不同而有较大差别。成人一般每天饮水约 1200ml。

2. **食物水**　各种食物含水量各不相同,成人每天从食物摄入水量约为 1000ml。

3. **代谢水**　代谢水(metabolism water)是指糖、脂肪和蛋白质等营养物质在氧化过程中生成的水,也称为内生水。成人每天体内生成的代谢水约 300ml。

(二) 水的排出

成人每天排出的水量约为 2000~2500ml。体内水的去路有:

1. **肾脏排出**　是水的主要去路,对体内水的平衡起着主要的调节作用。正常成人每天尿量约为 1500ml,但尿量受饮水量和其他途径排水量的影响较大。成人每天约由尿排出至少 35g 左右的固体代谢废物,每 1g 固体溶质至少需要 15ml 水才能使之溶解,故成人每日尿量至少需要 500ml 才能将代谢废物排尽,因此 500ml 称为最低尿量。每日尿量少于 500ml 时称为少尿,此时代谢废物将潴留在体内,造成尿毒症。

2. **呼吸蒸发**　呼吸时可以以水蒸气形式排出水,成人每天由此蒸发的水约 350ml。呼吸蒸发量的变化取决于呼吸的深度和频率,如高热时呼吸加深、加快,排水量增多。

3. **皮肤蒸发**　皮肤排水有两种方式:①非显性出汗:即体表水分的蒸发。成人每天由此蒸发水约 500ml,因其中电解质含量甚微,故可将其视为纯水;②显性出汗:为皮肤汗腺活动分泌的汗液,出汗量与环境温度、湿度及活动强度有关。汗液是低渗溶液,其中[Na^+]为 40~80mmol/L,[Cl^-]为 35~70mmol/L,[K^+]为 3~5mmol/L,故高温作业或强体力劳动大量出汗后,除失水外也有 Na^+、K^+、Cl^- 等电解质的丢失,此时在补充水分的同时,还应注意电解质的补充。

4. **消化道排出**　各种消化腺分泌进入胃肠道的消化液,平均每天约 8000ml,其中含有大量水分和电解质。正常情况下,这些消化液绝大部分被肠道重吸收,只有 150ml 左右随粪便排出。但在呕吐、腹泻、胃肠减压、肠瘘等情况下,消化液大量丢失,导致不同性质的失水、失电解质,故临床补液时应根据丢失消化液的性质决定其应补充的电解质种类。

正常成人每日水的进出量大致相等,约为 2500ml(表 13-3)。每日摄入 2500ml 水可满足正常生理需要,称为生理需水量。但在缺水情况下,每日仍有 1500ml 水通过肺、皮肤、消化道和肾丢失,称为必然丢失水量。因此,除代谢水外,成人每日至少需要补充 1200ml 水,才能维持正常的生命活动,此量称为最低需水量,是临床补水的依据。

表 13-3　正常成人每日水出入量

水的入量	ml/d	水的出量	ml/d
饮水	1000~1300	皮肤蒸发	500
食物水	700~900	呼吸蒸发	350
代谢水	300	经粪排出	150
		肾脏排出	1000~1500
总量	2000~2500	总量	2000~2500

儿童、孕妇和恢复期病人,需保留部分水作为组织生长、修复的需要,故他们的摄水量略大于排水量。婴幼儿新陈代谢旺盛,每天水的需要量按公斤体重计算比成人约高 2~4 倍,但因其神经、内分泌系统发育尚不健全,调节水、电解质平衡的能力较差,所以比成人更容易发生水、电解质平衡失调。

第三节　电解质平衡

一、电解质的生理功能

（一）维持体液的渗透压与水平衡

体液中由无机盐构成的渗透压称为晶体渗透压，它对细胞内外水的转移及物质交换起着十分重要的作用。Na^+、Cl^-是维持细胞外液渗透压的主要离子；K^+、HPO_4^{2-}是维持细胞内液渗透压的主要离子。当这些电解质的浓度发生改变时，细胞内外液的渗透压亦发生改变，从而影响体内水的分布。

（二）维持体液的酸碱平衡

人体各组织细胞只有在适宜的 pH 条件下才能维持各种酶促反应的正常进行。正常人的组织间液及血浆的 pH 值为 7.35~7.45，在血液缓冲系统、肺和肾的调节下维持相对稳定。体液中的 Na^+、K^+、HCO_3^-、HPO_4^{2-}及蛋白质离子参与体液缓冲体系的构成，可以缓冲酸性物质和碱性物质对体液 pH 值的影响，从而维持体液的酸碱平衡。

（三）维持神经肌肉的应激性

神经肌肉的应激性与多种无机离子的浓度及比例有关，其关系如下：

$$神经肌肉应激性 \propto \frac{[Na^+]+[K^+]+[OH^-]}{[Ca^{2+}]+[Mg^{2+}]+[H^+]}$$

从上述关系式可以看出，Na^+、K^+能增强神经肌肉的应激性，当血浆 K^+、Na^+浓度过低时，神经肌肉的应激性降低，可出现肌肉软弱无力，甚至麻痹；而 Ca^{2+}、Mg^{2+}、H^+能降低神经肌肉的应激性，当血浆 Ca^{2+}浓度过低时，神经肌肉的应激性升高，可出现手足搐搦甚至惊厥。

对于心肌细胞，Ca^{2+}与 K^+的作用恰好与上式相反：

$$心肌细胞应激性 \propto \frac{[Na^+]+[Ca^{2+}]+[OH^-]}{[K^+]+[Mg^{2+}]+[H^+]}$$

血钾过高对心肌有抑制作用，可使心舒张期延长，出现心动过缓、心率减慢，传导阻滞和收缩力减弱，严重时甚至可使心脏停搏于舒张期。血钾浓度过低时，常出现心律紊乱，严重时可使心脏停搏于收缩期。由于 Na^+和 Ca^{2+}可拮抗 K^+对心肌的作用，维持心肌的正常应激状态，以保证其完成正常的功能。因此，临床上可通过静脉注射含 Ca^{2+}的溶液来纠正血浆 K^+浓度过高对心肌的不利影响。

（四）维持细胞正常的新陈代谢

1. 作为酶的辅酶或激活剂影响酶的活性　如 Zn^{2+}是碳酸酐酶的辅助因子。K^+是三羧酸循环中磷酸化酶、疏基酶的激活剂。Cl^-是淀粉酶的激活剂。

2. 参与或影响物质代谢　如糖原、蛋白质的合成需要 K^+参加；Na^+参与小肠对葡萄糖的吸收和 Hb 对 CO_2 的运输；Mg^{2+}参与蛋白质、核酸、脂类和糖类的合成；Ca^{2+}是激素作用的第二信使等。这一切都说明无机盐在机体物质代谢及其调控中起着重要的作用。

二、钠与氯代谢

（一）钠的代谢

1. 钠的含量与分布　成人体内钠总量为 45~50mmol（0.9~1.1g）/kg 体重，其中约 45% 在细胞外液，10% 在细胞内液，45% 存在于骨骼中。血清钠浓度为 135~145mmol/L。

2. 钠的吸收与排泄　人体内每日摄入的钠主要来自食盐，正常成人每日 NaCl 的需要量约为 4～6g,其摄入量因个人饮食习惯不同而差别很大。WHO 推荐成人每日食盐摄入量不超过 5g,摄入的钠经胃肠道几乎全部被吸收。为了保证正常的生理活动,长期低盐饮食的患者,每日的摄入量也不应少于 0.5～1.0g。

钠主要由肾脏排出,少量由粪便及汗液排出。肾脏调节钠的能力很强,其特点可概括为"多吃多排,少吃少排,不吃不排"。当血 Na^+ 浓度升高时,肾小管对 Na^+ 的重吸收降低,过量的钠排出体外。当血 Na^+ 浓度降低时,肾小管对 Na^+ 的重吸收加强。

（二）氯的代谢

1. 氯的含量与分布　正常成人体内氯含量约为 33mmol/kg 体重,婴儿含量可达 52mmol/kg 体重,其中 70% 存在于细胞外液,血清氯浓度为 98～106mmol/L,Cl^- 是细胞外液的主要阴离子,占细胞外液阴离子总量的 67%。

2. 氯的吸收与排泄　食物中的 Cl^- 大都与 Na^+ 一起被小肠吸收,主要经肾随尿排泄,小部分由汗排出。肾小管上皮细胞可将肾小球滤出的 Cl^- 随 Na^+ 一起重吸收。过量的 Cl^- 可随 Na^+ 通过肾小管排出体外。由于尿氯的测定比较简易,因此临床上常检验尿中氯化物,用以判断病人是否缺盐及提示缺盐的程度。

三、钾代谢

（一）含量与分布

人体内钾的含量为 31～57mmol(1.2～2.2g)/kg 体重。其中约 98% 分布于细胞内,约 2% 存在于细胞外液。血清钾浓度为 3.5～5.5mmol/L,细胞内液钾浓度为 150mmol/L。

（二）钾的吸收与排泄

正常成人每日钾的需要量为 2～3g。瘦肉、动物内脏、蔬菜、果仁等食物含钾量丰富,食物中的钾约 90% 在肠道被吸收,因此,正常进食者一般不会缺乏钾。但严重腹泻时,随粪便丢失钾的量可达到正常时的 10～20 倍。

正常情况下,80%～90% 的钾主要由肾排出。肾对钾的排泄特点是"多吃多排,少吃少排,不吃也排"。肾对钾的调控能力远不如对钠严格而有效,每日至少有 10mmol 的钾随尿排出。在钾摄入极少或大量丢失时,肾小管仍有少量 K^+ 分泌入管腔。即使禁钾 1～2 周,肾排钾仍可达 5～10mmol/d。因此,长期不能进食而需由静脉补充营养的患者,应注意观察血钾水平,并给予适量的补充。

> **课堂讨论**
>
> 1. 临床上补钾的原则是浓度不宜过高,量不宜过多,速度不宜过快和"见尿补钾",请说明其原因。
>
> 2. 对于狂躁型精神病患者(有暴力倾向),在他们发作时,医生常给他们注射葡萄糖和胰岛素,为什么?

（三）体内钾的代谢特点

K^+、Na^+ 在细胞内、外分布极不均匀,主要是由于细胞膜上钠泵的作用。此外,还受物质代谢和酸碱平衡等的影响。

1. 细胞内外钾的分布极不均匀　细胞内液 K^+ 的浓度为 150mmol/L,细胞外液 K^+ 浓度平均为 5mmol/L,两者相差约 30 倍。红细胞 K^+ 的浓度也很高为 105mmol/L,故测血钾采集血样品时,应防止溶血,因红细胞破坏后大量的 K^+ 释出,造成血清 K^+ 浓度的假性高值。

2. K^+ 进入细胞非常缓慢　K^+ 进入细胞必须依赖于细胞膜上的 Na^+-K^+-ATP 酶的作用,约需

15 小时才能达到细胞内外的平衡。因而在缺钾的治疗过程中,需要连续多次补钾才能纠正缺钾。

3. 物质代谢对 K^+ 的影响　每合成 1g 糖原或 1g 蛋白质分别有 0.15mmol 与 0.45mmol K^+ 进入细胞内;而分解 1g 糖原或蛋白质可释放等量的 K^+ 到细胞外。因此,当大量补充葡萄糖时,细胞内糖原合成作用增强,钾从细胞外进入细胞内。对于高血钾患者,可采用注射葡萄糖溶液和胰岛素的方法,加速糖原合成,促使 K^+ 由细胞外液进入细胞内,以降低血钾。

在组织生长或创伤恢复期等情况下,蛋白质合成代谢增强,钾进入细胞内,可使血钾浓度降低;而在严重创伤、感染、缺氧以及溶血等情况下,蛋白质分解代谢增强,细胞内钾释放到细胞外,则可导致高血钾。

4. 细胞外液 H^+ 浓度对 K^+ 的影响　酸中毒时细胞外液 H^+ 浓度增高,部分 H^+ 由血浆进入细胞内,细胞内的 K^+ 出细胞与之交换,使细胞外液 K^+ 浓度升高;同时,肾小管上皮细胞分泌 H^+ 作用加强而分泌 K^+ 作用减弱,尿中排出 K^+ 减少,所以酸中毒可引起高血钾。反之,在碱中毒时,细胞外液 H^+ 浓度下降,H^+ 由细胞内转移到细胞外,而 K^+ 则由细胞外进入细胞内,结果细胞外液的 K^+ 浓度降低;同时肾小管细胞分泌 H^+ 作用减弱,分泌 K^+ 作用加强,因此,碱中毒可能引起低血钾。

(四) 低血钾与高血钾

1. 低血钾　血钾浓度低于 3.5mmol/L 时,称为低血钾。其原因主要有:①摄入过少,见于摄食障碍、禁食等;②丢失过多,见于严重腹泻、呕吐和利尿剂过多应用等;③细胞内、外分布异常,见于治疗糖尿病酸中毒时,应用大量葡萄糖和胰岛素,促进血浆 K^+ 随葡萄糖进入细胞内,又未及时补钾。此外,碱中毒也能使钾转入细胞内导致低血钾。

2. 高血钾　血钾浓度高于 5.5mmol/L 时,称为高血钾。其主要原因为:①输入钾过多,如输钾过多过快或输入大量库存血液;②排泄障碍,常见于肾功能衰竭或肾上腺皮质功能低下;③细胞内钾外移,当大面积烧伤或呼吸障碍引起缺氧以及酸中毒时均可导致高血钾。

第四节　钙磷代谢

一、钙磷在体内的分布与功能

(一) 钙磷在体内含量与分布

钙和磷是人体含量最多的无机盐。正常成人体内钙约占体重的 1.5% ~ 2.2%,总量约 700 ~ 1400g,磷约占体重的 0.8% ~ 1.2%,总量约 400 ~ 800g。其中 99% 以上的钙和 85% 以上的磷以羟磷灰石的形式构成骨盐,存在于骨骼和牙齿中;其余部分存在于体液和软组织中。

(二) 钙磷的生理功能

1. 构成骨盐　体内绝大部分的钙和磷共同参与构成骨骼组织的无机盐成分,即骨盐。骨盐的化学成分主要为羟磷灰石。骨盐赋予骨骼硬度,使骨骼能作为身体的支架,负荷体重;同时又可作为钙的储存库。

2. 钙的功能　虽然软组织和体液中钙含量仅占总钙量的 0.3%,但它却与体内多种生理功能和代谢过程密切相关:①Ca^{2+} 是凝血因子之一,参与血液凝固过程;②Ca^{2+} 可增强心肌收缩力,与促进心肌舒张的 K^+ 相拮抗;③Ca^{2+} 有降低神经肌肉兴奋性的作用;④Ca^{2+} 是许多酶的激活剂或抑制剂;⑤Ca^{2+} 参与神经递质的合成与分泌,是激素的"第二信使";⑥Ca^{2+} 降低血管壁通透性,减少渗出。

3. 磷的功能　①磷是体内许多重要化合物的组成成分,如核苷酸、核酸、磷蛋白、磷脂等,磷脂是细胞膜的基本组分;②在物质代谢中以有机化合物的形式参与反应,如磷酸葡萄糖、磷酸甘油和

氨基甲酰磷酸等是葡萄糖、脂类和氨基酸代谢的重要中间产物；③参与体内能量生成、储存及利用，如 ATP、ADP 和磷酸肌酸等，都是含高能磷酸键的化合物；④参与物质代谢的调节，蛋白质磷酸化和脱磷酸化是酶共价修饰调节最重要、最普遍的调节方式，以此改变酶的活性对物质代谢进行调节；⑤参与酸碱平衡的调节，血浆中的 HPO_4^{2-} 与 $H_2PO_4^-$ 构成缓冲对，调节体液酸碱平衡。

二、钙磷的吸收与排泄

（一）钙的吸收与排泄

1. 钙的吸收　正常成人钙的需要量约为 0.5~1.0g/d。身体发育期需要量增加，儿童每日需钙量为 1.0g，青少年为 1.2~1.4g，孕妇及哺乳期间则为 1.5~2.0g。十二指肠和空肠上段为钙最有效的吸收部位，以 Ca^{2+} 形式吸收。钙的吸收率一般为 25%~40%，钙的吸收与年龄成反比，婴儿可吸收食物钙的 50% 以上，儿童为 40%，成人为 20% 左右，40 岁以后，平均每 10 年减少5%~10%，故老年人容易出现骨质疏松。肠黏膜细胞含有许多钙结合蛋白，与 Ca^{2+} 有较强的亲和力，可促进钙的吸收。钙吸收受多种因素影响：

（1）维生素 D 的影响：维生素 D 活化形成 1,25-(OH)$_2$-D$_3$ 能诱导小肠黏膜细胞合成钙结合蛋白，从而促进钙的吸收，也能促进磷的吸收，维生素 D 是影响钙吸收的最主要因素。

（2）肠道 pH 的影响：钙盐在酸性环境中容易溶解，在碱性环境中易沉淀。因此，食物中富含能增加肠道酸性的物质如乳酸、柠檬酸、酸性氨基酸等有助于钙的吸收。正常胃酸分泌对钙的吸收有促进作用。当胃酸缺乏时，钙的吸收率将下降。

（3）食物成分的影响：食物中过多的磷酸盐、草酸、鞣酸和植酸等，可与钙结合形成不溶性化合物，从而影响钙的吸收。含磷酸盐过高的食物，可在肠道内形成难溶的磷酸钙的复合物而抑制钙和磷的吸收。

（4）血中钙、磷浓度的影响：血中钙磷浓度升高时，小肠对钙和磷的吸收减弱。反之，血钙或血磷浓度下降则小肠对它们的吸收加强。

2. 钙的排泄　人体每天摄入的钙，约有 80% 从粪便排出、20% 从肾排出。肠道排出的钙主要为食物中未被吸收和消化液中未被重吸收的钙。当钙吸收不良时，粪钙增多。肾排钙比较恒定，不受食物钙含量的影响，但随血钙水平升降而增减。成人每天进出体内的钙量大致相等，多吃多排，少吃少排，保持动态平衡。

（二）磷的吸收与排泄

1. 磷的吸收　正常成人每日需磷量约 1~1.5g。食物中的磷大部分以磷酸盐、磷蛋白或磷脂的形式存在。有机磷酸酯需经消化道中消化酶的作用，水解成无机磷酸盐后被吸收。磷的吸收部位也在小肠上段。磷的吸收较钙容易，吸收率为 70%，低磷时可达 90%，因此临床上缺磷极为罕见。凡影响钙吸收的因素也可影响磷的吸收。

2. 磷的排泄　磷排泄与钙相反，肠道排出磷约占磷总排出量的 20%~40%，多以磷酸钙的形式排出。大部分磷由肾排出，尿磷排出量占总排出量的 60%~80%。当血磷浓度降低时，肾小管对磷的重吸收增强。肾功能不全时，尿磷减少，血磷浓度升高。

三、血钙与血磷

（一）血钙

血液中的钙称为血钙（blood calcium），几乎全部存在于血浆中。血钙浓度为 2.25~2.75mmol/L（9~11mg/dl）。血钙分为可扩散钙和非扩散钙两部分，其中可扩散钙包括离子钙和络合钙。

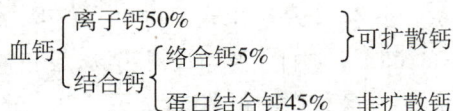

$$
血钙
\begin{cases}
离子钙50\% & \\
结合钙
\begin{cases}
络合钙5\% & \\
蛋白结合钙45\% &
\end{cases}
\end{cases}
\left.
\begin{array}{l}
可扩散钙 \\
\\
非扩散钙
\end{array}
\right.
$$

1. **蛋白结合钙**　占血钙总量的45%,是指与血浆蛋白结合的钙,它不易透过毛细血管壁,因而也不易从肾小球滤过丢失,称为非扩散钙。

2. **络合钙**　是指与柠檬酸、乳酸等结合在一起,形成的可溶性络合物。这种钙含量较少,约占血钙总量的5%,可通过毛细血管壁。

3. **离子钙**　占血浆总钙的50%,易通过毛细血管壁,它与蛋白结合钙,彼此能互相转变。当Ca^{2+}浓度下降时,非扩散钙可逐步释放Ca^{2+}。其间存在着动态平衡关系。

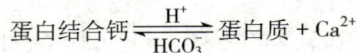

$$蛋白结合钙 \underset{HCO_3^-}{\overset{H^+}{\rightleftharpoons}} 蛋白质 + Ca^{2+}$$

这种平衡受血浆pH的影响。pH下降时,血浆清蛋白带负电荷减少,与之结合的钙游离出来,使Ca^{2+}升高;相反,当pH升高时,血浆Ca^{2+}与血浆蛋白结合加强,此时即使血清总钙量不变,但Ca^{2+}浓度下降。因此,碱中毒时神经肌肉兴奋性增强,患者常出现手足搐搦。血清Ca^{2+}浓度的关系如下:

$$[Ca^{2+}] = K \frac{[H^+]}{[HPO_4^{2-}][HCO_3^-]} \qquad (式中 K 为常数)$$

由此可见,不仅H^+浓度可影响血清Ca^{2+}的浓度,血清HPO_4^{2-}或HCO_3^-浓度也可影响血清Ca^{2+}的浓度。

(二) 血磷

磷在体内以无机磷酸盐和有机磷酸酯形式存在,无机磷酸盐主要存在于血浆中,有机磷酸酯主要存在于红细胞中。血磷(serum inorganic phosphorus)常是指血浆无机磷酸盐中所含的磷,其中80%~85%是以HPO_4^{2-}的形式存在,15%~20%以$H_2PO_4^-$的形式存在,PO_4^{3-}的含量极微。正常成人血磷浓度为1.2mmol/L左右。血磷含量与年龄有关,随年龄的增长而下降。新生儿血磷浓度约1.78mmol/L(5.5mg/dl),年龄增大后渐降,15岁左右达成人血磷水平,为1.0~1.6mmol/L(3~5mg/dl)。

血钙、血磷浓度之间保持一定的数量关系。正常成人钙、磷浓度(mg/dl)的乘积为35~40,即$[Ca] \times [P] = 35 \sim 40$。乘积大于40时,钙磷以骨盐的形式沉积于骨组织中,有利于骨钙化;若小于35时,则发生骨盐的溶解,导致儿童发生佝偻病,成人发生软骨病。该乘积数值可作为佝偻病、软骨病临床诊断和疗效判断的参考指标。

📋 案例分析

患儿,男,10个月。主诉:多汗,哭闹,惊跳,夜睡不宁三个月。

体查:入院时神志清楚,前囟门2.5cm×2.5cm,枕秃,方颅,乳牙2颗,体温正常,胸部可见串珠及郝氏沟,心肺未闻及异常,腹部平软。

化验:血钙1.75mmol/L,血磷1.2mmol/L,碱性磷酸酶升高。

分析:1. 请做出初步诊断,并说明诊断依据是什么?
　　　2. 根据所学知识分析佝偻病产生的原因。

四、钙磷代谢的调节

调节钙磷代谢的主要因素有1,25-二羟维生素D_3[1,25-$(OH)_2$-D_3]、甲状旁腺素(parathormone,PTH)和降钙素(calcitonin,CT)。它们主要通过对小肠、骨和肾三种靶组织的调节作用来维持血钙、血磷浓度恒定,以保证钙、磷代谢的正常进行。

(一) 1,25-(OH)$_2$-D$_3$ 的调节

1. 对小肠的作用 促进小肠对钙、磷的吸收,维持血钙和血磷的正常水平,是其最主要的功能。1,25-(OH)$_2$-D$_3$ 能促进小肠黏膜合成钙结合蛋白和 Ca^{2+}-ATP 酶,促进 Ca^{2+} 的吸收和转运,Ca^{2+} 吸收的同时伴随磷的吸收。

2. 对骨的作用 对骨的主要作用是增强破骨细胞的活性,加速破骨细胞生成,促进骨的溶解,动员骨质中的钙和磷释放入血。由于 1,25-(OH)$_2$-D$_3$ 能促进肠道钙和磷的吸收,使骨的钙化也增强。所以,整体而言,它促进了溶骨与成骨过程,促进骨的代谢,有利于骨骼的生长和钙化。同时也维持了血钙浓度的恒定。

3. 对肾的作用 能直接促进肾近曲小管对钙、磷的重吸收,从而降低尿钙、尿磷。

(二) 甲状旁腺素的调节

甲状旁腺素是由甲状旁腺主细胞合成分泌,由 84 个氨基酸组成的单链多肽,其分泌受血液钙离子浓度的调节,当血钙浓度降低时,PTH 分泌增加,反之,分泌就降低。血钙浓度与 PTH 分泌呈现良好的负相关。

1. 对骨的作用 PTH 能使间叶细胞转化为破骨细胞,使骨组织中破骨细胞数量增多,活性增强,产生三个方面的生理效应:①抑制破骨细胞转化为骨细胞;②促进骨盐的溶解和吸收,使血钙的浓度升高;③促进溶酶体释放各种水解酶,分解骨基质中的胶原、黏多糖等,有利于骨基质的分解和吸收。

2. 对肾的作用 ①PTH 促进肾远曲小管对钙的重吸收,抑制 HPO$_4^{2-}$ 的重吸收,因此可使尿磷排出增加,血磷降低;②PTH 能激活肾中的 α$_1$-羟化酶,使 25-OH-D$_3$ 转变为 1,25-(OH)$_2$-D$_3$。后者在小肠促进钙的吸收,同时加强肾近曲小管对钙、磷的重吸收,使血钙、磷升高。所以,PTH 具有升高血钙、降低血磷的作用,促进溶骨和脱钙。

(三) 降钙素的调节

降钙素是由甲状腺滤泡旁细胞(C 细胞)分泌的单链 32 肽激素,其作用是使血钙和血磷浓度降低,它的分泌受血钙浓度调节,CT 的分泌随着血钙升高而增加,两者呈正相关。

1. 对骨的作用 CT 抑制间叶细胞转化为破骨细胞,抑制破骨细胞活性。同时促进破骨细胞转化为成骨细胞,并增强其活性,使钙和磷在骨中沉积,结果导致血钙、血磷降低。因此,在对血钙、血磷及骨代谢的调节中,CT 和 PTH 两者有显著的拮抗作用。当血钙浓度正常时,两种激素的释放量很少并保持动态平衡。当血钙降低时,PTH 分泌加强,抑制 CT 的释放;反之,当血钙浓度升高时,促进 CT 的分泌释放,同时抑制 PTH 的分泌。

2. 对肾的作用 CT 可以直接作用于肾近曲小管,抑制钙、磷的重吸收,使尿钙和尿磷排出增加。还抑制 1,25-(OH)$_2$-D$_3$ 的生成,降低肠钙的吸收和骨钙的释放。

在正常人体内,1,25-(OH)$_2$-D$_3$、甲状旁腺素和降钙素等激素共同作用,相互配合,共同维持血浆钙、磷浓度的动态平衡,促进骨的代谢。

知识链接

抗维生素 D 佝偻病

抗维生素 D 性佝偻病(Vitamin D-resistant rickets)有低血磷性和低血钙性两种。多见的是低血磷性抗维生素 D 佝偻病,又称家族性低磷血症。该病主要是由于位于 X 染色体上的 PHEX 基因的突变,肾脏合成 1,25-二羟维生素 D$_3$ 减少或细胞对 1,25-二羟维生素 D$_3$ 反应降低,导致肾小管重吸收磷减少,小肠对钙、磷的吸收亦减少。血磷降低,一般在 0.65~0.97mmol/L(2~3mg/dl)之间,钙磷乘积多在 30 以下,骨质不易钙化。

第五节　镁与微量元素的代谢

一、镁代谢

(一) 镁的含量与分布

Mg^{2+}是体内含量较多的阳离子,占体重的0.03%,正常成人镁的总量21～28g,其中,50%存在于骨骼中,48%存在于细胞内,仅2%存在于细胞外液。骨骼肌、心肌、肝、肾、脑等组织含镁量都高于血液中镁浓度。

血镁(serum magnesium)即血清镁,正常成人血清镁含量为0.75～1.0mmol/L,男略高于女。血清镁若低于0.75mmol/L即为低镁血症,高于1.0mmol/L即为高镁血症。血清镁在体内有三种存在形式:Mg^{2+}约占血清总镁量的55%;与重碳酸、磷酸、柠檬酸等形成的镁盐约占15%;蛋白结合镁约占30%。前两类属于可滤过镁,离子镁具有生理活性,红细胞镁可作为细胞内镁的指标进行测定,其结果可用于了解镁在体内的动态,正常人每升红细胞中含镁56mg。

(二) 镁的吸收与排泄

食物镁含量丰富,人体每天需要量300～350mg,镁的吸收主要在小肠,吸收率只有30%～40%,吸收率与肠腔中镁的含量成反比。长期丢失消化液(如消化道造瘘)是缺镁的主要原因。体内镁的排泄主要通过肾脏,经肾小球滤过的镁大量被肾小管回吸收,仅2%～5%由尿排出,每日排出约100mg。肾是维持血镁浓度恒定的主要器官。

(三) 镁的生理功能

1. 参与物质代谢　Mg^{2+}在物质代谢中起着至关重要的作用。体内有300多种酶的辅助因子是Mg^{2+}。如Mg^{2+}与ATP分子的β-和γ-磷酸基构成螯合物,降低ATP分子的电负性,参与一切需要ATP的生化反应。

2. 调控细胞的生长　Mg^{2+}参与蛋白质的合成,如氨基酸的活化、核糖体循环中转肽和移位等重要步骤,促使mRNA与70S核糖体连接。Mg^{2+}还通过与磷酸基的络合作用维持DNA双螺旋的稳定性。Mg^{2+}还参与维持tRNA和核糖体的构象。因此,Mg^{2+}在调节细胞生长和维持机体的正常生命活动中起着重要的作用。

3. 降低神经肌肉的应激性　Mg^{2+}能使运动神经接头处与自主神经末梢的乙酰胆碱释放减少,因而能降低神经肌肉的应激性。

4. 镁作用于周围血管系统引起血管扩张,使血压降低。

二、微量元素代谢

微量元素(trace elements)是指含量占人体总重量0.01%以下的元素。目前认为铁、铜、锌、锰、铬、钼、硒、镍、钒、锡、钴、氟、碘、硅等14种元素是人体必需微量元素;有些元素如铋、锑、镉、汞、铅等对人体有害。微量元素主要来源为食物。

微量元素在维持人类健康中具有重要作用,主要生理功能是在各种酶系统中起催化作用,以激素或维生素的必需成分或辅助因子而发挥作用,形成具有特殊功能的金属蛋白。微量元素缺乏时,可使机体的代谢过程及生理功能发生改变而发生疾病。微量元素的研究愈来愈受到人们的重视。

(一) 铁

1. 铁的含量与分布　铁是体内含量最丰富的微量元素,成年人全身含铁约3～5g,成年男性含铁量约为50mg/kg体重,女性略低于男性,与月经失血丢失铁、怀孕期及哺乳期铁的消耗量增加有关。铁在体内分布很广,铁卟啉化合物(血红蛋白、肌红蛋白)中约占 75%;非铁卟啉化合物中约占 25%。非铁卟啉类含铁化合物主要有含铁的黄素蛋白、铁蛋白和运铁蛋白等。

2. 铁的吸收、运输与排泄　人体内铁的来源:一是食物铁,一般膳食中含铁 10 ~ 15mg/d,吸收率在 10% 以下。二是体内血红蛋白分解释放的铁,成人每日红细胞衰老破坏释放约 25mg 的铁,80% 用于重新合成血红蛋白,20% 以铁蛋白等形式储存备用。

铁主要在十二指肠及空肠上段吸收。溶解状态的铁易于吸收,影响铁吸收的主要因素有:①胃酸可促进铁的吸收,食物中铁多数以 Fe^{3+} 状态存在,并与有机物紧密结合,胃酸可促进有机铁的分解和铁盐的溶解;②某些氨基酸、柠檬酸、苹果酸和胆汁酸能与铁结合形成可溶性螯合物,有利于铁的吸收;③Fe^{2+} 较 Fe^{3+} 易吸收,维生素 C、半胱氨酸和谷胱甘肽等还原性物质可使 Fe^{3+} 还原成易吸收的 Fe^{2+};④植物中的植酸、磷酸、草酸、鞣酸等能使铁离子形成难溶性化合物,影响铁的吸收。

吸收入血的 Fe^{2+} 被血浆铜蓝蛋白氧化成 Fe^{3+},再与运铁蛋白(transferrin,Tf)结合而运输,正常人血清 Tf 的浓度为 200 ~ 300mg/L。人体对铁的需要量和吸收量受年龄、性别、生理状况的影响,成年男性、儿童和绝经后的妇女每日需要 1mg 铁,经期妇女每日失铁约 1mg,妊娠期妇女每日需要量约为 3.6mg。铁大部分随粪便排出,少部分由肾脏排出。正常人每日排出的铁约为 0.5 ~ 1mg。此外,皮肤脱屑也会丢失少量铁。

3. 铁的生理功能　①铁是血红蛋白和肌红蛋白的组成成分,参与 O_2 和 CO_2 的运输,也是细胞色素体系、铁硫蛋白、过氧化物酶以及过氧化氢酶的组成成分,在生物氧化及氧的代谢中起重要作用;②铁参与体内氧化—还原反应和电子的传递作用,构成呼吸链成分参与氧化磷酸化作用;③作为过氧化物酶和过氧化氢酶的辅助因子参与过氧化氢的代谢。

(二) 锌

1. 锌的含量、分布和需要量　成人体内含锌约 2 ~ 3g,男性略高于女性。锌广泛分布于各组织中,但视网膜、胰岛及前列腺等组织含锌量最高。血浆锌含量为 0.1 ~ 0.15mmol/L,其中 30% ~ 40% 与 α_2-巨球蛋白相结合。红细胞中锌含量约为血浆的 10 倍,主要存在于碳酸酐酶中。发锌含量为 125 ~ 250μg/g 头发,含量稳定,可反映体内含锌状况和膳食锌的供给情况。锌的需要量因人的性别、年龄、生长发育等情况而异。正常成人需锌量为 10 ~ 15mg/d,月经期妇女为 25mg/d,孕妇或哺乳期妇女为 30 ~ 40mg/d,儿童为 5 ~ 10mg/d。

2. 锌的吸收、运输、利用和贮存　锌主要在小肠吸收,吸收率为 20% ~ 30%。食品中以肝、鱼、蛋、海味、瘦肉等富含锌,母乳中初乳含锌更丰富。植物食品含锌量少而且难以吸收,因为植酸、纤维素能与锌形成螯合物妨碍吸收。

小肠吸收的锌进入血液后,与金属蛋白载体结合而运输,大都参与各种含锌酶的合成。人体中的锌约 25% ~ 30% 储存在皮肤和骨骼内。

3. 锌的生理功能　①作为多种酶的辅助因子或激活剂,目前已知体内有 80 多种酶的活性与锌有关,如碳酸酐酶、乳酸脱氢酶、谷氨酸脱氢酶、醛缩酶、DNA 聚合酶等;②在基因调控中的作用,如反式作用因子、类固醇激素及甲状腺素受体的 DNA 结合区,都有锌参与形成锌指结构,在基因转录调控中起有重要的作用;③与胰岛素结合能增强胰岛素活性和延长其作用时间;④锌能活化磷酸吡哆醛合成酶、抑制 γ-氨基丁酸合成酶的活性,从而减少中枢抑制性神经递质 γ-氨基丁酸的合成,在调节神经元的 γ-氨基丁酸浓度方面发挥作用。

缺锌可引起儿童生长停滞、生殖器官及第二性征发育不全、创伤愈合迟缓、记忆力下降等。

(三) 铜

1. 铜的含量、分布和需要量　正常成人体内铜的总量约 100 ~ 200mg,约 50% ~ 70% 存于骨

骼和肌肉内;5%~10%的铜存在于血液中;20%存于肝,肝中铜的含量可反映体内的营养及平衡状况。成年人每天需要铜1.5~2mg,孕、产妇和青、少年的需要量还要多些。

2. 铜的吸收、运输、利用和排泄 铜主要在十二指肠吸收。成人每日只需从食物中吸收2mg铜即可维持机体的需要。铜大部分以复合物的形式被吸收,仅有少部分以离子形式被吸收。血液内的铜大部分与α-球蛋白结合形成铜蓝蛋白,小部分与清蛋白及γ-球蛋白结合,极少部分以Cu^{2+}的形式存在。血浆铜蓝蛋白不仅是铜在血浆中的运输形式,而且是一种含铜的特殊酶,具有多酚氧化酶的作用,并与组织铁的转运有关。铜的吸收受血浆铜蓝蛋白的调控,血浆铜蓝蛋白减少时,铜的吸收便增加。正常人每日共排出1~3.6mg铜。80%以上的铜随胆汁排出,5%左右由肾排出,10%左右经肠壁排出。胆道阻塞时,肾和肠排铜增多。

3. 铜的生理功能 ①是细胞色素氧化酶的组成成分,参与生物氧化过程,起电子传递体的作用;②参与铁的代谢,铜可促使无机铁转变为有机铁,促进Fe^{3+}变为Fe^{2+},增强小肠对铁的吸收。血浆铜蓝蛋白具有铁氧化酶活性,将肝等组织释放的Fe^{2+}氧化成Fe^{3+}。同时可加速运铁蛋白的形成,促进组织中铁蛋白的转移和利用,加速血红蛋白的合成及幼稚红细胞的成熟和释放;③构成胺氧化酶、抗坏血酸氧化酶的必需成分,这两种酶能催化弹性蛋白肽链中的赖氨酸残基氧化脱氨为醛基,并通过与分子内或分子间另一肽链的类似醛基或氨基进行缩合,形成弹性蛋白纤维之间共价交联结构,从而维持血管、结缔组织和骨基质的韧性与弹性;④铜是超氧化物歧化酶(SOD)活性中心的必需组分,它对酶的催化活性必不可少,而Zn则起稳定酶结构的作用;⑤参与毛发及皮肤的色素代谢,毛发的角蛋白中大部分半胱氨酸的巯基氧化形成二硫键,以维持角蛋白的构象,这一过程需要含铜氧化酶参加。铜是酪氨酸酶的组成成分,该酶催化底物转化为多巴,进而生成黑色素。缺铜常引起毛发脱色。

(四) 硒

1. 硒的含量、分布和需要量 成人体内含硒量约14~21mg,肝、胰、肾含硒较多,以眼睛的含硒量最多。组织中的硒以硒蛋白或含硒酶的形式存在。成人每日硒的需要量约为30~50μg。

2. 硒的吸收、运输与排泄 硒通过肠道吸收。人体对低分子量有机基团结合的硒,如硒代甲硫氨酸、硒代胱氨酸较易吸收。食物中含砷化合物及硫化物、汞、镉、铜、锌过多时可影响硒的吸收。维生素E促进硒的吸收。硒在小麦、玉米、大白菜、南瓜、大蒜和海产品中含量较为丰富,蛋类含硒量多于肉类。硒从肠道吸收入血后,大部分与α-或β-球蛋白结合,小部分与血浆VLDL或LDL结合,转运至各组织利用。正常情况下,大部分硒随粪便排出,小部分由肾、皮肤和肺排泄,极少量由毛发排出。

3. 硒的生理功能 ①抗氧化作用:硒是谷胱甘肽过氧化物酶(GSH-Px)的必需组分。现已证实,此酶催化还原型谷胱甘肽转变为氧化型谷胱甘肽,同时使有毒性的过氧化物(ROOH)还原为无害的羟基化合物,并使H_2O_2分解。因此,硒可以保护细胞膜的结构和功能免遭损害,保护细胞中重要活性物质不受强氧化剂的破坏;②参与体内多种代谢活动:硒对α-酮戊二酸脱氢酶系有明显的激活作用。硒还参与辅酶A和CoQ的生物合成,故硒与三羧酸循环及呼吸链的电子传递有关;③在视觉和感觉中的作用:人眼内含硒量丰富,人视网膜含硒7μg。视力敏锐的海鸥和鹭鹰视网膜内含硒高达600~800μg。说明硒参与眼中光感受器使光子转换成电信号的能量转换过程;④其他:硒在生物体内有拮抗和降低许多重金属的毒性作用,硒与银、镉、汞、铅形成不溶性的硒化银、硒化镉、硒化汞和硒化铅等,对保护人畜抵抗环境中重金属污染起一定作用。研究还表明,硒具有抗癌和抑制淋巴肉瘤生长作用。硒缺乏可引起克山病、心肌炎、大骨节病等。

知识链接

抗癌之王——硒

硒被科学家称之为人体微量元素中的"抗癌之王",硒为什么能抗癌呢?硒的抗癌作用的原理:①抗氧化作用:硒是谷胱甘肽过氧化物酶(GSH-Px)的组成成分,催化还原性谷胱甘肽(GSH)与过氧化物的氧化还原反应,发挥抗氧化作用,是重要的自由基清除剂;②增强免疫力:有机硒能清除体内自由基,排除体内毒素、抗氧化、能有效的抑制过氧化脂质的产生,防止血凝块,清除胆固醇,增强人体免疫功能;③解毒、排毒:硒与金属的结合力很强,能抵抗镉对肾、生殖腺和中枢神经的毒害;硒与体内的汞、锡、铊、铅等重金属结合,形成金属硒蛋白复合而解毒、排毒。

(五) 碘

1. **碘的含量、分布和需要量**　体内含碘量约为 25～50mg,大部分集中在甲状腺内。人体内碘含量受环境、食物和摄入量的影响。成人每日需碘量为 100～300μg。

2. **碘的吸收、运输和排泄**　碘的吸收部位主要在小肠,吸收后的碘有 70%～80% 被摄入甲状腺细胞内贮存、利用。机体在碘的利用、更新的同时,每日约有相当于肠道吸收量的碘排出体外,主要以碘化物的形式通过肾排出,正常人每日尿中排泄碘 175μg,约占总排泄量的 85%,其他碘由汗腺排出。

3. **碘的生理功能**　碘主要通过合成甲状腺素(T_4)发挥作用。T_4的生物学作用包括氧化产热和调节体温、加速糖和脂类的氧化分解、促进蛋白质的合成和细胞分化,加速骨骼的生长发育、维持中枢神经系统的结构、保持正常的生殖功能等。碘缺乏病在我国发病率较高。人体中度缺碘会引起地方性甲状腺肿;严重缺碘会导致发育停滞、智力低下、生殖力丧失甚至痴呆、聋哑等症状。若摄入碘过多可导致高碘性甲状腺肿,表现为甲状腺功能亢进及中毒症状。

小结

体内的水分及溶于水中的无机盐、有机物构成人体的体液。体液是细胞生命活动的内环境,其恒定的容量、渗透压、酸碱度和合适的各种离子浓度,对维持机体的正常功能和代谢具有重要作用。

体液分为细胞内液和细胞外液。细胞外液包括血浆、细胞间液,是沟通组织细胞与外环境间的介质。一般成人的体液总量约占体重的 60%,其中细胞内液约占体重的 40%,细胞外液约占体重的 20%。细胞外液的阳离子以 Na^+ 为主,阴离子以 Cl^- 和 HCO_3^- 为主;细胞内液的阳离子以 K^+ 为主,阴离子以磷酸根和蛋白质为主。人体内血浆与细胞间液、细胞间液和细胞内液之间交换的动力是晶体渗透压。

成年人一般情况下每天摄入的水和排出的水总量相等,约为 2000～2500ml。水的来源有饮水、食物水、代谢水。水的去路有肾排出、皮肤蒸发、肺呼出和粪便排出。水有调节体温、促进物质代谢、起润滑作用和维持组织的形态等功能。

电解质有维持体液的容量、渗透压、保持酸碱平衡、维持神经肌肉的应激性及细胞正常新陈代谢等功能。

血清钠浓度为 140mmol/L。人体每日摄入的钠和氯主要来自于饮食中的氯化钠,一般很少因膳食缺乏。钠和氯主要由肾脏排出,肾对钠的排出有高效调节能力,即"多吃多排,少吃少排,不吃不排"。

血浆钾为 3.5 ~ 5.5mmol/L。一般膳食足够满足人体对钾的需要。儿童缺钾较常见。钾主要经肾排出,即"多吃多排,少吃少排,不吃也排"。临床上高钾、低钾血症比较常见。

钙和磷是体内含量最多的无机盐。血钙分为可扩散钙和非扩散钙两部分。血浆钙磷积为 35 ~ 40,当低于 35 时提示骨的钙化将发生障碍。钙、磷主要分布在骨骼和牙齿,当钙、磷代谢发生障碍时会使骨代谢异常。钙磷代谢主要靠甲状旁腺素、降钙素和 1,25-$(OH)_2$-D_3 进行调节。

微量元素是指体内含量极少,占体重 0.01% 以下的元素。虽然微量元素在量上微不足道,却具有十分重要的生理功能。

（郝　坡）

练 习 题

一、单项选择题

1. 下列不属于水的生理功能的是
    A. 运输物质   B. 参与化学反应   C. 调节体温
    D. 维持组织正常兴奋性   E. 维持组织的形态

2. 既能降低神经肌肉兴奋性,又能提高心肌兴奋性的离子是
    A. Na^+ B. K^+ C. OH^- D. Ca^{2+} E. Mg^{2+}

3. 组成细胞内液的主要阴离子是
    A. HCO_3^- B. Cl^- C. HPO_4^{2-} D. PO_4^{3-} E. 蛋白质

4. 关于肾脏钾盐排泄的错误叙述是
    A. 多吃多排   B. 少吃少排   C. 不吃不排
    D. 不吃也排   E. 以上都不是

5. 具有升血钙,降血磷作用的激素是
    A. 1,25-$(OH)_2$-D_3 B. 甲状腺素   C. 醛固酮
    D. 降钙素   E. 甲状旁腺素

二、名词解释

1. 体液   2. 血浆胶体渗透压

三、简答题

1. 简述细胞内液和细胞外液离子的区别。

2. 水分在血管内外及细胞内外交换的动力各是什么?肝功能明显降低的人,为什么会产生水肿?

3. 为什么说不能进食(不吃不喝)的病人在补充电解质时首先应考虑补充钾,有哪些因素影响血钾的浓度?

选择题参考答案

1. D　2. D　3. C　4. C　5. E

14

第十四章

酸碱平衡

▶ 学习目标

1. 掌握：酸碱平衡的概念及判断酸碱平衡紊乱的常用指标及其临床意义；血液的缓冲作用、肺和肾对酸碱平衡的调节作用。

2. 熟悉：酸碱平衡的调节过程、酸碱平衡与血钾、血氯浓度的关系。

3. 了解：酸碱平衡失调的类型。

正常人血液的酸碱度即 pH 值始终保持在一定的水平，其变动范围很小。血液酸碱度的相对恒定是机体进行正常生理活动的基本条件之一。机体每天在代谢过程中，均会产生一定量的酸性或碱性物质并不断地进入血液，都可能影响到血液的酸碱度，尽管如此，血液酸碱度仍恒定在 pH 7.35 ~ 7.45 之间。是因为人体有一整套调节酸碱平衡的机制。机体调节酸碱物质含量及其比例，维持血液 pH 值在正常范围内的过程，称为酸碱平衡(acid-base balance)。

机体对酸碱平衡的调节主要有三个方面：①血液缓冲系统的缓冲作用；②肺呼出 CO_2 的调节作用；③肾脏排泄酸性或碱性物质的调节作用。体内酸性或碱性物质过多，超出机体的调节能力，或者肺和肾功能障碍使调节酸碱平衡的功能障碍，均可使血浆中 HCO_3^- 与 H_2CO_3 浓度及其比值的变化超出正常范围而导致酸碱平衡紊乱(disturbance of acid-base balance)如酸中毒或碱中毒。酸碱平衡紊乱是临床常见的一种症状，各种疾患均有可能出现。

第一节　体内酸碱物质的来源

一、酸性物质的来源

体内的酸性物质主要来源于糖、脂类及蛋白质等的分解代谢，另外少量来自于某些食物及药物。酸性物质可分为挥发性酸和非挥发性酸两大类。

(一) 挥发性酸(碳酸)

挥发性酸(volatile acid)即碳酸(H_2CO_3)，是机体在代谢过程中产生最多的酸性物质，是体内酸的主要来源。正常成人每日由糖、脂类和蛋白质分解代谢产生约 350L(15mol) 的 CO_2，所生成的 CO_2 主要在红细胞内碳酸酐酶(carbonic anhydrase,CA)的催化下与水结合生成碳酸。碳酸随血液循环运至肺部后重新分解成 CO_2 并呼出体外，故称碳酸为挥发性酸。

$$CO_2 + H_2O \Longleftrightarrow H_2CO_3 \Longleftrightarrow H^+ + HCO_3^-$$

机体在代谢过程中所产生的 CO_2，可以通过两种方式与水结合生成碳酸。

一种方式是：CO_2 与组织间液和血浆中的水直接结合生成 H_2CO_3，即 CO_2 溶解于水生成 H_2CO_3，该反应过程不需要 CA 参与。另一种方式是：CO_2 在红细胞、肾小管上皮细胞、胃黏膜上皮细胞和肺泡上皮细胞内经 CA 的催化与水结合生成 H_2CO_3。

（二）非挥发性酸（固定酸）

非挥发性酸（non-volatile acid）即固定酸（fixed acid）是体内除碳酸外所有酸性物质的总称，因不能由肺呼出，而只能通过肾脏由尿液排出故称非挥发性酸。机体产生的固定酸有：含硫氨基酸分解代谢产生的硫酸；含磷有机物（磷蛋白、核苷酸、磷脂等）分解代谢产生的磷酸；糖酵解产生的乳酸；脂肪分解产生的乙酰乙酸、β-羟丁酸等。固定酸还可来自某些食物，如醋酸、柠檬酸等。此外某些药物，如阿司匹林、水杨酸等也呈酸性。在正常情况下，这些有机酸在体内可继续被氧化成 CO_2 和 H_2O，经肺呼出或进入其他途径，故含量较少；只有在某些病理情况下（如呼吸循环功能障碍、严重糖尿病等时），有机酸在体内堆积增多。正常成人每日从固定酸解离出的 H^+ 约有 $50 \sim 100mmol$，虽比挥发性酸少得多，却是临床上引起酸中毒的常见原因。

二、碱性物质的来源

碱性物质主要来源于食物，如蔬菜和水果。蔬菜和水果中含有较多的有机酸盐，如柠檬酸钾盐或钠盐、苹果酸钾盐或钠盐等。这些有机酸根在体内氧化生成 CO_2 和 H_2O，剩下的 Na^+、K^+ 则与 HCO_3^- 结合生成碳酸氢盐。此外，来源于某些药物，如碳酸氢钠等。

正常情况下，体内产生的酸性物质多于碱性物质，故机体对酸碱平衡的调节作用以对酸的调节为主。

知识链接

常喝苏打水对健康有好处

苏打水是碳酸氢钠的水溶液，碳酸氢钠就是我们说的小苏打，苏打水属于弱碱性水。人体内环境是弱碱性。我们每天吃的肉类、鱼类，都是酸性食物。因此，多吃些碱性食品可调节酸碱平衡，更有利于身体健康（无肠胃病史）。苏打水有利于养胃，因为苏打水能中和胃酸。苏打水有助于增进食欲、缓解消化不良和便秘症状。苏打水还有抗氧化作用，能预防皮肤老化，常喝苏打水可以起到美容养颜之功效。

第二节　酸碱平衡的调节

机体在生命活动过程中，不断地受到酸性或碱性物质的干扰和"冲击"，但血液 pH 值却能保持相对稳定，这是由于体内具有一套完善的调节机制：即血液的缓冲作用和肺及肾脏的调节。

一、血液的缓冲作用

无论是体内代谢产生的还是由体外进入的酸性或碱性物质，都要进入血液并被血液缓冲体系（buffer system）缓冲；另外，血液的缓冲作用和肺、肾对酸碱平衡的调节直接相关，因此在体液的多种缓冲体系中，以血液缓冲体系最为重要。

（一）血液的缓冲体系

血浆缓冲体系：$\dfrac{NaHCO_3}{H_2CO_3}, \dfrac{Na_2HPO_4}{NaH_2PO_4}, \dfrac{NaPr}{HPr}$（Pr：血浆蛋白）

红细胞缓冲体系：$\dfrac{KHCO_3}{H_2CO_3}, \dfrac{K_2HPO_4}{KH_2PO_4}, \dfrac{KHb}{HHb}, \dfrac{KHbO_2}{HHbO_2}$（Hb：血红蛋白）

血浆缓冲体系中以碳酸氢盐缓冲体系最为重要,红细胞缓冲体系中以血红蛋白及氧合血红蛋白缓冲体系最为重要。血浆碳酸氢盐缓冲体系之所以重要,不仅是因为该体系缓冲能力强,还在于该体系易于调节:其 H_2CO_3 浓度,可通过体液中物理溶解的 CO_2 取得平衡而受肺的呼吸调节;而 $NaHCO_3$ 浓度则可通过肾的调节作用维持相对恒定。

(二) 血液的缓冲机制

血浆 pH 值主要取决于血浆 $NaHCO_3$ 和 H_2CO_3 浓度的比值。正常条件下,血浆 $NaHCO_3$ 浓度为 24mmol/L,H_2CO_3 为 1.2mmol/L,由于测定溶液中 H_2CO_3 的浓度较困难,一般利用二氧化碳分压(PCO_2)来代替,即 $[H_2CO_3] = \alpha \cdot PCO_2$。$\alpha$ 为气体溶解系数,计算公式可写成:

$$pH = pK_a + lg\frac{[NaHCO_3]}{\alpha \cdot PCO_2}$$

已知 38℃ 时 H_2CO_3 的 pK_a 值为 6.10,CO_2 溶解系数为每 1kPa 0.23mmol/L,PCO_2 为 5.32kPa,所以血浆 pH 值为:

$$pH = 6.10 + lg\frac{24}{0.23 \times 5.32}$$
$$= 6.10 + lg\frac{24}{1.2}$$
$$= 6.10 + lg20$$
$$= 6.10 + 1.30$$
$$= 7.40$$

从上式可见,只要血浆 $[NaHCO_3]$ 与 $[H_2CO_3]$ 比值为 20/1,血浆 pH 值即可维持在 7.4 不变。当 $NaHCO_3$ 的浓度发生改变时,只要 H_2CO_3 的浓度也作相应的增减,维持它们的比值为 20/1,则血浆的 pH 值仍然为 7.40。由此可见,酸碱平衡调节的实质就是调节 $[NaHCO_3]$ 与 $[H_2CO_3]$ 比值为 20/1。$NaHCO_3$ 浓度可反映体内的代谢状况,受肾的调节,称为代谢性因素;H_2CO_3 浓度可反映肺的通气状况,受呼吸作用的调节,称为呼吸性因素。

进入血液的固定酸或碱性物质,主要由碳酸氢盐缓冲体系缓冲;挥发性酸主要由血红蛋白缓冲体系缓冲。

1. 对固定酸的缓冲作用 代谢过程中产生的乳酸、磷酸、硫酸、乙酰乙酸、β-羟丁酸等固定酸(HA)进入血液时,碳酸氢盐缓冲体系中的抗酸成分 $NaHCO_3$ 进行缓冲,生成固定酸钠(NaA)和 H_2CO_3,使酸性较强的固定酸转变为酸性较弱的挥发性酸(H_2CO_3)。H_2CO_3 随血液流经肺部时,在碳酸酐酶的催化下分解为 CO_2 和 H_2O,CO_2 由肺呼出体外,从而不会使血浆 pH 值有较大波动。反应如下:

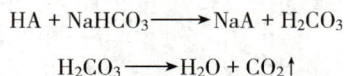

$$HA + NaHCO_3 \longrightarrow NaA + H_2CO_3$$
$$H_2CO_3 \longrightarrow H_2O + CO_2\uparrow$$

$NaHCO_3$ 是血浆中含量最多的碱性物质,对固定酸的缓冲能力最强,在一定程度上,可以代表血浆对固定酸的缓冲能力,故习惯上把血浆 $NaHCO_3$ 称为碱储。碱储的多少可用二氧化碳结合力(CO_2-CP)来表示。此外,血液中其他非碳酸氢盐缓冲体系的分子对固定酸也负担部分缓冲作用,但其含量少,作用弱。

2. 对挥发性酸的缓冲作用 体内各组织细胞在代谢过程中不断产生的 CO_2 主要经红细胞中的血红蛋白缓冲体系缓冲,此缓冲作用与血红蛋白的运氧过程相偶联。

由于组织细胞与血液之间存在 PCO_2 差,当动脉血流经组织时,组织中的 CO_2 可向血浆扩散,大部分扩散进入红细胞,在红细胞中 CA 作用下生成 H_2CO_3,后者解离成 HCO_3^- 和 H^+。其中的 H^+ 与 HbO_2 释放出 O_2 后转变而成的 Hb^- 结合生成 HHb 而被缓冲。反应过程如下:

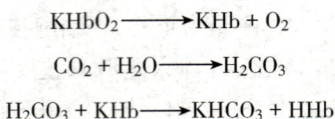

$$KHbO_2 \longrightarrow KHb + O_2$$

$$CO_2 + H_2O \longrightarrow H_2CO_3$$

$$H_2CO_3 + KHb \longrightarrow KHCO_3 + HHb$$

红细胞内 HCO_3^- 因浓度增高而向血浆扩散。此时红细胞内 K^+ 不能随 HCO_3^- 逸出,血浆中等量的 Cl^- 进入红细胞以维持电荷平衡。

在肺部,由于肺泡中 PO_2 高,PCO_2 低,当血液流经肺部时,HHb 解离成 H^+ 和 Hb^-,Hb^- 和 O_2 结合形成 HbO_2,H^+ 与 HCO_3^- 结合生成 H_2CO_3,经 CA 催化分解成 CO_2 和 H_2O,CO_2 从红细胞扩散入血浆后,再扩散入肺泡而呼出体外。反应过程如下:

$$HHb + O_2 \longrightarrow HHbO_2$$

$$HHbO_2 + KHCO_3 \longrightarrow KHbO_2 + H_2CO_3$$

$$H_2CO_3 \longrightarrow CO_2 + H_2O$$

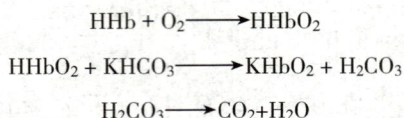

此时,红细胞中的 HCO_3^- 很快减少,继而血浆中的 HCO_3^- 进入红细胞,与红细胞内的 Cl^- 进行又一次等量交换(图 14-1)。

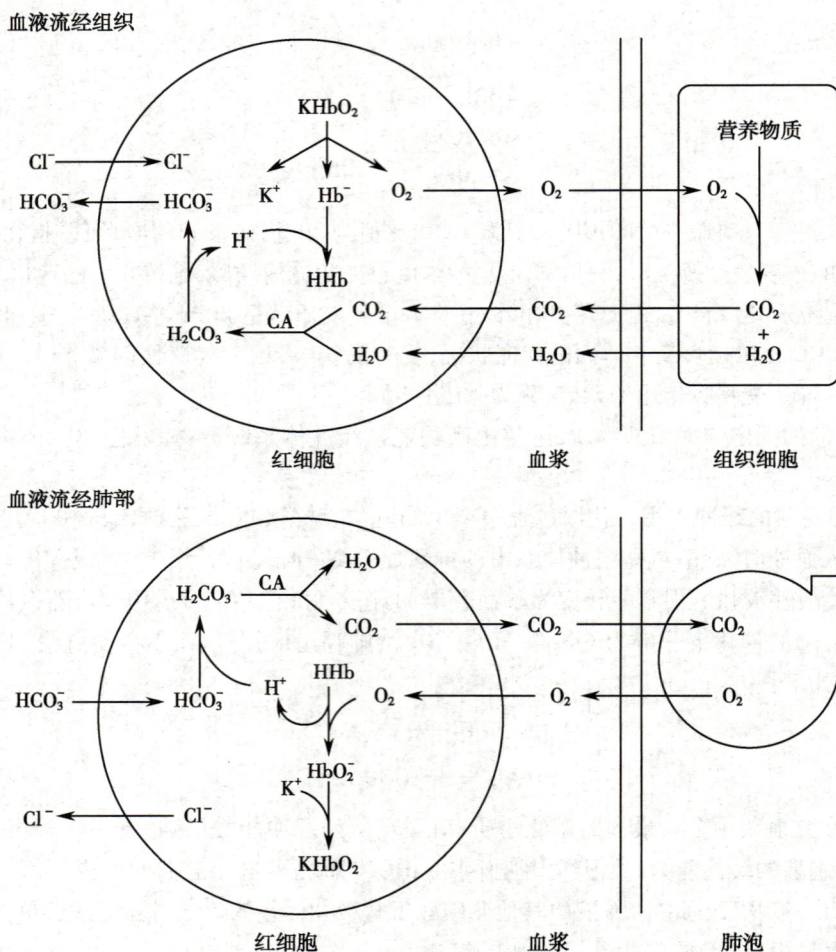

图 14-1 血红蛋白缓冲体系对挥发性酸的缓冲作用

在严重呕吐丢失大量胃液时,损失较多的 H^+ 和 Cl^-,血浆 Cl^- 浓度降低,HCO_3^- 从红细胞进入血浆,血浆 HCO_3^- 浓度代偿性增加,从而导致低氯性碱中毒。

3. 对碱性物质的缓冲作用 当碱性物质(BOH)进入血液后,主要由碳酸氢盐缓冲体系中的抗碱成分 H_2CO_3 进行缓冲,其他缓冲体系也可进行缓冲作用。反应如下:

$$BOH + H_2CO_3 \longrightarrow BHCO_3 + H_2O$$

$$BOH + BH_2PO_4 \longrightarrow B_2HPO_4 + H_2O$$

对碱性物质的缓冲作用使强碱变弱碱,生成的碳酸氢盐($BHCO_3$)和磷酸氢盐(B_2HPO_4)可经肾脏调节排出。

综上所述,血液缓冲体系可迅速有效地缓冲酸性或碱性物质,但调节能力有限。对酸碱物质的缓冲,只能使强酸强碱变成弱酸弱碱,未能将其彻底消除,结果使血中 $NaHCO_3$ 和 H_2CO_3 含量发生改变,继而影响两者的比值。当[$NaHCO_3$]与[H_2CO_3]的比值改变达到一定程度时,引起血液 pH 值升高或降低。可见,单靠血液缓冲作用难以维持体液 pH 值的稳定,还需要肺和肾脏的协同调节。

二、肺对酸碱平衡的调节作用

肺主要以呼出 CO_2 来调节血浆中 H_2CO_3 的浓度。肺呼出 CO_2 的作用受呼吸中枢的调节,而呼吸中枢的兴奋性又受血液中 PCO_2 及 pH 值的影响。当体内产酸增多时,$NaHCO_3$ 减少而 H_2CO_3 增多,使血浆中[$NaHCO_3$]与[H_2CO_3]比值变小。血中的 H_2CO_3 经 CA 催化分解为 CO_2 及 H_2O,使血浆 PCO_2 增高,刺激呼吸中枢,呼吸加深加快,呼出 CO_2,降低血中 H_2CO_3 浓度,使 pH 值恢复正常。

血 PCO_2 增高或 pH 值及 PO_2 降低时,呼吸中枢兴奋,呼吸加深加快,CO_2 呼出增多;反之,当动脉血 PCO_2 降低或 pH 值升高时则呼吸中枢受抑制,呼吸变浅变慢,CO_2 呼出减少。肺呼出 CO_2 来调节血中 H_2CO_3 的浓度,以维持[$NaHCO_3$]与[H_2CO_3]的正常比值,使血液 pH 值保持在正常范围之内。因此,临床上观察病人时,应注意患者的呼吸频率和幅度,及时了解病情变化。

三、肾对酸碱平衡的调节作用

肾对酸碱平衡的调节作用,主要是通过排出机体在代谢过程中产生的过多的酸或碱,调节血浆中 $NaHCO_3$ 浓度,以维持血浆 pH 值的恒定。肾的这种作用主要是通过肾小管细胞的泌氢、泌氨及泌钾作用,排出多余的酸性物质来实现的。肾脏对酸碱平衡的调节方式主要有以下四种:

(一) 肾小管泌 H^+ 及重吸收 Na^+(H^+-Na^+ 交换)

在肾小管上皮细胞内含有 CA,CA 催化 CO_2 与 H_2O 生成 H_2CO_3,H_2CO_3 又解离为 H^+ 和 HCO_3^-。解离出的 H^+ 从肾小管上皮细胞主动分泌到小管液中,而 HCO_3^- 则保留在细胞内。分泌到小管液中的 H^+ 与其中的 Na^+ 进行交换,称为 H^+-Na^+ 交换。进入肾小管上皮细胞中的 Na^+ 可通过钠泵主动转运回血浆,肾小管细胞中 HCO_3^- 则被动吸收入血,二者重新结合生成 $NaHCO_3$。此过程没有 H^+ 的真正排出,只是管腔中的 $NaHCO_3$ 全部重吸收回血液,故称为 $NaHCO_3$ 的重吸收(图 14-2)。

(二) 肾小管泌 NH_3 及 Na^+ 的重吸收(NH_4^+-Na^+ 交换)

肾远曲小管和集合管上皮细胞有泌 NH_3 作用。NH_3 主要来源于血液转运的谷氨酰胺(占 60%)的分解和氨基酸的脱氨基作用(占 40%)。

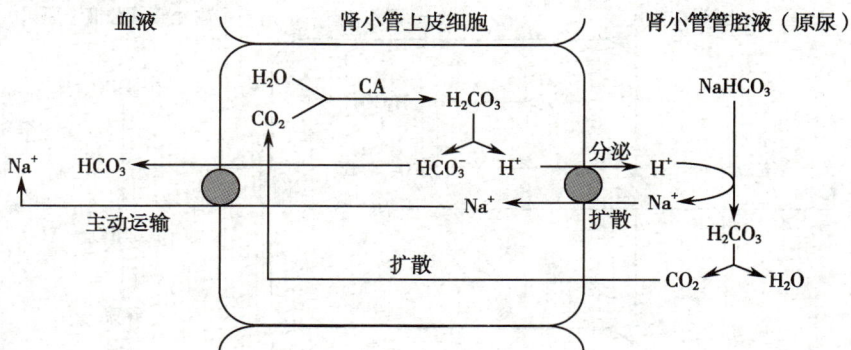

图 14-2 H^+-Na^+ 交换与 $NaHCO_3$ 的重吸收

NH$_3$分泌后与小管液中的H$^+$结合生成NH$_4^+$,并与强酸盐(如NaCl、Na$_2$SO$_4$等)的负离子结合生成酸性的铵盐随尿排出。同时,小管液中解离出的Na$^+$重吸收入细胞与HCO$_3^-$进入血液生成NaHCO$_3$而维持血浆中NaHCO$_3$的正常浓度。正常人每天以泌NH$_3$方式排出的H$^+$为30~50mmol。NH$_3$的分泌量随尿液的pH值而变化,尿液酸性愈强,NH$_3$的分泌愈多;如果原尿呈碱性,NH$_3$的分泌减少甚至停止(图14-3)。

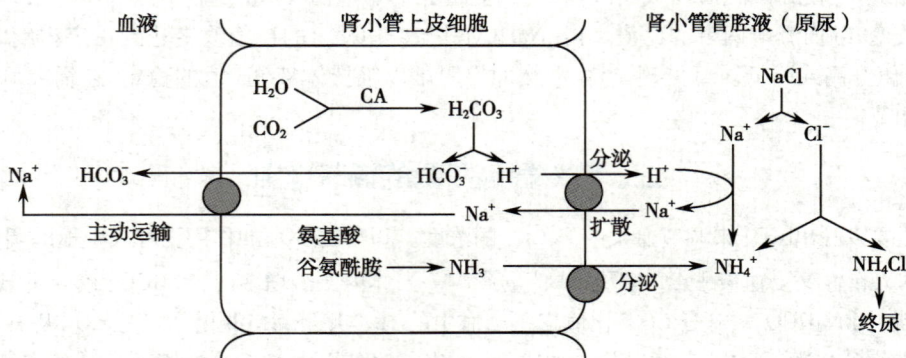

图14-3　NH$_4^+$-Na$^+$交换和铵盐的排泄

(三) 尿液的酸化

在正常pH条件下,Na$_2$HPO$_4$与NaH$_2$PO$_4$的浓度比为4:1。在近曲小管管腔中,这一缓冲对仍保持原来的比值,但终尿中这一比值变小,尿中排出NaH$_2$PO$_4$增加,尿液pH值降低,当小管液的pH值由原尿中的7.4下降到4.8时,Na$_2$HPO$_4$与NaH$_2$PO$_4$的浓度比下降到1:99,Na$_2$HPO$_4$几乎全部转变为NaH$_2$PO$_4$,这一过程称为尿液的酸化。

当原尿流经肾远曲小管时,其中的Na$_2$HPO$_4$解离成Na$^+$和HPO$_4^{2-}$,Na$^+$与肾小管上皮细胞分泌的H$^+$交换,Na$^+$进入肾小管上皮细胞并与HCO$_3^-$重吸收进入血液结合形成NaHCO$_3$,以补充缓冲固定酸所消耗的NaHCO$_3$。而管腔中的H$^+$和Na$^+$与HPO$_4^{2-}$结合形成NaH$_2$PO$_4$随尿排出,使尿液的pH值降低(图14-4)。

(四) 肾小管泌K$^+$及Na$^+$的重吸收(K$^+$-Na$^+$交换)

肾远曲小管上皮细胞有主动排钾而换回钠的作用,从而使血液中K$^+$与肾小管液中的部分Na$^+$进行交换,Na$^+$吸收入血,K$^+$随终尿排出体外。K$^+$-Na$^+$交换虽不能直接生成NaHCO$_3$,但与H$^+$-Na$^+$交换有竞争性抑制作用,故间接影响NaHCO$_3$的生成。血钾浓度增高时,肾小管泌K$^+$作用加强,即K$^+$-Na$^+$交换加强,而H$^+$-Ha$^+$交换受抑制,结果使细胞外液中H$^+$浓度升高,因此高血钾时常伴有酸中毒。

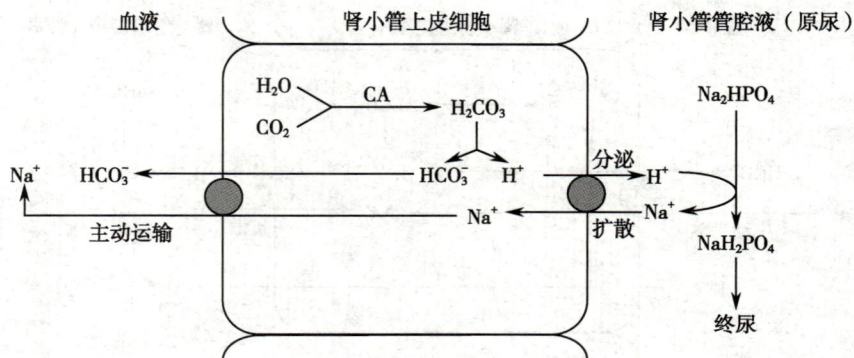

图14-4　H$^+$-Na$^+$交换与尿液酸化

综上所述,机体在调节酸碱平衡的过程中,血液的缓冲作用是第一道防线,其调节迅速有效,但缓冲能力有限,结果势必引起 $NaHCO_3$ 与 H_2CO_3 含量及比值的改变;肺及时地通过呼吸运动调节 CO_2 的排出量,使 $NaHCO_3/H_2CO_3$ 的比值基本不变,pH 值基本维持在正常范围,这种调节在 pH 值改变 10~15 分钟左右发挥作用,但只局限于对呼吸性成分的调节;肾脏通过 H^+-Na^+ 交换、泌 NH_3 作用和尿液的酸化以排酸保碱,来调节血浆 $NaHCO_3$ 含量,虽然发挥作用迟缓,但效率高,作用持久,能彻底排出过多的酸或碱,故是体内最根本、最主要的调节方式。上述三种调节机制相互作用,协同调节,共同维持体液 pH 值的稳定。

第三节 酸碱平衡与电解质代谢的关系

正常人体内水、电解质与酸碱平衡三者之间存在着密切联系,任何一种代谢失常,即可引起其他两种平衡的紊乱。临床上某些危重病人,常有水、电解质及酸碱平衡紊乱相伴发生,并相互影响和转化。

一、酸碱平衡与血钾浓度的关系

当肾功能正常时,酸碱平衡与血钾浓度之间的关系主要表现在细胞内外 H^+ 与 K^+ 的交换和肾小管上皮细胞泌 H^+ 与泌 K^+ 的相互竞争方面。

(一)酸碱平衡与血钾浓度

1. 酸中毒引起高血钾 当酸中毒时,由于细胞外液 $[H^+]$ 升高,部分 H^+ 进入细胞内与 K^+ 交换,使细胞外液 $[K^+]$ 升高;同时,肾小管细胞泌 H^+ 增多,泌 K^+ 减少,尿中排 H^+ 多于 K^+,尿呈酸性。所以,酸中毒病人往往合并高血钾。

2. 碱中毒引起低血钾 当碱中毒时,细胞外液 $[H^+]$ 降低,此时,细胞外液的 K^+ 进入细胞换出 H^+,使血 K^+ 降低;同时,肾小管细胞加强 K^+ 的分泌,保留 H^+,使尿中排 K^+ 增多,结果导致低血钾。

(二)血钾浓度与酸碱平衡

1. 高血钾引起酸中毒 当血 $[K^+]$ 升高时,K^+ 进入细胞内与 H^+ 交换,使细胞内的 H^+ 移至细胞外,血浆中 $[H^+]$ 的升高;同时,肾小管细胞排 K^+ 作用增强,排 H^+ 减弱,HCO_3^- 回收减少,结果导致酸中毒而呈碱性尿。

2. 低血钾引起碱中毒 当血 $[K^+]$ 降低时,部分 H^+ 进入细胞内与 K^+ 交换,使细胞外液 $[H^+]$ 减少;此时肾小管细胞泌 H^+ 增强,泌 K^+ 减少,结果导致碱中毒而呈酸性尿(图 14-5)。

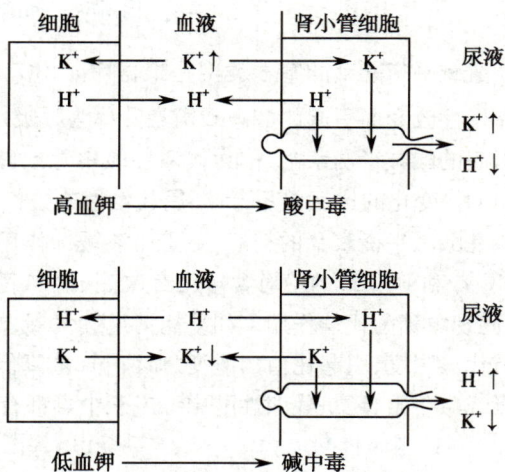

图 14-5 钾代谢与酸碱平衡的关系

二、酸碱平衡与血氯浓度的关系

体液中阳离子与阴离子的总电荷数相等,呈电中性。血浆中的主要阳离子是 Na^+,主要阴离子是 Cl^- 和 HCO_3^-。前已述及,血浆中的 Cl^- 与红细胞中的 HCO_3^- 相互交换,间接地调节血液的 pH 值。当血浆 Cl^- 浓度发生改变时,可以通过 HCO_3^- 浓度的增减来维持电中性。反之,体内 HCO_3^- 浓度改变时,也将导致 Cl^- 浓度的增多或减少。

当血中 Cl^- 浓度改变时,例如:严重呕吐丢失大量的 Cl^-,使血 $[Cl^-]$ 明显降低,此时,肾小管

在对 Na^+ 主动转运的同时无足够的 Cl^- 伴随,引起肾小管泌 H^+ 增多,H^+-Na^+ 交换增强,$NaHCO_3$ 的重吸收增加,使血浆 HCO_3^- 浓度代偿性的升高,导致代谢性低氯性碱中毒。在腹泻或肠引流等碱性消化液大量丢失时,则血浆 HCO_3^- 浓度降低而 Cl^- 浓度升高,引起代谢性高氯性酸中毒。

三、阴离子间隙

阴离子间隙(anion gap,AG):指血浆中未测定的阴离子(undetermined anion,UA)与未测定的阳离子(undetermined cation,UC)的差值。由于细胞外液中阴阳离子总当量数相等,故阴离子间隙可根据血浆中常规可测定的阳离子(Na^+)与常规测定的阴离子(Cl^- 和 HCO_3^-)的差算出,即 $AG = [Na^+] - \{[Cl^-] + [HCO_3^-]\}$。AG 的正常值为 $8 \sim 16mmol/L$,平均值为 $12mmol/L$。目前多以 $AG > 16mmol/L$ 作为判断是否有 AG 增高型代谢性酸中毒的界限。

AG 的测定对鉴别不同类型的代谢性酸中毒有重要的指导意义。AG 增高的代谢性酸中毒,多见于固定酸产生过多引起的酸中毒,如:糖尿病酮症酸中毒或各种原因引起的乳酸增多以及肾脏排酸障碍等所致的酸中毒时,血浆 HCO_3^- 浓度降低,而有机酸根(乳酸、乙酰乙酸、β-羟丁酸等)、磷酸根等负离子增多,但 Cl^- 并不增高。AG 正常的代谢性酸中毒,多见于 HCO_3^- 大量丢失或肾回收 HCO_3^- 障碍引起的酸中毒。此时,血浆 $[HCO_3^-]$ 降低,但血 Cl^- 浓度呈代偿性升高,故 AG 不变。AG 降低在诊断酸碱平衡紊乱方面意义不大。

第四节 酸碱平衡失调

酸碱平衡失调的常见原因:①体内酸性或碱性物质过多或不足,超出了机体的调节能力;②调节器官功能障碍(肺或肾脏疾病);③电解质代谢异常,如高血钾或低血钾均可引起酸碱平衡紊乱。

一、酸碱平衡失调的基本类型

酸碱平衡紊乱的基本类型是根据 $[NaHCO_3]/[H_2CO_3]$ 二者变化的先后确定。由 H_2CO_3 含量原发性改变而引起的酸碱平衡紊乱称为呼吸性酸中毒或碱中毒。而 $NaHCO_3$ 含量原发性改变而引起的酸碱平衡紊乱,称为代谢性酸中毒或碱中毒;然后再根据每一基本类型中 $[NaHCO_3]/[H_2CO_3]$ 变化的比例关系,判断属代偿性或失代偿性。

在酸碱平衡紊乱的初期,由于血液缓冲作用及肺和肾脏等调节器官代偿功能的发挥,虽然 $NaHCO_3$ 和 H_2CO_3 的绝对含量已有改变,但二者的比值仍维持在 20/1,血液 pH 值在正常范围内,此现象称为代偿作用。如果病情继续发展,$NaHCO_3$ 和 H_2CO_3 含量显著改变,突破了机体的调节代偿限度,引起比值的改变,血液 pH 值降低或升高,此称为失代偿。因此,不论是呼吸性酸中毒或碱中毒,还是代谢性酸中毒或碱中毒都有代偿性与失代偿性之分。

(一) 呼吸性酸中毒

呼吸性酸中毒(respiratory acidosis)由于呼吸道及肺部疾病,引起肺的呼吸功能障碍,CO_2 呼出过少,以致血浆 H_2CO_3 浓度原发性升高,使血浆 $[NaHCO_3]/[H_2CO_3]$ 的比值变小,pH 值降低。

代偿机制:当血浆 PCO_2 及 H_2CO_3 浓度升高时,肾小管细胞泌 H^+、泌 NH_3 作用增强,$NaHCO_3$ 重吸收增多,导致血浆 $NaHCO_3$ 相应升高,如果 $[NaHCO_3]/[H_2CO_3]$ 比值仍维持在 20/1,则血浆 pH = 7.4,称为代偿性呼吸性酸中毒(compensatory respiratory acidosis)。当血浆 H_2CO_3 浓度过高,超出机体的代偿能力时,则 $[NaHCO_3]/[H_2CO_3] < 20/1$,血浆 $pH < 7.35$,称为失代偿性呼吸性酸中毒(non-compensatory respiratory acidosis)。

(二) 呼吸性碱中毒

呼吸性碱中毒(respiratory alkalosis)是由于肺的换气过度,如中枢神经系统疾病、癔症、甲状腺功能亢进、发热等疾病,CO_2 呼出过多,以致血浆 H_2CO_3 浓度原发性降低,使血浆 $[NaHCO_3]/$

$[H_2CO_3]$的比值增大,pH 值升高。

代偿机制:血浆 PCO_2 及 H_2CO_3 降低时,肾小管细胞泌 H^+、泌 NH_3 作用减弱,$NaHCO_3$ 重吸收减少,血浆中 $NaHCO_3$ 浓度相应降低,使$[NaHCO_3]/[H_2CO_3]$比值仍维持在 20/1,则血浆 pH = 7.4,称为代偿性呼吸性碱中毒(compensatory respiratory alkalosis)。当血浆 H_2CO_3 浓度过低,超出机体的代偿能力时,则$[NaHCO_3]/[H_2CO_3]>20/1$,pH>7.45,称为失代偿性呼吸性碱中毒(non-compensatory respiratory alkalosis)。

(三) 代谢性酸中毒

代谢性酸中毒是临床上最常见的酸碱平衡失调类型。代谢性酸中毒(metabolic acidosis)是由于固定酸来源过多,如糖尿病酮症酸中毒或服用过多的酸性药物;固定酸排出障碍,如肾功能不全;肾排酸和重吸收 $NaHCO_3$ 障碍;碱性消化液丢失过多等原因,以致血浆 $NaHCO_3$ 浓度原发性降低,使血浆$[NaHCO_3]/[H_2CO_3]$的比值变小,pH 值降低。

代偿机制:血浆 H_2CO_3 浓度升高和 pH 值降低,刺激呼吸中枢引起呼吸加深加快,CO_2 排出增多,H_2CO_3 浓度降低;肾小管细胞泌 H^+ 和泌 NH_3 作用增强,增加 $NaHCO_3$ 的重吸收和固定酸的排出。通过代偿,血浆$[NaHCO_3]/[H_2CO_3]$比值仍维持在 20/1,血浆 pH = 7.4,称代偿性代谢性酸中毒(compensatory metabolic acidosis)。如超出代偿能力时,血浆$[NaHCO_3]/[H_2CO_3]<20/1$,血浆 pH<7.35,称为失代偿性代谢性酸中毒(non-compensatory metabolic acidosis)。

(四) 代谢性碱中毒

代谢性碱中毒(metabolic alkalosis)是由于酸性物质丢失过多,导致血浆 $NaHCO_3$ 浓度原发性升高,使正常血浆$[NaHCO_3]/[H_2CO_3]$的比值增大,pH 值升高。

代偿机制:血浆 $NaHCO_3$ 浓度升高时,血浆 pH 值升高,呼吸中枢兴奋性降低,呼吸变浅变慢,CO_2 增多,血浆 H_2CO_3 浓度升高;肾小管细胞泌 H^+ 和泌 NH_3 作用减弱,减少 $NaHCO_3$ 的重吸收。使$[NaHCO_3]/[H_2CO_3]$比值仍维持在 20/1,血浆 pH = 7.4,称为代偿性代谢性碱中毒(compensatory metabolic alkalosis)。如超出代偿能力时,血浆$[NaHCO_3]/[H_2CO_3]>20/1$,血浆 pH>7.45,称为失代偿性代谢性碱中毒(non-compensatory metabolic alkalosis)。

二、判断酸碱平衡失调的生化指标

临床上为了全面、准确地了解体内酸碱平衡状况,以协助诊断、疗效评估或指导治疗,常需测定血液 pH 值、呼吸性因素和代谢性因素等三方面的指标。

(一) 血浆 pH 值

血浆 pH 值是表示血浆中 H^+ 浓度的指标。正常人动脉血 pH 值变动范围为 7.35 ~ 7.45,平均为 7.40。pH 值>7.45 为失代偿性碱中毒;pH 值<7.35 为失代偿性酸中毒。即使 pH 值在正常范围内,也不能说明体内就没有发生酸碱平衡紊乱,因为代偿期 pH 值是正常的。所以,测定血液 pH 值只能判断有无失代偿性酸中毒或碱中毒的发生,而不能区分酸碱平衡紊乱是属于呼吸性还是代谢性。

(二) 血浆二氧化碳分压(PCO_2)

血浆 PCO_2 是指物理溶解于血浆中的 CO_2 所产生的张力。动脉血浆 PCO_2 的正常范围为 4.5 ~ 6.0kPa(35 ~ 45mmHg),平均为 5.3kPa(40mmHg)。血浆 PCO_2 是呼吸性酸碱平衡失调的重要诊断指标。PCO_2 降低提示肺通气过度,CO_2 排出过多,为呼吸性碱中毒;PCO_2 升高提示肺通气不足,有 CO_2 蓄积,为呼吸性酸中毒。代谢性酸(碱)中毒时,由于机体的代偿作用,动脉血 PCO_2 稍有降低(或升高),但一般不明显。

(三) 血浆二氧化碳结合力(CO_2-CP)

血浆二氧化碳结合力(CO_2 combining power,CO_2-CP)是指 25℃、PCO_2 为 5.3kPa 时,每升血浆中以 $NaHCO_3$ 形式存在的 CO_2 mmol 数。其正常参考范围为 23 ~ 31mmol/L,平均为 27mmol/L。

CO_2-CP 反映血浆 HCO_3^- 的含量,主要作为代谢性酸碱平衡失常的诊断指标。CO_2-CP 降低,表示有代谢性酸中毒;CO_2-CP 升高,表示有代谢性碱中毒。在呼吸性酸碱平衡紊乱时,由于肾脏

的代偿作用,使血浆 $NaHCO_3$ 含量继发性的改变,其结果与代谢性酸、碱中毒相反,即呼吸性酸中毒时,CO_2-CP 升高;呼吸性碱中毒时,CO_2-CP 降低。

(四) 实际碳酸氢盐(AB)和标准碳酸氢盐(SB)

实际碳酸氢盐(actual bicarbonate,AB)是指在隔绝空气的条件下取血分离血浆,测得血浆中 $NaHCO_3$ 的真实含量。AB 的正常变动范围为 24mmol/L±2mmol/L,平均为 24mmol/L,AB 反映血液中代谢性成分的含量,但也受呼吸性成分的影响。

标准碳酸氢盐(standard bicarbonate,SB)是全血在标准条件下(即 Hb 的氧饱和度为 100%,温度 37℃,PCO_2 为 5.3kPa)测得的血浆中 $NaHCO_3$ 的含量,不受呼吸性成分的影响,因此是代谢性成分的指标。SB 的正常范围是 22~27mmol/L(平均24mmol/L),正常人 AB=SB。若 AB=SB,两者均降低,表示代谢性酸中毒;反之,AB=SB 但两者均升高,则表示代谢性碱中毒。

AB 与 SB 数值之差反映呼吸性因素对酸碱平衡的影响程度。若 AB>SB,则表示体内 CO_2 潴留,PCO_2>5.3kPa,肾脏代偿使 AB 增多,提示有呼吸性酸中毒;若 AB<SB,则表明 CO_2 呼出过多,PCO_2<5.3kPa,肾脏代偿作用使 AB 减少,提示有呼吸性碱中毒。

(五) 缓冲碱

缓冲碱(buffer base,BB)是指血液中一切具有缓冲作用的碱性物质的总和。包括 HCO_3^-、Hb^-、HPO_4^{2-}、血浆蛋白等负性离子总和。BB 正常参考范围45~55mmol/L,平均值50mmol/L。

BB 能反映机体对酸碱平衡紊乱时总的缓冲能力,可更全面地反映体内碱储备的情况。它不受呼吸因素和二氧化碳改变的影响。BB 增高常见于代谢性碱中毒,BB 减低常见于代谢性酸中毒。呼吸性酸碱平衡紊乱时,随着肾脏的代偿作用,BB 继发性的升高或降低。

(六) 碱剩余或碱欠缺

血浆碱剩余(base excess,BE)或碱欠缺(base deficient,BD)值是指在标准条件下处理的全血,分离血浆后用酸或碱滴定至 pH 值为 7.40 时,所消耗的酸或碱的量。如果是用酸滴定,表示碱剩余,结果用"+"表示;如果是用碱滴定,表示碱欠缺,结果则用"-"表示。血浆 BE 的正常参考范围为 -3.0~+3.0mmol/L。BE>+3.0mmol/L 时,表示体内碱剩余,为代谢性碱中毒;BE<-3.0mmol/L 时,表示体内碱欠缺,为代谢性酸中毒。

BE 或 BD 不受呼吸的影响,比较真实地反映缓冲碱的过剩或不足,是判断代谢性酸碱平衡紊乱的重要指标。BE(即正值)增高,为碱过多,即为代谢性碱中毒;BD(即负值)增加,提示碱不足,为代谢性酸中毒。

(七) 二氧化碳总量

二氧化碳总量(total carbon dioxide capacity,TCO_2)是指血浆中各种形式存在的 CO_2 量,是实际 HCO_3^- 和溶解的 CO_2 量的总和。在体内受呼吸和代谢两个因素的影响,主要是代谢因素的影响。正常参考范围:动脉血 23~27mmol/L;静脉血 24~29mmol/L。

升高见于:①代谢性碱中毒:由于碱性物质产生过多或肾功能紊乱,使肾脏排出 HCO_3^- 减少,重吸收 HCO_3^- 增加,导致 TCO_2 升高,这是 TCO_2 升高的主要原因;②呼吸性酸中毒:由于 CO_2 排出减少,也可使 TCO_2 增加;③代谢性碱中毒合并呼吸性酸中毒时,TCO_2 显著增加。

降低见于:①代谢性酸中毒:由于酸性物质产生过多或肾功能紊乱,使肾脏排出 HCO_3^- 增加,重吸收 HCO_3^- 减少,导致 TCO_2 减低,这是 TCO_2 减低的主要原因;②呼吸性碱中毒:由于 CO_2 排出过多,也可使 TCO_2 减低;③代谢性酸中毒合并呼吸性碱中毒时,TCO_2 明显减低。

(八) 氧分压

氧分压(partial pressure of oxygen,PO_2)是指血浆中物理溶解的 O_2 分子所产生的压力。正常参考范围:动脉血氧分压 PaO_2 80~110mmHg(100mmHg,13.33kPa),静脉血氧分压 PvO_2 37~40mmHg(40mmHg,5.33kPa)。

氧分压降低见于各种肺部疾病(如气喘性支气管痉挛、肺炎、呼吸窘迫综合症、肺水肿)、左心衰竭等。

案例分析

患者,女性,46 岁,患糖尿病 10 余年,因昏迷状态入院。体查:血压 90/40mmHg,脉搏 101 次/分,呼吸 28 次/分。实验室检查:血糖:10.1mmol/L,K^+:5.6mmol/L,Na^+:160mmol/L,Cl^-:104mmol/L,pH:7.13,PCO_2:30mmHg,AB:9.9mmol/L,SB:10.9mmol/L,BE:18.0mmol/L。

经低渗盐水灌胃,静脉滴注等渗盐水,胰岛素等抢救,6 小时后,患者呼吸稳定,神志清醒,重复上述检验项目,除血 K^+ 为 3.3mmol/L 偏低外,其他项目均接近正常。

1. 该患者发生了何种酸碱紊乱?原因和机制是什么?
2. 如何解释该患者治疗前及治疗的血钾变化?

小结

机体调节酸碱物质含量及其比例,维持血液 pH 值在正常范围内的过程,称为酸碱平衡。体内的酸性物质主要来自物质代谢。糖、脂肪、蛋白质、核酸等在代谢过程中产生的酸性物质可分两类:一类为挥发性酸(即 H_2CO_3),可以生成挥发性的气体(CO_2)由肺呼出;二是固定酸,是指除 H_2CO_3 以外的、不能由肺呼出而只能经肾脏由尿液排出的酸性物质,如:磷酸、硫酸、乙酰乙酸、乳酸、β-羟丁酸等。体内的碱性物质主要来源于食物,如蔬菜和水果,如柠檬酸钾盐或钠盐。

机体有一套完善的酸碱平衡调节机制:即血液的缓冲作用、肺和肾脏的调节。三者对酸碱平衡的调节并非各行其是,而是相互作用,协同调节,共同维持体液 pH 值的稳定。

血液中存在多种缓冲对,其中缓冲能力最强的是血浆中的 $NaHCO_3/H_2CO_3$,只要二者的比值是 20/1,血液 pH 值就能保持在 7.40。物质在代谢过程中产生的固定酸,主要靠 $NaHCO_3$ 进行缓冲,故把血浆 $NaHCO_3$ 称为碱储。代谢过程所产生的大量的挥发性酸,主要靠红细胞中的血红蛋白缓冲系统进行缓冲。

肺通过改变呼吸的幅度和频率来控制 CO_2 的排出,以调节血浆中呼吸性成分(H_2CO_3)的含量。

肾脏既可以排酸,也可以排碱,但主要是排出体内过多的固定酸,调节血液中代谢性成分 $NaHCO_3$ 的含量。肾脏的这种排酸保碱作用是通过 H^+-Na^+ 交换、NH_4^+-Na^+ 交换和 K^+-Na^+ 来实现。

体内酸性或碱性物质产生或损耗过多,超出机体的调节能力,或机体酸碱平衡调剂机制功能障碍等原因均可引起酸碱平衡紊乱。由 $NaHCO_3$ 原发性改变,引起的酸碱平衡紊乱称为代谢性酸中毒或碱中毒;由 H_2CO_3 原发性改变引起的酸碱平衡紊乱,称为呼吸性酸中毒或碱中毒。可选择测定血液 pH、PCO_2、AB、SB 及 AG 等生化指标来帮助诊断酸碱平衡紊乱并指导治疗。

(郝 坡)

练 习 题

一、单项选择题

1. 红细胞中存在的主要缓冲对是
   A. $KHCO_3/H_2CO_3$　　B. NaHb/HHb　　C. Na_2HPO_4/NaH_2PO_4

D. $NaHCO_3/H_2CO_3$ E. $KHbO_2/HHbO_2$

2. 血浆内存在的主要缓冲对是
   A. $KHCO_3/H_2CO_3$ B. $KHbO_2/HHbO_2$ C. Na_2HPO_4/NaH_2PO_4
   D. KHb/HHb E. $NaHCO_3/H_2CO_3$

3. 有关肾小管分泌 H^+ 的错误说法是
   A. 肾小管细胞内碳酸酐酶活性增强,则排 H^+ 增多
   B. 肾小管细胞分泌 K^+ 作用增强,则分泌 H^+ 作用减弱
   C. 醛固酮可促进泌氢泌钾
   D. 高血钾可促进肾小管泌氢
   E. 血中 PCO_2 高可促进肾小管细胞内碳酸合成和分泌 H^+

4. 根据阴离子间隙水平的高低可以判断
   A. 代谢性酸中毒   B. 代谢性碱中毒   C. 呼吸性酸中毒
   D. 呼吸性碱中毒   E. 以上都不是

5. 血气分析中表示代谢性酸碱平衡的指标是
   A. pH   B. PO_2 C. PCO_2 D. TCO_2 E. HCO_3^-

6. 血浆 pH 值主要决定于下列哪种缓冲对
   A. $KHCO_3/H_2CO_3$ B. $NaHCO_3/H_2CO_3$ C. K_2HPO_4/KH_2PO_4
   D. Na_2HPO_4/NaH_2PO_4 E. $Na_2CO_3/NaHCO_3$

7. 实际碳酸氢盐(AB)>标准碳酸氢盐(SB)表明为
   A. 代谢性酸中毒   B. 呼吸性酸中毒   C. 代谢性碱中毒
   D. 呼吸性碱中毒   E. 无酸碱平衡紊乱

8. 血浆 $[HCO_3^-]$ 原发性增高可见于
   A. 代谢性酸中毒   B. 代谢性碱中毒
   C. 呼吸性酸中毒   D. 呼吸性碱中毒
   E. 呼吸性酸中毒合并代谢性酸中毒

9. 某患者血 pH 7.25,$PaCO_2$ 9.33kPa(75mmHg),$[HCO_3^-]$33mmol/L,其酸碱平衡紊乱的类型是
   A. 代谢性酸中毒   B. 呼吸性酸中毒
   C. 代谢性碱中毒   D. 呼吸性碱中毒
   E. 呼吸性酸中毒合并代谢性碱中毒

10. BE 负值增大可见于
   A. 代谢性酸中毒   B. 代谢性碱中毒   C. 急性呼吸性酸中毒
   D. 急性呼吸性碱中毒   E. 慢性呼吸性酸中毒

二、名词解释
1. 酸碱平衡 2. 阴离子间隙 3. 呼吸性酸中毒

三、简答题
1. 简述肾调节酸碱平衡的机制。
2. 频繁呕吐可引起何种酸碱平衡紊乱?其机制如何?
3. 试分析酸中毒与血钾变化的相互关系。

选择题参考答案

1. E 2. E 3. D 4. A 5. E 6. B 7. B 8. B 9. B 10. A

第十五章

肝胆生物化学

学习目标

1. 掌握:肝在物质代谢中的作用;生物转化作用的概念、反应类型及生理意义;胆红素在体内的正常代谢过程及三种黄疸类型的生化特点;胆汁酸的分类及功能。
2. 熟悉:生物转化的影响因素;胆汁酸的肠肝循环及其生理意义。
3. 了解:肝的解剖结构;胆汁的组成。

肝是体内最大的实质性腺体,也是人体代谢最活跃的器官,肝不仅参与糖、脂、蛋白质、维生素、激素、药物等的代谢,而且还具有生物转化、分泌、排泄、贮存等功能。肝具有的多重功能与其独特的形态结构和组织特点密不可分。

1. **肝脏有双重血液输入系统** 肝具有肝动脉和门静脉的双重血液供应,通过肝动脉使肝细胞获得由肺和其他组织运来的丰富的氧和一些营养代谢物;通过门静脉使肝细胞获得由消化道吸收的丰富的营养物质。

2. **肝脏有双重输出系统** 肝通过肝静脉和胆道输出系统与体循环和肠道相通,既有利于肝内的代谢产物运输到其他组织或体外,又可将肝分泌的胆汁排入肠道,有利于非营养物质的代谢及排泄。

3. **肝脏有丰富的血窦** 进入肝的肝动脉和门静脉经过反复分支后,最后均进入肝血窦,肝血窦增大了肝细胞与血液的接触面,加之肝细胞的通透性比其他组织细胞大,此结构保障了肝内的血流缓慢,停留时间长,有利于肝细胞与血液充分的物质交换。

4. **肝细胞有丰富的亚细胞器** 如线粒体、微粒体、内质网、高尔基体、溶酶体等,为肝进行蛋白质和酶的合成以及药物、毒物的生物转化提供了场所。

5. **肝细胞内的酶含量丰富** 肝细胞内含数百种酶,其中很多酶在其他组织没有或含量极少,如酮体合成酶系、尿素合成酶系、脂肪酸和胆固醇合成酶系等,因而能完成一些特殊的代谢功能。

第一节 肝在物质代谢中的作用

一、肝在糖代谢中的作用

肝是调节血糖的主要器官。肝通过调节肝糖原的储存与动员、糖异生作用来维持血糖浓度在正常范围,以满足全身各组织尤其是脑组织、红细胞的能量供应。

在空腹时,血糖浓度趋于下降,肝主要通过肝糖原的分解来补充血糖。肝细胞内特有的葡萄糖-6-磷酸酶,可将肝糖原分解生成游离葡萄糖进入血液循环,维持血糖浓度的相对恒定;每千克肝组织糖原的储存量最多只有65g左右,最多只能维持机体10~12小时的血糖浓度,饥饿12

小时左右,肝糖原几乎耗尽,此时肝可以通过糖异生作用来维持血糖浓度的恒定。肝糖异生在空腹 24～48 小时后可达最大速度,此时的原料主要来自组织蛋白质分解产生的生糖兼生酮氨基酸。同时,肝还可将脂肪动员产生的脂肪酸转化为酮体,供脑组织利用从而节省葡萄糖。肝还能把果糖和半乳糖转化为葡萄糖,作为血糖的补充来源。

饱食后,血糖浓度趋于升高,肝糖原合成增加。合成的肝糖原总量可达 100g,约占肝重的 5%～6%。肝内的糖原储量有限,过多的葡萄糖可以合成脂肪或胆固醇,以 VLDL 的形式运输到肝外其他组织。肝功能严重损伤时,肝糖原的合成与分解、糖异生作用降低,空腹时容易发生低血糖,进食后又容易出现暂时性高血糖。

二、肝在脂类代谢中的作用

肝在脂类的消化吸收、合成与分解以及运输等方面均起着重要的作用。

肝分泌的胆汁酸是强乳化剂,可将食物中的脂类乳化成微小的油滴,有利于肠道内脂类和脂溶性维生素的消化吸收。因此,肝功能损伤或胆管阻塞时,脂类消化吸收不良,可出现脂肪泻和脂溶性维生素缺乏症。

肝是合成甘油三酯和脂肪酸的主要器官。饱食以后,肝可以把小肠吸收的糖和一些氨基酸在高活性的脂肪酸合成酶系作用下,合成脂肪酸,进一步合成甘油三酯。此外,肝细胞还有对脂肪酸进行再加工的酶类,可对脂肪酸进行碳链的延长、缩短和去饱和。

在饥饿时,脂肪动员产生的游离脂肪酸被肝从血液中摄取后,经 β-氧化生成乙酰 CoA,一方面乙酰 CoA 可进入三羧酸循环氧化分解供能;另一方面也可以用来合成酮体,提供大脑和肌肉等组织能量所需。酮体只能在肝内合成,是肝向肝外组织输出能源的一种形式。

肝是合成胆固醇最活跃的器官。合成的胆固醇量约占全身合成总量的 3/4 以上。肝也是代谢和排泄胆固醇的主要场所,其利用胆固醇合成、分泌胆汁酸盐,是体内胆固醇的主要代谢去路。肝也是排泄胆固醇的主要器官,通过粪便排泄的胆固醇中除来自肠黏膜脱落细胞外,还有肝或其他器官合成的胆固醇。

肝是脂蛋白合成和降解的主要场所。组成脂蛋白成分中的载脂蛋白、磷脂、胆固醇主要由肝合成,并以 VLDL、HDL 的形式分泌入血。LDL 是 VLDL 在血浆中转变而来的,HDL 和其所含有的载脂蛋白 C 由肝合成,因此,肝是合成血浆脂蛋白的主要场所。肝还是 LDL 降解的主要器官,肝细胞膜上有 LDL 受体,LDL 与之特异性地结合而被吞入肝细胞降解。

三、肝在蛋白质代谢中的作用

肝细胞内蛋白质代谢极其活跃。肝不仅合成自身所需的各种蛋白质,也合成(除 γ-球蛋白外)几乎所有的血浆蛋白质,如清蛋白、凝血因子、多种载脂蛋白、纤维蛋白原、转铁蛋白等。占血浆蛋白质总量一半以上的清蛋白,是维持血浆胶体渗透压的主要因素。肝功能严重受损时,清蛋白合成减少,可导致血浆中清球蛋白比值(A/G)下降,甚至倒置,临床生化检验把血清清蛋白和清球蛋白比值(A/G)作为辅助诊断严重慢性肝功能损伤的指标。

肝内的氨基酸代谢也十分活跃。肝细胞内含有丰富的氨基酸代谢酶,如转氨酶、脱氨酶、转甲基酶、脱羧基酶等,体内氨基酸(除支链氨基酸以外)的分解和转化几乎均在肝细胞内进行。肝脏疾病时,由于肝细胞通透性增大或肝细胞坏死,细胞内的酶进入血液,导致血液中某些酶活性增高,这是临床生化检验中用血清酶的活性高低来诊断肝脏疾病的重要依据。

肝还是清除血浆蛋白质的重要场所,肝细胞膜上的特异受体可识别结合大多数血浆蛋白质,并经胞吞进入肝细胞被降解。肝还是清除氨的最重要器官,氨基酸脱氨基作用生成的游离氨对机体有毒,正常情况下,血液中的氨主要在肝细胞内经过鸟氨酸循环合成尿素,经肾排泄而解除毒性。肝功能损伤后可引起尿素合成障碍,使血氨浓度升高,产生高氨血症,严重时引起肝性昏迷。

四、肝在维生素代谢中的作用

肝在维生素的吸收、储存以及转化等方面发挥着重要作用。肝合成的胆汁酸是强乳化剂，它能促进肠道脂溶性维生素 A、D、E、K 的吸收；其次，肝也是维生素 A、E、K、B_{12} 等在体内的主要储存部位，人体 95% 的维生素 A 储存在肝；肝是维生素代谢转化的重要器官，如将胡萝卜素转变为维生素 A；维生素 D_3 转变为 25-OH-D_3；以及 B 族维生素转变成其辅酶形式；氧化型维生素 C 的还原等均在肝内进行。

五、肝在激素代谢中的作用

体内许多激素在发挥作用后主要在肝内进行转化、分解或失去活性，这一过程称为激素的灭活。肝对激素的灭活作用有助于人体对激素的作用时间及强度进行调控，进而维护人体的正常功能。当肝功能障碍时，可引起其激素灭活功能下降，血中激素水平升高。如肝病时，雌激素增加，可出现男性乳房女性化、肝掌、蜘蛛痣等。

第二节　肝的生物转化作用

一、生物转化的概念

（一）生物转化的定义

机体中常存在一些化合物，它们既不能作为组织细胞的组成成分，又不能作为能源物质氧化供能，它们被称为非营养物质。非营养物质中很多对人体有潜在的毒性，人体在排出这些物质前需要对其进行转化，使其极性增强，水溶性增加，便于将其溶解在胆汁或尿液中排出体外。这一过程称为生物转化（biotransformation）。

（二）非营养物质的来源

根据来源，非营养物质可分为内源性物质和外源性物质。内源性物质包括体内产生的激素、神经递质、胺类等生物活性物质以及机体代谢产生的代谢产物如胆红素、氨等；外源性物质有被人体摄入的药物、毒物、食品添加剂（色素、防腐剂等）、环境污染物等，以及从肠道吸收的腐败产物如腐胺、酪胺、酚、硫化氢、吲哚等。

（三）生物转化的部位

在肺、肾、肠道、皮肤等部位也能将少量非营养物质进行生物转化，然后随胆汁或尿液排出。由于肝内代谢非营养物质的酶类含量高，种类多，所以，机体的生物转化主要在肝进行。

二、生物转化反应的主要类型

肝的生物转化反应可分为两类：第一相反应和第二相反应。第一相反应包括氧化、还原、水解反应。第二相反应为结合反应，主要跟极性较强的物质如葡糖醛酸、硫酸、乙酰基、甲基和谷胱甘肽等结合。

（一）第一相反应

1. 氧化反应　氧化反应是生物转化中最重要的反应，由肝细胞内的各种氧化酶系催化完成，主要有加单氧酶、单胺氧化酶（monoamine oxidase，MAO）和脱氢酶（dehydrogenase）。

（1）加单氧酶系：加单氧酶系存在肝细胞微粒体中，是肝中最重要的氧化酶系统，进入人体一半以上的外来化合物都经其氧化。此酶的特点是使其中一个氧原子加到产物分子中，所以称为加单氧酶系。加单氧酶系催化分子氧中的一个氧原子掺入底物，另一个氧原子与 NADPH 脱

下的氢结合成水。一个氧分子发挥了两种作用,故又叫混合功能氧化酶;又因反应的氧化产物是羟化物,所以又称羟化酶。此酶系含有细胞色素 P_{450} 和细胞色素 b_5,它参与多种药物、毒物、食品添加剂、维生素 D、类固醇激素等的代谢。其反应通式如下:

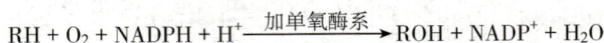

$$RH + O_2 + NADPH + H^+ \xrightarrow{\text{加单氧酶系}} ROH + NADP^+ + H_2O$$

（2）单胺氧化酶:存在于肝线粒体中,是一类以 FAD 为辅助因子的黄素酶。主要催化各种胺类化合物氧化脱氨生成醛类化合物,其反应通式如下:

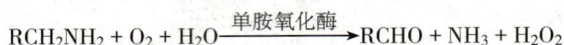

$$RCH_2NH_2 + O_2 + H_2O \xrightarrow{\text{单胺氧化酶}} RCHO + NH_3 + H_2O_2$$

体内的生理活性物质如 5-羟色胺、儿茶酚胺类、组胺以及肠道吸收的腐败产物如腐胺、酪胺、色胺等经过氧化脱胺生成醛类,再由醛脱氢酶催化生成相应的羧酸,最终产生 H_2O 和 CO_2。

（3）脱氢酶系:主要有肝微粒体和胞质中存在的醇脱氢酶（alcohol dehydrogenase,ADH）及醛脱氢酶（aldehyde dehydrogenase,ALDH）,它们以 NAD^+ 为辅助因子。其作用是催化醇或醛氧化为相应的醛和酸,如酒类和饮料中的乙醇进入人体后就是在这两种酶作用下进行生物转化的。

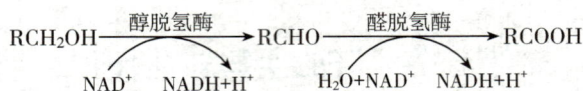

$$RCH_2OH \xrightarrow[NAD^+ \quad NADH+H^+]{\text{醇脱氢酶}} RCHO \xrightarrow[H_2O+NAD^+ \quad NADH+H^+]{\text{醛脱氢酶}} RCOOH$$

2. 还原反应　还原酶类主要有硝基还原酶（nitroreductase）和偶氮还原酶（azoreductase）,它们存在肝细胞微粒体内,分别催化硝基化合物和偶氮化合物转变为相应的胺,反应由 NADPH 供氢。

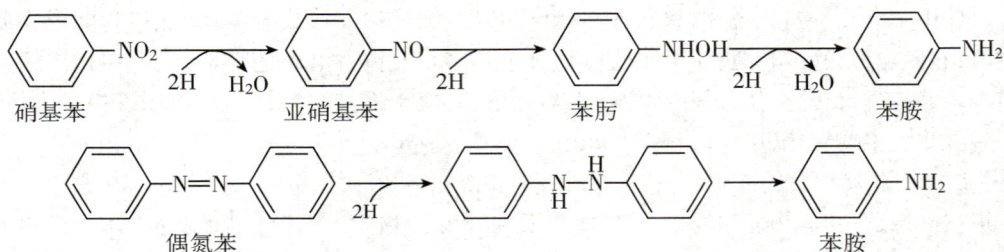

3. 水解反应　水解反应主要是在酯酶、酰胺酶、糖苷酶等水解酶类的作用下,非营养物质生物学活性减弱或丧失,但其水解产物往往还需要进一步转化才能排出。例如异烟肼、普鲁卡因、阿司匹林等药物的降解。

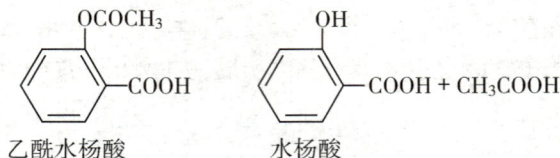

（二）第二相反应

结合反应（conjugation reaction）是第二相反应的主要形式。一些含羟基、巯基、氨基的非营养物质可以与某些极性较强的物质结合,既增强水溶性,利于排泄,又掩盖了非营养物质的某些基团,因此第二相反应常常使其产物的活性和毒性降低,被认为是体内的解毒过程。结合反应的供体有尿苷二磷酸葡糖醛酸（uridine diphosphate glucuronic acid,UDPGA）、活性硫酸、谷胱甘肽、氨基酸、乙酰 CoA、S-腺苷甲硫氨酸等,其中与尿苷二磷酸葡糖醛酸提供的葡糖醛酸基结合是结合反应的主要形式。

1. 葡糖醛酸结合反应　在肝细胞微粒体含有 UDP-葡糖醛酸基转移酶,它可把葡糖醛酸转移到含有羟基、巯基、氨基、羧基的化合物上,生成相应的葡糖醛酸苷。人体内源性代谢物胆红素的毒性就是通过与葡糖醛酸结合被去除,通过此反应进行生物转化的还有类固醇激素、氯霉素、苯巴比妥、吗啡等。

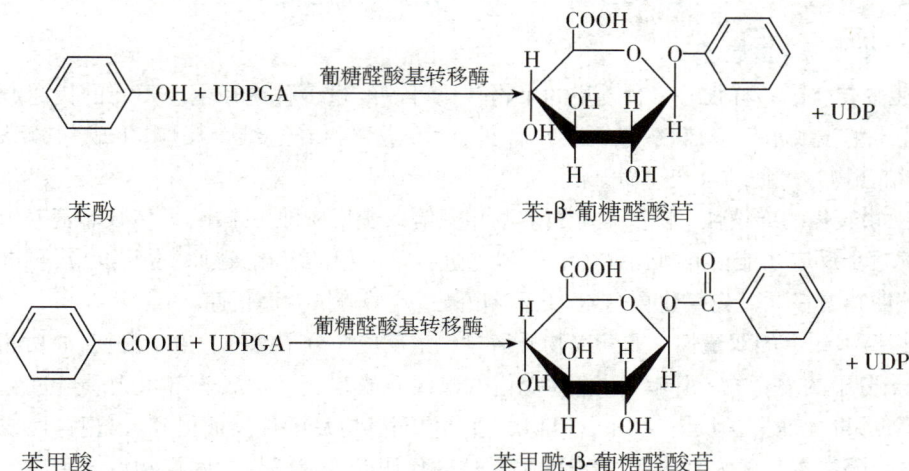

苯酚　　　　　　　　　　　　　　　　　　　苯-β-葡糖醛酸苷

苯甲酸　　　　　　　　　　　　　　　　　苯甲酰-β-葡糖醛酸苷

2. 硫酸结合反应　由 3′-磷酸腺苷 5′-磷酰硫酸(PAPS)提供活性硫酸基,在肝细胞胞质中的硫酸转移酶催化下,可将类固醇、醇、酚、芳香胺类等生成硫酸酯,使其水溶性增加,易于排出体外。

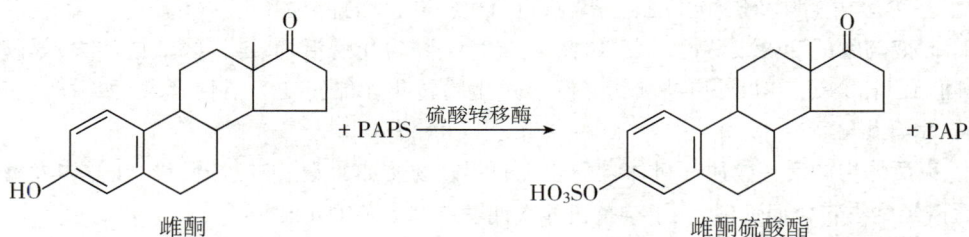

雌酮　　　　　　　　　　　　　　　　　　雌酮硫酸酯

3. 谷胱甘肽结合反应　进入人体的卤代化合物和环氧化合物主要与谷胱甘肽结合而转化,生成谷胱甘肽结合物,这是很多致癌物、环境污染物和抗肿瘤药物的生物转化反应。

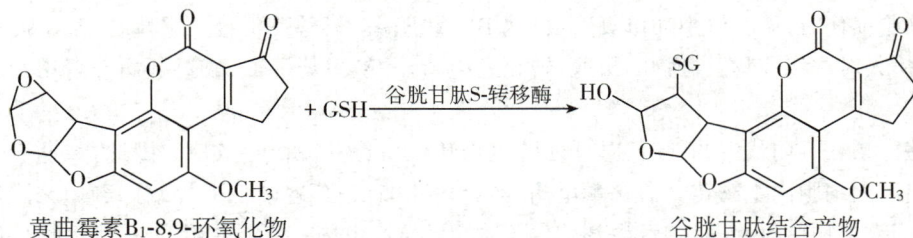

黄曲霉素B₁-8,9-环氧化物　　　　　　　　　　谷胱甘肽结合产物

4. 乙酰基结合反应　在肝细胞胞质中的乙酰基转移酶作用下,乙酰 CoA 可与各种芳香胺、氨基酸、胺结合转化为乙酰化合物。如磺胺类药物、抗结核药物异烟肼就是与乙酰基结合而失去药理活性的。

异烟肼　　　　　　　　　　　　　　　　乙酰异烟肼

5. 其他结合反应　第二相结合反应还有甲基结合反应、甘氨酸结合反应等。与甲基结合是体内某些药物和胺类生物活性物质(多巴胺等)的灭活形式。在肝细胞胞质和微粒体内多种甲基转移酶的催化下,含有巯基、氨基、羧基的化合物与 S-腺苷甲硫氨酸(SAM)反应,生成相应的

甲基化衍生物;含羧基的药物和毒物的生物转化是与甘氨酸结合而灭活的。

三、生物转化的特点与生理意义

（一）生物转化的特点

1. 生物转化的多样性　一种物质的生物转化可以经过多种途径生成不同的代谢产物。阿司匹林经水解生成水杨酸,除少量可排出体外,大多数要再经过结合反应,生成葡糖醛酸结合物、硫酸结合物等多种结合产物而排泄。

2. 生物转化的连续性　除少数非营养物质只需一步反应即可排出,大多数非营养物质需要经过连续几步反应才能彻底排出体外。一般先进行第一相的氧化、还原、水解反应,再进行结合反应。黄曲霉素在肝是先氧化再与 GSH、葡糖醛酸、硫酸等结合而代谢。

3. 解毒和致毒的双重性　非营养物质通过化学反应使分子结构发生了改变,如功能基团的增减、整个分子的缩合或者降解等,这些变化引起性质的改变。一般非营养物质经过生物转化后活性降低,毒性消失;但是有些非营养物质通过代谢反应后活性反而增高,出现毒性或毒性增强。有些致癌物本身并无直接致癌作用,但在体内代谢转变成活性中间产物后显示出致癌和毒性作用,如黄曲霉素 B_1。

（二）生物转化的意义

1. 消除外来异物　通过呼吸、肠道、皮肤等进入人体的环境污染物、色素、防腐剂等外来异物,经血液可运输至肝、肾、肠、皮肤等部位,进行生物转化而排至体外。

2. 改变药物的活性或毒性　大多数药物经过生物转化后活性、毒性降低或消失,如磺胺类药物、阿司匹林类等。但是,有些药物必须经过生物转化才能转变为活性形式,如中药大黄、环磷酰胺、水合氯醛等。

3. 灭活体内的活性物质　机体自身合成的活性物质如激素、神经递质等,在体内发挥生理功能后需经生物转化而灭活,便于维持机体代谢功能与调节的正常。

4. 指导临床合理用药　新生儿肝蛋白质合成功能不够完善,微粒体酶系活性较成人低,对非营养物质代谢的能力较差,对某些药物敏感,易发生药物中毒。老年人器官老化,肝的生物转化能力下降,使药效增强,副作用增大,用药需慎重。

肝细胞损伤时,微粒体中加单氧酶系和 UDP-葡糖醛酸转移酶活性明显降低,加上肝血流量的减少,病人对许多药物及毒物的摄取、转化发生障碍,易积蓄中毒,故对肝病患者用药要特别慎重。

某些药物在肝内代谢的同时,对肝内的生物转化酶也存在诱导效应。因此,长期服用同一药物会出现因细胞内生物转化酶含量增高,药物代谢加快,药效降低而导致耐药。又因这类酶的特异性差,如加单氧酶,对多种物质有氧化作用,导致由同一酶系催化的其他药物代谢也增强。如长期服用苯巴比妥会导致肝对氢化可的松、氯霉素等代谢的增强。

第三节　胆汁酸代谢

一、胆　汁

胆汁是由肝细胞合成分泌的一种液体,经胆管运出肝,储存于胆囊,再经胆总管排泄至十二指肠,参与食物的消化、吸收,也能使一些代谢产物溶解其中而排泄。

肝细胞初分泌的胆汁称肝胆汁(hepatic bile),外观呈金黄色或橘黄色,清澈透明,比重约 1.010。肝胆汁每天约产生 300~700ml,肝胆汁进入胆囊后,胆囊壁会吸收一部分水分和其他成分,并分泌黏液与胆汁混合,使胆汁浓缩 5~10 倍,颜色加深,呈棕绿色或暗褐色,称胆囊胆汁

（gallbladder bile）。

胆汁的成分包括水和固体成分。固体成分中主要是胆汁酸盐,约占 5%；其次是无机盐、黏蛋白、胆固醇、磷脂,还有少量的酶类,如脂肪酶、磷脂酶、淀粉酶、磷酸酶等。此外,还有多种排泄成分,如药物、毒物、色素等。

二、胆汁酸的生理功能

（一）促进脂类的消化吸收

胆汁酸分子既有亲水侧又有疏水侧,在与食物中的脂类混合后,能使脂类乳化成直径约 3~10μm 的细小微团,大大增加了脂类与脂酶的接触面积,有利于脂类的消化吸收。

（二）促进胆固醇的溶解,抑制胆固醇结石的形成

胆固醇难溶于水,体内 99% 的胆固醇是溶解在胆汁中经肠道排泄的,这其中除 1/3 转变为胆汁酸的形式,其余均以原形排出体外。正常情况下,胆固醇在胆囊中与胆汁酸盐和卵磷脂形成可溶性微团,使之不易结晶析出。一旦胆汁中的胆汁酸盐和卵磷脂、胆固醇的比例（正常是 10∶1）下降,容易形成胆固醇结石。例如肝胆汁酸合成能力下降、胆汁酸肠肝循环减少或排入胆汁的胆固醇增多等均可造成胆汁酸盐和磷脂与胆固醇的比例下降,胆固醇可因过饱和而析出,从而形成胆石。

三、胆汁酸代谢

（一）初级胆汁酸的生成

正常人每日约合成 1~1.5g 胆固醇,其中约 0.4~0.6g 在肝内转化为胆汁酸,这是胆固醇的主要代谢去路。胆汁酸合成在肝细胞的微粒体和胞质内进行,反应步骤较复杂。

肝细胞的微粒体和胞质中存在胆固醇 7α-羟化酶（7α-hydroxylase）,它催化胆固醇生成 7α-羟胆固醇,再经加氢还原、侧链氧化和修饰,最后生成具有 24 碳的初级游离胆汁酸:胆酸和鹅脱氧胆酸。初级游离胆汁酸经侧链修饰生成胆酰 CoA 和鹅脱氧胆酰 CoA,两者可与甘氨酸和牛磺酸结合形成结合型初级胆汁酸,即甘氨胆酸、甘氨鹅脱氧胆酸、牛磺胆酸和牛磺鹅脱氧胆酸。

胆固醇在 7α 位的羟化是合成胆汁酸的最重要步骤,7α-羟化酶是胆汁酸合成的关键酶,它受多种因素的调节。胆汁酸可反馈抑制该酶的活性,糖皮质激素、生长激素提高此酶的活性。高胆固醇饮食在抑制 HMG-CoA 的同时,诱导 7α-羟化酶的基因表达；甲状腺素可使 7α-羟化酶的 mRNA 合成增加,这是甲状腺功能亢进患者血浆胆固醇含量降低的重要原因。

（二）次级胆汁酸的生成

排入肠道的初级胆汁酸在协助脂类物质消化吸收的同时,在回肠和结肠上段肠道细菌的作用下,一部分结合胆汁酸水解变为游离胆汁酸,进而 7-位脱氧,形成次级胆汁酸。胆酸经 7α 位脱氧生成脱氧胆酸,鹅脱氧胆酸经 7α 位脱氧生成石胆酸（图 15-1）。

（三）胆汁酸的肠肝循环

进入肠道的胆汁酸除极少部分随粪便排出体外,约 95% 以上被肠黏膜重新吸收,经门静脉进入肝脏,游离胆汁酸在小肠和大肠被动重吸收,结合胆汁酸在回肠部主动重吸收；重吸收的胆汁酸入肝后,在肝细胞内,游离胆汁酸被重新合成为结合胆汁酸,并随肝细胞新合成的结合胆汁酸一起再排入小肠,形成胆汁酸的"肠肝循环"（enterohepatic circulation）（图 15-2）。

由于正常情况下,肝胆的胆汁酸池总量约 3~5g,对于每天从食物吸收的脂类物质的总量远远不够,因此胆汁酸往往在每次进食后要循环 2~4 次,一日三餐,每天约进行 6~12 次,这样通过有限量的胆汁酸的循环使用,满足进食后脂类消化吸收的需要,此即胆汁酸的"肠肝循环"的生理意义。

未被肠吸收的那一小部分胆汁酸在肠菌的作用下,衍生成多种胆烷酸的衍生物并由粪便排出,每日的排出量与肝合成的胆汁酸量相当。

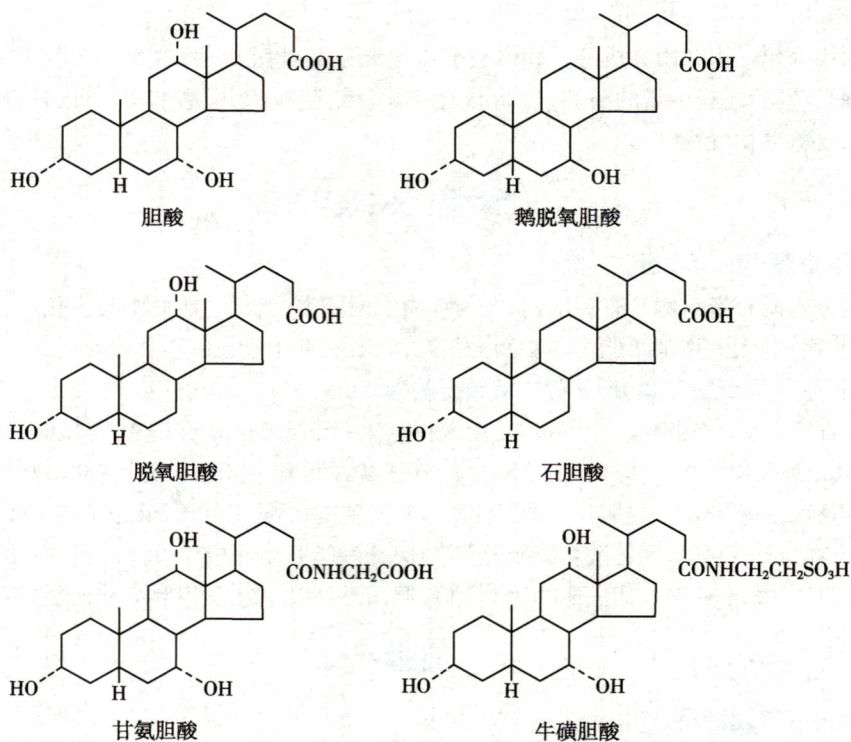

图 15-1　几种胆汁酸的结构式

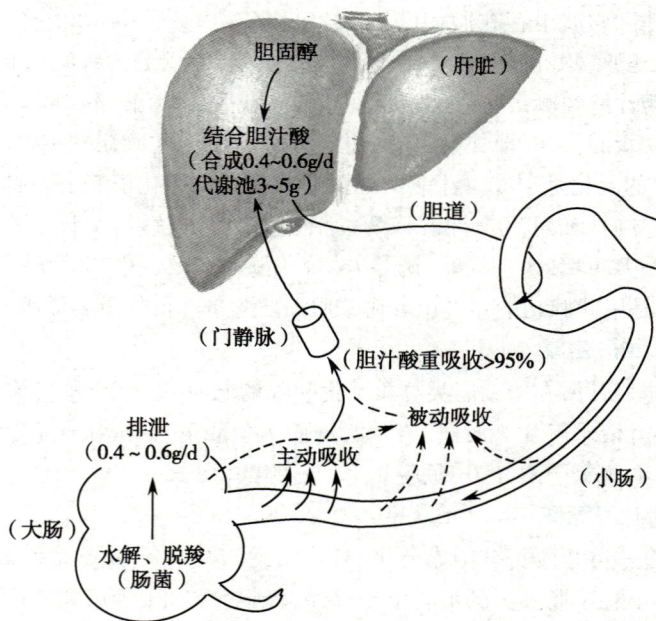

图 15-2　胆汁酸的肠肝循环

第四节　胆色素代谢

铁卟啉化合物(血红蛋白、肌红蛋白、细胞色素、过氧化物酶和过氧化氢酶等)在体内分解代谢主要产生胆色素(bile pigment),胆色素包括胆红素(bilirubin)、胆绿素(biliverdin)、胆素原(bilinogen)和胆素(bilin)等。胆色素主要随胆汁排出体外,其中胆红素是人胆汁的主要色素,呈

橙黄色。

一、胆红素的生成

正常人每天产生约 250～350mg 胆红素,其中 70%～80% 来源于衰老红细胞中血红蛋白的降解,其余的胆红素来自骨髓中破坏的幼稚红细胞及全身组织中的肌红蛋白、过氧化物酶、细胞色素等的降解。

正常红细胞的寿命为 120 天,衰老的红细胞被肝、脾、骨髓的单核-吞噬细胞系统识别并摄取,首先分解释放出血红蛋白,血红蛋白再分解为珠蛋白和血红素。珠蛋白可降解为氨基酸被人体重新利用。血红素在血红素加氧酶催化下分解为胆绿素,并释放出 CO 和 Fe^{2+}。Fe^{2+} 可留在体内供细胞再利用,CO 除一部分可通过呼吸道排出体外,留在体内的 CO 可作为血红蛋白分解的指标,还有其他的重要的生理功能。胆绿素可继续在胞质中胆绿素还原酶(biliverdin reductase)催化下,结合 NADPH 提供的 2 个氢原子,还原生成胆红素(图 15-3)。胆红素分子由 3 个甲基桥连接的 4 个吡咯环组成,内含 2 个羟基或酮基、4 个亚氨基和 2 个丙酸基,这些亲水基团在分子内部形成 6 个氢键。整个胆红素分子呈脊瓦状的折叠(图 15-4),其极性基团隐藏于分子内部,因而成为非极性的脂溶性物质。

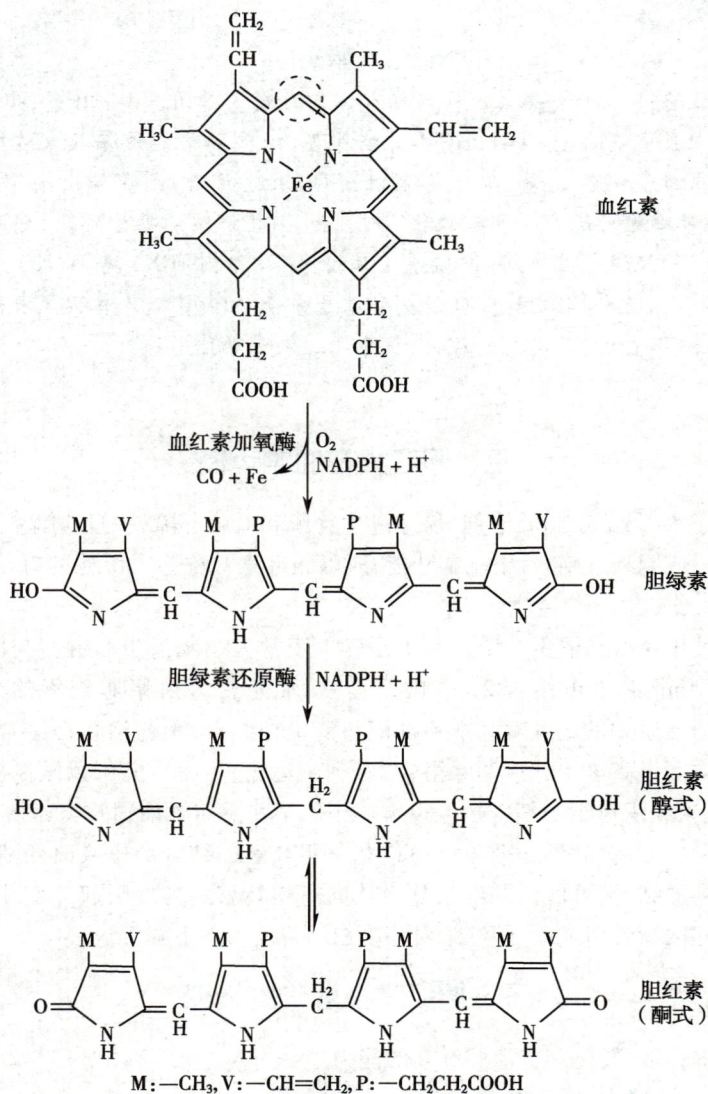

图 15-3 胆红素的生成

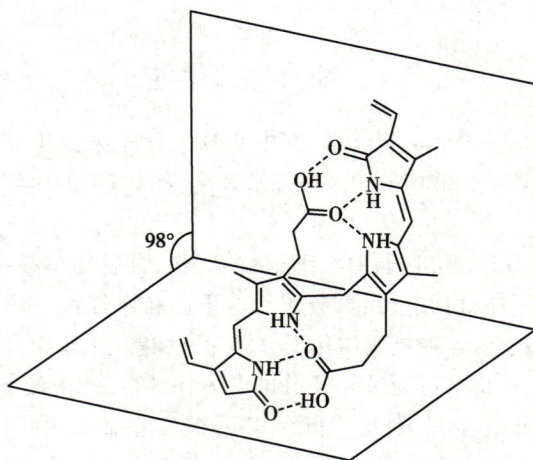

图 15-4　胆红素的空间结构

知识链接

血红素加氧酶

血红素加氧酶(heme oxygenase,HO)在人体内存在 3 种同工酶:HO-1、HO-2、HO-3。血红素分解代谢中最重要的是 HO-1,HO-1 是诱导型,很多因素能诱导其表达。通常在非正常状态如氧化应激、缺氧、高氧、缺血再灌注、NO、细胞因子、炎症等情况下诱导性表达。HO-1 可通过调节细胞功能而起到抗氧化、抗感染、调整细胞周期等作用,因此在动脉粥样硬化、心肌缺血、神经退行性疾病、肿瘤等疾病情况下,体内 HO-1 增加,HO 主要通过生成 CO 和胆红素等来产物发挥作用。CO 是一种信号分子,胆红素是人体内主要的内源性抗氧化剂,能有效清除氧自由基,具有抗氧化、抗脂质过氧化等作用。

二、胆红素在血中运输

胆红素难溶于水,易溶于脂质溶剂,易透过生物膜和血脑屏障,一旦遇脑基底核的脂质物质即结合形成核黄疸或胆红素脑病,干扰脑功能,所以胆红素被称为内源性的有毒物质,人体主要经肝的生物转化。

胆红素在血液中主要与清蛋白结合而被运输。正常人血浆清蛋白含有与胆红素高亲和力的结合部位,每 100ml 血浆可结合 25mg 的胆红素,而正常人血浆胆红素的浓度仅为 0.2 ～ 0.9mg/100ml,所以血浆中的胆红素基本上都能与清蛋白结合,不与清蛋白结合的胆红素极少。与清蛋白结合一方面增高了胆红素的水溶性,有利于运输,另一方面可以限制胆红素自由透过细胞膜,避免其进入组织对组织细胞产生毒害作用。某些阴离子如磺胺类药物、镇痛药、抗感染药、某些利尿剂以及一些食品添加剂等可通过竞争胆红素的结合部位或改变清蛋白的构象,干扰胆红素与清蛋白的结合,可促使胆红素从血浆向组织转移。另外引起此变化的原因还有肝、肾功能障碍所引起的清蛋白降低、胆红素对清蛋白结合能力的下降等。

三、胆红素在肝中的转变

肝具有很强的摄取、转化和排泄胆红素的能力。

(一) 肝细胞对胆红素的摄取

血中的胆红素-清蛋白复合体随血液运输到肝后,可迅速被肝细胞摄取。研究表明,血液流经肝细胞表面一次,其中80%的胆红素被肝摄取而进入肝细胞内。进入肝细胞后,肝细胞内有两种转运胆红素的配体蛋白:Y蛋白和Z蛋白,它们对胆红素有很高的亲和力。其中Y蛋白要比Z蛋白对胆红素的亲和力强。胆红素浓度较低时,一般先与Y蛋白结合,当与Y蛋白结合饱和时,Z蛋白结合胆红素才增多。苯巴比妥可诱导Y蛋白的合成,加强胆红素的转运。由于新生儿出生7周后,Y蛋白的水平才接近成人,因此,临床上可应用苯巴比妥消除新生儿生理性黄疸。一些有机阴离子可竞争性与Y蛋白结合,抑制胆红素的转运而影响肝对胆红素的摄取,如固醇类物质、四溴酚酞磺酸钠(BSP)、某些染料等。以胆红素-配体蛋白的形式可以把胆红素从胞质转移到内质网上,在内质网上,胆红素可以进行生物转化。

（二）肝细胞对胆红素的转化

肝细胞的滑面内质网上有葡糖醛酸基转移酶(glucuronyl transferase),它可以催化胆红素接受UDP-葡糖醛酸(UDPGA)提供的葡糖醛酸基,生成葡糖醛酸胆红素(bilirubin glucuronide)。胆红素分子中含有2个羧基,每分子胆红素可结合1~2分子葡糖醛酸,生成单葡糖醛酸胆红素和双葡糖醛酸胆红素(图15-5),后者占大部分,约是总量的70%~80%,单葡糖醛酸胆红素约占

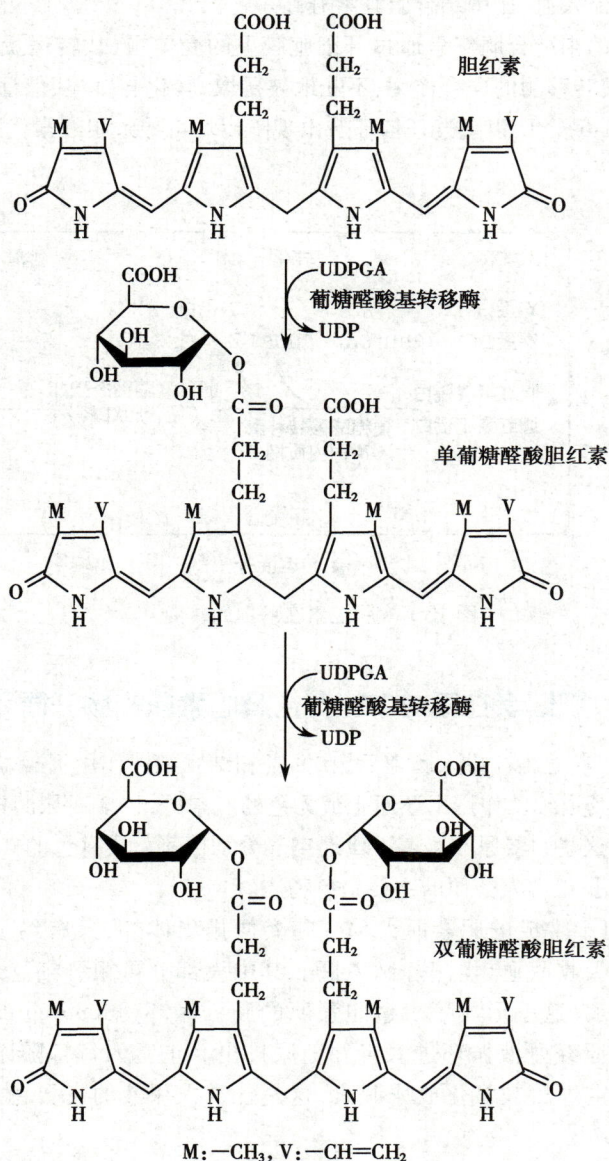

图 15-5　结合胆红素的生成

245

20% ~30%，尚有极少量的胆红素与硫酸，甚至甲基、乙酰基等结合。

通常把与葡糖醛酸结合的胆红素称为结合胆红素，而把进入肝之前未与葡糖醛酸结合的胆红素称为未结合胆红素。结合胆红素在溶解度、毒性上发生了根本的变化。一方面，与葡糖醛酸基结合，增强了胆红素的极性，使其水溶性大大增加，易于溶解在胆汁，随胆汁排泄入肠道；另外，结合胆红素可以滤过肾小球，可在尿液中出现。胆红素与葡糖醛酸基结合是肝转化胆红素和解除胆红素毒性的根本途径。

结合胆红素分子内部的氢键已经打开，可直接与重氮试剂发生反应，故临床上也称为直接胆红素。未结合胆红素需要加入加速剂，内部的氢键断裂后，才能与重氮试剂发生反应，因此也称为间接胆红素。

（三）肝对胆红素的排泄

结合胆红素可以被肝细胞分泌进入毛细胆管，随胆汁排入到小肠。肝毛细胆管的结合胆红素浓度远远高于肝细胞内的浓度，因此肝细胞排泄胆红素入毛细胆管是一个逆浓度梯度的过程，也是肝内胆红素代谢的限速步骤，容易出现障碍。重症肝炎或胆道阻塞，均可导致胆红素排泄障碍，结合胆红素反流入血，血中结合胆红素升高。

由此可见，血浆中的未结合胆红素通过肝细胞膜上的受体蛋白、转运蛋白和细胞内的载体蛋白及内质网葡糖醛酸转移酶的联合作用，不断地被摄取、转化与排泄，保证了血浆中胆红素经肝细胞而被清除（图 15-6）。所以上述任何环节出现障碍均可导致胆红素代谢紊乱，使血中胆红素水平升高。

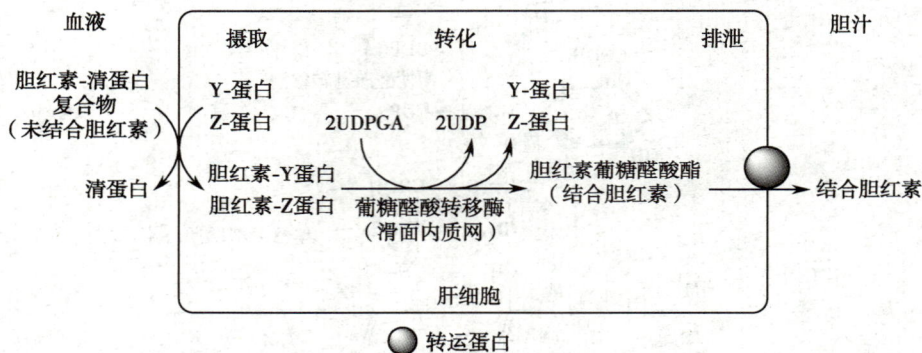

图 15-6　胆红素在肝中的转变

四、胆红素在肠道中的变化及胆素原的肠肝循环

肝生成的结合胆红素随胆汁排入肠道后，在回肠和结肠细菌作用下，水解脱去葡糖醛酸基，变为游离胆红素，再在肠道细菌作用下还原生成无色的胆素原，包括 d-尿胆素原、中胆素原（i-尿胆素原）和粪胆素原。这些胆素原在肠道下段遇空气分别被氧化成有色的 d-尿胆素、i-尿胆素和粪胆素（图 15-7），胆素是正常人粪便的主要呈色物质。

正常情况下，肠道中生成的胆素原大部分随粪便排出体外，只有约 10% ~20% 的胆素原可被肠黏膜细胞重吸收回血，经门静脉入肝。其中大部分再跟肝细胞新合成的结合胆红素一起随胆汁排入肠道，这就形成了少量胆素原的肠肝循环（bilinogen enterohepatic circulation）。只有少量胆素原经血液循环进入肾并随尿排出。正常人每日随尿排出约 0.5 ~4mg 胆素原。胆素原接触空气后被氧化成尿胆素，这是正常人尿液的主要色素。胆色素代谢概况见图 15-8。

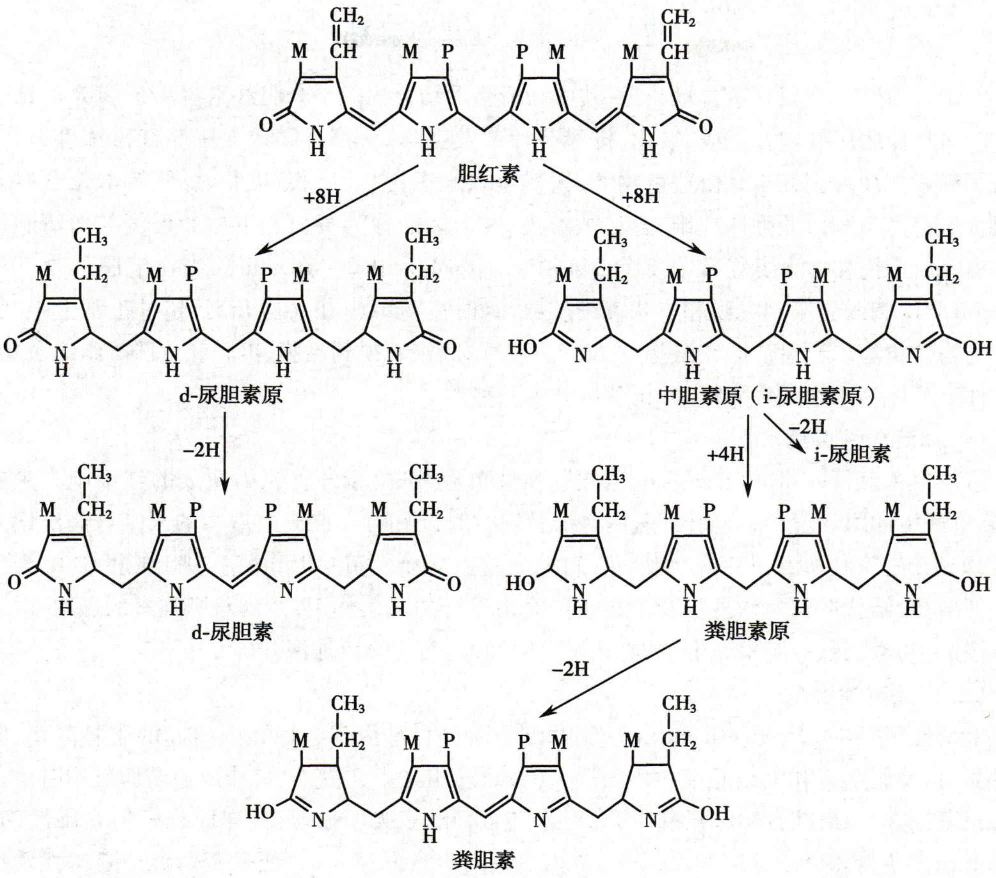

M: –CH₃, P: –CH₂CH₂CH₃

图 15-7 粪胆素原与尿胆素的生成

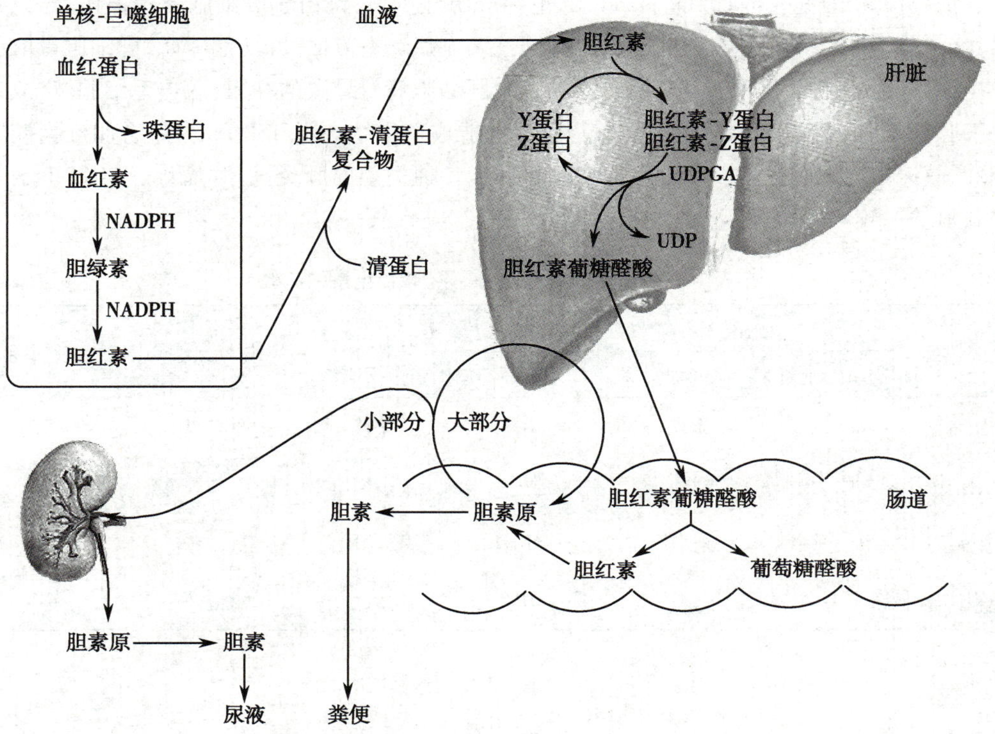

图 15-8 胆色素代谢概况

五、血清胆红素与黄疸

正常人血浆中的胆红素含量甚微,其中与清蛋白结合的未结合胆红素占4/5,其余为结合胆红素。一旦体内胆红素在生成、转化、排泄等环节发生障碍,都会导致血中胆红素浓度升高,引起高胆红素血症。胆红素是橙黄色物质,大量进入组织,由于巩膜、皮肤、黏膜等部位含有许多与胆红素有高亲和力的弹性纤维,容易被黄染,这一体征称为黄疸。黄疸的程度与血清胆红素浓度有关,正常人血清胆红素浓度为 $3.4 \sim 17.1\mu mol/L(0.2 \sim 1mg/dl)$,当血清胆红素不超过 $34.2\mu mol/L$,肉眼看不到巩膜和皮肤黄染现象,这时血清中胆红素已升高,超过正常上限,临床上称为隐性黄疸。当血清胆红素超过 $34.2\mu mol/L$,肉眼看得到黏膜、巩膜和皮肤等组织黄染,称为显性黄疸。临床根据发病机制,将黄疸分为三种类型:

(一) 溶血性黄疸

溶血性黄疸(hemolytic jaundice)也叫肝前性黄疸,是由于各种原因造成的红细胞大量被破坏,分解产生的胆红素量超过肝细胞的摄取、转化和排泄能力,造成血液中的未结合胆红素浓度升高,如疟疾、输血不当、药物、过敏性疾病等。发生溶血性黄疸时,血清总胆红素、未结合胆红素浓度增高,结合胆红素浓度增高不多。同时由于肝的代偿作用,使其对胆红素的摄取、转化和排泄增加,肠道吸收的胆素原也增加,尿胆素原增加,粪便颜色加深。

(二) 阻塞性黄疸

阻塞性黄疸(obstructive jaundice)又称肝后性黄疸,是由于各种原因引起的胆管阻塞,胆汁排泄受阻,使胆小管和毛细胆管内压力增大而破裂,胆红素逆流入血,造成血清胆红素升高。临床实验室检查,血清结合胆红素浓度升高、未结合胆红素无明显改变,尿胆红素检查阳性(直接胆红素);由于排入肠道的胆红素减少,转化生成的胆素原减少,大便呈灰白色。阻塞性黄疸常见于结石、胆管炎症、肿瘤或先天性胆管闭锁等疾病。

(三) 肝细胞性黄疸

肝细胞性黄疸(hepatocellular jaundice)也称肝源性黄疸,是由于肝细胞受到损伤,导致其摄取、转化和排泄胆红素的能力下降所致的高胆红素血症。一方面,肝功能障碍,肝细胞摄取胆红素减少,引起血中未结合胆红素升高;另一方面,肝细胞病变导致的肿胀,压迫毛细胆管,或者引起毛细胆管阻塞,使生成的结合胆红素反流入血,造成血中结合胆红素升高,结合胆红素能滤过肾小球,故尿中出现胆红素。肝细胞性黄疸常见于各种类型的肝炎、肝肿瘤等。表15-1 示三种类型黄疸的比较。

表 15-1　三种类型黄疸血、尿、粪胆色素的比较

类型	血液		尿液		尿液颜色	粪便颜色
	未结合胆红素	结合胆红素	胆红素	胆素原		
正常	有	无或极微	阴性	阳性	淡黄色	黄色
溶血性黄疸	明显增加	正常或微增	阴性	显著增加	加深(浓茶色)	加深
阻塞性黄疸	不变或微增	明显增加	强阳性	减少或无	加深(金黄色)	变浅或陶土色
肝细胞性黄疸	增加	增加	阳性	不定	加深	变浅

小结

　　肝不仅是体内物质代谢的枢纽,也是分泌、排泄、生物转化和储存的主要场所。肝通过肝糖原的生成与分解、糖异生作用维持血糖浓度的相对恒定。肝在脂类的消化、吸收、运输、分解与合成中均起重要作用。在蛋白质代谢中,肝合成几乎所有血浆蛋白质(除γ-球蛋白外),也是清除血浆蛋白质(除清蛋白)和处理氨基酸分解代谢产物的重要器官。肝还参与维生素的吸收、代谢、运输和贮存,同时也是许多激素灭活的主要场所。

　　肝可以对体内存在的非营养物质进行生物转化,增强其极性,使其水溶性增加,易于溶解在胆汁和尿液从而排出体外。生物转化分第一相和第二相反应,第一相反应包括氧化、还原、水解反应;第二相反应主要是结合反应。生物转化具有反应的连续性、多样性和解毒与致毒的双重性等特点。

　　肝细胞分泌的胆汁,除帮助消化外还兼具溶解许多排泄物的功能。胆汁酸分初级胆汁酸和次级胆汁酸。初级胆汁酸包括胆酸与鹅脱氧胆酸,次级胆汁酸是初级胆汁酸在肠道中受细菌作用生成的,包括脱氧胆酸与石胆酸。大部分初级胆汁酸与次级胆汁酸经肠肝循环而再被利用,使有限量的胆汁酸发挥其最大的生理效应。

　　胆色素是体内铁卟啉化合物降解的产物,其中最主要的是胆红素,红细胞破坏释放的血红蛋白是胆红素的主要来源,胆红素因其具有强脂溶性,易穿越生物膜、血脑屏障而对人体产生毒性,人体主要是通过首先与清蛋白结合经血液运输到达肝,在肝细胞内与葡糖醛酸结合形成结合胆红素得以解除其毒性。在肠道中,胆红素再经一系列变化形成胆素原,大部分胆素原经肠肝循环,少部分进入体循环,最后均以胆素的形式排出体外。各种原因导致血浆胆红素浓度升高均可引起黄疸,溶血性黄疸、肝细胞性黄疸和阻塞性黄疸是临床上常见的三种黄疸类型。

(张　旭)

练 习 题

一、单项选择题

1. 从肝脏出来的胆红素有

　　A. 胆红素—清蛋白　　　　　B. 胆红素—Z 蛋白　　　　　C. 胆红素—Y 蛋白

　　D. 游离胆红素　　　　　　　E. 胆红素葡糖醛酸酯

2. 下列哪种物质是游离型初级胆汁酸

　　A. 牛磺胆酸　　　　　　　　B. 甘氨胆酸　　　　　　　　C. 鹅脱氧胆酸

　　D. 脱氧胆酸　　　　　　　　E. 石胆酸

3. 关于结合胆红素,下列哪一项是正确的

　　A. 主要是单葡糖醛酸胆红素　B. 可以随尿排出　　　　　　C. 水溶性小

　　D. 易透过生物膜　　　　　　E. 不能与重氮试剂直接反应

4. 生物转化过程的最主要作用是

　　A. 使药物失效

　　B. 使毒物的毒性降低

　　C. 使生物活性物质灭活

　　D. 使某些药物药效更强或某些毒物毒性增加

E. 使非营养物质极性增加,利于排泄

5. 胆道梗阻发生阻塞性黄疸时,下列变化正确的是

A. 血中清蛋白-胆红素增加　　　　　　B. 血中结合胆红素减少

C. 尿中胆素原增加　　　　　　　　　　D. 尿中出现胆红素

E. 粪便颜色加深

二、名词解释

1. 生物转化　　2. 黄疸

三、简答题

1. 肝在糖、脂类、蛋白质代谢中有何重要作用?

2. 生物转化的反应类型有哪些?有何生理意义?

3. 胆色素包括哪些?肝在胆色素代谢中有何作用?

选择题参考答案

1. E　2. C　3. B　4. E　5. D

供检验技术专业用

寄生虫学检验

临床检验基础

临床医学概要

免疫学检验

生物化学检验

微生物学检验

血液学检验

临床检验仪器

病理与病理检验技术

临床输血检验技术

人体解剖与生理

无机化学

分析化学

■ 生物化学

医学统计学

有机化学

分子生物学与检验技术

临床实验室管理

检验技术专业英语

策划编辑 汪仁学　　　　封面设计 郭　淼
责任编辑 汪仁学 杨洪超　　版式设计 陈　阮

本书附赠网络增值服务，激活方法：
1. 注册并登录人卫医学网教育频道（edu.ipmph.com）
2. 点击进入"网络增值服务"，搜索找到本书
3. 点击"激活"并输入"激活码"

ISBN 978-7-117-20147-6

9 787117 201476 >

定　价：40.00 元

刮开上网　享受增值

edu.ipmph.com 教育
PMPH